高等学校"十二五"规划教材

市政与环境工程系列研究生教材

厌氧环境微生物学

编著　林海龙　李巧燕　李永峰　李大钊

主审　万　松

哈尔滨工业大学出版社

内容简介

微生物是地球上最为丰富多样的生物资源,其种类仅次于昆虫,是生命世界里的第二大类群。厌氧微生物作为微生物的一个重要组成部分,在自然界分布广泛。人类生活的环境和人体本身就生存有种类众多的厌氧微生物,它们与人类的关系密切。本书主要对厌氧微生物的生活环境、古生菌域以及产甲烷菌、硫酸盐还原菌、厌氧氨氧化细菌、铁还原菌这几类重要的厌氧微生物进行系统的论述,并简要介绍厌氧微生物在废水废气处理、固体废弃物处理、燃料电池、临床医学等工业方面的应用。

本书可作为微生物学、环境微生物学、环境科学、市政与环境工程和生命科学各专业的本科生、研究生教学用书,也可作为相关专业的科技人员的研究参考书和培训教材之用。

图书在版编目(CIP)数据

厌氧环境微生物学/林海龙等编著. —哈尔滨:
哈尔滨工业大学出版社,2014.10
(市政与环境工程系列)
ISBN 978 - 7 - 5603 - 4967 - 1

Ⅰ.①厌… Ⅱ.①林… Ⅲ.①厌氧微生物 - 厌氧处理
- 高等学校 - 教材 Ⅳ.①X703

中国版本图书馆 CIP 数据核字(2014)第 237230 号

策划编辑 贾学斌
责任编辑 李长波
出版发行 哈尔滨工业大学出版社
社 址 哈尔滨市南岗区复华四道街 10 号 邮编 150006
传 真 0451 - 86414749
网 址 http://hitpress.hit.edu.cn
印 刷 黑龙江省地质测绘印制中心印刷厂
开 本 787mm×1092mm 1/16 印张 16.75 字数 402 千字
版 次 2014 年 10 月第 1 版 2014 年 10 月第 1 次印刷
书 号 ISBN 978 - 7 - 5603 - 4967 - 1
定 价 38.00 元

《厌氧环境微生物学》编写人员名单与分工

编　　著　林海龙　李巧燕　李永峰　李大钊

主　　审　万　松

编写分工　李巧燕：第1章—第5章；

　　　　　林海龙：第6章—第8章；

　　　　　李永峰：第9章—第14章；

　　　　　李大钊：第15章—第17章。

文字整理与图标制作：王　玥、刘　希、廖苑如、雷瑞盈和秦必达

前　言

微生物学常被定义为研究肉眼看不清、非常微小的生物体和它们的活动，即对微生物的研究。由于研究对象的直径小于 1 mm，不能清楚地看见，必须用显微镜观察，所以微生物学最初涉及的是小的或较小的生物体和它们的活动。它研究的对象是病毒、细菌、许多藻类、真菌和原生动物，然而这些类群中另外一些成员，特别是一些藻类和真菌，较大而明显可见，而且近年来还发现了两种不用显微镜就能看见的细菌硫珍珠状菌（*Thiomargarita*）和鲁鲃菌（*Epulopiscium*）。因此，给微生物学划定分界线带来困难，Roger Stanier 建议：该领域不只是按照它研究对象的大小定义，而且还要按照它的研究技术定义。厌氧微生物就是一类只能采用厌氧操作技术的微生物。

厌氧微生物是整个微生物世界的一个重要组成部分，在自然界分布广泛。人类生活的环境和人体本身就生存有种类众多的厌氧微生物，它们与人类的关系密切。然而，由于厌氧微生物的分离和纯种培养的困难，研究厌氧微生物的技术和方法进展又相当缓慢，人类对厌氧微生物的认识和利用远远落后于对好氧和兼性厌氧微生物的研究工作。直到近二十多年随着厌氧操作技术的不断完善，厌氧微生物研究方法的不断改进，尤其近十多年来许多新技术和方法的应用，厌氧微生物学才取得很大的进展，获得了丰硕的成果。

全书共 17 章。第 1 章简要介绍了微生物学的分类；第 2 章介绍了厌氧生态环境，包括厌氧环境的特征和自然厌氧生态系统；第 3 章介绍了"三域学说"中的古生菌域；第 4 章主要介绍了临床上的厌氧菌，包括厌氧致病菌的分类、感染和防治措施；第 5~8 章介绍了一些比较重要的功能菌，包括铁还原菌、产甲烷菌、硫酸盐还原菌和厌氧氨氧化细菌；第 9~10 章介绍了厌氧生物的降解原理和有机物的厌氧降解过程；第 11~17 章阐述了厌氧微生物的工业应用，包括在废气、废水、固体废弃物、微生物燃料电池、生物制药、石油及煤炭方面的应用。

本书由中国长江三峡集团公司、东北林业大学和上海工程技术大学的专家共同撰写。使用本教材的学校可以免费索取电子课件（ppt），可与李永峰教授联系（mr_lyf@163.com）。本书的出版得到了国际青年科学基金（51108146）和教育部高等学校博士点基金（201202329120002）的支持，并得到"黑龙江省自然科学基金项目（E201354）""十二五国家科技计划项目（2011BAD08B01 - 03）"的技术成果和资金的支持，特此感谢。

本书在编写过程中参考了许多中外文献，在此向已列出和没有列出的文献作者表示诚挚的谢意。

由于时间和水平有限，书中内容难免存在疏漏与不足之处，请有关专家、老师及同学们随时提出宝贵意见，使之更臻完善。

献给李兆孟先生（1929 年 7 月 11 日—1982 年 5 月 2 日）。

编　者
2013 年 12 月

前　言

目　　录

第1章 微生物学

1.1 概　述

在生物学中,一般把形体微小、结构简单的生物称为微生物,研究这些微生物的形态、生理和遗传特性等的学科称为微生物学。

1.1.1 微生物的发现

在微生物被发现之前,一些研究者就已猜想到它们的存在,并且认为它们是引起疾病的原因。

古罗马哲学家 Lucretius(约前99—前55)、意大利内科医生 Girolamo Fracastoro(1478—1553)提出:疾病是由看不见的活动生物引起的。

意大利人 Francesco Stelluti 在 1625 ~ 1630 年之间,对蜜蜂和象鼻虫最早进行了显微镜观察。然而,第一个观察和描述微生物的人,准确地说应是荷兰的安东·范·列文虎克(1632—1723)。

列文虎克出生在荷兰东部一个名叫德尔福特的小城市,16 岁便在一家布店里当学徒,因为当时人们经常用放大镜检查纺织品的质量,列文虎克从小就迷上了用玻璃磨放大镜。他用两个金属片夹住透镜,再在透镜前面安上一根带尖的金属棒,把要观察的东西放在尖上观察,并且用一个螺旋钮调节焦距,制成了一架显微镜。连续好多年,列文虎克先后制作了 400 多架显微镜,最高的放大倍数达到 200 ~ 300 倍。用这些显微镜,列文虎克观察过雨水、污水、血液、辣椒水、腐败了的物质、酒、黄油、头发、精液、肌肉和牙垢等许多物质。从列文虎克写给英国皇家学会的 200 多封附有图画的信里,可以断定他是全世界第一个观察到球形、杆状和螺旋形细菌及原生动物的研究者,同时他第一次描绘了细菌的运动。

在列文虎克发现微生物后差不多过了 200 年,人们对微生物的认识还仅仅停留在对它们的形态进行描述上,并不知道这些微小生命的生理活动对人类健康和生产实践有哪些重要的影响。通过许多科学家的努力,特别是法国伟大的科学家巴斯德的一系列创造性的研究工作,人们才开始认识微生物与人类有着十分密切的关系。一般把研究微生物的学科称为微生物学,巴斯德和柯赫是公认的微生物学奠基人,他们的工作为微生物学奠定了科学原理和基本的方法。

19 世纪 70 年代,巴斯德开始研究炭疽病。炭疽病是在羊群中流行的一种严重的传染病,对畜牧业危害很大,而且还会传染给人类,特别是牧羊人和屠夫容易患病而死亡。巴斯德首先从病死羊的血中分离出了引起炭疽病的细菌——炭疽杆菌,再把这种有病菌的血皮下注射到做试验的豚鼠或兔子身体内,这些豚鼠或兔子很快便死于炭疽病,从这些病死的豚鼠或兔子体内又找到了同样的炭疽杆菌。

在试验过程中,巴斯德又发现,有些患过炭疽病但侥幸活过来的牲口,再注射病菌也不会得病。这就是因为它们获得了抵抗疾病的能力(免疫力)。通过反复试验,巴斯德和他的助手发现把炭疽杆菌连续培养在接近 45 ℃的条件下,它们的毒性便会减少,用这种毒性减弱了的炭疽杆菌预先注射给牲口,牲口就不会再染上炭疽病而死亡了。的确,巴斯德的成就开创了人类战胜传染病的新世纪,拯救了无数的生命,奠定了今天已经成为重要科学领域的免疫学的基础。1885 年,巴斯德第一次用同样的方法治好了被疯狗咬伤了的 9 岁男孩。

柯赫(Robert Koch)是一位医生。在他工作地区的牛染上了炭疽病,他便对这种疾病进行了认真细致的研究。他在牛的脾脏中找到了引起炭疽病的细菌,并且把这种细菌移种到老鼠体内,使老鼠相互感染了炭疽病,最后又从老鼠体内重新得到了和从牛身上得到的相同的细菌。这是人类第一次用科学的方法证明某种特定的微生物是某种特定疾病的病原。而且,他用血清在与牛体温相同的条件下在动物体外成功地培养了细菌。柯赫在 1880 年被聘任到德国柏林的皇家卫生局工作,1885 年又担任了柏林大学卫生学教授和卫生研究所的所长。

1882 年柯赫发现了引起肺结核的病原菌,而肺结核在当时是人类健康的头号杀手。他用血清固体培养基成功地分离出结核分枝杆菌,并且接种到豚鼠体内引起了肺结核病。1883 年柯赫还在印度发现了霍乱弧菌。在 1897 年以后他又研究了鼠疫和昏睡病,发现了这两种病的传播媒介,前者是虱子,而后者是一种采采蝇。他根据自己分离致病菌的经验,总结出了著名的、用来确证某一具体传染病症是由哪种细菌导致的“柯赫原则”:

①在一切病患者(人、动植物)和一切病患部位都能发现该病原体。

②该病原体应从受感染的患者体内分离出来,并被培养为纯培养物。

③纯培养物接种到某个未经免疫的正常体内时,应出现同一病症。

④该病原体应从同一病症受感染的新患者体内重新分离出来。

在这个原则的指导下,19 世纪 70 年代到 20 世纪 20 年代成了发现病原菌的黄金时代,在此期间先后发现了不下百种病原微生物,包括细菌、原生动物和放线菌等,不仅有动物病原菌,还有植物病原菌。

除了在病原体的确证方面做出了奠基性工作外,柯赫创立的微生物学方法一直沿用至今,为微生物学成为生命科学中一门重要的独立分支学科奠定了坚实的基础。柯赫首创的显微摄影留下的照片在今天也是高水平的,这些技术包括分离和纯培养技术、培养基制备技术、染色技术等。

1.1.2 微生物的特点

微生物种类繁多,形态各异,营养类型庞杂,但都表现为简单、低等的生命形态。微生物在自然环境和污染环境中的作用是与它们的特性紧密相关的。微生物除具有各种生物共有的生物学特性外,也有其独特的特点,正因为其具有这些特点,这类微小的生物类群才能引起人们的高度重视。

(1)分布广、种类多

微生物在自然界分布极广,无论是土壤、水体和空气,还是植物、动物和人体的内部或表面都存在大量微生物,乃至一些极端的环境,如酷热的沙漠、寒冷的雪地、冰川,温泉,火山口,南极、北极、冰河、污水、淤泥、固体废弃物等处处都有,可以说无处不在。土壤是微生物的大本营,一克土壤中含菌量高达几亿甚至几十亿;空气中也含有大量微生物;人员越聚集的地方,微生物含量越高;水中以江、湖、河、海的微生物含量高,井水次之;动植物体表及某些内部器官,如皮肤及消化道等也有微生物。

微生物的种类极其繁多,已发现的微生物达 10 万种以上,且不断有新种被发现。土壤中微生物的种类最多,几乎所有的微生物都能从土壤中分离筛选得到。微生物能够被利用作为食物等营养物质的种类非常丰富,营养类型和代谢途径也具多样性,所以不但能利用无机营养物、有机营养物,还可在有氧、缺氧、无氧、极端高温、高盐度和极端 pH 值环境中生存,以此造就了微生物的种类繁多和数量庞大。

(2)生长繁殖快、代谢能力强

大多数微生物以裂殖方式繁殖后代,在适宜的环境条件下,十几分钟至二十分钟就可繁殖一代,在物种竞争上取得优势,这是生存竞争的保证。大肠杆菌在适宜的条件下,每 20 min 即繁殖一代,24 h 即可繁殖 72 代,由一个菌细胞可繁殖到 47×10^{22} 个,如果将这些新生菌体排列起来,可绕地球赤道一周有余。微生物生长代谢快是基于它所特有的生理基础,由于个体微小,单位体积的表面积相对很大,有利于细胞内外的物质交换,细胞内的代谢反应较快。不同种类微生物不仅具有不同的代谢方式,使之适于在不同环境中生活,而且有的同种微生物在不同环境中也具有不同的代谢方式,所以给人类提供了极大的物质资源。

(3)遗传稳定性差、容易发生变异

多数微生物为单细胞,结构简单,整个细胞直接与环境接触,对外界环境很敏感,抗逆性较差,很容易受到各种不良外界环境的影响而引起遗传物质 DNA 的改变而发生变异。在外界条件出现剧烈变化时,多数个体会死亡,少数个体可发生变异而适应新的环境。因此,微生物的个体形态类型不多,但是种类却很多。微生物的遗传稳定性差,给微生物菌种保藏工作带来一定不便。但同时,正因为微生物的遗传稳定性差,其遗传的保守性低,使得微生物菌种培育相对容易得多。

(4)个体极小、结构简单

微生物都具有微小的个体和简单的结构,必须借助于显微镜把它们放大几万倍甚至几十万倍才能看到。测量微生物的尺度以微米为计算单位,病毒要用纳米来计量。微生物都是单细胞生物,如细菌、原生动物、单细胞藻类、酵母菌等。霉菌是微生物结构最复杂的一类,是由多细胞简单排列构成。

1.2　微生物的分类

1.2.1　微生物的分类鉴定方法

通常可把微生物的分类鉴定方法分成 4 个不同水平。

①细胞的形态和习性水平,例如,用经典的研究方法观察微生物的形态特征、运动性、酶反应、营养要求、生长条件、代谢特性、致病性、抗原性和生态学特性等。

②细胞组分水平,包括细胞壁、脂类、醌类和光合色素等成分的分析,所用的技术除常规技术外,还使用红外光谱、气相色谱、高效液相色谱(HPLC)和质谱分析等新技术。

③蛋白质水平,包括氨基酸序列分析、凝胶电泳和各种免疫标记技术等。

④核酸水平,包括(G+C)mol%值的测定,核酸分子杂交,16S 或 18S rRNA 寡核苷酸序列分析,重要基因序列分析和全基因组测序等。在微生物分类学发展的早期,主要的分类、鉴定指标尚局限于利用常规方法,比如鉴定微生物细胞的形态、构造和习性等表型特征水平上,这可称为经典分类鉴定方法(表 1.1)。通常在工业微生物的研究和生产中常用微生物的分类鉴定是采用形态和生理特征为基础的方法。

表 1.1 微生物的经典分类鉴定内容

鉴定项目	检测内容
培养特征	菌落的形状、大小、颜色、隆起、表面状况、质地、光泽、水溶性色素等,在半固体或液体培养基中的生长状态
形态特征	个体细胞形态、大小、排列方式、运动性、特殊构造和染色反应等
生理生化反应	营养要求:能源、碳源、氮源、生长因子等 酶:产酶种类和反应特性等 代谢产物:种类、产量、颜色和显色反应等 环境要求:温度、氧、pH 值、渗透压、宿主等对药物的敏感性
繁殖方式与生活史	无性与有性繁殖
血清学反应	
噬菌体敏感性	
其他	

微生物鉴定指标若用常规的方法,对某一未知纯培养物进行鉴定,不仅工作量大,而且对技术熟练度的要求也高。为此,出现了多种简便、快速、微量或是自动化的鉴定技术,如鉴定各种细菌用的"API"系统和"Biolog"全自动和手动系统等。

微生物的近代鉴定技术见表 1.2。

表 1.2 微生物的近代鉴定技术

鉴定技术	方法	重要性及其应用
核酸分析	DNA 碱基比例的测定	是目前发表任何微生物新种时所必须要有的重要指标
	核酸分子杂交法	是目前发表任何微生物新种时所必须要有的重要指标
	rRNA 寡核苷酸编目分析	通过分析原核或真核细胞中最稳定的 rRNA 寡核苷酸序列同源性程度,以确定不同生物间的亲缘关系和进化谱系
	微生物全基因组序列的测定	是当前国际生命科学领域中掌握全部遗传信息的最佳途径
细胞化学成分	细胞壁的化学成分	原核微生物细胞壁成分的分析对菌种鉴定有一定的作用
	全细胞水解液的糖型	放线菌全细胞水解液共有 4 种主要糖型

续表1.2

鉴定技术	方法	重要性及其应用
细胞化学成分	磷酸类脂成分	位于细菌、放线菌细胞膜上的磷酸类脂成分,在不同属中有所不同,可为鉴别属的指标
数值分类法		依据数值分析的原理,借助计算机技术对拟分类的微生物对象大量采用一套共用的可比特性,包括形态、生理、生化、遗传、生态和免疫学等表型特征性状的相似性程度进行统计和归类

1.2.2　微生物形态的分类

主要以外观形态而将微生物分类的方法称为形态分类法。实际上自发明了显微镜后,人类就开始以形态对观察到的微生物进行分类,方便直观的特点是较早为大家所接受的原因,且至今仍在普遍采用。此外,由于微生物的形态由其生理结构组成所决定,而结构组成又是基因的直接表达,所以形态相同的微生物有着相同或相似的基因组成。微生物形态是一种相当稳定的特征,在通常情况下,它不会因暂时的环境改变或少量基因突变而改变。但由于微生物种类多,个体微小,结构较简单,所以单靠观察形态来决定分类是不够的,还必须结合其生理代谢、细胞化学和遗传方面的特征来进行分类。

根据微生物的进化水平和各种性状上的明显差别,可把它分为原核微生物(*pro-karyotes*)、真核微生物(*eukaryotic microorganisms*)和非细胞微生物(*acellular microorganisms*)3个大的类群。

原核微生物即广义的细菌,指一大类细胞核无核膜包裹,只存在被称为核区(nuclear region)的裸露 DNA 的原始单细胞生物。原核微生物只有一个被称为拟核 DNA 链高度折叠形成的核区,没有核膜,没有细胞器,也不进行有丝分裂。

(1)光能营养原核微生物门

①蓝绿光合细菌纲(蓝细菌类)。

②红色光合细菌纲。

③绿色光合细菌纲。

(2)化能营养原核微生物门

①细菌纲。

②立克次氏体纲。

③柔膜体纲。

④古细菌纲。

真核微生物有完整的细胞核,核内有核仁和染色质,有核膜、细胞器(如线粒体、中心体、高尔基体、内质网、溶酶体和叶绿体)等,进行有丝分裂。真核微生物包括除蓝藻以外的藻类、酵母菌、霉菌、原生动物、微型后生动物,还有黏菌等。

真菌划分各能分类单位的基本原则是以形态特征为主,生理生化、细胞化学和生态等特征为辅。对于一些病原真菌的鉴定,寄生和症状也可作为参考依据。

真菌可分为以下4个纲:

①藻状菌纲。

②子囊菌纲。

③担子菌纲。

④半知菌纲。

黏菌也可分为4个纲：

①网黏菌纲。

②集胞黏菌纲。

③黏菌纲。

④根肿病菌纲。

非细胞型微生物没有典型的细胞结构,亦无产生能量的酶系统,只能在活细胞内生长繁殖,病毒即属于此类型微生物。

1.2.3　三域学说

人类在发现和研究微生物之前,把一切生物分成截然不同的两大界——动物界和植物界。随着人们对微生物认识的逐步深化,划分从两界系统历经三界系统、四界系统、五界系统甚至六界系统,直到20世纪70年代后期,美国人Carl Woese等发现了地球上的第三生命形式——古菌,才导致了生命三域学说的诞生。

该学说认为现今一切生物都是由共同的远祖——一种小的细胞进化而来,其先分化出细菌和古生菌这两类原核微生物,后来古生菌分支上的细胞,先后吞噬了原细菌(相当于G^-细菌)和蓝细菌,并发生了内共生,从而使两者进化成与宿主细胞难舍难分的细胞器——线粒体和叶绿体。于是宿主最终发展成了各类真核微生物。

生命是由古生菌域(*Archaea*)、细菌域(*Bacteria*)和真核生物域(*Eucarya*)构成。在图1.1所示"生物的系统进化树"中,左侧分支是细菌域,中间分支是古生菌域,右侧分支是真核微生物域。

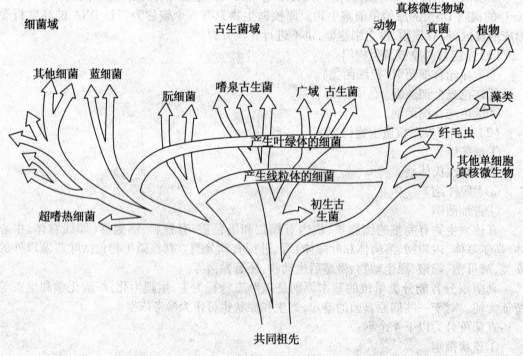

图1.1　生物的系统进化树

古生菌域包括嗜泉古生菌界(*Crenarchaeota*)、广域古生菌界(*Euryarchaeota*)和初生古生菌界(*Korarchaeota*);细菌域包括细菌、放线菌、蓝细菌和各种除古生菌以外的其他原核微生物;真核微生物域包括真菌、原生生物、动物和植物,具体特征见表1.3。除动物和植物以外,其他绝大多数生物都属微生物范畴。由此可见,微生物在生物界级分类中占有特别重要的地位。

表1.3　细菌、古生菌、真核微生物特征的比较

特征		细菌	古生菌	真核微生物
有核仁、核膜的细胞核		无	无	有
复杂内膜的细胞器		无	无	有
细胞壁		几乎都含胞壁酸的肽聚糖	多种类型,无胞壁酸	无胞壁酸
膜脂		酯键脂,直链脂肪酸	醚键脂,支脂族链	酯键脂,直链脂肪酸
气囊		有	有	无
转移RNA		大多数tRNA有胸腺嘧啶	tRNA的T或T≡C臂中无胸腺嘧啶	有胸腺嘧啶
		起始tRNA携带甲酰甲硫氨酸	起始tRNA携带甲硫氨酸	起始tRNA携带甲硫氨酸
多顺反子mRNA		有	有	无
mRNA内含子		无	无	有
mRNA剪接、加帽及聚腺苷酸尾		无	无	有
核糖体	大小	70S	70S	80S(胞质核糖体)
	延伸因子2	不与白喉杆菌毒素反应	反应	反应
	对氯霉素和卡那霉素敏感性	敏感	不敏感	不敏感
	对茴香霉素敏感性	不敏感	敏感	敏感
	依赖DNA的RNA聚合酶的数目	1个	几个	3个
	结构	简单亚基形式(4个亚基)	与真核微生物酶相似的复杂亚基形式(8~12个亚基)	复杂亚基形式(12~14个亚基)

续表1.3

特征	细菌	古生菌	真核微生物
利福平敏感性	敏感	不敏感	不敏感
聚合酶Ⅱ型启动子代谢	无	有	有
相似ATP酶	无	是	是
产甲烷作用	无	有	无
固氮	有	有	无
以叶绿素为基础的光合作用	有	无	有
化能无机自养型	有	有	无

1.2.3.1 细菌域(*Bacteria*)

细菌域包括细菌、放线菌、蓝细菌和各种除古生菌以外的其他原核微生物。细菌是所有生物中数量最多的一类,据估计,其总数约有 5×10^{30} 个。细菌的个体非常小,目前已知最小的细菌只有 $0.2 \mu m$ 长,因此大多只能在显微镜下才能看到它们。细菌一般是单细胞,细胞结构简单,缺乏细胞核、细胞骨架以及膜状胞器,例如线粒体和叶绿体。

细菌广泛分布于土壤和水中,或者与其他生物共生,人体身上也带有相当多的细菌。据估计,人体内及表皮上的细菌细胞总数约是人体细胞总数的10倍。

细菌有4种形态:球状、杆状、螺旋状和丝状,分别称为球菌、杆菌、螺旋菌和丝状菌。如图1.2所示。球菌包括单球菌、双球菌、排列不规则的球菌、四联球菌(4个球菌垒叠在一起)、八叠球菌、链状球菌等;杆菌包括单杆菌、双杆菌和链杆菌;螺旋菌呈螺旋卷曲状;丝状菌分布在水生环境、潮湿土壤和活性污泥中。

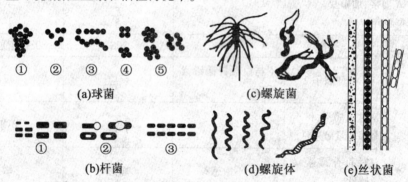

图1.2 细菌的各种形态

在正常的生长条件下,细菌的形态是相对稳定的。但培养基的化学组成、浓度、培养温度、pH值、培养时间等的变化,常会引起细菌的形态改变。而有些细菌则是多形态的。

所有的细菌均有如下结构(图1.3):细胞壁、细胞质膜、细胞质及其内含物、细胞核物质。部分细菌还具有以下特殊结构:芽孢、鞭毛、荚膜、黏液层、菌胶团、衣鞘及光合作用层片等。

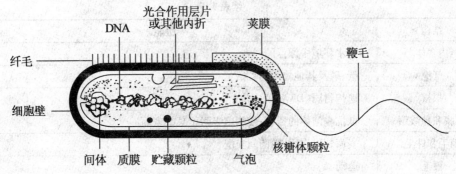

图 1.3　细菌细胞结构模式图

细菌分为革兰氏阳性菌和革兰氏阴性菌两大类,二者细胞壁的化学组成和结构各不相同。革兰氏阳性菌的细胞壁较厚,但结构较简单。革兰氏阴性菌的细胞壁较薄,但其结构较复杂,分为内壁层和外壁层。内壁层含肽聚糖,不含磷壁酸。外壁层又可分为三层:最外层是脂多糖,中间是磷脂层,内层为脂蛋白。革兰氏阳性菌和革兰氏阴性菌细胞壁化学组成的区别见表1.4。

表 1.4　革兰氏阳性菌和革兰氏阴性菌细胞壁化学组成的比较

细菌	壁厚度/nm	肽聚糖/%	磷壁酸/%	脂多糖/%	蛋白质/%	脂肪/%
革兰氏阳性菌	20 ~ 80	40 ~ 90	+	−	约20	1 ~ 4
革兰氏阴性菌	10	10	−	+	约60	11 ~ 22

1.2.3.2　古生菌域(*Archaeobacteria*)

古生菌域包括嗜泉古生菌界(*Crenarchaeota*)、广域古生菌界(*Euryarchaeota*)和初生古生菌界(*Korarchaeota*)。

古细菌(*Archaeobacteria*)(又可称为古生菌或者古菌)是一类很特殊的细菌,多生活在极端的生态环境中。具有原核微生物的某些特征,如无核膜及内膜系统;也有真核微生物的特征,如以甲硫氨酸起始蛋白质的合成、核糖体对氯霉素不敏感、RNA 聚合酶和真核细胞的相似、DNA 具有内含子并结合组蛋白;此外还具有既不同于原核细胞也不同于真核细胞的特征,如细胞膜中的脂类是不可皂化的,细胞壁不含肽聚糖,有的以蛋白质为主,有的含杂多糖,有的类似于肽聚糖,但都不含胞壁酸、D 型氨基酸和二氨基庚二酸。

细菌域和古生菌域均属于原核微生物,其结构和功能见表1.5。

表 1.5　原核细胞的结构和功能

结构	功能
细胞壁	赋予细胞形状,并保护其在低渗溶液中不会裂解
质膜	选择性透过的屏障;细胞的机械界面;营养物质和废物的运输;许多代谢过程的场所(呼吸代谢、光合作用);对环境中的趋化因子进行探测
周质空间	包含用于营养物质加工和摄取的水解酶和结合蛋白
核糖体	蛋白质合成

续表 1.5

结构	功能
内含休	在水环境中漂浮的浮力
气泡	碳、磷及其他物质的贮藏
拟核	遗传物质(DNA)的定位
荚膜和黏液层	抵抗噬菌体的裂解;使细胞吸附于某些表面
菌毛和性毛	表面黏附作用;细菌间交配
鞭毛	运动
芽孢	在不良环境条件下存活

1.2.3.3　真核微生物域(*Eucarya*)

真核微生物是所有单细胞或多细胞的、其细胞具有细胞核的生物的总称,包括所有多细胞生物——原生生物、动物、植物、真菌,以及一些单细胞的原生生物。除动物和植物以外,其他绝大多数生物都属微生物范畴。

第2章　厌氧生态系统

厌氧微生物目前尚无公认的确切定义,但通常认为厌氧微生物是只能在低氧分压条件下生长,而不能在空气(18%氧气)和(或)在10%二氧化碳浓度下的固体培养基表面生长的一类微生物的总称。

2.1　自然界中的氧循环

2.1.1　氧循环

动物呼吸、微生物分解有机物及人类活动中的燃烧都需要消耗氧气,产生二氧化碳,但植物的光合作用却大量吸收二氧化碳,释放氧气,如此构成了生物圈的氧循环(氧循环和碳循环是相互联系的)。

氧在各圈层中的质量分数为:地球整体,28.5%;地壳,46.6%;大气,23.2%;海洋,总量85.8%;溶解氧量,15 ℃时为 6 mg/kg。

在地壳中,形成岩石的矿物质中约95%是硅酸盐,其主要结构单元是四面体的(SiO_4^{4-})。其余5%的组分也大多含有氧元素,如石灰岩中的碳酸盐(CO_3^{2-})、蒸发岩中的硫酸盐(SO_4^{2-})、磷酸盐岩石中的磷酸盐(PO_4^{3-})等。地壳中存在的氧可看成是化学惰性的。当 SiO_4^{4-} 这类含氧基团在岩石发生风化碎裂时,通常仍能以不变的原形进入地球化学循环,即随水流迁移到海洋,进入海底沉积物,甚至重新返回陆地。

大气中的氧主要以双原子分子 O_2 形态存在,并且表现出很强的化学活性。这种化学活性足以影响能与氧生成各种化合物的其他元素(如碳、氢、氮、硫、铁等)的地球化学循环。大气中的氧气多数来源于光合作用,还有少量是产生于高层大气中水分子与太阳紫外线之间的光致离解作用。在紫外光作用下,大气中氧分子通过光解反应生成氧原子,氧原子和氧分子结合生成臭氧分子,因此,大气层上空形成了臭氧层,由于臭氧的生成和分解都需要吸收紫外光,所以臭氧层成为地球上各种生物抵御来自太阳过强紫外光辐射的天然屏障。

在组成水圈的大量水中,氧是主要组成元素。氧在水体的垂直方向分布不均匀。表层水有溶解氧,深层水和底层水缺氧,当涨潮或湍流发生时,表层水和深层水充分混合,氧可能被转送到深水层。在夏季温暖地区的水体发生分层,温暖而密度小的表层水和冷而密度大的底层水分开,底层水缺氧。秋末、冬初时,表层水变冷,比底层水重,发生"翻底"。

由于火山爆发或有机体腐烂产生的 H_2S,能在大气中进一步被氧化为含氧化合物 SO_2,化石燃料燃烧及从含硫矿石中提取金属的过程中也都能产生 SO_2,这些 SO_2 在大气中被氧化为 SO_4^{2-},然后通过酸雨形式返回地面。相似地,由微生物或人类活动产生的各种氮氧化物最终也被氧化为 NO_3^{-},然后通过酸雨形式返回地面。

2.1.2　水体中的耗氧与复氧

2.1.2.1　氧的消耗

在水体中的氧气主要在以下过程中被消耗:

(1)碳化作用耗氧

碳化作用耗氧主要是指不含氮有机物氧化过程中氧的消耗,同时也包括含氮有机物的氨化及氨化后生成的不含氮有机物的继续氧化过程中氧的消耗。该过程中的氧的消耗量称为碳化需氧量,以ρ_{BOD_1}表示为

$$\rho_{BOD_1} = \rho_{BOD_a} - \rho_{BOD_c} = \rho_{BOD_a}(1 - e^{-K_1 t})$$

式中　ρ_{BOD_1}——碳化需氧量,mg/L;

ρ_{BOD_a}——水中总的碳化需氧量,mg/L;

ρ_{BOD_c}——t时刻的剩余碳化需氧量,mg/L;

K_1——有机污染物碳化衰减速率系数(耗氧系数),1/d;

t——污染物在水体中的停留时间。

(2)硝化作用耗氧

天然水体中含氮化合物经过一系列生化反应过程,由氨氮氧化为硝酸盐,称为硝化作用。该过程中的氧的消耗量称为硝化需氧量,以ρ_{BOD_2}表示为

$$\rho_{BOD_2} = \rho_{BOD_N} - \rho_{BOD_n} = \rho_{BOD_N}(1 - e^{-K_N t})$$

式中　ρ_{BOD_2}——硝化需氧量,mg/L;

ρ_{BOD_N}——水中总的硝化需氧量,mg/L;

ρ_{BOD_n}——t时刻的剩余硝化需氧量,mg/L;

K_N——含氮化合物硝化速率系数(耗氧系数),1/d。

(3)水生植物呼吸耗氧

水生植物呼吸耗氧主要是水中的藻类和其他水生植物在光合作用停止后的呼吸作用耗氧过程,其耗氧速率ρ_{BOD_3}可以表示为

$$\frac{d\rho_{BOD_3}}{dt} = -R$$

式中　ρ_{BOD_3}——水生植物耗氧量,mg/L;

R——水生植物呼吸消耗水体中溶解氧的速率系数。

(4)水体沉积淤泥耗氧

由于水体沉积淤泥中的耗氧物质返回到水中和底泥顶层耗氧物质的氧化分解,水体沉积淤泥耗氧量ρ_{BOD_4}可以写成

$$b = \frac{d\rho_{BOD_4}}{dt} = -\frac{d\rho_{BOD_d}}{dt} = -(1 + r_c)^{-1} \times K_b \rho_{BOD_d}$$

式中　ρ_{BOD_4}——水体沉积淤泥耗氧量,mg/L;

K_b——水体沉积淤泥的耗氧速率系数;

r_c——水体沉积淤泥耗氧的阻尼系数。

2.1.2.2　水体复氧

水体中的氧气在被消耗的同时,又逐渐得到补充和恢复的过程称为水体中的耗氧与复

氧过程。水体复氧主要有大气复氧与光合作用两种。

(1)大气复氧

①饱和溶解氧浓度。

饱和溶解氧浓度是温度、盐度和大气压力的函数,在 101 kPa(760 mmHg)压力下,淡水中的饱和溶解氧浓度 ρ_{DO_S} 可以用下式计算

$$\rho_{DO_S} = \frac{468}{31.6 + T}$$

式中 ρ_{DO_S}——饱和溶解氧浓度,mg/L;

T——水温,℃。

而在非淡水区(如河口、海洋等)饱和溶解氧浓度 ρ_{DO_S} 会受到水中含盐量的影响,可以采用海尔(Hyer,1971)经验公式计算,即

$$\rho_{DO_S} = 14.624\,4 - 0.367\,134T + 0.004\,497\,2T^2 - 0.096\,6S + 0.002\,05ST + 0.000\,273\,9S^2$$

式中 S——水的含盐量,‰。

②大气复氧速率。

氧气由大气进入水体的传质速率与水体的氧亏值成正比,氧亏值 ρ_D 可以写成

$$\rho_D = \rho_{DO_S} - \rho_{DO}$$

式中 ρ_{DO_S}——该水温下水体的饱和溶解氧浓度,mg/L;

ρ_{DO}——水体中的溶解氧浓度,mg/L。

大气复氧速率系数以 K_2 表示,以 20 ℃ 时的大气复氧速率系数 $K_{2,20}$ 作为基准,则任意温度时的大气复氧速率系数 $K_{2,t}$ 可以表示为

$$K_{2,t} = K_{2,20} \times \theta_r^{t-20}$$

式中 θ_r——大气复氧速率系数的温度系数,通常取 1.024。

大气复氧速率系数 K_2 与许多因素有关,其中包括河流的湍急情况、水流速度、河床及地下状况、水深、河水表面积以及水温等。一般来说,在水温为 20 ℃ 的条件下,水流速度小于 0.5 m/s 时,可取 $K_2 = 0.2 d^{-1}$;在急流的情况下,K_2 值可以达到 0.5 d^{-1},有时甚至可以达到 1.0 d^{-1}。表 2.1 中列出了不同水体的大气复氧速率系数 K_2 范围。

表 2.1 大气复氧速率系数 K_2(20 ℃)

水体	K_2/d^{-1}
小池塘和滞水区	0.05 ~ 0.10
缓慢流动的河流和湖泊	0.10 ~ 0.15
低流速的大河	0.15 ~ 0.20
中等流速的大河	0.20 ~ 0.30
高流速的大河	0.30 ~ 0.50
急流和瀑布	> 0.50

(2)光合作用

水生植物白天通过光合作用放出氧气,溶于水中,是水体复氧的另一个重要来源。奥

康纳(O' Conner,1965)的定义是:光合作用的速率随着光照强弱的变化而变化,中午光照最强时,光合作用强度最强,产氧速率最快;而当夜晚没有光照时,光合作用强度为零,产氧速率为零。因此定义一天内光合作用强度、产氧速率的平均值 P 为一个常数,表示为

$$\left(\frac{\partial \rho_0}{\partial t}\right)_P = P$$

式中　P——一天内产氧速率的平均值;

　　　ρ_0——一天光合作用产氧量。

2.1.2.3　氧垂曲线

由于水体中存在耗氧和复氧过程,所以当河流接纳废水以后,受污点(排放口)下游各处的溶解氧的变化情况是十分复杂的。斯特里特(H. Streeter)和菲尔普斯(E. Phelps)提出了描述一维河流中 BOD 和 DO 消长变化规律的模型(S-P 模型)。

S-P 模型有以下基本假设:

①河流中的 BOD 的衰减反应和溶解氧的复氧反应都是一级反应,即反应速率只与反应物浓度的一次方成正比;

②耗氧和复氧速率是一定的;

③河流中的耗氧是由 BOD 衰减引起的,而河流中的溶解氧来源仅是大气复氧。

由以上假设可以得到河水中的 BOD 值 ρ_{BOD} 和河流的氧亏值 ρ_D 的变化规律,可以表示为

$$\rho_{BOD} = \rho_{BOD_0} \times e^{-K_1 t}$$

$$\rho_D = \frac{K_1 \rho_{BOD_0}}{K_2 - K_1} [e^{-K_1 t} - e^{-K_2 t}] + \rho_{D_0} e^{-K_1 t}$$

式中　ρ_{BOD_0}——河流起始点的 BOD 值;

　　　ρ_{DO_0}——河流起始点的氧亏值;

　　　K_1——河水中 BOD 衰减系数(耗氧系数), $\frac{1}{d}$;

　　　K_2——水体的复氧系数(耗氧系数), $\frac{1}{d}$;

　　　t——河水的流行时间。

如果以河水的溶解氧 ρ_{DO} 来表示,则可以写成

$$\rho_{DO} = \rho_{DO_S} - \rho_D = \rho_{DO_S} - \frac{K_1 \rho_{BOD_0}}{K_2 - K_1} [e^{-K_1 t} - e^{-K_2 t}] - \rho_{D_0} e^{-K_1 t}$$

式中　ρ_{DO}——河流中的溶解氧浓度;

　　　ρ_{DO_S}——饱和溶解氧浓度。

该公式称为 S-P 氧垂公式,根据该式以各点离排放口的距离为横坐标、以溶解氧量为纵坐标作图可以绘制溶解氧沿程变化曲线,称为氧垂曲线(图 2.1)。在该图中假设在排放断面处污水即与河水完全混合。

从图中可以看出,由于废水排入后,河水中的有机物质较多,在生物氧化中需要较多的氧气,水体的耗氧速率超过复氧速率,因此紧接着排入口的各点溶解氧逐渐减少;随着河水中的有机物逐渐氧化分解,耗氧速率逐渐降低;最后在排放口下游某处出现耗氧速率与复

氧速率相等的情况,此时溶解氧量最低,称为最缺氧点(氧垂点);再往下游,复氧速率大于耗氧速率,溶解氧量又逐渐回升,在没有新的排放口的情况下,河水中的溶解氧量会逐渐恢复至废水排放口之前的含量。

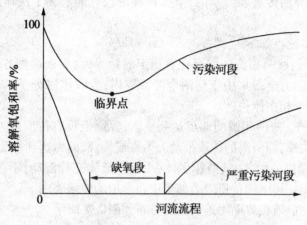

图 2.1　氧垂曲线示意图

最缺氧点(氧垂点)处的氧亏值可以由下式计算

$$\rho_{D_c} = \frac{K_1}{K_2}\rho_{BOD_0} e^{-K_1 t_c}$$

式中　ρ_{D_c}——临界点的氧亏值;

　　　t_c——由起始点到达临界点所需时间。

由起始点到达临界点所需时间 t_c 可以由下式计算

$$t_c = \frac{1}{K_2 - K_1}\ln\frac{K_2}{K_1}\left[1 - \frac{\rho_{D_0}(K_2 - K_1)}{\rho_{BOD_0}K_1}\right]$$

2.1.3　氧传质(曝气原理(双模理论))

2.1.3.1　水中氧传质原理

物质从一相传递到另一相的过程称为物质的传递过程,简称传质过程。在曝气过程中,空气中的氧气从气相传递到液相中的过程,称为氧传质。

由于氧传质过程也是一个扩散过程,主要是由于界面两侧物质的浓度差值所产生的驱动,物质分子由浓度较高的一侧向浓度较低的一侧扩散,表示物质的扩散速率 v_d 与该浓度的差值的公式称为菲克(Fick)定律,可以表示为

$$v_d = -D\frac{dc}{d\delta}$$

式中　v_d——物质的扩散速率,以单位时间内通过单位截面积的物质数量表示;

　　　D——扩散系数,表明物质在介质中的扩散能力;

　　　$\dfrac{dc}{d\delta}$——浓度梯度,表示扩散过程中单位路程长度的浓度变化值,其中 c 为物质浓度,δ

　　　　　为扩散路程长度。

在曝气充氧过程中,气体分子从气相转移到液相,必须经过气、液相界面,目前比较重

要的用来解释气体传递的理论主要有以下几种：

（1）双膜理论（Two - film Theory）

双膜理论是一经典的传质机理理论，于 1923 年由惠特曼（W. G. Whitman）和刘易斯（L. K. Lewis）提出，作为界面传质动力学的理论，该理论较好地解释了液体吸收剂对气体吸收质吸收的过程。

双膜理论的基本论点如下：

①相互接触的气、液两相流体间存在着稳定的相界面，界面两侧各有一个很薄的停滞膜，界面两侧的传质阻力全部集中于这两个停滞膜内，吸收质以分子扩散方式通过此二膜层，由气相主体进入液相主体；

②在相界面处，气、液两相瞬间即可达到平衡，界面上没有传质阻力，溶质在界面上两相的组成存在平衡关系，即所需的传质推动力为零或气、液两相达到平衡；

③在两个停滞膜以外的气、液两相主体中，由于流体充分湍动，不存在浓度梯度，物质组成均匀。溶质在每一相中的传质阻力都集中在虚拟的停滞膜内。

根据双膜理论，气、液相界面附近的浓度分布如图 2.2 所示。

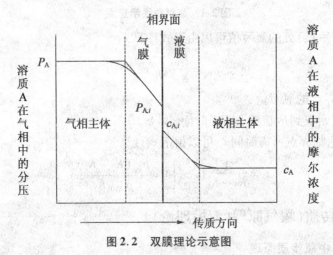

图 2.2　双膜理论示意图

由双膜理论所得的传质系数计算式形式简单，但等效膜层厚度以及界面上浓度都难以确定，例如对具有自由相界面或高度湍动的两流体间的传质体系，相界面是不稳定的，因此界面两侧存在稳定的等效膜层以及物质以分子扩散方式通过此两膜层的假设都难以成立。

（2）溶质渗透理论模型（Percolation Theory）

在工业设备中进行的气液传质过程中，相界面上的流体总是不断地与主流混合而暴露出新的接触表面。赫格比（Higbie）认为流体在相界面上暴露的时间很短，溶质不可能在膜内建立起如双膜理论假设的那种稳定的浓度分布。

溶质渗透理论模型认为溶质通过分子扩散由表面不断地向主体渗透，每一瞬时均有不同的瞬时浓度分布和与之对应的界面瞬时扩散速率（与界面上的浓度梯度成正比）。流体表面暴露的时间越长，膜内浓度分布曲线就越平缓，界面上溶质扩散速率随之下降越快。

直到时间为 θ_C 时，膜内流体与主流发生一次完全混合而使浓度重新均匀后发生下一轮的表面暴露和膜内扩散。θ_C 称为汽、液接触时间或溶质渗透时间，是溶质渗透理论的模型参数，气、液界面上的传质速率应是该时段内的平均值，该模型的示意图如图 2.3 所示。

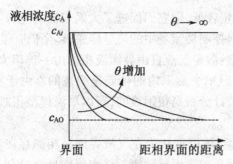

图 2.3 溶质渗透理论模型示意图

溶质渗透理论模型考虑了形成稳定浓度梯度的过渡时间。此段时间内,有一个溶质从相界面向液膜深度方向逐步渗透的过程。但是该模型仍然基于膜模型,只是采用了非定态扩散,强调液相的过渡阶段,主要是针对难溶气体的液膜控制的吸收过程。

(3)表面更新模型

丹克瓦茨(Danckwerts)摒弃了停滞膜的概念,认为气液接触表面是在连续不断地更新,而不是每隔一定的周期 θ_c 才发生一次。即湍流的某些旋涡能直接在界面与湍流主体之间移动,使液体表面能够不断地为湍流区移来的一个个液体单元所更新。该模型认为:

①在界面上的每一微元具有不同的暴露时间(年龄),表面寿命为 t,但它们被另一微元置换的机会均等。

②无论气相或液相都可能发生上述过程。所以两相表面是不断更新的,更新频率为 S。

③每个进入界面的微元均按瞬变传质的规律向膜内渗透。

由于不同龄期的流体单元的表面瞬时传质速率不一样,将龄期为 $0 \rightarrow \infty$ 的全部单元的瞬时传质速率进行加权平均,解析求得传质系数 K_c 为

$$K_c = \sqrt{SD_{AB}}$$

尽管表面更新率 S 仍然是一个不可获得的量,但丹克瓦茨的假设更接近于实际,离正确的反应机理更近,它十分接近传质的一般表达式。当所有的表面更新率 S 的值相同时,即各微元在界面上的接触时间(寿命)相等,此时表面更新理论就是渗透论。当接触时间趋于无穷时,彼此停留时间都将一样,且达到建立稳定的分子扩散所需的时间也一样,此时表面更新理论又和双膜理论一致了。

(4)传质新理论

目前提出的一些新理论及其要点如下:

①膜渗透模型:该模型认为年龄大的流体元符合渗透模型,年龄小的流体元的传质机理与膜模型相符,在过渡段受膜模型和渗透模型两种机理的共同作用,应将流体元划为不同时域按不同机理分别计算;

②旋涡扩散模型:根据质量传递与动量传递的类似性,提出分子扩散和对流传递必须与"旋涡扩散"结合起来;

③旋涡池模型:假定旋涡的速度可由精确的数学表达式来描述,这样将速度表达式代入对流扩散方程就可解旋涡中的浓度分布;

④大涡模型:认为在湍流场中质量传递起控制作用的是大尺度的含能涡;

⑤小涡模型:认为在充分发展的湍流场中,对传质起控制作用的是湍流场中最小的黏

性耗散涡,尽管这些涡的能量较低,但它们促进了大涡表面的充分混合,从而促进了质量的传递。究竟是大涡还是小涡控制湍流场中的质量传递,迄今仍有很大分歧;

⑥二维拟稳态单涡模型:假定气液自由界面液相侧由一连串大小不同的涡构成。尽管整个界面的传质为非稳态,但单个旋涡内的传质是稳态的。由于实际流场的复杂性,要测出界面处不同尺寸旋涡的统计分布是很困难的,所以单涡模型很难用于实际过程传质系数的预测;

⑦多尺度局部均匀模型:该模型认为在气液界面液相侧存在着法向和切向流,两方向的流动均是具有一定统计特征的随机脉动流。气泡周围界面可划为若干局部区域,区域之间旋涡发生聚并与分裂,其湍流统计特性是非均匀的,但在每个区域内可以认为是统计均匀的。在每个区域内,满足湍流结构相似假定以自身相似假定;

⑧统计理论与计算机模拟:该统计理论在考虑速度波动对传质产生影响的同时,也考虑浓度波动的影响,采用计算机模拟的方法进行研究,由于流体力学发展的限制,实际过程的许多未知因素需要人为假定,最后模拟结果尚难以令人满意;

⑨界面非平衡理论:该理论的提出者经过实验测定认为,在液相界面附近很小的区域内气液两相是不平衡的,存在一个很陡的浓度梯度,于是就产生了一个极薄的阻力膜层,界面不能视为理想的几何界面。阻力膜层厚度与分子尺寸、界面结构等因数有关,它涉及分子间力、分子分布函数等知识,这方面迄今尚无成熟的理论。

2.1.3.2　影响氧传质的因素

（1）污水水质

污水中含有各种杂质,它们对氧传质产生一定的影响。比如污水中含有某些表面活性物质,这类物质的分子属两亲分子(极性端亲水、非极性端疏水),它们将聚集在气液界面上,形成一层分子膜,阻碍氧分子的扩散转移;此外,污水中含有盐类,也会影响氧在水中的饱和度。

（2）水温

水温对氧传质的影响很大,当水温上升时,水的黏度降低,液膜厚度减少,扩散系数提高,传质系数 K_c 值增高;反之,则传质系数 K_c 值降低。传质系数 K_c 随温度的变化符合下列关系式

$$K_{c(T)} = K_{c(20)} \times 1.024^{(T-20)}$$

式中　$K_{c(T)}$——温度为 T ℃时的氧传质系数;

　　　$K_{c(20)}$——温度为 20 ℃时的氧传质系数;

　　　T——设计计算温度;

　　　1.024——温度系数。

在运行正常的曝气池内,当混合液在 15~30 ℃范围内时,混合液溶解氧浓度 c 能够保持在 1.5~2.0 mg/L。最不利的情况将出现在温度为 30~35 ℃的盛夏。

（3）氧分压

饱和溶解氧浓度 ρ_{DO_S} 受到污水中溶解盐类、温度、氧分压或气压的影响。当气压降低,饱和溶解氧浓度 ρ_{DO_S} 也随之下降;反之则提高。

2.2　厌氧环境

2.2.1　厌氧环境的特征

微生物生长环境的最重要特征是微生物氧化化学物质获取能量时的最终电子受体。电子受体主要有 3 类:氧气、无机化合物和有机化合物。

当有溶解氧存在或者溶解氧供应充足而不会成为限制因素时,属好氧环境。在好氧环境中,微生物生长效率最高,降解单位污染物所生成的细胞物质非常高。严格地说,任何不是好氧的环境都属厌氧。但是,在废水处理领域,"厌氧"一般是指这样的环境,即有机化合物、二氧化碳和硫酸盐作为主要的最终电子受体,电位呈极低负值。在厌氧条件下,微生物生长效率比较低。当环境中有硝酸盐和亚硝酸盐作为主要电子受体存在,并且没有氧时,这样的环境称为缺氧环境。在硝酸盐和亚硝酸盐存在时,电位升高,微生物生长效率比厌氧条件下高,但是比不上好氧的生长效率。

生化环境对微生物群落生态有着极为深刻的影响。好氧处理能够支撑完整的食物链,包括食物链底部的细菌和顶部的轮虫。缺氧环境比较受限制,而厌氧环境最受限制,只是细菌占主导地位。生化环境影响着处理效果,因为微生物在 3 种环境中可能有着迥然不同的代谢途径。在工业废水处理中,生化环境变得尤其重要,因为有些降解只能够以好氧方式而非厌氧方式进行,或者相反。

2.2.2　氧化还原电位

2.2.2.1　氧化还原电位的定义

厌氧环境的主要标志是具有低的氧化还原电位(Oxidation Reduction Potential,简写为 ORP 或 Eh)。某一种化学物质的氧化还原电位是该物质由其还原态向其氧化态流动时的电位差。一个体系的氧化还原电位是指体系中氧化剂和还原剂的相对强度,由该体系中所有能形成氧化还原电对的化学物质的存在状态决定,以伏特或毫伏来计量。

电位的大小决定氧化型和还原型物质的浓度比,如浓度相等时,称为标准电位,以 E^0 表示,在中性溶液($pH = 7$)中的标准电位常用 E'^0 表示。体系中氧化态物质所占比例越大,其氧化还原电位就越高,形成的环境(可能是好氧环境)越不适于厌氧微生物的生长;反之,体系中还原态物质(如 H_2 和有机物等)所占比例越大,其氧化还原电位就越低,形成的厌氧环境就越适于厌氧微生物的生长。

2.2.2.2　氧化还原电位的计算和测定

氧化还原电位可由 Nernst 于 1889 年确立的关系式进行计算,即

$$E = E^0 + \frac{2.3RT}{nF} \lg \frac{[氧化态]}{[还原态]}$$

式中　E——氧化还原电位,V;

　　　　E^0——标准氧化还原电位,V;

　　　　R——气体常数,$R = 8.314 \ J/(mol \cdot K)$;

　　　　T——绝对温度,K;

n——氧化还原反应中的电子转移数；

F——法拉第常数，$F = 96\ 500, C/mol$；

[氧化态]——氧化态物质的浓度，mol/L；

[还原态]——还原态物质的浓度，mol/L。

标准氧化还原电位（E^0）随氧化还原电对和 pH 值的不同而变化，以水溶解氧气的反应为例

$$酸性条件\ O_2 + 4H^+ \longrightarrow 2H_2O$$

$$碱性条件\ O_2 + 2H_2O + 4e^- \longrightarrow 4OH^-$$

在酸性条件下，标准氧化还原电位 $E^0 = +1.229\ V$；碱性条件下标准氧化还原电位 $E^0 = +0.40\ V$。生化反应一般在中性条件下进行，在此条件下一些比较重要的生化反应的标准氧化还原电位 E^0 见表 2.2。

表 2.2　生化反应的标准氧化还原电位 E^0 值

生化反应（底物/产物）	E^0/V
O_2/H_2O	$+0.81$
Fe^{3+}/Fe^{2+}	$+0.75$
NO_3^-/NO_2^-	$+0.42$
反丁烯二酸/琥珀酸	$+0.03$
丁烯酸/丁酸	-0.03
丙烯酸/丙酸	-0.03
丙酮酸/乳酸	-0.197
SO_4^{2-}/HS^-	-0.22
HCO_3^-/CH_4	-0.204
$HCO_3^-/乙酸$	-0.28
$NAD^+/NADH$	-0.32
$NADP^+/NADPH$	-0.35
$HCO_3^-/甲酸$	-0.416
H^+/H_2	$+0.42$

决定发酵液氧化还原电位值的主要化学物质是溶液氧。除溶解氧以外，体系中的 pH 值对氧化还原电位的影响也很显著。据测定，pH 值每降低 1（如由 7 降至 6）时，氧化还原电位值升高 $0.06\ V$。

2.3　自然厌氧生态系统

厌氧消化过程存在于沼泽、湖泊和海洋沉积物以及动物的瘤胃中。厌氧生态系统是完全没有或缺乏分子氧（气态或溶解态）的生存环境，例如自然条件下的湖、河等水体底泥，动

物的消化道(瘤胃等)以及厌氧罐、厌氧手套箱或亨盖特滚管等人工创造的无氧空间等。在好氧生境中,借兼性厌氧菌消耗氧也可在局部创造无氧微生境。

2.3.1　海底沉积物

海洋沉积物是海洋历史的记录,在漫长的地质年代里,由陆地河流和大气输入海洋的物质以及人类活动中落入海底的东西,包括软泥沙、灰尘、动植物的遗骸、宇宙尘埃等统称为海洋沉积物。它既不同于淡水沉积物、土壤等陆地环境,又与海水水体环境相对独立。海洋沉积物是地球上最复杂的微生物栖息地。

沉积物中的微生物往往具有适应其特殊环境的形态学、生理学上的特异性。对其多样性的研究已成为世界各国的研究热点。越来越多的研究表明,在世界各地海洋深处的沉积物中都生活着大量微生物,它们的数量惊人。目前对全球海洋细菌生物量的估算表明,大量的细菌生物量蕴藏在深海底下,其中大部分深埋于海底沉积物中。以主要温室气体之一的甲烷为例,约90%的海洋甲烷循环过程发生在深海沉积物中,所有海底沉积物中产生的甲烷所含碳总量比地球表面的生物及陆地泥土含碳量的总和高4~8倍,而微生物在深海甲烷的生成与消耗过程中起着非常重要的作用。

李涛等研究南海西沙海槽的深海沉积物中细菌多样性时,采用提取 DNA 并构建细菌 16S rDNA 文库的方法。通过对细菌 16S rDNA 系统发育分析表明,该沉积物中细菌分 4 个类群:变形杆菌、浮霉菌、低(G + C)含量革兰氏阳性菌和放线菌,它们分别占总体的49%、22%、22%和7%。

Niculina 等应用荧光原位杂交(FISH)和寡核苷酸标记的狭缝印迹杂交分析德国北海瓦登海潮间带沉积物微生物群落结构随季节和深度的改变,结果发现,细菌数目极其丰富,达到 3×10^9 个/mL。微生物群落结构随季节变化幅度大,7月和10月较3月数目更多。主要类群有浮霉菌、噬纤维菌/黄杆菌群、变形菌、脱硫八叠球菌/脱硫球菌。Ravenschlag 等采用 FISH 结合 16S rRNA 寡核苷酸标记的狭缝印迹杂交方法,研究北极斯瓦尔巴特群岛沉积物中的微生物系统发育组成,发现了 β、γ、δ 变形杆菌、浮霉状菌目、革兰氏阳性菌以及 CFB 类群,其中 δ 变形杆菌中的硫酸盐还原细菌和噬纤维菌/黄杆菌簇是沉积物中含量最丰富的类群,其次是浮霉状菌目。

由于存在缺氧、高盐等极端条件,所以在海底环境中有大量产甲烷菌的富集。在已知的产甲烷菌中,大约有1/3的类群来源于海洋这个特殊的生态区域。一般在海洋沉积物中,利用 H_2/CO_2 的产甲烷菌的主要类群是甲烷球菌目和甲烷微菌目,它们利用氢气或甲酸进行产能代谢。在海底沉积物的不同深度里都能发现这两类氢营养产甲烷菌,此类产甲烷菌能从产氢微生物那里获得必需的能量。

硫酸盐在海洋中几乎无处不在,据测定,海水中硫酸盐浓度最大可达 27 mmol。从化学反应能看,硫酸盐还原细菌在与产甲烷菌竞争底物——乙酸和氢上占有优势,其还原产物 H_2S 又可抑制产甲烷菌生长。因此,在海洋厌氧生境中硫酸盐还原细菌起了主导作用,特别在沉积物和水的交界面处硫酸盐还原细菌数量最多,在此交界面上下一定深度形成了一条硫酸盐还原带,此区域内甲烷基本不能生成。

据研究,CH_4 每年的产生量大约为 320 Tg,年净 CH_4 排放仅为 16 Tg CH_4,仅为产生量的5%,造成这一现象的原因除了硫酸盐还原细菌与产甲烷菌的基质竞争作用外,绝大部分所产生的 CH_4 都被厌氧氧化消耗。从表 2.3 中数据可以看出,不同深度区沉积物 CH_4 厌氧氧化量

占总的 CH_4 厌氧氧化量的比例大小关系为:陆地下缘 > 大陆架内 > 大陆架外 > 陆地上缘。

表 2.3　陆地不同深度区的甲烷厌氧氧化

不同深度区	CH_4 厌氧氧化速率 /mmol($m^{-2} \cdot d^{-1}$)	面积 /($10^{12} m^2$)	CH_4 厌氧氧化量 /(Tg·a^{-1})	占总量比例 /%
大陆架内	1.0	13	73.6	24.21
大陆架外	0.6	18	64	21.05
陆地上缘	0.6	15	56	18.42
陆地下缘	0.2	106	110.4	36.32
总和	—	152	304	100

因此在海洋及其沉积物中厌氧性固氮细菌以梭菌和脱硫弧菌为主。固氮活性在 1.3 ~ 98.4 mmol/L NaCl 乙烯/g 沉积物/d。

2.3.2　淡水沉积物

淡水通过地下水和河流把陆地和海洋连接起来,特别是对氮和磷这样的元素循环起重要作用。气候变化和广泛的人类活动对淡水生境有影响。对这种扰动最明显的反应是在水体表面,而发生在表面之下生境中的变化有着重要的意义。淡水沉积的生物多样性很丰富,主要的物种见表 2.4。

表 2.4　淡水沉积物生物群的物种丰富度

分类		全球已发现数量	全球物种大概数目	区域物种丰富度
细菌		>10 000	未知	>1 000
藻类		14 000	>20 000	0 ~ 1 000
真菌		600	1 000 ~ 10 000	0 ~ 300
原生动物		<10 000	10 000 ~ 20 000	20 ~ 800
植物		1 000	未知	0 ~ 100
无脊椎动物	扁形动物门	4 000	>10 000	10 ~ 1 000
	环节动物门	1 000	>1 500	2 ~ 50
	软体动物门	4 000	5 000	0 ~ 50
	蠕虫类	5 000	>7 500	0 ~ 100
	甲壳纲	8 000	>10 000	5 ~ 300
	昆虫类	45 000	>50 000	0 ~ 500
	其他	1 400	>2 000	0 ~ 100

注:表中数据只是近似值,包括多种生境(如湿地、湖泊、河床及地下水)

水体环境中基质以单向方式从上进入沉积层,搅拌作用很弱甚至可能没有。时间一长,可能出现基质的浓缩和分层现象,随之菌群也可能出现分层。表 2.5 给出了沉积物的有机质及其组分,一般而言,沉积物表层含有较为丰富的复杂有机物,包括植物残体、藻类细胞、腐屑甚至动物残体等,表层的微生物菌群生理上具有较大的多样性,并有更为强烈的代谢活动。以长江中下游沉积物为例,沉积物中总磷含量为 307.43 ~ 1 454.39 mg/kg,阳离子交换量为 0.086 1 ~ 0.252 8 mmol/g，有机质总量为 0.25% ~ 7.38%（质量分数），有机质组分以胡敏素为主；沉积物的颗粒组成以粉砂粒级和黏粒级为主，占 64% ~ 98%，粉砂粒级占 50% ~ 70%；黏土矿物以伊利石/蒙脱石混层为主，其次是伊利石、绿泥石和高岭石；沉积物中主要的氧化物为 SiO_2、Al_2O_3 和 Fe_2O_3，变化较大的成分为 SiO_2、Al_2O_3 和 Fe_2O_3。沉积物下层营养受到限制，对菌群的选择性提高。在硝酸盐丰富的沉积物中，由于氧化还原电位高，很少存在产甲烷菌。在含有硫酸盐的厌氧生境中，甲烷发酵受阻。而在温度低于 15 ℃时，沉积物中的甲烷生成也会停止。

表 2.5　沉积物的有机质及其组分分析

编号	$\omega(OM)$	$\omega(HA)$	HA 的比例	$\omega(FA)$	FA 的比例	$\omega(HA)/$ $\omega(FA)$	胡敏素的比例
D1	1.99 ± 0.2	0.134	6.7	0.467	23.5	1.369	68.8
D2	1.35 ± 0.1	0.111	8.2	0.330	24.2	0.910	67.4
D3	1.88 ± 0.1	0.122	6.5	0.505	26.9	1.189	63.2
P1	1.40 ± 0.1	0.123	8.6	0.327	23.4	0.953	68.1
P2	1.42 ± 0.2	0.108	7.6	0.394	27.7	0.918	64.6
P3	1.41 ± 0.1	0.114	8.1	0.396	28.1	0.900	63.8
P4	1.45 ± 0.2	0.116	8	0.335	23.1	1.001	69.0
C – H14	0.56 ± 0.02	0.038	6.8	0.125	22.3	0.397	70.9
C – S4	0.34 ± 0.01	0.022	6.5	0.084	24.7	0.234	68.8
C – S18	0.25 ± 0.01	0.018	7.1	0.057	22.6	0.176	70.3
T – M	3.45 ± 0.3	0.358	10.5	0.632	18.6	0.564	70.9
T – W	3.16 ± 0.4	0.300	9.5	0.604	19.1	0.501	71.4
T – X	1.81 ± 0.2	0.155	8.5	0.422	23.4	0.371	68.1
T – G	1.73 ± 0.3	0.149	8.6	0.431	24.9	0.342	66.5
X1	4.04 ± 0.3	0.128	3.2	0.975	24.1	2.937	72.7
X2	4.41 ± 0.3	0.135	3.1	1.000	22.7	3.276	74.3
X3	5.63 ± 0.4	0.192	3.4	1.355	24.1	4.083	72.5
X4	5.74 ± 0.2	0.241	4.1	1.274	22.2	4.225	73.6
Y1	7.09 ± 0.4	0.458	6.5	1.548	21.8	5.084	71.7
Y2	7.38 ± 0.3	0.500	6.8	1.514	20.5	5.366	72.7

2.3.3　稻田土壤

　　水稻田通常吸收有大量的有机物质，一旦被水淹没会很快转变成厌氧状态。长期的水稻种植形成了独特的稻田土壤细菌群落。这些细菌参与土壤物质转化过程，在土壤形成、肥力演变、植物养分有效化和土壤结构的形成与改良等方面起重要作用。稻田土壤微生物的群落结构与数量可以作为衡量土壤肥力高低的重要指标。段红平等通过平板分离计数发现，丰富的水稻根际微生物类群数量是水稻高产的原因之一。

2.3.3.1　稻田土壤中的微生物

　　细菌是土壤中数量最大的一类微生物，其数量变化于 20^5 ~ 10^8 cfu/g 干土之间，是稻田土壤中最大的生命活动体，其中以黄沙泥中数量最多、黄泥田中数量最少。而放线菌和真菌多为好气性的，受土壤通气状况影响较大，随土类不同而有较大变化，在通气性较好的紫沙泥等沙质土壤中数量较多，以河沙泥最多；而在通气性差、肥力较低的黄泥田中数量少，放线菌为 278 000 cfu/g 干土，真菌为 11 600 cfu/g 干土。不同土壤类型、不同肥力、不同耕作制度、不同地域的土壤中微生物数量和种类都不同。

土壤微生物中的特殊生理群直接影响到土壤某些养分的可给性和植物生长，其中主要微生物的作用有以下几种：

①固氮菌的数量可以作为衡量土壤肥力和熟化程度的指标之一，土壤肥力高、熟化程度高，固氮菌数量最多；反之，则固氮菌数量少。

②硝化 – 反硝化作用的交替是造成土壤 N 素损失的重要途径之一。硝化细菌和反硝化细菌在土壤中的数量分布受土壤氧化还原电位、pH 值、有机质含量等许多因素的影响。

③硫化细菌和反硫化细菌。硫化 – 反硫化作用交替进行造成土壤 S 素价态的变化。反硫化作用需在厌氧条件下进行，生成的 H_2S 会对植物根部造成毒害，秧苗烂秧形成的黑根主要就是反硫化细菌作用的结果，硫化作用形成的硫酸（盐）是植物吸收土壤 S 素的主要形态。由此可见，硫化细菌和反硫化细菌的活动对土壤 S 素肥力产生深刻的影响，对作物生长会产生正反两方面的作用。

④纤维素分解细菌。有好气性和厌气性两类，它们促进了土壤中有机质的分解和转化，其数量可指示土壤有机质的含量、分解情况及土壤肥力水平和熟化程度。

⑤氨化细菌。土壤有机质要经过矿化之后才能被植物很好地利用，氨化细菌对含 N 有机质的矿化是有机氮被植物利用的前提条件。氨化作用产生的氨同时又是影响硝化 – 反硝化作用的一个因素。氨化细菌没有特定的种类范围，大部分异养细菌都能进行氨化作用，土壤氨化作用的强度变化能在一定程度上反映土壤供 N 能力。

2.3.3.2　产甲烷菌群

稻田中的产甲烷菌类群主要有甲酸甲烷杆菌、马氏甲烷八叠球菌、巴氏甲烷八叠球菌。研究发现稻田里产甲烷菌的生长和代谢具有一定的特殊规律性。第一，产甲烷菌的群落组成能保持相对恒定，当然也有一些例外，如氢营养产甲烷菌在发生洪水后就会占主要优势。第二，稻田里的产甲烷菌的群落结构和散土里的产甲烷菌群落结构是不一样的、不可培养的。水稻丛产甲烷菌群作为主要的稻田产甲烷菌类群，其甲烷产生主要原料是 H_2/CO_2。而在其他的散土中，乙酸营养产甲烷菌是主要的类群，甲烷主要来源于乙酸。造成这种差别可能是由于稻田里氧气的浓度要比散土中高，而在稻田里的氢营养产甲烷菌具有更强的氧气耐受性。第三，氢营养产甲烷菌的种群数量随着温度的升高而增大。第四，生境中相对高的磷酸盐浓度对乙酸营养产甲烷菌有抑制效应。

（1）甲烷的排放量模型

土壤中的 CH_4 主要通过 3 种途径排入大气中：①大部分被植株根系等吸收，随着养分的输送再经作物的通气组织排放到大气中；②形成含 CH_4 的气泡，气泡上升到水面破裂而喷射到大气中；③少量 CH_4 是由于浓度梯度的形成而沿土壤 – 水和水 – 气界面而扩散排出。在水稻生长的大多数阶段，一般认为大约 90% 的 CH_4 排放量是通过水稻植物体排到大气中去的，由气泡和分子扩散完成的输送不到排放量的 10%。甲烷的排放量可以采用 Huang's 模型计算。

　　Huang's 模型的基本假设为：稻田土壤的甲烷基质主要源于水稻植株的根系分泌物及加入到土壤中的有机物（包括前作残茬、有机肥、作物秸秆等）的分解。甲烷的产生率取决于产甲烷基质的供应以及环境因子的影响，甲烷氧化比例受水稻的生长发育所控制。

　　产甲烷基质主要来源之一的外源有机物分解，描述方程为

$$C_{OM} = 0.65 \times SI \times TI \times (k_1 \times OM_N + k_2 \times OM_S)$$

式中　C_{OM}——外源有机物每日分解所产生的甲烷基质，g/(m² · d)；

　　　　OM_N 和 OM_S——分别为有机物中易分解组分和难分解组分的含量，g/m²；

　　　　k_1 和 k_2——对应于这两种组分的潜在分解速率的一阶动力学系数；

　　　　SI 和 TI——分别表示土壤质地和土壤温度对这一过程的影响。

　　水稻在正常的生理活动过程中，其根系会不断地产生一些代谢的分泌物进入土壤。这些分泌物经土壤微生物分解后作为产甲烷菌的基质

$$C_R = 1.8 \times 10^{-3} \times VI \times SI \times W^{1.25}$$

式中　C_R——每日水稻植株代谢产生的甲烷基质，g/(m² · d)；

　　　　VI——水稻的品种系数，表示不同水稻品种间的差异；

　　　　W——水稻植株的地上生物量，g/m²

$$W = \frac{W_{max}}{1 + Bo \times \exp(-r \times t)}$$

$$Bo = \frac{W_{max}}{Wo} - 1$$

$$W_{max} = 9.46 \times GY^{0.76}$$

式中　GY——稻谷产量，g/m²；

　　　　Wo 和 W_{max}——分别表示水稻移栽期和成熟期地上部分生物量，g/m²；

　　　　t——移栽后的天数；

　　　　r——水稻地上部分内禀生长率；

　　　　Bo——水稻生长指数。

　　土壤环境对甲烷产生的影响主要包括土壤质地（土壤砂粒含量，SAND），温度（T_{soil}）及氧化还原电位（Eh）。对应于这些土壤环境因素的影响函数来量化它们对甲烷产生的影响，并分别表示为：

土壤质地影响函数　　　　$SI = 0.325 + 0.022\,5 \times SAND$

土壤温度影响函数　　　　$TI = \dfrac{T_{soil-3}}{Q_{10}^{10}}$

土壤氧化还原电位影响函数　　$F_{Eh} = \exp\left(-1.7 \times \dfrac{150 + Eh}{150}\right)$

式中　Q_{10} 的取值范围为 2 ~ 4；

　　　　Eh——土壤的氧化还原电位，是初次灌溉后天数的函数。

　　土壤中甲烷的产生源于土壤还原条件下各种产甲烷菌的活动，在这一过程中，土壤的氧化还原电位具有关键性的影响。稻田土壤中甲烷的产生率（P，g/(m² · d)）表示为

$$P = 0.27 \times FEh \times (C_{OM} + TI \times C_R)$$

式中　常数 0.27 是甲烷（CH_4）相对分子质量与产甲烷基质（$C_6H_{12}O_6$）相对分子质量的比值。

土壤中甲烷通过水稻植株的通气组织向大气排放。随着水稻的生长,甲烷向大气的排放量占土壤甲烷产生量的比例越来越小。用下式来描述该比例的变化

$$F_P = 0.55 \times \left(1 - \frac{W}{W_{\max}}\right)^{0.25}$$

由上述方程可以得出稻田甲烷通过植株通气组织的排放率(E_P,g/(m²·d))为

$$E_P = F_P \times P$$

土壤水中的甲烷达到最大饱和溶解度之后,新产生的甲烷就会聚集形成气泡。这些气泡聚集到一定体积,在浮力作用下快速向上运动并最终通过水气界面进入大气。这个过程中气泡中的甲烷极少被氧化。这一途径主要表现在水稻生长的初期,植株通气组织不够发达的时候,随着水稻通气组织的逐步发育,甲烷的排放逐渐过渡到通过植株通气组织的途径进入大气。考虑到这些过程,稻田甲烷的总排放率(E,g/(m²·d))表述为

$$E = E_P + E_{bl} = \min\left(F_P, 1 - \frac{E_{bl}}{P}\right) \times P + E_{bl}$$

式中　P——土壤中甲烷的生产速率,g/(m²·d);

E_{bl}——甲烷通过气泡形式向大气的排放率,g/(m²·d),

$$E_{bl} = 0.7 \times (P - P_0) \times \frac{\ln(T_{soil})}{W_{root}}$$

P_0——土壤中甲烷达到饱和后产生气泡的临界甲烷产生率(g/(m²·d))。当土壤中水溶性甲烷达到饱和并且 $P > P_0$ 时,便会有甲烷气泡产生,P_0 的取值为 0.002;

T_{soil}——土壤温度,℃;

W_{root}——水稻的根生物量,g/m²;

$$W_{root} = 0.136 \times (W_{root} + W)^{0.936}$$

式中　W——水稻的地上生物量,g/m²,对给定的 W 值,通过一个离散化的递归算法($W_{root}^{(0)} = 0$,为起点,$W_{root}^{(i)} - W_{root}^{(i-1)} < 0.1$ 作为递归的结束条件),可以计算出对应的水稻根生物量。

(2)稻田甲烷排放的规律

①甲烷排放的耕作层深度规律。

在稻田中,CH_4 产生主要发生在稻田土壤耕作层 2~20 cm,但不同的农田作业对此有很大的影响。意大利稻田中 7~17 cm 土壤层是重要的 CH_4 产生区域,13 cm 处的 CH_4 产生率最大;而我国湖南地区由于独特的有机肥铺施操作,土壤中 CH_4 的产生在耕作层以下 3~7 cm 就达到最大值。

②甲烷排放的日变化规律。

日变化规律随环境条件而异,目前观察到的主要有 4 种日变化类型:

第一种类型是午后 13 时出现最大值,这种变化在我国多数地区和国外观测都出现,并且和水温、土壤浅层及空气温度的日变化一致;

第二种类型是夜间至凌晨出现排放最大值,这是比较少见的一种,可能的原因是植物在炎热夏季的中午为防止植物体内的水分散失而关闭气孔,堵塞了 CH_4 向大气传输的主要途径,未能排出的 CH_4 在晚上随着气孔的开启排向大气,从而出现了 CH_4 排放率在夜间的极大值;

第三种类型是一日内下午和晚上出现两次最大值,这种情况在杭州地区的晚稻和第二种类型一起常被发现,可能是以上两种排放途径的作用结合在一起造成的;

第四种类型是在特殊天气条件下发生的,如在连续阴雨天气,CH_4通量的日变化不像晴天那样明显地存在余弦波式的规律,而是有逐日降低趋势,土壤温度的变化也只有微小的波动。这可能与阴雨天水稻光合作用减弱、水稻根系分泌物减少及阴雨天土温较低造成的较低的土壤CH_4产生率有关。

③甲烷排放的季节变化规律。

稻田甲烷排放的季节变化与水稻种植系统类型(例如早稻和晚稻)、稻田的预处理方式(例如施绿肥、前茬种小麦、垄作、泡田等)、土壤特性、天气状况、水管理、水稻品种、施肥情况等因子密切相关。水稻生长期甲烷排放具有3个典型排放峰,分别出现在水稻生长的返青、分蘖和成熟期,有研究者得到早、晚稻各生育期的产甲烷菌数量的变化规律,见表2.6。

表2.6 早、晚稻各生育期的产甲烷菌的数量 个/(g 干土)

水稻	取样点	肥力	返青期	分蘖期	孕穗期
早稻	华家池	较高	3.6×10^3	1.7×10^7	5.1×10^4
	杨公村	低	1.2×10^2	5.9×10^{33}	2.7×10^2
晚稻	华家池	较高	2.4×10^2	7.2×10^6	9.4×10^5
	杨公村	低	1.4×10^2	2.0×10^4	1.4×10^4

水稻	取样点	开花期	乳熟期	成熟期	平均值
早稻	华家池	3.9×10^5	1.2×10^4	—	4.6×10^6
	杨公村	7.7×10^3	7.8×10^2	—	3.0×10^2
晚稻	华家池	7.4×10^5	4.6×10^3	5.8×10^3	1.5×10^4
	杨公村	8.7×10^2	2.4×10^3	6.6×10^3	7.3×10^3

(3)稻田甲烷的减排

近几年对大气甲烷^{14}C的观察表明:由生物学过程产生的甲烷约占整个地球大气中甲烷的80%,而其中1/3以上是由水稻田所释放的。稻田甲烷排放研究的最终目标之一是制定有效的减排措施。由于世界人口不可避免的增长,在减少全球稻田甲烷排放的同时,必须保证水稻产量不受影响。因此比较合理的思路是通过高效的农业管理措施或高产水稻品种来实现。

目前研究较多的农业管理措施主要是施肥管理和水分管理。

稻田甲烷排放的施肥效应从总体上讲,有机肥是增加甲烷排放的重要原因,而对无机肥的报道则有一些矛盾之处,有的发现增加甲烷排放,有的发现减少甲烷排放,有的则发现几乎没有影响。许多研究表明,施肥效应主要取决于所施肥料的质量、数量及施肥方法。因此,通过适宜的施肥措施,可以在不降低水稻产量的基础上减少稻田甲烷的形成速率。

水分管理对稻田甲烷排放也具有重要影响,合理的灌溉技术(如晒田、间歇灌溉)通过改变土壤的氧化还原电位状况,不仅可以达到减少甲烷的产生,而且能够促进土壤中甲烷的氧化作用,从而达到减少甲烷排放的目的。

在水稻生长期的某些阶段应晒田通气,晒田时甲烷排放量下降,而且重新灌水后需过相当长时间才能使甲烷的排放率回升。

研究表明,因品种差异而导致甲烷排放的差异最大可达 1 倍多,因此在培育水稻新品种时应将甲烷释放性能列入考虑范围。

2.3.3.3 硫酸盐还原菌

硫酸盐还原菌是另一生存于水稻田土壤的厌氧细菌类群。但国内外对于水田土壤中的硫酸盐还原菌研究报道相当少。闵航等(1992)、周碧河等(1993)观察了水稻田硫酸盐还原菌的季节性消长,并进行了以乳酸盐为基质的硫酸盐还原菌的分离及其生理生化特征的研究。研究结果表明,水稻田中硫酸盐的数量也是以分蘖期为最多,分蘖前和分蘖后各生育期相对较少,而且有机质含量较高的土壤中的硫酸盐还原菌数量较多,土壤中硫化物含量随着淹水时间的延长而增多。从水稻土壤中分离的以乳酸盐为基质的硫酸盐还原菌有时为普通脱硫弧菌和脱硫肠杆菌属两种。

闵航等(1985)在研究水稻根际联合固氮活性时观察到在水稻分蘖盛期的根际有较高的联合固氮活性。现对于水稻甲烷释放的测定,产甲烷菌和硫酸盐还原菌的计数等研究,也观察到在水稻分蘖盛期至末期甲烷释放量最大,细菌数量最多。这表明在水稻分蘖盛期间为这些类群细菌的繁殖和生命代谢活动,不仅创造了良好的环境条件,而且提供了丰富的适宜基质。水稻在分蘖盛期有最大的光合作用强度和效率,除满足本身需要外,还有一些合成中间产物如延胡索酸、苹果酸、琥珀酸等从根系分泌,而且根系也有部分自溶物,这些都可作为这些细菌生长和代谢的良好基质。

根据试验测定结果(表2.7),杨公村早晚稻不同生育期根际土壤 SRB 数量,早稻和晚稻苗期较少,全层平均(下同)分别为 1.01×10^3 个/(g 干土),5.32×10^3 个/(g 干土),分蘖盛期数量达到最大值,分别为 2.25×10^4 个/(g 干土),2.15×10^5 个/(g 干土),随后逐渐减少。华家池早晚稻不同生育期根际土壤 SRB 数量,早稻秧苗期比分蘖初期多。这可能由于早稻前作为茭白田,长期淹水形成低的 Eh 值有关,至分蘖盛期达到最大值,为 7.40×10^5 个/(g 干土),随后数量略为减少。晚稻秧苗期 SRB 数量最多,为 6.71×10^5 个/(g 干土),分蘖初期下降,而在分蘖盛期又达较高值,为 4.66×10^5 个/(g 干土),随后又下降。

表 2.7　水稻不同生育期土壤中硫酸盐还原菌的数量　　　　　　　　个/(g 干土)

水稻生育期	杨公村				华家池			
	早稻		晚稻		早稻		晚稻	
	上层	下层	上层	下层	上层	下层	上层	下层
秧苗期	1.02×10^3	1.01×10^3	8.32×10^3	2.32×10^5	8.01×10^5	5.34×10^5	7.22×10^5	6.20×10^5
分蘖初期	1.21×10^3	5.54×10^2	1.45×10^4	1.51×10^4	2.91×10^5	4.72×10^5	1.40×10^5	1.22×10^5
分蘖盛期	3.50×10^4	1.00×10^4	2.61×10^5	1.70×10^5	7.61×10^5	7.2×10^5	7.81×10^5	1.52×10^5
孕穗期	2.21×10^4	6.33×10^3	1.10×10^4	2.34×10^4	5.36×10^5	2.54×10^5	5.83×10^5	7.31×10^4
抽穗期	2.22×10^4	1.24×10^4	4.63×10^4	1.33×10^4	4.10×10^5	2.31×10^5	4.34×10^5	5.51×10^4
乳熟期	1.30×10^4	1.04×10^4	7.25×10^4	1.14×10^4	—	—	1.25×10^4	1.10×10^4

从表2.7看出,土壤上层的 SRB 数量普遍比下层高,这可能是上层处于根密集区,为 SRB 提供更多的基质和更好的生活环境。同时华家池稻田的 SRB 数量明显高于杨公村稻

田,这与华家池连年种植水稻,土壤熟化程度和有机质含量较高(2.01%),并且以猪粪等有机肥料作为基肥有关;而杨公村以往以旱作为主,很少施用有机肥料,有机质含量低,仅为1.24%。以上情况表明,水稻田 SRB 数量与水稻生育期土壤环境中的 Eh 值、有机质含量及温度等因素有关。

2.3.4 反刍动物瘤胃

反刍动物瘤胃是自然界中十分重要的厌氧生境之一,可以把瘤胃看作一个半连续恒温发酵装置。反刍动物瘤胃能够为产甲烷菌提供诸如低电位、无氧等环境条件;动物瘤胃还能产生乙酸、丙酸、丁酸等有机酸,为产甲烷菌提供了足够的碳源和能源;同时随同食物进入瘤胃的唾液含有丰富的矿物质和氨基酸。据研究,每升唾液中含有 N 159 mg,Na 3 005 mg、K 520 mg、Ca 26 mg、P 312 mg、CO_2 2 330 mg、氨基酸 84 mg。

由于瘤胃为厌氧微生物提供了良好的环境,瘤胃中微生物的含量极为丰富。其中主要为细菌和厌氧原生动物,主要的特征见表 2.8。瘤胃细菌主要的分类是纤维分解菌、淀粉水解菌、产甲烷菌,数量可以达到 $10^9 \sim 10^{10}$ 个/mL;原生动物的数量可以达到 $10^5 \sim 10^6$ 个/mL,主要以厌氧性纤毛虫和鞭毛虫为主。

表 2.8 瘤胃中的细菌和原生动物

	细菌	原生动物
细胞数/g 内容物	$10 \sim 5 \times 10^{10}$	$10^5 \sim 10^6$
% 微生物氮	$60 \sim 90$	$10 \sim 40$
% 总发酵力	$40 \sim 70$	$30 \sim 60$
mg 干重/mg	$9 \sim 20$	$5 \sim 6$
g 细胞/动物(牛)	1 463	455
g 细胞蛋白质/动物(牛)	797	248

饲喂高精料日粮的羊和牛的瘤胃液中分别含有产甲烷菌 $10^7 \sim 10^8$ 个/g 和 $10^8 \sim 10^9$ 个/g,放牧的羊和奶牛的瘤胃液中含有产甲烷菌 $10^9 \sim 10^{10}$ 个/g。一般认为,瘤胃中主要的产甲烷菌为瘤胃甲烷短杆菌和巴氏甲烷八叠球菌。动物瘤胃中产甲烷菌的形态及能源见表 2.9。

表 2.9 反刍动物瘤胃中产甲烷菌的形态及能源

种类	形态	能源
反刍甲烷短杆菌	短杆状	H_2/甲酸
甲烷短杆菌	短杆状	H_2/甲酸
巴氏甲烷八叠球菌	不规则团状	H_2/甲醇、甲胺/乙酸
马氏甲烷八叠球菌	球菌	甲醇、甲胺/乙酸
甲酸甲烷杆菌	长杆丝状	H_2/甲酸
运动甲烷微菌	短杆状	H_2/甲酸

　　动物瘤胃内生成的甲烷通过嗳气排入大气,全球反刍动物年产甲烷约 7.7×10^7 t,占散发到大气中的甲烷总量的15% ,而且每年还以1%的速度递增。减少家畜体内甲烷的生成不仅可以提高动物的生产性能,而且对控制温室效应有一定作用。

　　甲烷的产生量主要受日粮类型、碳水化合物类型、采食量、环境温度的影响。反刍动物自由采食富含淀粉的饲料或瘤胃灌注可溶性的碳水化合物时,瘤胃丙酸产量增加,甲烷产量降低。当给动物饲喂粗饲料时,纤维素分解菌大量增殖,瘤胃主要进行乙酸发酵,产生大量的氢,瘤胃氢分压升高。这时就会刺激甲烷菌大量增殖,甲烷产量增加。

　　采食量也会影响瘤胃甲烷的产量。当采食量水平提高到2倍的维持水平时,总的甲烷产量增加,但损失的甲烷能占饲料能的比例却降低12% ~30% 。另外,饲料的成熟程度、保存方法、化学处理和物理加工等都会影响瘤胃甲烷的产量。

　　尽管对瘤胃中甲烷菌优势种意见不同,但各国学者对瘤胃甲烷菌的研究主要集中于瘤胃内环境的调控:①通过在日粮中添加化学药品如水合氯醛和溴氯甲烷抑制甲烷菌的活动,减少甲烷的产生;②增加瘤胃中的乙酸生成菌,消耗氢气,减少甲烷菌的电子结合途径;③去原虫。甲烷菌附着于瘤胃纤毛原虫表面或者与纤毛虫形成内共生体,与原虫共生的甲烷菌生成的甲烷量占甲烷生成总量的9% ~25% 。因此,去原虫可以降低甲烷生成量。随着对甲烷菌研究的深入,抑制瘤胃中甲烷菌的技术将更加全面,对于提高动物生产性能和控制温室效应将具有积极的意义。

2.3.5　人畜肠道和盲肠

2.3.5.1　人体肠道

　　人体内存在大量共生微生物,它们大部分寄居在人的肠道中(人体肠道内的微生物种属及数量如图2.4所示),数量超过1 000万亿(10^{14}数量级),是人体细胞总数的10倍以上,其总质量超过1.5 kg,若将单个微生物排列起来可绕地球赤道两圈。

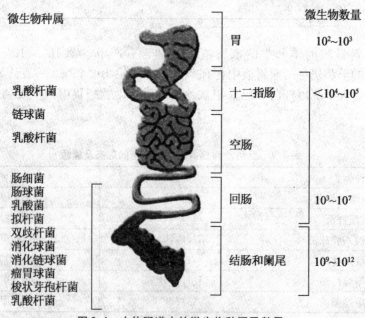

图2.4　人体肠道内的微生物种属及数量

目前估计肠道内厌氧菌有 100 ~ 1 000 种,严格厌氧的有拟杆菌属、双歧杆菌属、真杆菌属、梭菌属、消化球菌属、消化链球菌属、瘤胃球菌属,它们是消化道内的主要菌群;兼性厌氧的如埃希氏菌属、肠杆菌属、肠球菌属、克雷伯菌属、乳酸杆菌属、变性杆菌属,是次要菌群。

人的大肠吸纳未被消化的植物纤维和肠壁脱落的黏膜和细胞,发酵产物主要是脂肪酸。10% ~30% 的人产生数量不等的甲烷,人粪中产甲烷短杆菌的计数数量为 10 ~ 10^{10} 个/g 干重,其数量多少和被检者的产甲烷速率一致。使用 ^{13}C 核磁共振,在人和鼠粪中均可检测出加入 $^{13}CO_2$ 还原成 ^{13}C – 乙酸,同时也观察到产乙酸量多的个体产甲烷量低。还不清楚为什么有些人会产生较多甲烷。有趣的是,人类从膳食中获取的能量,有 5% ~10% 是通过大肠吸收脂肪酸而实现的。另外,从人粪中还分离到一株球形的特殊的产甲烷菌,需要 H_2 和甲醇双重基质才能生长,虽然在总体的甲烷生成中它并不重要。

2.3.5.2 白蚁肠道

从解剖学和社会组织性特征可以把白蚁分为两大类群,即低等白蚁和高等白蚁,低等白蚁包括澳白蚁科、木白蚁科、草白蚁科、鼻白蚁科和齿白蚁科 5 个科;高等白蚁仅有白蚁科 1 个科。

白蚁的明显特征就是其食木性,食物范围极广,包括木材(完好的或已腐解的)、植物叶片、腐殖质、杂物碎屑以及食草动物粪便等,而有些白蚁进化程度较高,能够自己培养真菌,作为其营养来源。因此,按白蚁食性,可以把白蚁分为食木白蚁、食真菌白蚁、食土白蚁和食草白蚁。白蚁的食物都富含纤维、半纤维素和木质素,但含氮量不高,即白蚁属于典型的寡氮营养型生物。

白蚁消化道呈螺旋状,主要由 3 部分组成,即前肠、中肠和后肠。与一般昆虫相比,白蚁后肠相当发达,约占全部肠道总容积的 4/5。由于大多数白蚁个体较小,肠道内的微环境条件难以准确描述。但可以肯定,从前肠向后肠推移,逐渐变为无氧状态,至充满微生物的后肠部分达到最低的氧化还原电位(– 270 ~ – 50 mV),此处 pH 值近中性(6.2 ~ 7.6),但食土白蚁的后肠 pH 值高达 11.0 以上。

1938 年 Hungate 就已经提出白蚁利用共生物消化木质的过程,即木质纤维进入白蚁消化系统后,被消化道中的原生动物吸收,在原生动物体内被氧化为乙酸、二氧化碳和氢气,乙酸被原生动物分泌到体外后又被白蚁吸收,作为生命活动的能量来源。目前在低等白蚁的肠内已经发现了 434 种属于毛滴虫、锐滴虫和超鞭毛虫的原生动物。但在高等白蚁中很少发现原生动物。

低等木食性白蚁肠道含有丰富的多种多样的共生微生物区系,包括真核微生物和原核微生物两类,其中原核微生物有细菌和古菌,这些微生物在木食性白蚁消化纤维素过程中承担着重要的作用。共生原核微生物中细菌一般占优势,产甲烷菌在后肠肠壁和鞭毛虫中有分布,产甲烷菌消耗纤维素降解的中间产物 H_2,并利用 CO_2 合成甲烷($CO_2 + 4H_2 \longrightarrow 2H_2O + CH_4$),促进纤维素的厌氧分解。有些产甲烷菌黏附在白蚁肠壁上皮,有些产甲烷菌与白蚁肠道内的鞭毛虫共生,而游离在肠液中的产甲烷菌几乎没有。

科学家们已经从白蚁体内分离得到同型乙酸菌和产甲烷菌。在白蚁肠道中,由同型产乙酸过程产生的乙酸相当多,后肠微生物产生的乙酸可以满足白蚁 77% ~100% 的呼吸需要。还有的研究表明,白蚁呼吸需要的乙酸约有 1/3 是通过同型产乙酸菌产生的。Ohkuma

采用 PCR 技术分析白蚁肠道混合微生物区系的 16S rRNA,从 4 种白蚁肠道中克隆到 7 种产甲烷的核酸序列,并比较了它们的系统发育,这些产甲烷的核酸序列分为 3 个群,从高等白蚁肠道中克隆到 2 个核酸序列与甲烷八叠球菌目和甲烷微菌目一致,从低等白蚁中克隆的核酸序列与甲烷短杆菌一致,但是大部分产甲烷菌与已知的产甲烷菌不同,它们也不分散于已知的产甲烷菌种中,可能作为一个独立的新种。

2.3.6　地热及地矿生态环境

在温泉和海底火山热水口等环境中主要通过地质化学过程产生 H_2 和 CO_2,而无其他有机物质。甲烷的生成只包括同型产乙酸阶段和产甲烷阶段。

在地热及地矿生态环境中均存在着大量能适应极端高温、高压的产甲烷菌类群,以往的研究发现大部分嗜热产甲烷菌是从温泉中分离到的。

Stetter 等从冰岛温泉中分离出来的甲烷栖热菌可在温度高达 97 ℃的条件下生成甲烷。Deuser 等对非洲基伍湖底层中甲烷的碳同位素组成进行研究后指出,这里产生的甲烷至少有 80% 是来自于氢营养产甲烷菌的 CO_2 还原作用。多项研究显示出,温泉中地热来源的 H_2 和 CO_2 可作为产甲烷菌进行甲烷生成的底物。

除陆地温泉中存在有嗜热产甲烷菌外,近年来在深海底热泉环境也发现多种微喷口环境的产甲烷菌类群,它们不但能耐高温,而且能耐高压。例如,一种超高温甲烷菌是从加利福尼亚湾 Guayama 盆地热液喷口环境的沉积物中分离出来,其生存环境的水深约 2 000 m(相当于 20.265 MPa),水温高达 110 ℃。甲烷嗜热菌也是在海底火山口分离到的,它是以氢为电子供体进行化能自养生活的嗜高温菌,其生长温度可达 110 ℃。

在地矿环境中,由于存在有大量的有机质,其微生物资源也很丰富并极具特点,产甲烷菌在地壳层的分布比较广泛,在地壳不同深度、不同微环境中,其种属及形成甲烷气的途径各异。周蕣虹等报道,在柴达木盆地第四系 1 701 m 的岩心中仍有产甲烷菌存在,并存在产甲烷的活性。张辉等指出,近年来从油藏环境中分离得到的产甲烷菌主要有 3 类,包括氧化 H_2 还原 CO_2 产生甲烷的氢营养产甲烷菌、利用甲基化合物(依赖或不依赖 H_2 作为外源电子供体)产生甲烷的甲基营养型产甲烷菌和利用乙酸产甲烷的乙酸营养型产甲烷菌。

2.3.7　天然湿地

湿地是全球大气甲烷的最大排放源,其中天然湿地每年向大气排放 100 ~ 231 Tg 的甲烷,湿地占所有天然甲烷排放源的 70%,占全球甲烷总排放量的 20% ~ 39%。利用卫星监测估算的自然湿地甲烷年排放量为 110 Tg,并且发现非洲刚果河和南美洲亚马逊盆地是全球湿地甲烷的主要排放区域。

2.3.7.1　湿地产甲烷菌种类和甲烷产生途径

湿地是介于水生生态系统和陆生生态系统之间的过渡区,地表水多是湿地的重要特点,由于水淹导致土壤处于厌氧环境当中,这就为甲烷的产生创造了先决条件。研究表明:湿地产甲烷菌分属于 *Methanomicrobiaceae*(甲烷微菌科)、*Methanobacteriaceae*(甲烷杆菌科)、*Methanococcaceae*(甲烷球菌科)、*Methanosarcinaceae*(甲烷八叠球菌科)和 *Methanosaetaceae*(甲烷鬃毛菌科)等,同时,发现了一些新的产甲烷菌,如 *Zoige cluster I* 等。

淡水湿地产甲烷菌主要以乙酸和 H_2/CO_2 为底物产生甲烷,并且以乙酸发酵型产甲烷菌为主,其产生的甲烷占甲烷总量的 67% 以上。但也有研究发现,有些湿地产甲烷菌主要利用 H_2/CO_2 还原产生甲烷,深层土壤尤其如此,即氢营养型产甲烷菌是主要的产甲烷功能菌。不同地区或相同地区不同植被下,产甲烷菌种类和甲烷产生途径存在着较大差异,这种差异主要是由于温度、底物、水位、植被类型、pH 值和硫酸盐含量等环境因子不同。

在温度较低条件下,产甲烷菌以只利用乙酸的甲烷鬃毛菌科为主,细菌的产甲烷能力较弱;在较高温度(大约 30 ℃)条件下,产甲烷菌以乙酸和 H_2/CO_2 都能利用的甲烷八叠球菌为主,温度超过 37 ℃ 时,*Zoige cluster I* 成为优势产甲烷菌。

Avery 等研究发现美国北卡罗来纳州 White Oak 河流沉积物中乙酸发酵途径产生的甲烷量占甲烷产生总量的(69±12)%,并且发现甲烷产生总速率、乙酸发酵产甲烷速率和 CO_2 还原产甲烷速率均随着培养温度升高呈指数增长,表明 CO_2 还原和乙酸发酵产甲烷都受控于温度,而不是受控于沉积物组成的季节性变化或者微生物群落大小。

充足的底物供应和适宜的产甲烷菌生长环境是甲烷产生的先决条件,底物丰富度直接决定了产甲烷菌功能的发挥。Amaral 和 Knowles 把沼生植物浸提液加入土壤,促进了甲烷的产生,把乙酸、葡萄糖等外源有机物加入产甲烷能力较低的泥炭土,显著提高了甲烷产生量。因此,易分解有机物质的缺乏可能限制了甲烷产生,即甲烷的产生受控于底物数量和质量。对泥炭沼泽和苔藓泥炭沼泽研究还发现,泥炭沼泽中水溶性有机碳一般为几个 mmol/L,而苔藓泥炭沼泽可以高出 2 倍,但是甲烷排放量却相反,原因就在于后者的有机酸等主要由木质素分解而来,具有较强的抗分解能力,无法进一步转化为产甲烷底物,可以说泥炭湿地中有机质组成是沼泽产甲烷潜能的主要决定因素。美国密歇根地区一个雨养泥炭地乙酸的累积刺激了以乙酸为底物的甲烷产生,占到全部甲烷产生量的 80% 以上。土壤溶液中乙酸的匮乏或非产烷微生物对乙酸的竞争利用,可能是此泥炭地甲烷产生量低的原因之一。研究也表明,尽管氢营养型产甲烷菌和乙酸发酵型产甲烷菌均存在于挪威高纬度(78 °N)泥炭湿地中,其甲烷排放仍受到泥炭温度和解冻深度而非产甲烷菌群落结构的影响,这可能由产甲烷菌可利用性底物的变化引起。可见,产甲烷底物的种类和数量在一定程度上决定着甲烷的产生,其可以通过控制产甲烷菌功能的发挥或群落结构而影响甲烷的产生。

硫酸盐还原与甲烷产生是有机底物重要的厌氧矿化过程。在淡水环境中,由于硫酸盐含量通常很低,尽管硫酸盐还原也有发生,但是产甲烷菌还原起主要作用,王维奇等对潮汐盐湿地甲烷产生及其对硫酸盐响应进行了详细综述。在硫酸盐含量丰富的盐沼湿地中,硫酸还原菌与产甲烷菌竞争利用乙酸、氢等底物,使得 H_2/CO_2 的浓度减少 70%~80%,乙酸盐减少 20%~30%,硫酸盐的存在明显抑制甲烷产生。也有许多研究发现,在高盐环境中,甲烷产生的途径是以非竞争性机制为主,通过以非竞争性底物甲胺、三甲胺、甲醇和甲硫氨酸等作为碳源,产生甲烷,而硫酸盐还原菌不能利用此类化合物。因此,盐沼湿地甲烷产生不仅包括竞争性底物乙酸盐发酵和 H_2/CO_2 还原途径,还包括非竞争性底物的氧化还原途径,且该途径可能是盐沼湿地甲烷产生的主要途径。

2.3.7.2　湿地甲烷排放通量规律

湿地甲烷通量是由甲烷产生、氧化以及传输 3 个过程决定的,而每一环节条件的变化都会影响到湿地甲烷通量,因此,不同地区湿地甲烷通量不同,就是同一区域的不同湿地,其甲烷通量也不会相同,甚至同一湿地不同位置的甲烷通量也是不同的。湿地甲烷通量不光有空间上的差异,还有时间上的差异,其时间差异又分为季节差异和一天内不同时间的差异。

从全球范围来看,湿地主要集中在高纬度地区和热带地区,也是甲烷通量的最大来源。根据 IPCC 的估计,每年全球天然湿地甲烷通量为 110 Tg,而每年全球稻田的甲烷通量为 25 ~ 200 Tg,平均值为 100 Tg。不同区域甲烷通量是不一样的,这是由许多因素决定的,气候因素是影响全球甲烷通量的重要因素。

不仅在不同区域内甲烷的通量不一样,在同一区域内,由于环境异质性也会导致甲烷通量的不同;甚至在同一湿地当中,不同植被类型的甲烷通量也是不同的。王德宣等在若尔盖湿地的研究中指出,2001 年 5 ~ 9 月的暖季中,若尔盖湿地的主要沼泽类型木里苔草沼泽的 CH_4 排放通量范围是 0.51 ~ 3.20 mg/($m^2 \cdot$ h),平均值为 2.87 mg/($m^2 \cdot$ h);乌拉苔草沼泽 CH_4 排放通量范围是 0.36 ~ 10.04 mg/($m^2 \cdot$ h),平均值为 4.51 mg·m/($m^2 \cdot$ h)。

湿地甲烷通量的时间动态主要分为季节动态和日变化两种,时间动态的形成,也要归根于甲烷产生、氧化及传输 3 个过程的共同作用,而这 3 个过程受到随时间变化因素的影响,这些因素包括温度、氧化还原电位、土壤酸碱度以及湿地植物的生长状况等。

一般认为,湿地甲烷通量有明显的日变化。曹云英在其对稻田甲烷排放的综述中指出,稻田甲烷排放通量是随着日出后温度逐渐升高而增大,下午达到排放高峰,然后快速下降,在夜间甲烷排放缓慢下降,并逐步趋于平稳,至日出前甲烷排放通量为最低。

黄国宏等对芦苇湿地甲烷进行观测后发现,其排放有明显的季节变化规律。大量的甲烷排放发生在夏季淹水期内,而在淹水前,土壤含水量低,表现为吸收甲烷;秋季排水后,甲烷排放明显减少。王德宣等指出,若尔盖高原沼泽湿地由于其独特的气候条件,夏季无明显的高温期,导致 CH_4 排放没有明显的高峰出现。因此,不同湿地类型甲烷的季节动态也是不同的。一般认为,湿地甲烷排放的季节变化不仅和土壤、空气和水的温度有关,而且更重要的是和植物的生活型、生物量以及生长状况有关。

2.3.8　传统发酵酿酒窖池

窖池是中国白酒尤其是浓香型大曲酒生产酿造过程中必不可少的重要固态生物反应器,浓香型曲酒用小麦为原料,环境微生物自然接种,经培育制成大曲作为发酵剂,酿酒原料以高粱为主。发酵的主要多聚体成分是淀粉以及少量蛋白质和脂肪。酿造工艺特点是固态酒醅发酵,装料后即用泥密封,属半开放型封闭式发酵。发酵周期一般为 30 ~ 60 d 不等。发酵过程中,由于各种微生物的相继作用,酒窖内迅速变成嫌气环境,温度也逐渐上升,一般最高达 30 ~ 32 ℃,在此温度维持几天后缓慢下降。

酿酒窖池内有丰富的有机营养物质,温度变化也不激烈,是厌氧中温菌良好的生态环境。发酵结束后,酒醅中乙醇浓度可达 5% 以上,拌有大量有机酸和酯类物质生成。据测定,窖泥 pH 值在 3.8 ~ 4.0 之间,滴窖黄水的 pH 值则在 3 左右,窖内基本为一酸性环境。发酵过程中除生成乙酸外,也有大量的 CO_2 和 H_2 生成,为乙酸营养和氢营养的甲烷菌提供了生长基质。

混蒸续糟、不间断的泥窖发酵使窖泥中的微生物长期处于高酸度、高乙醇和微氧的环境中,赋予了微生物群落结构的复杂性和特殊性,特殊的菌群结构对产品风格和质量的影响已引起众多学者的高度关注。

20 世纪 50 年代后期,当时的中央人民政府食品工业部组织中国科学院等数家研究机构对泸州老窖生产工艺的研究初步揭示了浓香型白酒的窖泥微生物学特征是以嫌气细菌,尤其是嫌气芽孢杆菌为优势菌群。进一步的研究揭示了产甲烷菌、甲烷氧化菌等菌群因窖龄不同而差异显著,在分离培养己酸菌、丁酸菌的基础上开发的己酸菌与产甲烷菌二元发酵人工培养技术促进了酿酒微生物学的快速发展。

浓香型白酒产香功能菌的研究,发现参与产香细菌类主要包括厌氧异养菌、甲烷菌、己酸菌、乳酸菌、硫酸盐还原菌、硝酸盐还原菌等,并认为这些微生物在特殊的环境中进行生长繁殖及代谢,各种代谢物在酶的作用下发生酯化反应而产生白酒的香气物质。由此可知,香气及其前体物产生菌主要表现为细菌类群。

何翠容等基于 FISH 技术的检测结果表明,窖泥中的细菌与古菌数量随窖龄不同而呈现较显著差异($p < 0.05$)(图 2.5),相同窖龄窖泥中的细菌、古菌数量差异性不明显。试验窖中细菌和古菌数最低,分别为 0.82×10^9 cells/g 和 0.78×10^9 cells/g,300 年窖池中细菌数最高,为 11.19×10^9 cells/g,100 年窖池中古菌数最高,为 12.61×10^9 cells/g。

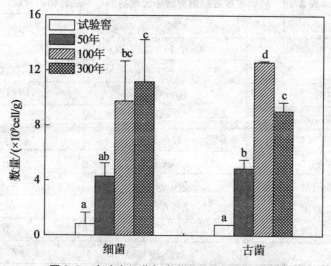

图 2.5　窖池中细菌与古菌随窖龄的变化规律

窖池生态系统中微生物种群间相互依存,相互作用,使窖池形成一个有机整体,保证其微生物代谢活动的正常进行。胡承的研究表明,新老两类窖池主要厌氧功能菌分布有明显差异,产甲烷菌和乙酸菌数量以老窖为多,新窖中未测出产甲烷菌;同一窖池中,产甲烷菌与乙酸菌的数量有同步增长的特征趋势,乙酸菌和甲烷菌存在共生关系;丁酸菌在代谢过程中产生的氢,被产甲烷菌及硝酸盐还原菌利用,解除其代谢产物的氢抑制现象;丁酸的累积又有利于乙酸菌将丁酸转化为乙酸;产甲烷菌、硝酸盐还原菌与产酸、产氢菌相互偶联,实现"种间氢转移"关系,且产甲烷菌代谢的甲烷有刺激产酸的效应,黄水中若含有大量的乳酸,被硫酸盐还原菌利用,就消除了黄水中营养物的不平衡。窖泥中存在多种形状的产甲烷细菌(杆状、球状、不规则状等),酒窖中的厌氧环境和各种基质(如 CO_2、H_2、甲酸、乙酸等)为产甲烷菌的生长与发酵提供了有利条件。

20 世纪 80 年代首次从泸州老窖泥中分离出氢营养型的布氏甲烷杆菌 CS 菌株,揭示了酿酒窖池是产甲烷古菌存在的又一生态系统。随后发现该菌和从老窖泥中分离的己酸菌——泸酒梭菌菌株存在"种间氢转移"互营共生关系,混合培养时可较大程度提高己酸产量,以后将 CS 菌株应用于酿酒工业,与己酸菌共同促进新窖老熟,有效提高酒质。因此,窖泥中栖息的产甲烷古菌既是生香功能菌,又是标志老窖生产性能的指示菌。

王俪鲆等用厌氧操作技术,从泸州老窖古酿酒窖池窖泥中分离到两株产甲烷杆菌 0372 - D1 和 0072 - D2。0372 - D1 菌体形态为长杆状,略弯,两端整齐,不运动,可由多个菌体形成长链,在固体培养基中难以长出菌落,只利用 $H_2 + CO_2$ 产生甲烷。0072 - D2 菌体形态为弯曲杆状,淡黄色圆形菌落,利用 $H_2 + CO_2$ 或甲酸盐作为唯一碳源生长。两株菌最适生长温度均为 35 ℃,菌株 0372 - D1 最适生长 pH 值为 6.5 ~ 7.0,生长 pH 值范围 5.0 ~ 8.0;菌株 0072 - D2 最适生长 pH 值则为 7.5。在各自最适条件下培养,两株菌的最短增代时间分别为 19 h 和 8 h。通过形态、生理生化特征和 16S rDNA 序列的同源性分析,表明菌株 0372 - D1 为产甲烷杆菌属的一个新种,0072 - D2 则为甲酸甲烷杆菌(*Methanobacterium formicicum*)的新菌株,相似性为 99%。表 2.10 列出了两种产甲烷菌的比较。

表 2.10　泸州老窖古酿酒窖泥中分离到的产甲烷杆菌的特征

特征	1	2
菌体大小	(0.4 ~ 0.5) × (2 ~ 15)	(0.2 ~ 0.3) × (2 ~ 10)
菌落大小	ND	1.0 ~ 2.0
底物利用	$H_2 + CO_2$	$H_2 + CO_2$、甲酸盐
最适温度/℃	35	35
温度范围/℃	15 ~ 50	15 ~ 50
最适 pH 值	6.5 ~ 7.0	7.5
pH 值范围	5.0 ~ 8.0	6.0 ~ 9.0
最适 NaCl 浓度	0	0.2 ~ 0.5
NaCl 浓度范围	0 ~ 4.5	0 ~ 5.0
来源	窖泥	窖泥

通过系统发育分析得出 0372 - D1 与产甲烷杆菌属中同源性最高的种 M. curvum 和 M. congolense C 的相似性为 96%。在生理特征上,菌株 0372 - D1 与产甲烷杆菌属其他种最大的区别在于生长 pH 值范围的宽泛性和一定的耐酸能力,生化性质上也存在较大差异,因此 0372 - D1 可能为产甲烷杆菌属的一个新种。菌株 0072 - D2 与 M. formicicum 的同源性最高,为 99%,因此为甲酸甲烷杆菌的一个新菌株。

尽管对浓香型白酒糟醅及窖泥中的功能菌已经做了大量的研究,但也存在以下问题:首先,对发酵过程中的微生物分布及鉴定研究较多,但对具体的某种或某类功能菌鉴定及产生变化研究还远远不够;其次,功能菌研究区域有一定的局限性,目前主要集中在四川、江苏等南方产地,而河南、山东、河北等北方产地功能菌的研究是零散的;再次,从研究手段上来看,基本上还处于传统微生物研究阶段,借助于分子生物学等先进方法的相对较少;最后,对于产香功能菌的认识仍不系统,其开发应用有待更进一步的研究和探索。要想真正地弄清其中微生物的本质,必须借助于先进的理论和方法,如引入微生物工程、基因工程、代谢工程、发酵工程及环境微生物生态学等理论以及分子生物学的方法,以便更好地促进酒业发展,使白酒生产实现质的提高。

2.4　极端环境

所谓极端环境是指对生物生长产生限制因子的环境,这样的环境通常指 pH 值在 4 以下或 9 以上,温度在 45 ℃以上或 20 ℃以下,盐浓度在 10% 以上,如高温、低温、高酸、高碱、高盐、高毒、高渗、高压、干旱或高辐射强度等环境。在已认识的几种主要自然极端生态环境中至少有以上几个指标中的一个是处在极端范围的。表 2.11 列出了主要的几种极端环境。

表 2.11　研究较多的自然极端环境的主要特征

环境	温度	pH 值	盐浓度/%(w/v)
淡水碱性温泉	>60	>7	<6
酸性硫黄矿场	>60	<3	<6
厌氧地热污泥和土壤	>60	5~7	<6
酸性硫黄和黄铁区域	<50	<3	<6
碳酸盐泉和碱性土壤	<50	>8	<6
碱湖	<50	>9	>10
高盐湖	<50	5~8	>10

在这样的环境中生存的生物绝大多数为极端微生物,极端微生物依赖这些极端环境才能正常生长繁殖。它们在细胞构造、生命活动(生理、生化、遗传等)和种系进化上的突出特性,不仅在生命科学的基础理论研究上有着重要的意义,而且对于现代生物技术产业在环境保护、农业和药物的开发与应用上也有着巨大的潜力。

自从生命现象发生以来,极端微生物在地球生物圈中业已存在,只是由于生产和科学技术的快速发展,促使人们对许多自然状况与生命的普遍性、复杂性和稳定性也加速认识,直到 19 世纪末人们才逐渐在生活和生产实践中认识到这一大类特殊生命群体。

第3章　古细菌域

3.1　古细菌生理生化特性

古细菌(*Archaeobacteria*)这个概念是 1977 年由 Carl Woese 和 George Fox 提出的,原因是它们在 16S rRNA 的系统发生树上和其他原核微生物的区别。它们是需氧的、兼性厌氧的或严格厌氧的。营养上,它们从化能无机自养生物到有机营养生物,分布广泛。一些是中温生物;另一些是能在 100 ℃ 以上生长的超嗜热生物。

3.1.1　生存环境

很多古菌是生存在极端环境中的。一些生存在极高的温度(经常 100 ℃ 以上)下,比如间歇泉或者海底黑烟囱中。还有的生存在很冷的环境或者高盐、强酸或强碱性的水中。然而也有些古菌是嗜中性的,能够在沼泽、废水和土壤中被发现。很多产甲烷的古菌生存在动物的消化道中,如反刍动物、白蚁或者人类。古菌通常对其他生物无害,且未知有致病古菌。

3.1.2　生理生态

3.1.2.1　形态特征

单个古菌细胞直径在 $0.1 \sim 15\ \mu\mathrm{m}$ 之间,有一些种类形成细胞团簇或者纤维,长度可达 $200\ \mu\mathrm{m}$。它们可有各种形状,如球形、杆形、螺旋形、叶状或方形。它们具有多种代谢类型。值得注意的是,盐杆菌可以利用光能制造 ATP,尽管古菌不能像其他利用光能的生物一样利用电子链传导实现光合作用。

3.1.2.2　细胞壁

虽然古生菌革兰氏染色能因细胞壁的厚度与面积而呈阴性或阳性,它们细胞壁的结构和化学性质与细菌的不同。古生菌细胞壁有相当大的变化。许多革兰氏阳性古生菌的细胞壁像革兰氏阳性菌那样有一个单独厚厚的均一层,因而呈革兰氏阳性(图 3.1(a))。革兰氏阴性古生菌无外膜和复杂肽聚糖网络或革兰氏阴性真细菌的囊,取而代之的是,它们一般有蛋白质或糖蛋白亚基的表层(图 3.1(b))。

古生菌细胞壁的化学也与细菌的非常不同,没有细菌肽聚糖的胞壁酸和 D - 氨基酸特征。毫不奇怪,所有古生菌都不受溶菌酶和 β - 内酰胺抗生素如青霉素的作用。革兰氏阳性古生菌细胞壁中有各种复杂多聚体。甲烷杆菌和某些其他产甲烷菌的细胞壁含假肽聚糖(pseudomurein),一种在它的交联中有 L - 氨基酸的似肽聚糖聚合物,N - 乙酰塔罗糖胺糖醛酸(N - *acetyltalosaminuronic acid*)代替 N - 乙酰胞壁酸,β(1→3)糖苷键代替 β(1→4)糖苷键(图 3.2)。甲烷八叠球菌和盐球菌缺少假肽聚糖,含复杂聚多糖,与动物结缔组织的硫酸软骨素相似。在革兰氏阳性古生菌细胞壁中也找到了其他异聚多糖。

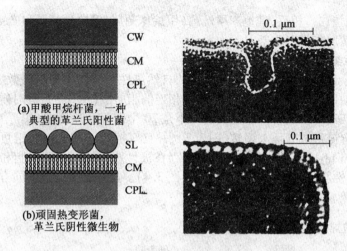

(a)甲酸甲烷杆菌，一种
典型的革兰氏阳性菌

(b)顽固热变形菌，
革兰氏阴性微生物

图 3.1 古生菌的细胞外膜示意图和电子显微照片
CW—细胞壁;SL—表层;CM—细胞膜或质膜;CPL—胞质

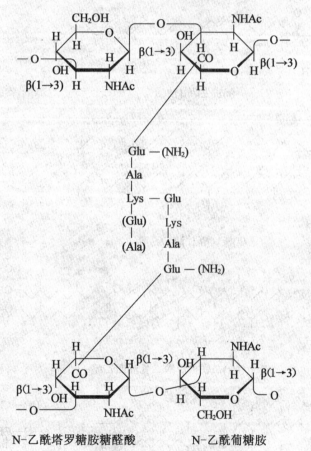

N-乙酰塔罗糖胺糖醛酸　　　　N-乙酰葡糖胺

图 3.2 假肽聚糖的结构

　　革兰氏阴性古生菌有位于质膜外的蛋白层或糖蛋白层。这个蛋白层可厚达 20 ~ 40 nm,有时候有两层,一个鞘围绕着一电子密度层。这些层的化学物质变化相当大。一些产甲烷菌(甲烷叶菌属)、盐杆菌属和其他极端嗜热菌(硫化叶菌属、热变形菌属和热网菌属）的细胞壁有糖蛋白。相反，其他产甲烷菌（甲烷球菌属、甲烷微菌属和产甲烷菌属）和极端嗜热的脱硫球菌属有蛋白质壁。

3.1.2.3　脂类和膜

古生菌的一个最显著特征是它们膜脂类的自然属性。与细菌和真核微生物都不同，有分支碳氢链与甘油以乙醚键相连，而不是酯键相连的脂肪酸（图3.3），有时候两个甘油基相连形成一个极长四乙醚。通常二乙醚支链大小是20个碳，而四乙醚是40个碳，四乙醚的整个长度可通过环合链形成五环来调整（图3.3），并且双植烷（biphytanyl）链可以包括从1到4个环戊基（cyclopentyl）环。古生菌的膜中也存在极性脂：磷酸脂、硫酸脂和糖脂。膜脂的7%～30%是非极性脂，通常是鲨烯的衍生物（图3.4）。这些脂类通过不同方式结合产生不同刚性和厚度的膜。

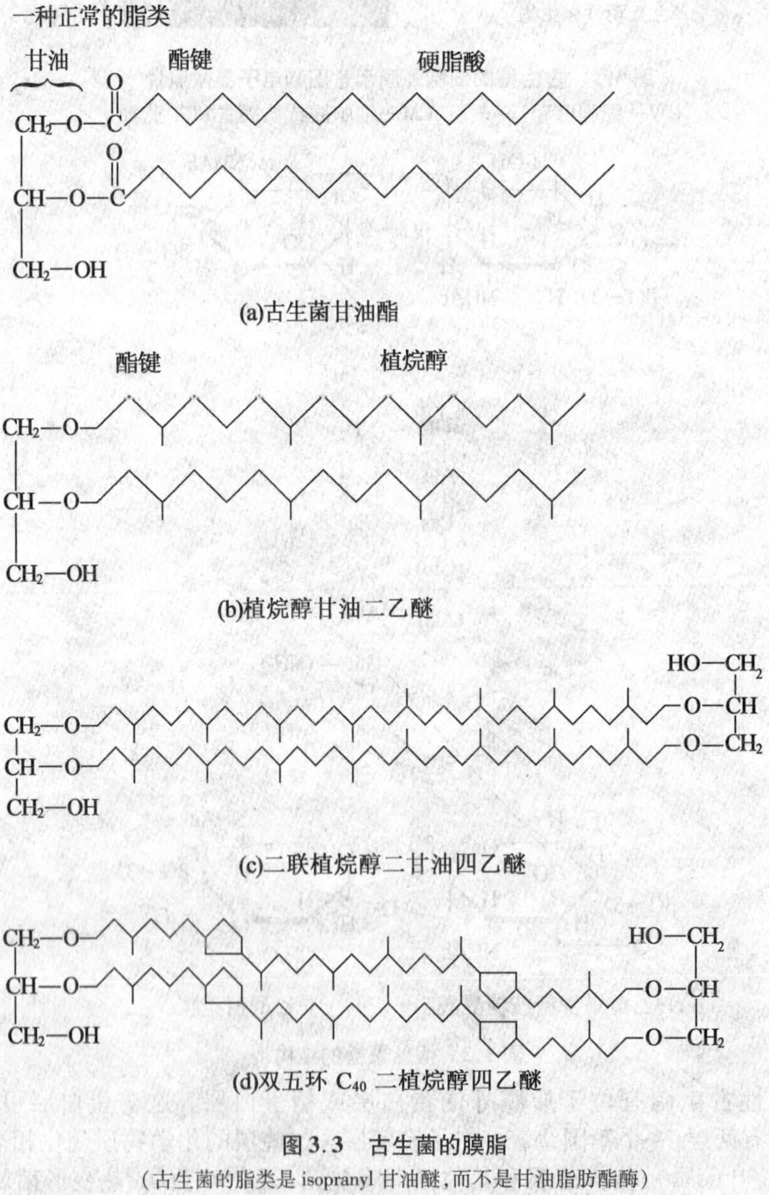
一种正常的脂类
甘油
酯键
硬脂酸
(a)古生菌甘油酯
酯键
植烷醇
(b)植烷醇甘油二乙醚
(c)二联植烷醇二甘油四乙醚
(d)双五环 C40 二植烷醇四乙醚

图3.3　古生菌的膜脂

（古生菌的脂类是 isopranyl 甘油醚，而不是甘油脂肪酯酶）

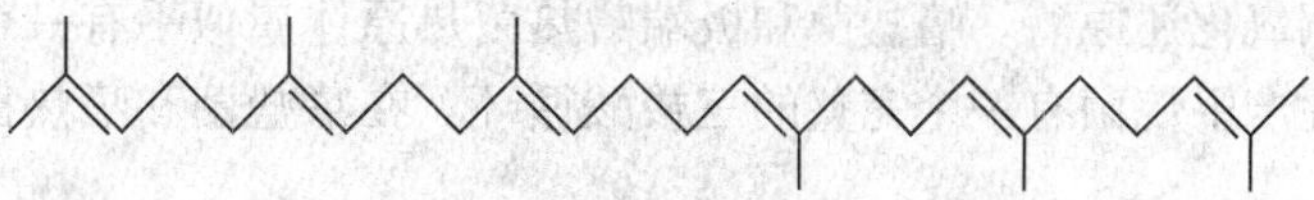

(a)鲨烯

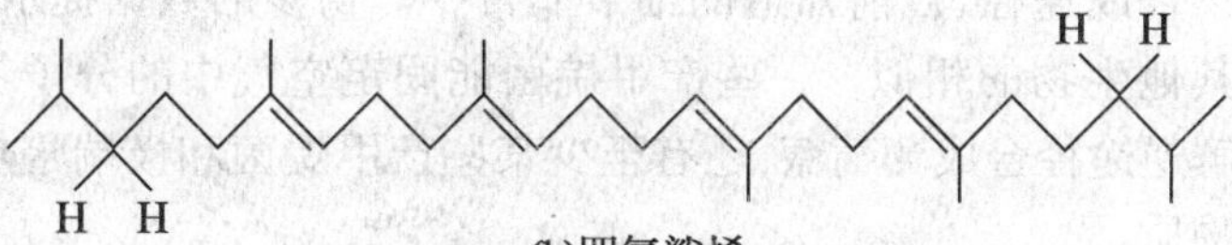

(b)四氢鲨烯

图 3.4　古生菌的非极性脂类

最主要非极性脂的两个例子是 C_{30} 类异戊二烯鲨烯和四氢鲨烯(烃类异二烯衍生物)

3.1.2.4 遗传学和分子生物学

古生菌遗传学的某些特性与细菌的相似。它们的染色体是单链闭合环状 DNA,然而,一些古生菌的基因组比正常细菌的基因组显著较小。大肠杆菌 DNA 大小约为 2.5×10^9 Da,然而嗜酸热原体 DNA 约为 0.8×10^9 Da,热自养甲烷杆菌 DNA 是 1.1×10^9 Da。$G + C$ 含量变化大,摩尔分数为 21% ~68% ,是古生菌多样性的另一指征。古生菌很少有质粒。最近古生菌詹氏甲烷球菌的基因组已全部测序完毕,与其他生物的基因组比较,它的 1 738 个基因中约 56% 与那些在细菌和真核微生物中是不相似的。如果差异的程度是古生菌域的特征,如同它们在其他方面那样,那么这些生物的遗传型也是独特的。

与细菌的 mRNA 相比,古生菌 mRNA 与真核微生物的 mRNA 相似些。已经发现了多基因 mRNA,但没有出现 mRNA 剪接的证据。古生菌的启动子与细菌的启动子相似。

除了这些方面和其他相似性,古生菌和其他的生物也有许多差别。与细菌和真核微生物都不同,古生菌 tRNA 的 T≡C 臂无胸腺嘧啶(T),含有假尿苷或 1 - 甲基假尿苷。古生菌起始 tRNA 有甲硫氨酸,像真核微生物起始 tRNA 一样。虽然古生菌核糖体是 70S,像细菌核糖体一样,但是电子显微镜的研究表明它们的形状是显著变化的,并且有时与细菌和真核微生物核糖体的都不同。在对茴香霉素的敏感性和对氯霉素和卡那霉素的抗性上,它们确实与真核微生物的核糖体相似。而且,它们的延长因子 2 像真核微生物 EF - 2 因子一样与白喉毒素发生反应。某些古生菌,例如广古生菌门的许多产甲烷菌,有组蛋白与 DNA 结合形成似核小体结构,与其他的原核生物不同。最后,古生菌依赖 DNA 的 RNA 聚合酶与真核微生物的聚合酶相似,不像细菌 RNA 聚合酶,这些酶是巨大的和复杂的酶,并且对利福平和利迪链霉素不敏感。这些方面和其他差别将古生菌与细菌和真核微生物二者都区别开。

3.1.2.5　代谢

由于古生菌生活方式的变化,它们的不同类群成员之间代谢变化很大是很正常的。一些古生菌是有机营养生物;另外一些是自养生物,少数甚至进行不一般形式的光合作用。

古生菌的糖类代谢是最明了的。古生菌中没有发现 6 - 果糖磷酸激酶,并且它们确实没有通过糖酵解途径降解葡萄糖。极端嗜盐菌和嗜热菌用 ED 途径的一种被修饰的方式降解葡萄糖,这个途径起始中间物不是磷酸化的。嗜盐菌相比极端嗜热菌的途径有稍微不同修饰,但仍产生丙酮酸和 NADH 或 NADPH。产甲烷菌不分解葡萄糖,与葡萄糖降解相反,嗜盐菌和产甲烷菌通过 EMP 途径的逆途径进行葡萄糖异生。已经做过研究的所有古生菌都能氧化丙酮酸生成乙酰 CoA,它们没有在真核微生物和呼吸性细菌中存在的丙酮脱氢酶复合物,而代之以丙酮氧化还原酶。嗜盐菌和极端嗜热菌热原体属似乎有一个有功能的三羧酸循环,还没有发现产甲烷菌有一个完整的三羧酸循环。在嗜盐菌和嗜热菌中已经获得了功能性的呼吸链。

有关古生菌中生物合成途径,目前知道的细节非常少。初步的数据提示氨基酸、嘌呤和嘧啶的合成途径与其他生物的相似。一些产甲烷菌能固定空气中的分子氮。不仅仅是许多古生菌使用糖酵解逆途径合成葡萄糖,还有至少某些产甲烷菌和极端嗜热菌使用糖原作为它们的主要贮藏物质。

自养型生物广泛存在于产甲烷菌和极端嗜热菌中,并用几种方式固定 CO_2,热变形菌通过还原性三羧酸循环结合 CO_2(图 3.5(a)),硫化叶菌属(Sulfolobus)可能也是这样的,这个途径也存在于绿硫细菌中。产甲烷菌通过还原性乙酰 – CoA 途径结合 CO_2(图 3.5(b)),可能大多数极端嗜热菌也是这样,产乙酸菌和自养型还原硫酸盐细菌中也有一个相似的途径。

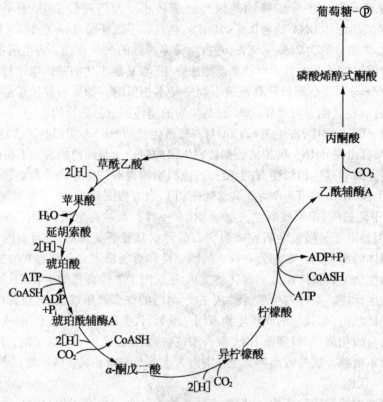

(a)还原性三羧酸循环

该循环用ATP逆转并还原等量 [H] 加上CO_2形成乙酰-CoA,乙酰-CoA可以羧化产生丙酮酸,丙酮酸转化成为葡萄糖和其他化合物。嗜中性变形菌以该顺序固定CO_2

图 3.5 自养型生物固定 CO_2 的机制

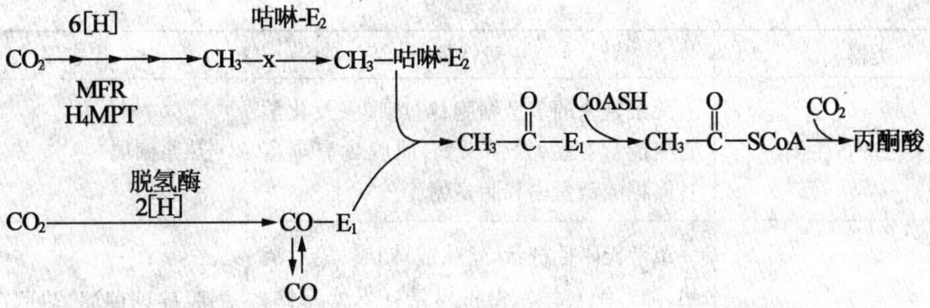

(b)热自养甲烷杆菌

以CO_2合成乙酰-CoA和丙酮酸。一个碳来自CO_2还原成CO,通过CO脱氢酶(E_1)的作用。
这两个碳然后结合成一个乙酰基。咕啉-E_2(Corrin-E_2)代表甲基转移中包含谷氨酰胺的酶

续图 3.5

3.1.3 进化和分类

从 rRNA 进化树上(参见第 1 章),古菌分为两类,泉古菌(*Crenarchaeota*)和广古菌(*Euryarchaeota*)。

古生菌与其他生物非常不同,在这个域中具有很大的生物多样性,《伯杰氏手册》的第一版按生理及形态的不同将古生菌分为 5 个主要类群。表 3.1 总结了这 5 个类群的一些主要特征,并给出了每个类群的代表属。

依据 rRNA 数据,《伯杰氏手册》第二版把古生菌分为广古生菌门(*Euryarchaeota*)(希腊语 eurus,广的;希腊语 archaios,古老的或原始的)和泉古生菌门(*crenarchaeota*)(希腊语 crene,泉水或喷泉)。

表 3.1 主要古生物类群的特征

类群	一般特征	代表属
产甲烷古生菌	绝对厌氧,甲烷是主要代谢最终产物。S^0 可以还原成 H_2S 不产生能量。细胞有辅酶 M、因子 420 和 430、甲烷喋呤	甲烷杆菌属、甲烷球菌属、甲烷微菌属、甲烷八叠球菌属
硫酸还原古生菌	不规则革兰氏阴性类球状细胞,从硫代硫酸盐和硫酸盐生成 H_2S,利用硫代硫酸盐和 H_2 自养性生长。能异养生长,也能形成少量甲烷,极端嗜热和绝对厌氧,有因子 420 和甲烷喋呤,没有辅酶 M 和因子 430	古生球菌属
极端嗜盐古生菌	类球状或不规则杆状,革兰氏阴性或革兰氏阳性,主要为好氧有机化学营养型,生长需要高浓度 NaCl。菌落嗜中性或碱性,嗜温或微嗜热。有些种有细菌视紫质并利用光合作用生成 ATP	盐杆菌属、盐球菌属、嗜盐碱杆菌属

续表 3.1

类群	一般特征	代表属
无细胞壁古生菌	无细胞壁的多型细胞,嗜热嗜酸及化学有机能营养型,兼性厌氧,质膜含有丰富甘露糖的糖蛋白和脂多糖	热浆菌属
极端嗜热 S^0 代谢菌	革兰氏阴性杆状、丝状或球状。绝对嗜热,通常绝对厌氧但可以是好氧或兼性,嗜酸或嗜中性,自养型或异养型,大部分为硫代谢者 S。在厌氧下还原成 H_2S,在好氧下 H_2S 或 S^0 氧化成 H_2SO_4	脱硫球菌属、热网菌属、火球菌属、硫化叶菌属、热球菌属、热变形菌属

3.2　泉古生菌门

　　泉古生菌与古生菌的祖先相似,对其几乎所有特征了解较清楚的种是嗜热菌或超嗜热菌。已经分离出的大多数泉古生菌是极端嗜热的,许多嗜酸并依赖硫。硫可以作为厌氧呼吸中的一个电子接受者或作为无机营养的一个电子源。几乎所有菌都是严格厌氧的,它们生长在含硫元素的地热水或土壤中,这些环境广泛分布在全世界。

　　泉古生菌门(*Phylum Crenarchaeota*)被分为 1 个纲(热变形菌纲)、3 个目和 69 个属。

　　该门的 3 个目分别是:热变形菌目(*Thermoproteales*)是革兰氏阴性、兼性厌氧、超嗜热杆状,它们常把硫还原成硫化氢,化能无机自养型生长;硫化叶菌目(*Sulfolobales*)的成员是球状嗜热酸菌;硫还原球菌目包括革兰氏阴性球菌或盘状的极端嗜热菌,它们既可以通过氢化作用进行无机营养生长,也可以通过发酵或者以硫作为电子受体的呼吸作用进行有机营养生长。这两门的分类无疑将会随新的有机体的发现做进一步修正,特别是对泉古生菌门,因为在海洋中发现了嗜温形式,这些泉古生菌可以组成海洋超微型浮游生物的一个重要部分。

　　目前该门研究较详细的两个属是热变形菌属(*Thermoproteus*)和硫化叶菌属(*Sulfolobus*)。

　　硫化叶菌属(图 3.6)是革兰氏阴性、好氧、不规则瓣圆形古生菌,最适生长温度为 70 ~ 80 ℃,pH 值最适范围为 2 ~ 3,因此称它们嗜热酸菌(*thermoacidophiles*),如此命名是因为它们在酸性 pH 值和高温环境下生长最好。它们的细胞壁有脂蛋白和碳氢化合物,无肽聚糖。它们生长在酸性温泉或土壤中,依赖硫颗粒,硫氧化生成硫酸,无机营养型生长。氧是正常电子受体,但是也可以用铁离子。糖和氨基酸例如谷氨酸也可以作为碳源和能源。

　　热变形菌为长瘦杆状,能够弯曲或分支,它的细胞壁由糖蛋白组成。热变形菌严格厌氧,生长温度为 70 ~ 97 ℃,pH 值在 2.5 和 6.5 之间,能在富硫的温泉及其他热的水环境中找到。它能有机营养生长并氧化葡萄糖、氨基酸、酒精和有机酸,以元素硫作为电子受体,即热变形菌能进行厌氧呼吸。它用 H_2 和 S^0 也可无机化能营养生长。一氧化碳或二氧化碳能作为唯一碳源。图 3.7 表示的是顽固热变形菌的电镜照片。

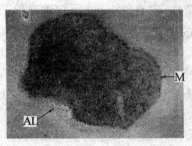 

(a)布氏硫化叶菌(*Sulfolobus brierleyi*)的薄切面   (b)一个硫化叶菌克隆的扫描电镜的照片
该细菌直径约1 μm，由一层不定形层包围(AL)，   该菌生长在挥钼矿石(MoS_2)中。在60 ℃，pH值
代替细胞膜；M为该细菌的质膜   为1.5~3时，硫化叶菌氧化矿石中的硫化物生成
    硫酸盐并溶解钼

图3.6 硫化叶菌

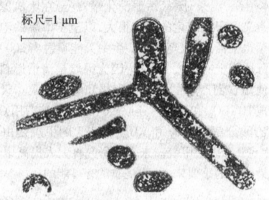

标尺=1 μm

图3.7 顽固热变形菌(*Thermoproteus tenax*)的电镜照片

3.3 广古生菌门

广古生菌门(*Phylum Euryarchaeota*)生存在许多不同的生态位中，并有各种不同代谢类型。广古生菌门多种多样，有7个纲(甲烷杆菌纲、甲烷球菌纲、盐杆菌纲、热原体纲、热球菌纲、古生球菌纲、甲烷嗜高热菌纲)、9个目及15个科。产甲烷菌、极端嗜盐菌、硫酸盐还原菌和依赖硫代谢的极端嗜热菌被放在广古生菌界。

前面提到的广古生菌门是一个多种多样的门，有许多纲、目和科，出于分类的目的，下面将重点讨论包括广古生菌在内的5个主要类群的生理学和生态学。

3.3.1 产甲烷菌

产甲烷菌(*Methanogens*)是严格厌氧的，通过把CO_2、H_2、甲酸、甲醇、乙酸和其他的化合物转变成甲烷或甲烷和CO_2来获得能量。当生长在H_2和CO_2上时，它们是自养型，这是古生菌的最大类群，有5个目(甲烷杆菌目、甲烷球菌目、甲烷微菌目、甲烷八叠球菌目、甲烷嗜高热菌目)和26个属。在整个形态、16S rRNA 序列、细胞壁化学和结构、膜脂及其他特性上有大的差别，例如，产甲烷菌有3种不同类型的细胞壁，几个属有含假胞壁质的细胞壁，其他菌的壁含有蛋白质或异多糖。

最不寻常的产甲烷菌类群之一是甲烷嗜高热菌纲,它有一个目(甲烷嗜高热菌目)、一个科和一个属(甲烷嗜高热菌属)。这些极端嗜热的棍状甲烷菌是从海底的热火山口分离得到的。坎氏甲烷嗜高热菌生长最低温度是 84 ℃,最适温度是 98 ℃,在 110 ℃ 下也能生长(高于水的沸点)。甲烷嗜高热菌属是广古生菌门中最深刻和最古老的分支。也许产甲烷古生菌是最早的有机体之一。在假设的类似于地球早期环境的条件下,这些菌看上去生活得很适应。

值得一提的是产甲烷菌厌氧产甲烷的能力,它们的代谢不一般。这些细菌有几个独特的辅因子:四氢甲烷喋呤(H_4MPT),甲烷呋喃(MFR),辅酶 M(2 – 巯基乙烷磺酸),辅酶 F_{420} 和辅酶 F_{430}。当 CO_2 被还原成 CH_4 时前 3 个辅因子产生 C_1 单位。F_{420} 携带电子和氢,F_{430} 是镍四吡咯作为甲基 – CoM 甲基还原酶的辅因子。

产甲烷菌大量生长在有机物丰富的厌氧环境中:动物的瘤胃和肠道系统,淡水和海水沉积物,木本沼泽和草本沼泽,温泉,厌氧污泥消化罐,甚至在厌氧原生动物体内。产甲烷菌通常在生态上有重要意义。甲烷产生的速率很大,以至于甲烷的泡泡有时会升到湖或池塘的表面。瘤胃产甲烷菌也很活跃,以至于一头牛一天能喷射出 200 ~ 400 L 甲烷。

产甲烷古生菌在实际应用上有巨大的潜力,因为甲烷是清洁燃料和极好能源。许多年来污水处理工厂一直在使用它们产生的甲烷作为热和电的能源。厌氧消化微生物将把颗粒废物如污水淤泥降解成 H_2、CO_2 和乙酸。还原 CO_2 的产甲烷菌用 CO_2 和 H_2 形成 CH_4,而降解乙酸的产甲烷菌把乙酸分解成 CO_2 和 CH_4(约 2/3 的甲烷是由乙酸厌氧消化而产生的)。1 kg 有机物能产生 600 L 以上甲烷。未来的研究将大大提高甲烷产生的效率,并使产甲烷作用成为一个无污染能量的重要来源,这是非常有叮能的。

3.3.2　盐杆菌

嗜盐菌纲是古生菌的另一个主要类群,现在一个科中有 15 个属。盐杆菌科(Halobacteriaceae)(图 3.8)细菌是呼吸代谢、好氧的化能异养型,生长需要复杂营养物,一般是蛋白质和氨基酸。它们的种或不能运动或通过丝鞭毛运动。

这个科的最显著特征是它绝对依赖高浓度 NaCl。这些细菌需要至少 1.5 mol/L NaCl(质量浓度约为 8%),通常生长最适浓度为 3 ~ 4 mol/L NaCl(17% ~ 23%),它们可生长在趋于饱和盐度中(约为 36%)。盐杆菌属菌的细胞壁如此依赖 NaCl 以至于当 NaCl 浓度降至约 1.5 mol/L 时它的细胞壁就不完整。因此嗜盐菌仅仅生长在高盐环境中,例如海洋盐场(图 3.8(a))和盐湖,如位于以色列和约旦之间的死海,美国 Utah 的大盐湖。它们也能生长在食品中,例如咸鱼,并引起酸腐。嗜盐菌常有来自类胡萝卜素的红至黄色色素,可能用来避免强阳光。它们能达到如此高的数量水平,使得盐湖、盐场和咸鱼实际上变成了红色。

盐沼盐杆菌(*Halobacterium salinarium*)是研究得比较详尽的菌种,该菌种不一般是因为它在没有叶绿素存在下能光合作用式捕获光能。当在低氧浓度生长时,某些盐杆菌能合成一种经修饰了的细胞膜,称为紫膜(purple membrane),含有细菌视紫红质蛋白(bacteriorhodopsin)。没有细菌叶绿素或叶绿素参与下还能通过一个光合作用独特类型产生 ATP。盐杆菌实际上有 4 个视紫红质,每一个有不同功能。如前所述,为了合成 ATP,细菌视紫红质做质子运输。嗜盐菌的视紫红质利用光能转运氯离子进细胞,并维持胞内 KCl 浓度至 4 ~ 5 mol/L。最后有两个视紫红质作为光吸收者,一个吸收红光,一个吸收蓝光。它们控制鞭毛活动使细菌处于水柱中最适位置。盐杆菌移到高光强地方,但是这个地方紫外光的强度不足以致其死亡。

(a)盐沼盐杆菌(*Halobacterium salinarium*),电镜标尺=1 μm

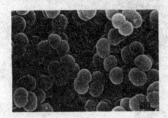

(b)鳕盐球菌(*Halococcus morrhuae*),电镜标尺=1 μm

图3.8 嗜盐菌

3.3.3 热原体

热原体目的细菌是无细胞壁的嗜热酸菌。现在已知的仅有两个属,热原体属(*Thermoplasma*)和嗜酸菌属(*Picrophilus*)。它们彼此间有充分区别,放在不同科中,即热原体科(*Thermoplasmataceae*)和嗜酸菌科(*Picrophilaceae*)。

热原体生长在煤矿的废物堆中,其中含有大量硫化铁(FeS),无机化能营养细菌氧化它生成硫酸,结果这个废物堆变得非常热并且是酸性的,对热原体是一个理想生境,因为该菌生长最适温度为 55 ~ 59 ℃,pH 值为 1 ~ 2。虽然热原体缺少细胞壁,但是用大量二甘油四乙醚、脂多糖和糖蛋白,增强了它的质膜。与一个特殊似组蛋白的蛋白质相连以稳定 DNA,该蛋白质压缩 DNA 呈颗粒状,类似于真核微生物核小体。在 59 ℃,热原体呈不规则菌丝状,然而在较低温度下它是球状的(图3.9)。细胞可能有鞭毛并且是运动的。

嗜酸菌比热原体更异常。它开始是从日本的温热硫黄温泉分离出来的。虽然它缺少常规细胞壁,但在质膜外有一个 S – 层。细胞生长呈不规则球形,直径为 1 ~ 1.5 μm,并有不被膜包裹的巨大胞质腔。嗜酸菌是好氧的,生长在 47 ~ 65 ℃温度下,最适生长温度为 60 ℃。它的最显著特征是它的 pH 值需求,该菌仅仅在 pH = 3.5 以下环境生长,最适生长 pH 值为 0.7,在约 pH = 0 时实际上它也生长。

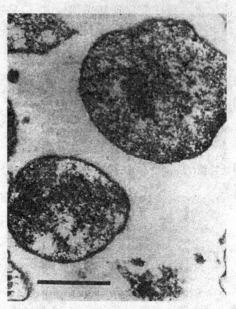

图 3.9　热原体,标尺 = 0.54 μm

3.3.4　极端嗜热 S^0 代谢菌

这一生理类群包括热球菌纲,有一个目:热球菌目。热球菌目是严格厌氧的,能还原硫成硫化物。它们通过鞭毛运动,最适生长温度为 88 ~ 100 ℃。这个目包括 1 个科和 2 个属,即 *Thermococcus* 属和 *Pyrococcus* 属。

3.3.5　还原硫酸盐古生菌

还原硫古生菌被放于古生球菌纲和古生球菌目。古生球菌目仅有一个科和一个属。古生球菌是革兰氏阴性的,不规则类球形,细胞壁由糖蛋白亚单位组成。它能从各种电子供者(如 H_2、乳酸、葡萄糖)中抽提电子,并把硫酸盐、亚硫酸盐或硫代硫酸盐还原成硫化物。元素硫不作为电子接受者。古生球菌是极端嗜热的(最适温度约为 83 ℃),能从海底热水流火山口分离到。这个菌不仅仅是不像其他古生菌,有独特的还原硫酸盐的能力,它还有产甲烷辅酶 F_{420} 和甲烷喋呤。

3.4　极端微生物

3.4.1　嗜热厌氧菌

嗜热的范围非常宽,大致可划分为 3 段,一般嗜热在 55 ~ 85 ℃,而生长在 85 ℃以上的微生物则为极端嗜热或超嗜热,生长在 100 ℃以上的则为"嗜火"。液态的水对所有生物的活力是必须的,因此生长在 100 ℃以上的任何生物所处的环境必然有压力,像海底温泉等,许多这类菌是在近年来被陆续发现的。在地球地壳运动活跃的所有地区都可发现自然地热地区,一般集中在一小块区域。进行过较多微生物方面研究的最著名的地热地区主要集中在冰岛、北美(如黄石国家公园)、新西兰、日本和俄罗斯等,我国地热资源主要在西藏、云南、台湾等地区。

嗜热厌氧菌广泛分布在热泉(温度可达 100 ℃)、热地区土壤及岩石表面,各种草堆、厩肥、堆肥、煤堆,家庭及工业上使用的温度比较高的热水及冷却水,海底火山附近等处。热泉是嗜热厌氧菌的重要环境,大部分嗜热厌氧菌是从热泉中分离的。在前苏联堪察加地区的温泉(水温为 57～90 ℃)中存在着一种专性嗜热菌——红色栖热菌;在冰岛有一种嗜热菌可在 98 ℃的温泉中生长繁殖;在美国黄石国家公园的含硫热泉中,曾经分离到一株嗜热的兼性自养细菌——酸热硫化叶菌,它可以在高于 90 ℃的温度下生长,能利用硫黄作为能源产生硫酸;在太平洋底部发现的可生长在 250～300 ℃高温高压下的嗜热菌,更是生命的奇迹。

嗜热厌氧菌依据耐热程度分为 5 个不同类群:耐热菌、兼性嗜热菌、专性嗜热菌、极端嗜热菌和超嗜热菌。嗜热厌氧菌的大分子蛋白质、核酸、类脂的热稳定结构以及热稳定因子是它们嗜热的生理基础。新的研究还表明,专性嗜热菌株的质粒携带与抗热性相关的遗传信息。其耐热机制有以下几个方面:细胞膜中含有高比例的长链饱和脂肪酸和具有分支链的脂肪酸及甘油醚化合物,增加了膜的稳定性;呼吸链蛋白质和细胞内大量的多聚胺,利于热稳定性;tRNA 的热稳定性较高,硫化的核甘酸使 tRNA 分子的构象变化受到限制,并使邻近的碱基增加了堆聚力,利于热稳定性。

在发酵工业中,嗜热菌可用于生产多种酶制剂,例如纤维素酶、蛋白酶、淀粉酶、脂肪酶、菊糖酶等,由这些微生物产生的酶制剂具有热稳定性好、催化反应速率高的特点,易于在室温下保存。嗜热菌对某些矿物有特殊的浸溶能力,对某些金属具有较强的耐受能力,这类微生物的利用为矿产资源开发提供了美好的前景。

3.4.1.1　异形嗜热菌目(*Thermoproteales*)

在古细菌中作为两条主线之一的是极端嗜热的分支。根据 16S rRNA 杂交和 16S rRNA 序列分析的结果显示,此分支是以专性厌氧的异形嗜热菌目和兼性厌氧的叶硫菌目(*Sulfolobales*)为代表的。这两目依赖 DNA 的聚合酶相似性也说明它们在系统发育上的密切关系。

异形嗜热菌目细菌是革兰氏阴性专性厌氧菌,生成杆、盘形或球状不同大小的细胞。最适生长温度为 85～105 ℃。一般在 60 ℃下未见生长,有些菌株在 80 ℃下就不能生长。这样的极端嗜热细菌称为超嗜热菌(*hyperthermophiles*),以区别于较低适宜生长温度的其他嗜热菌。异形嗜热菌目在分类上包括 2 科 7 属 14 个种。

科 I 异形嗜热菌科(*Thermoprotaceae*):

细胞形状不一,可化能自养,以分子氢还原硫产生 H_2S 而获得能量,以 CO_2 为碳源。

异形嗜热菌属(*Thermoprotems*)2 个种。

火球菌属(*Pyrobaculum*)2 个种。

丝状嗜热菌属(*Thermofilum*)2 个种。

科 II 硫还原球菌科(*Desulfurococcacese*):

球形菌,利用蛋白胨、肽或碳水化合物,以硫呼吸或发酵。

硫还原球菌属(*Desul f urococcus*)3 个种。

嗜热葡萄球菌属(*Staphylothermus*)1 个种。

火球网菌属(*Pyrodictium*)3个种。

嗜热盘菌属(*Thermodiscus*)1个种。

3.4.1.2 嗜热球菌目(*Thermococcades*)

厌氧嗜热球形菌生存于海洋或陆地含硫质的场所,可利用肽类、酵母膏或蛋白、氨基酸类等作为碳源。元素硫常可刺激其生长,并形成 H_2S,但 T. stetteri 这个种除外。对这个种而言,在缺硫情况下酵母膏可使其生长。该目的主要特征见表 3.2。根据 T. celer 的 16S rRNA 的序列及 T. celer,P. woesei 和分离物,ANI 的 rRNA – DNA 杂交所建立的关系,嗜热球菌目处于古细菌域主要分支中最低最短的线上。而与产甲烷菌嗜热支原体和嗜盐细菌目等古细菌相近。

表 3.2 嗜热球菌目的主要特征

代表菌种		(G + C)含量 /mol%	最适生长 温度/℃	最高生长 温度/℃	最适 NaCl 浓度/(g · L⁻¹)	碳源
Thermococcus (嗜热球菌属)	T. celer	57	88	>93	38 ~ 40	肽类、蛋白质
	T. litoralis	38	85 ~ 88	96 ~ 98	18 ~ 65	肽类
	T. stetteri	50	75	98	25	肽类、氨基酸、淀粉
Pyrococcus (火球菌属)	P. furiosus	38.3	100	103	15 ~ 35	肽类、氨基酸、淀粉、麦芽糖
	P. woesei	38	100 ~ 103	105	30	肽类、淀粉
	分离物 ANI	ND	75	ND	3	肽类

3.4.1.3 嗜热外袍菌目(*Thermotogales*)

嗜热外袍菌目是一群极端嗜热的独特的厌氧微生物。根据 Achenbach 和 Woese(1987)等 16S rRNA 序列分析的系统发育树图谱,在真细菌界中,它处于最慢进化线上,最深的一个分支。Bachleitner 等(1989)对比分析了真细菌的 DNA 序列建立的系统发育树,与以上的结果是很一致的。这个目的共同特征如下:嗜热厌氧,革兰氏阴性无芽孢、杆状发酵性的真细菌;在其肽聚糖中不含有二氨基庚二酸,对溶菌酶敏感,分子氢抑制其生长,在类脂物中存在不寻常的长链二羧酸的脂肪酸。此目仅有一个代表性的科——嗜热外袍菌科(*Thermotogaceae*),包含有三个属:*Thermotoga*,*Thermosiph* 和 *Feroidobacterium*。

嗜热外袍菌目的菌分布广泛,可能是世界性的。它们在活跃的地热区域繁衍,生长在两个不同的小生境:深海和浅层海洋的湿热系统以及大陆的硫质低盐的喷泉处,至今已知的仅从高温(55 ~ 100 ℃)和微酸到碱性的 pH 值(5 ~ 9)的生境样品中分离到它们。

3.4.1.4 其他嗜热厌氧解糖细菌的发现

嗜热厌氧菌属(*Thermoanaerobacter*)和嗜热杆菌属(*Thermoanaerobium*)的属名首先分别由 Wiegel 和 Ljungdahl,及 Zeikus 等提出,用以描述嗜热厌氧的革兰氏阳性无芽孢杆菌。它们能发酵糖,基本产物是乙醇和乳酸。近十年来 Weimer、Schmid 和 Kondratieva 等又陆续分离到属于这两个属的许多菌株。它们分离自热泉和其他多样的热环境,最适生长温度范围为 $60 \sim 70\ ℃$。可利用多种基质,包括木聚糖、淀粉、纤维二糖、麦芽糖、蔗糖、乳糖和葡萄糖。解糖后生成乙醇和/(或)乳酸,尚有少量 H_2、CO_2 和乙酸。其 DNA 的(G + C)含量为 $30 \sim 32\ mol\%$。根据 DNA/DNA 杂交和 16S rRNA 序列分析的材料,它们与其相似的生芽孢的种在分类上进行了新的组合。

3.4.2　嗜冷微生物

嗜冷微生物分布于极地、冰窖、高山、深海、寒冷水体、冷冻土壤、阴冷洞穴、保藏食品的低温环境。从这些环境中分离的主要嗜冷微生物有针丝藻、黏球藻和微单胞菌等。从深海分离出来的细菌既嗜冷,也耐高压。从南极的 $-60 \sim 0\ ℃$ 低温环境中所分离到的嗜冷菌主要有:芽孢杆菌属、链酶菌属、八叠球菌属、诺卡氏菌属和斯氏假丝酵母。

嗜冷微生物可根据其生长温度特性分为两类:一类是必须生活在低温条件下且最高生长温度不超过 $20\ ℃$,在 $0\ ℃$ 或低于 $0\ ℃$ 可生长繁殖的微生物称为专性嗜冷菌;另一类是可在低温下生长,但也可以在 $20\ ℃$ 以上生长,称为兼性嗜冷菌。嗜冷微生物适应环境的生理基础是细胞膜脂组成中有大量的不饱和、低熔点脂肪酸,保证低温下生物膜的活性。

3.4.3　嗜酸微生物

嗜酸微生物是生活在 pH 值小于 4 环境中的微生物。嗜酸微生物应用于湿法冶金技术,特别是低品位矿和不宜用火法冶炼的矿物。生物冶金是在常温、常压下,将采、选、冶合一,其设备简单、成本低。

在其细胞壁和细胞膜上有阻止 H^+ 进入细胞内的成分,膜表面存在大量的重金属离子如 Cu^{2+},其可与周围的 H^+ 进行交换,从而阻止了 H^+ 对细胞的损伤;细胞壁和膜上含有一些特殊的化学成分,使得这些微生物具有抗酸能力,泵的功能很强。基于以上因素,嗜酸菌体内保持中性并忍耐体外高酸浓度。

3.4.4　嗜碱微生物

嗜碱微生物能够专性生活在 pH 值在 9 以上的碱性环境中,一般存在于碱性盐湖和碳酸盐含量高的土壤中。嗜碱微生物产生的各种碱性酶、蛋白酶、脂肪酶和纤维素酶等在洗涤剂、造纸、食品、医药、环境整治及其他化学工业中的应用潜力极大,商业期望值最高,仅用于洗涤剂的碱性纤维素酶的预计市场价值为 6 亿美元。

嗜碱菌的酶是嗜碱的。细胞壁含有酸性多聚物,带负电荷,降低了细胞表面的 pH 值,细胞膜运输 Na^+ 是通过利用 Na^+/H^+ 反向载体系统(该系统与 pH 值有关)。K^+/H^+ 反向载体和 ATP 酶驱运了 H^+ 排出质膜,也可以维持胞内 pH 值的稳定性。已发现 3 个基因位置与 Na^+/H^+ 反向载体有关。这些基因编码的蛋白质对于维持依赖 Na^+,保持胞内 pH 值稳定性起着很重要的作用。

3.4.5　嗜盐微生物

嗜盐微生物生活在高盐浓度的环境中,包括许多细菌、古菌、真菌和藻类。嗜盐微生物通常分布在盐湖、晒盐场和腌制海产品等处。嗜盐微生物的应用潜力表现在酶、多聚物、脂质体、医药以及高盐环境的生物整治等方面。

在高盐环境中,细胞发生失水,引起细胞体积变小,而后对微生物细胞产生刺激作用,使细胞合成甘油。细胞内有高浓度的甘油,细胞重新生长并且体积恢复正常。甘油是细胞内各种酶的稳定剂。极端嗜盐菌还积累或产生一些既维持细胞内外渗透压平衡,又有助于细胞代谢活动的相溶性物质,如积累 K^+,合成糖、氨基酸等;其体内酶的产生、稳定和活性都需要高浓度盐这一条件。与中性酶比较,其体内的酶所含的酸性氨基酸比率较高,尤其是在分子表面形成了一个保护层,阻止了酶分子的相互凝聚。

1983 年,Zeikus 等首次描述了分离自美国犹他州大盐湖一专性厌氧极端嗜盐的发酵细菌。在此之后又陆续发现中度嗜盐的专性厌氧化能异养的 5 个种分类归入 3 个新属内。

(1)嗜盐厌氧菌属(*Haloanaerobium*)

属内一个种 H. praevalens,即由 Zeikus 首次描述的嗜盐厌氧发酵菌,杆状,可生长在 3% ~25% 盐度中,最适浓度为 13%。

(2)嗜盐拟杆菌属(*Halobacteroides*)

现报道有两个种。盐生嗜盐拟杆菌(*H. halobius*),一细长的杆形运动厌氧菌,可生长在 8% ~16% 盐度中,并显示产生抗热的内生芽孢。乙基乙酰嗜盐拟杆菌(*H. acetoethylicus*),短杆形运动厌氧菌,生长在 5% ~22% 盐度中,最适生长盐度为 10%。

(3)生孢嗜盐菌属(*Sporohalobacter*)

现有两个种 S. lortetii 和 S. marismortui,前者为可运动的杆菌,生成的内生芽孢末端附有一气泡。原菌初命名为梭菌属的种,后来又重新定为生孢嗜盐菌属的种。要求生长的盐度为 6% ~12%。后者也是可运动的杆菌,但其产生的芽孢不附有气泡,生长适宜盐浓度为 3% ~12%。

以上 3 属 5 个种的 DNA 的(G + C)含量均低(范围为 27 ~32 mol%),其细胞壁均是革兰氏阴性型的。

3.4.6　嗜压微生物

需要高压才能良好生长的微生物称为嗜压微生物,最适生长压力为正常压力,但能耐受高压的微生物称为耐压微生物。嗜压微生物的耐压机制目前还不很清楚。耐高温和厌氧生长的嗜压菌有望用于油井下产气增压和降低原油黏度,借以提高采收率。

3.4.7　耐辐射微生物

耐辐射微生物只是对高辐射环境更具耐受性,而不是对辐射有特别嗜好。总体来说,革兰氏阳性菌耐辐射能力较强,芽孢菌的耐辐射力远大于无芽孢菌。A 型肉毒梭状芽孢杆菌的芽孢是梭状芽孢杆菌中耐辐射能力最强的一种。革兰氏阴性菌种不动杆菌属存在一些耐辐射种。革兰氏阳性球菌是非芽孢菌中抗性最强的一类,包括微球菌、链球菌和肠球菌。要特别提及的是,一种对辐射有极度耐性的奇异球菌属,该属包含 4 个种,都是非芽孢菌中耐辐射最强的。

研究耐辐射菌 DNA 损伤与修复系统具有非常重要的价值。它可能为解决日益严重、因辐射过量所致疾病的治疗提供新的线索;另一方面,辐射灭菌已被确定为一种理想的冷杀菌方式,而耐辐射菌是冷藏食品腐败的主要原因。

3.4.8 极端微生物资源的利用与开发

3.4.8.1 极端微生物资源的利用与开发是生物技术产业发展的关键

（1）极端微生物的特殊代谢产物和途径具有巨大的生物技术开发前景

极端微生物的特殊功能和功能产物具有自身独特的优点。首先表现在物种资源在工业、农业中已经得到广泛的应用。它们的功能性产物已成为生物技术创新的源泉，并已创造了财富。仅就嗜热酶而言，由于它们的热稳定性和对化学变性剂的抗性、高温酶促反应所允许的高底物浓度、低黏稠度和低污染率，及在中温受体生物中表达时易于纯化，使得它们具备了潜在的应用优势。目前大规模产业化的极端酶有两个，一是嗜热菌产生的 Taq DNA 聚合酶，使 DNA 的体外复制变得异常简便和常规化，大大加快了生物工程、基因组等分子生物学研究的进程。另一个是嗜碱菌产生的纤维素酶 103 作为洗涤剂的添加剂，已有数十亿美元的市场。

与化学方法相比，生物催化的优点是反应条件温和及高选择性，但正是这些优点又限制了生物催化的能力与应用范围。许多工业过程需要高压、高温、低温、高盐碱或有机溶剂，而一般生物催化剂难以在此苛刻的化学过程中保持催化能力与稳定性。极端微生物的特殊生理功能有望使生物催化突破这个屏障。因此，极端微生物特殊的产物有可能形成新的产业方向，其特殊的功能和适应机制，是改造传统生产工艺和提升生物技术的有效途径。

（2）极端微生物产物的开发对国民经济和社会发展的可能贡献

我国属于严重缺水的国家，而且由于工业污水的大量排放，我国 1 200 条河流中已有80%受到不同程度的污染。利用极端微生物的特殊机能可取代许多有机化学合成过程，将减少化学工业的污染，创造巨大的社会环境效益。除了化学工业、化肥的污染外，食品加工、生物发酵、化学造纸等也不容忽视，极端微生物及其高聚物降解酶将具有广阔的应用前景。

2002 年全球的酶市场近 18 亿美元，并以每年 4% ~5% 的速度增长，商品酶的品种已有1 000 多种，特性酶约占 10%。目前全球酶市场的构成为纺织业 1.6 亿美元、淀粉糖业 1.8亿美元、洗涤剂业 5 亿美元、其他 6.3 亿美元。而酶制剂支撑的产业涉及更大的市场。随着极端酶的开发应用，酶市场会迅速扩大。如洗涤剂用酶已是工业酶制剂的主要市场，加酶洗衣粉在西欧、美国和日本等占总洗衣粉产量的 90%，1997 年 Genecor 公司推出的来自极端微生物的碱性纤维素酶，被认为是洗涤剂酶发展的一个里程碑，极大拓展了洗涤剂用酶的空间。我国的加酶洗衣粉不足 30%，洗涤剂用酶的年销售额在 2 亿元人民币左右，在酶的品种、质量等方面与国外尚有较大的差距，在经济与环境方面的压力很大。应用于洗涤剂的新极端酶的开发，如碱性淀粉酶、碱性甘露聚糖酶等，将大大拓展洗涤剂酶的市场，一个品种的产业化都将创造亿元以上的新市场。

乙醇作为清洁能源是各国能源战略的内容之一。1999 年我国的酒精产量为 202 万 t，销售额为 90 亿元人民币左右。在后来的 20 年里，美国利用木质纤维素废物生产乙醇的产量有可能达到每年 4.7 亿 t，相当于现在的汽油消耗量。2002 年美国计划投资 22 亿美元继续促进利用生物质生产燃料及化学品的科技方向。

3.4.8.2 极端微生物资源的有效利用是实现可持续发展的战略途径

随着人类活动对自然平衡破坏产生的一系列环境、能源和人口健康问题日益突出，人们认识到可持续发展是人类社会生存的根本,而生物技术在可持续发展中正在显示着不可替代的重要作用。由于极端微生物具有普通微生物不可比拟的抗逆能力,将对我国大面积的盐碱地生物改造、高温高盐碱环境的污染治理、石油开采和清洁能源的生产等国民经济重大问题具有巨大的应用潜力,其资源的有效利用是促进生物技术发展的重要途径。

(1)极端微生物可为解决环境生物修复中的瓶颈问题提供新的途径

环境污染和江河湖泊的富营养化,已成为社会可持续发展的严重障碍。现阶段环境生物技术的核心是微生物技术,依靠微生物的生物净化、生物转化和生物催化作用,实现污染治理、清洁生产和可再生资源利用。而污染环境往往属于极端环境,使得普通微生物,甚至在实验室构建的工程菌在实际应用中不能发挥作用。如造纸工业中的化学漂白产生大量有毒、致癌的含氯废水,生物漂白技术是造纸业实现清洁生产的发展方向。

利用嗜碱菌产生的木聚糖酶,由于其在高 pH 值和高温时的活力,显示了普通酶无法比拟的优越之处,正在成为关注和开发的目标。又如极端嗜盐菌的 PHA 是合成生物可降解塑料的前体,将是用于降低环境白色污染的有效途径;极端嗜盐菌比普通细菌产的 PHA 中的 PHV 含量高,是解决目前以 PHB 制备的塑料韧性不够的可行途径;而且由于嗜盐菌在低盐中细胞自溶的特点,将大大简化后处理生产工艺,有望降低成本,为目前生产的 PHB 由于价格问题而限制大规模生产提供新的出路。

(2)极端微生物的利用可提升生物能源生产技术的能力

工业生产中的有机废物废水及生活垃圾污水,和农业废弃物,既是巨大的环境污染源,同时又是再生能源的主要资源。据统计,我国农作物秸秆年产出量为 6.04 亿 t,相当于 3 亿 t标准煤,或折算为电能可达人均 50 万 kW·h,是目前世界人均能耗的 420 倍。秸秆、废渣等在高温、酸、碱等条件下易于处理,极端微生物及其极端酶能够在此类极端环境中实现普通微生物不能完成的对纤维素、半纤维素的有效转化。利用微生物混合菌群,尤其是嗜碱和嗜热厌氧菌或产甲烷菌的合理组合,有望直接从秸秆发酵产生乙醇或甲烷,实现环境整治和可再生能源的有机结合。酒精是理想的清洁能源,但目前的酒精发酵仍存在乙醇浓度低(9% ~ 15%)、发酵周期长和生产菌株耐受乙醇浓度低的问题,而严重影响着产量。利用高温菌的高温酒精发酵,可实现发酵和蒸馏的同步化,提供了解决上述关键问题的新思路、新途径和新技术;同时探索直接从纤维素类物质产生乙醇的代谢工程可大大降低生产成本,将创造数亿元人民币的效益。

(3)极端微生物基因资源具有提高农作物抗逆性的巨大潜力

我国地理环境复杂多样,高寒、干旱和高盐碱地区面积广大,限制了农业生产。极端微生物能够耐低温、耐高盐碱及耐干旱等极端环境的特殊功能基因,如嗜盐、碱菌能够在 5%以上的盐浓度到饱和盐度的环境中生活,耐辐射球菌不仅可耐受比人高几万倍的辐射量,而且具有耐干旱的特性。研究发现一个和 DNA 修复相关的调控基因 PprI 同时控制着该菌对干旱的耐受力。因此极端微生物是设计耐盐碱、耐干旱的农作物品质和改造传统工业微生物的重要基因资源。

可以认为,微生物生命策略和适应环境的多样性说明它们早已解决了科学家们今天仍在寻找答案的那些问题。极端微生物的开发应用将提供缓解我国资源、环境压力,保障社会可持续发展的有效途径。

第4章 厌氧致病菌

4.1 厌氧致病菌的分类

厌氧菌大部分为内源性条件致病菌,当各种原因使机体组织损伤、黏膜屏障受损、机体或局部抵抗力下降时会发生侵入和感染。厌氧菌一般是自然寄生在人与动物体内的共生微生物,常寄生于人体咽部、肠道、外生殖道中。

厌氧致病菌根据能否形成芽孢,主要可分为两大类,一类是有芽孢厌氧菌,另一类是无芽孢厌氧菌。

有芽孢厌氧菌主要有破伤风梭菌、产气荚膜梭菌、肉毒梭菌、艰难梭菌,在临床厌氧菌标本检出率中约占90%,多为条件致病菌。厌氧菌的感染遍及临床各科,多为混合感染。对氨基糖苷类抗生素耐药,而对甲硝唑(灭滴灵)普遍敏感。

无芽孢厌氧菌分为两种:一种是革兰氏阳性菌,包括双歧杆菌、消化链球菌;另一种是革兰氏阴性菌,包括脆弱类杆菌(临床上最常见的无芽孢厌氧菌分离株)和韦荣菌属。无芽孢厌氧菌共分为40多个菌属,300多个菌种;有芽孢厌氧菌只有梭菌属一个菌属,共130个种。

各种不同的厌氧菌对抗生素的敏感性不同,各种厌氧菌的分类及对抗生素的敏感性见表4.1。

表4.1 各种厌氧菌的分类及对抗生素的敏感性

分类	菌属	对抗生素的敏感性
革兰阴性	脆弱拟杆菌属	对青霉素耐药性普遍较高,近年来对克林霉素耐药性迅速增加,其耐药机制由可转移质粒或转座子介导
	普氏杆菌属	与脆弱拟杆菌相比对青霉素较敏感,对氧哌嗪青霉素、头孢西丁、头孢替坦和头孢去甲噻肟的敏感度在70%~90%之间
	卟啉单胞菌属	对于碳青霉烯类、甲硝唑、氯霉素和β-内酰胺、β-内酰胺酶抑制剂合剂有一定的敏感性,少数通过产β-内酰胺酶耐药
	梭形杆菌属	对青霉素的耐药性很低,该菌属中超过90%,对头孢菌素类和头霉素,包括头孢西丁、头孢替坦和头孢去甲噻肟等敏感

续表 4.1

分类	菌属		对抗生素的敏感性
革兰阳性	杆菌	不形成芽孢	真杆菌属, 丙酸菌属, 双歧杆菌属 及放线菌属	除乳酸杆菌外均对 β - 内酰胺敏感, 绝大多数甲硝唑耐药
		形成芽孢	产气荚膜梭菌, 不产气梭状芽孢杆菌	前者对青霉素敏感, 对四环素、喹诺酮类耐药, 后者对 β - 内酰胺类耐药
	球菌		黑色消化球菌, 厌氧球菌属, 芬戈尔德菌属, 微单胞菌属, 嗜胨菌属	对青霉素、克林霉素、甲硝唑有可变耐药性, 但对 β - 内酰胺类、β - 内酰胺类酶抑制剂合剂高度敏感

4.1.1　厌氧球菌

在临床标本中检出的厌氧菌大约有 25% 为厌氧球菌。其中 G^+ 消化球菌和消化链球菌属以及 G^- 韦荣球菌属与临床感染相关。

4.1.1.1　消化球菌属

消化球菌是消化球菌属中唯一的菌种,通常寄居在人的体表和与外界相通的腔道中,是人体正常菌群。在临床上可引起人体各部组织和器官的感染,常与其他细菌混合感染,如腹腔感染、肝脓肿等。

(1)微生物特性

菌体呈圆形,排列成双、短链或成堆;细菌生长缓慢,厌氧培养 2~4 d 才形成黑色不溶血的小菌落,接触空气后颜色变浅,传代后黑色消失,通过疱肉培养后又可产生黑色素;不发酵糖,触酶阳性为其特点;对青霉素、红霉素、氯霉素、洁霉素、四环素及灭滴灵敏感;DNA 的(G + C)为 50~51 mol% 。

(2)微生物检验方法

从感染部位采集标本,做直接涂片镜检和分离培养。接种血琼脂平板,并同时接种含血清硫乙醇酸盐培养基或疱肉培养基(增菌培养),经厌氧培养 2~4 d 后观察菌落形态,革兰染色观察菌体形态和排列并做出初步报告。据生化反应、抗生素纸片敏感试验以及气液相色谱分析代谢产物做出最后报告。

4.1.1.2　消化链球菌属

消化链球菌属分成厌氧消化链球菌、不解糖消化链球菌、吲哚消化链球菌、大消化链球菌、微小消化链球菌、普氏消化链球菌、产生消化链球菌、四联消化链球菌与天芥菜春还原消化链球菌 9 个菌种,其代表菌种为厌氧消化链球菌。主要依据是 DNA 的(G + C)含量为 27 ~ 45 mol%。

(1)微生物特性

该菌属为 G⁺ 球形或卵圆形,成双或呈短链状排列无鞭毛;在 35 ~ 37 ℃、pH 值 7 ~ 7.5 时生长佳;在厌氧血平板上,菌落 1 mm,灰白色凸起,不透明边缘整齐,不溶血;在硫乙醇酸钠液体培养基中,呈颗粒状沉淀生长;触酶阴性,发酵葡萄糖不发酵乳糖,不水解胆汁七叶苷,吲哚、尿素酶、硝酸盐还原试验均为阴性,对多聚香磺酸钠敏感。

(2)微生物检验方法

微生物检验方法与检查黑色消化球菌基本相同。本菌培养物常有恶臭气味,这为其特点。可通过形态、染色、培养特性、生化反应发酵葡萄糖产酸,分解甘露醇等与黑色消化球菌鉴别。

4.1.1.3　韦荣球菌属

韦荣球菌为革兰阴性厌氧球菌,有 7 个种,其中小韦荣球菌和产碱韦荣球菌是常见的 2 个种,是口腔、咽部、胃肠道和女性生殖道的正常菌群,致病力不强,为条件致病菌。本属菌可产生内毒素,为脂多糖,有抗原性。

(1)微生物特性

韦荣球菌形态相似,为 G⁻ 球菌,排列成对或短链,近似奈瑟球菌;无鞭毛和芽孢。专性厌氧,在血琼脂平板上发育良好,培养 48 h 后,形成 1 ~ 2 mm 圆形、凸起灰白色至黄色混浊菌落,不溶血;生化反应不活泼,不分解糖类,还原硝酸盐,触酶反应 - / +;小韦荣球菌触酶试验阴性,而产碱韦荣球菌为阳性。

(2)微生物检验方法

取临床标本做直接涂片、革兰染色、镜检。如发现 G⁻ 小球菌、成对或短链或不规则排列,疑为本菌属。可用厌氧血琼脂平板分离培养,2 ~ 3 d 观察结果,同时可接种硫乙醇酸盐肉汤或庖肉培养基,观察生长情况与形态,并做生化反应进行鉴定。

4.1.2　G⁻ 无芽孢厌氧杆菌

G⁻ 无芽孢厌氧杆菌是一群不形成芽孢的厌氧杆菌,种类较多,包括类杆菌属、普雷沃菌属、紫单胞菌属和梭杆菌属等,是正常菌群,可作为条件致病菌引起内源性感染。

4.1.2.1　类杆菌属

类杆菌属是最重要的 G⁻ 无芽孢厌氧杆菌,其中以脆弱类杆菌最常见,是本属代表菌株,其 DNA 的(G + C)含量为 39 ~ 48 mol%。

类杆菌常寄生于口腔、肠道和女性生殖道,其中脆弱类杆菌占临床分离株的 25%,占类杆菌分离株的 50%,居临床厌氧菌分离株首位。肠道的重要菌群,为大肠埃希菌的 100 ~ 1 000 倍。脆弱类杆菌能产生一种锌依赖金属蛋白酶或肠毒素,使肠黏膜细胞产生病理效应,可引起女性生殖系统、胸腔及颅内感染。

(1)微生物特性

菌落着色不均,培养物涂片呈明显多形性,无鞭毛、无芽孢,多数有荚膜。专性厌氧,在厌氧血平板经 24 ~ 48 h 培养后,菌落圆形,表面光滑,边缘整齐,不溶血,加入氯化血红素、维生素 K 和 20% 胆汁可促进生长。在胆汁七叶苷(BBE)培养基中生长旺盛,菌落较大,能分解胆汁七叶苷,使培养基变黑色,菌落周围有黑晕,故 BBE 可作为脆弱类杆菌的选择鉴别培养基。触酶试验阳性,发酵葡萄糖、麦芽糖和蔗糖,不发酵阿拉伯糖、鼠李糖、山梨醇和海藻糖,水解胆汁七叶苷,耐 20% 胆汁,并生长旺盛。

发酵代谢产物是乙酸、丙酸和琥珀酸,一般不产生丁酸。大部分菌株对青霉素 G、卡那霉素和新霉素耐药,但 95% 以上对氯霉素、氨苄青霉素、氧哌嗪青霉素、羧噻吩青霉素、亚胺硫霉素、甲硝唑等敏感。

(2)微生物检验方法

标本发现 G⁻ 杆菌,染色不均,具有多形性,可疑为本菌,用 BBE 平板分离培养,37 ℃厌氧培养 24 ~48 h 观察菌落特征。胆盐可促进生长。根据发酵葡萄糖、麦芽糖和蔗糖,水解七叶苷,耐 20% 胆汁等生化试验做出鉴定。气液相色谱检查其终末代谢产物,则有助于快速诊断。同时应注意与其他耐胆盐的类杆菌相鉴别。

4.1.2.2　普雷沃菌属

普雷沃菌属的代表菌种是产黑色素普雷沃菌,是寄生在口腔、女性生殖道等部位的正常菌群,仅次于脆弱类杆菌。它是一种常见的条件致病菌,可引起内源性感染和混合感染,女性生殖道及口腔感染较为多见,其致病物质可能是胶原酶,与结缔组织的分解有关。

该细菌的形态大同小异,涂片检查为 G⁻ 球杆状,成双或短链,两端钝圆,有浓染和空泡,呈多形性,无鞭毛、芽孢和荚膜,为专性厌氧菌。在厌氧平板上生长良好,经 2 ~3 d 培养后,菌落为圆形凸起,呈 β - 溶血。菌落初形成时为灰白色,5 ~7 d 转为黑色。生长时需氯化血红素和维生素 K,故在培养基中加入这两种物质可促进生长。

在 20% 胆汁培养基中绝大多数不生长,触酶阴性,除中间普雷沃菌、变黑普雷沃菌和部分洛氏普雷沃菌外,脂酶均为阴性,脲酶阴性。多数对氨基青霉素、头孢菌素、卡那霉素和万古霉素耐药,而对甲硝唑霉素、利福平和新霉素敏感。

4.1.2.3　紫单胞菌属

与人类有关的有不解糖紫单胞菌、牙髓紫单胞菌和牙龈紫单胞菌 3 种。代表菌种是不解糖紫单胞菌。其 DNA 的(G + C)含量为 45 ~54 mol%。

不解糖紫单胞菌主要分布于人类口腔、泌尿生殖道和肠道,在正常人体的检出率低。动物源性紫单胞菌在被动物咬伤感染的人体中检出,这些菌株与人源紫单胞菌相似,但基因型不同。主要引起人类牙周炎、牙髓炎、根尖周炎,也可引起肺胸膜炎、阑尾炎和细菌性阴道炎,尚可引起头、颈和下呼吸道感染。

(1)微生物特性

G⁻ 杆菌或球杆菌,两端钝圆,着色不均匀。维生素 K 和氯化血红素可促进本菌生长及黑色素的产生,冻溶血较非冻溶血更有利于早期产生黑色素。在厌氧血琼脂平板上,35 ~37 ℃厌氧培养 3 ~5 d,形成 1 ~2 mm 圆形凸起、边缘整齐、棕色或黑色菌落。用紫外线灯照射可出现红色荧光。

产生色素,不分解或弱分解糖。触酶试验多阴性,胆汁七叶苷和脂酶试验阴性,吲哚多阳性,能液化明胶。代谢产物为乙酸、丙酸和异戊酸等。对卡那霉素、多黏菌素耐药,对万古霉素、头孢菌素、氯霉素、氯林可霉素、羟氨苄青霉素等均敏感。

(2)微生物检验方法

①标本采集根据病变部位采取适当标本厌氧送检;

②本菌特征 G⁻杆菌或球杆菌,着色不均,在厌氧血琼脂平板上形成的棕色菌落,用紫外线照射可出现红色荧光;

③与产黑色素普鲁沃菌相鉴别:产黑色素普雷沃菌可发酵葡萄糖、乳糖和蔗糖,而紫单胞菌均不发酵糖;

④与其他紫单胞菌相鉴别:不解糖紫单胞菌触酶试验阴性,岩藻糖苷酶试验阳性。

4.1.2.4　梭杆菌属

梭杆菌属是临床常见的 G⁻无芽孢厌氧菌,因其两端尖细如梭,故名梭杆菌,是人体口腔、上呼吸道、肠道及泌尿生殖道的正常菌群,以牙缝中最为多见。在临床标本中,常见的有具核梭杆菌、坏死梭杆菌、死亡梭杆菌和溃疡梭杆菌等16 种。其代表菌种为具核梭杆菌。DNA 的(G + C)含量为 26 ~ 34 mol% 。

(1)微生物特性

①形态与染色为典型的 G⁻梭形杆菌,无鞭毛不能运动;

②培养特点:专性厌氧菌,在血平板上生长良好。经 48 h 培养后,菌落直径为 1 ~ 2 mm,不规则圆形略凸起,灰色发光透明,常显示珍珠光斑点,通常不溶血;

③不发酵任何糖类,吲哚和 DNA 酶试验阳性,触酶阴性。不还原硝酸盐,在 20% 胆汁中不生长,脂酶试验阴性。主要代谢产物是丁酸。

(2)临床意义

具核梭杆菌最常见,在口腔、生殖器、胃肠道和上呼吸道中被发现。

坏死梭杆菌是毒力很强的梭杆菌,可在儿童和青年人中引起扁桃体炎,有时并发单核细胞增多症,它是青年人扁桃体周围脓肿中最常分离到的厌氧菌。尚可引起脓胸和菌血症。

(3)微生物检验方法

①标本采集化脓感染者取脓汁,败血症取血液并先增菌培养;

②本菌特征革兰阴性梭杆菌,两端尖细,中间膨大、似梭状;

③绝大部分菌株在 20% 胆汁中不生长,不发酵葡萄糖、甘露醇,不分解胆汁七叶苷,吲哚和 DNA 酶试验阳性。

4.1.3　G⁺无芽孢厌氧杆菌

G⁺无芽孢厌氧杆菌在厌氧菌中约占 15% 。常见的有丙酸杆菌属、优杆菌属、双歧菌属、孔酸杆杆菌属 4 个属。

4.1.3.1　丙酸杆菌

丙酸杆菌主要寄居于人皮肤皮脂腺、肠道以及乳制品中。临床有关的痤疮丙酸杆菌是血液、腰穿及骨髓穿刺液培养时常见的污染菌。在植入修复物或器械引起的感染中也有重要作用,对心瓣膜损伤者可引起心内膜炎,并且与痤疮和酒渣鼻有关。

微生物特性主要包括:革兰阳性厌氧棒状杆菌,数次在厌氧环境下传代后可变为兼性厌氧菌,大都能液化明胶,触酶试验阳性,发酵葡萄糖产生丙酸。

4.1.3.2　优杆菌

优杆菌是人体口腔与肠道正常菌群的组成成员,对机体有营养、生物拮抗和维持肠道微生态学平衡等功能。可造成混合感染,引起人体心内膜炎等疾病。

优杆菌呈多形性,20%胆汁可促进生长,按生化反应不同可分为水解糖优杆菌和不水解糖优杆菌两大群,黏液优杆菌则可发酵葡萄糖,迟钝优杆菌不发酵糖类。

4.1.3.3 双歧杆菌

双歧杆菌是人体内的重要生理菌群。大肠中的双歧杆菌数量可以达到 $10^8 \sim 10^{12}$ 个/g 粪便,维持身体内的微生态平衡,能合成维生素,提高免疫力,抗肿瘤,起到营养保健作用。用于药品和食品的有青春双歧杆菌、婴儿双歧杆菌、两歧双歧杆菌、长双歧杆菌和短双歧杆菌。

双歧杆菌有高度多形性,着色不均;菌落较小,圆形不透明;触酶试验阴性,发酵葡萄糖和乳糖;抵抗力弱,对杆菌肽、青霉素、红霉素、氯林可霉素等高度敏感。

4.1.3.4 乳酸杆菌

乳酸杆菌是 G^+ 细长杆菌,菌落较小边缘不整齐;触酶、硝酸盐还原和吲哚等试验均阴性;发酵葡萄糖、乳糖、麦芽糖和蔗糖产生乳酸。

乳酸杆菌是消化道、阴道的正常共生菌,能分解阴道中的多种糖类而使阴道呈酸性,以抑制某些致病菌的生长;乳酸杆菌与龋齿的形成有密切的关系;口腔的变异链球菌与消化链球菌使蔗糖变成葡聚糖,附于牙面形成齿斑;乳酸杆菌能溶解牙釉使之脱钙造成龋齿。

4.1.4 梭状芽孢杆菌属

梭状芽孢杆菌属为 G^+,芽孢正圆形,直径大于菌体,位于菌体中央、极端或次极端,使菌体膨大呈梭状,故名梭菌属。该属的 $(G+C)$ 含量为 $22 \sim 54$ mol%,代表菌为酪酸梭菌。

梭状芽孢杆菌属在自然界分布广泛,多数为腐物寄生菌,有致病性,主要有破伤风梭菌、产气荚膜梭菌、肉毒梭菌与艰难梭菌。能够引起的人类疾病主要有破伤风、气性坏疽、食物中毒和假膜性结肠炎等。

4.1.4.1 破伤风梭菌

破伤风梭菌存在于自然界,在土壤和人与动物的肠道中都有存在。当机体受创伤时或新生儿接生时使用不洁用具断脐带,破伤风梭菌可侵入伤口生长繁殖,分泌外毒素,引起机体强直性痉挛、抽搐,称为破伤风。全世界每年约有 100 万破伤风病例发生,死亡率在 20% 左右。

破伤风梭菌通过创伤感染,局部组织氧化还原电势降低。细菌繁殖且产生毒素。细菌不进入血流,引起严重毒血症,主要症状为骨骼肌痉挛。出现张口困难,牙关紧闭呈苦笑面容。肌肉发生强直性痉挛,呈角弓反张,呼吸困难,可因窒息死亡。

(1)微生物特性

①形态与染色 G^+ 细长。有周鞭毛,无荚晚,芽孢正圆形,比菌体大,位于菌体顶端,使细菌呈鼓槌状。厌氧培养,细菌呈薄膜状扩散生长。

②不发酵糖类,能液化明胶。产生 H_2S,形成吲哚,不还原硝酸盐,对蛋白质有微弱的消化作用。

③根据鞭毛抗原不同,可分 10 个血清型。产生毒素的生物活性相同,可被任何型抗毒素中和。

(2)抵抗力

破伤风梭菌的芽孢甚强,在土壤中数年不死,煮沸 100 ℃,1 h 可被杀灭,能耐干热

150 ℃,1 h,能耐50 g/L的石炭酸10~15 h。破伤风梭菌对青霉素、红霉素、四环素敏感,磺胺类有抑制作用,对氨基糖苷抗生素耐药。

(3)微生物检验方法

根据临床即可诊断,一般不做细菌学检查。

①直接涂片从病灶处取脓汁或坏死组织,直接涂片革兰染色,镜检观察菌体见一端有圆形芽孢呈鼓槌状杆菌的形态,可初步报告结果;

②厌氧培养本菌较易分离。将可疑的材料接种庖肉培养基,在85 ℃水浴加热30 min,杀灭杂菌,而芽孢得以存活,35~37 ℃培养2~4 d。转种适宜的培养基,如新鲜血平板。厌氧培养18~24 h,细菌呈薄膜状扩散生长;

③毒力试验。可确定毒素的有无及其性质。小白鼠尾根部皮下或肌肉注射0.1~0.25 mL培养滤液。阳性者,于注射后12~24 h,出现尾部僵直竖起、后腿强直或全身肌肉痉挛等症状,甚至死亡。

4.1.4.2 产气荚膜梭菌

产气荚膜梭菌是气性坏疽的主要病原菌,本菌可产生有12种外毒素及多种侵袭性酶类,这些毒素和酶与组织溶解、坏死、产气、水肿以及病变的迅速扩散蔓延和全身中毒症状均有密切关系。此外,有些菌株还能产生肠毒素和溶血毒素,肠毒素能改变肠壁通透性,促使体液渗入肠腔,引起腹泻。

(1)产气荚膜梭菌产生毒素举例

α毒素,为卵磷脂酶,能分解人和动物细胞膜上磷脂和蛋白质的复合物,破坏细胞膜,引起溶血、组织坏死和血管内皮损伤,使血管通透性增高,造成水肿。还能促使血小板凝聚,导致血栓形成,局部组织缺血。

β毒素引起人类坏死性肠炎。

ε毒素有坏死和致死作用。

θ毒素有溶血和破坏白细胞作用,对心肌有毒性。

κ毒素(胶原酶)能分解肌肉和皮下的胶原组织,使组织溶解。

μ毒素(透明质酸酶)能分解细胞间质中透明质酸。

γ毒素(DNA酶)能使细胞核DNA解聚,降低坏死组织的黏稠度。

(2)微生物特性

①为革兰阳性粗短大杆菌,两端钝圆,芽孢椭圆形,位于菌体中央或次极端,在无糖培养基中有利于形成芽孢。在机体内可产生荚膜无鞭毛,不能运动;

②培养特征。厌氧,繁殖迅速,培养2 h后,在液体培养基深层即有明显生长;4~6 h孵育后出现表面生长。在固体培养基上,经24 h培养,菌落直径为2~4 mm,圆形凸起光滑、边缘整齐、无迁徙生长现象。在血平板上有溶血环,在蛋黄琼脂甲板上,菌落周围出现乳白色混浊圈。在庖肉培养基中产生气体,在牛乳培养基能分解乳糖产酸,使酪蛋白凝固,同时产生大量气体,将凝固的酪蛋白冲成蜂窝状,并将液面的凡士林层向上推挤,甚至冲开管口棉塞,气势凶猛,称为"汹涌发酵",是此菌的特征;

③生化反应。所有型菌株均能发酵葡萄糖、麦芽糖、乳糖和蔗糖,产酸产气;不发酵甘露醇或水杨苷;液化明胶,产生H_2S,不能消化已凝固的蛋白质和血清,吲哚阴性。主要代谢产物为乙酸和丁酸,有时也形成丁醇。

（3）微生物检验方法

①标本的采集一般采取创伤深部的分泌物、穿刺物、坏死组织块、血液、可疑食物；

②标本直接检查可见到 G⁺ 粗大杆菌，并有杂菌，镜下白细胞较少，形态不规则，是其特点，对早期诊断具有一定意义；

③分离培养本菌对低浓度氧有耐性，生长迅速，故容易分离。在疱肉培养基中培养 8 ~ 10 h 后，转种于血平板。在厌氧环境培养 18 h，即可挑取菌落进行鉴定。在组织中一般不形成芽孢。故病理材料不需加热处理。因为加热处理能杀死繁殖体；

④鉴定：形态特征和缺少芽孢，有荚膜特征；菌落特征和糖发酵反应；Nagler 试验卵磷脂酶具有抗原性，活性可被抗血清所抑制。测定时在乳糖卵黄牛乳琼脂平板的半侧涂以产气荚膜梭菌与 A 型诺维梭菌混合抗毒素，而后从未涂抗毒素的一侧向涂抗毒素一侧接种待测菌，厌氧培养 18 h 后观察，未涂抗毒素一侧菌落周围出现混浊的白环，而在涂抗毒素一侧生长的菌落无此现象，为 Nagler 试验阳性。

4.1.4.3　肉毒梭菌

肉毒梭菌分 8 个毒素型，其中 A、B、E、F 型对人致病，A、D 型最常见。广泛存在于自然界，在厌氧条件下产生毒性极强的肉毒毒素。作用于神经肌肉接头处和植物神经末梢，阻止释放乙酰胆碱，导致肌肉麻痹，重者可死于呼吸困难与心力衰竭。

引起肉毒梭菌中毒的食品，国外以罐头等制品为主，国内以发酵豆制品为主（占 80% 以上）。

（1）微生物特性

①形态与染色 G⁺ 粗短杆菌，单独或成双排；

②培养特性：严格厌氧，在卵黄平板上，菌落周围出现浑浊圈。能消化肉渣，使之变黑；腐败恶臭；

③生化反应本菌的特征是发酵蔗糖，不发酵乳糖。各型均液化明胶，产生 H_2S，但不产生吲哚；

④毒素分为 8 个型，国内报告的大多是 A 型。只能被同型抗毒素中和。但药理作用相同；

⑤抵抗力：本菌芽孢抵抗力很强，可耐热 100 ℃ 1 h 以上。

（2）微生物检验方法

肉毒梭菌引起的食物中毒，其诊断主要通过检出毒素，因肉毒梭菌本身并不致病查毒素的同时做细菌分离培养，并检测分离细菌产生毒素的能力和性质。

（3）毒素测定

取待检物上清液 0.5 mL，腹腔接种两只小鼠。其中一只在接种前预先注射肉毒毒素的多价抗毒素血清作为保护试验。接种后约经数小时的潜伏期即出现早期症状，呼吸困难，两侧腰肌明显凹陷呈"蜂腰"。继后出现乏力、麻痹、四肢伸长，一般在 24 h 死亡，保护试验动物则无上述症状而存活。用分型血清做中和试验鉴定毒素的型别。

4.1.4.4　艰难梭菌

艰难梭菌是专性厌氧菌，对氧敏感，很难分离培养，是肠道正常菌群，可被药物选择后大量繁殖而致病。此菌产生 A 毒素为肠毒素，B 毒素为细胞毒素，能直接损伤肠壁细胞，造成假膜性结肠炎。尚可引起肾盂肾炎、脑膜炎、腹腔及阴道感染、菌血症和气性坏疽等。已成为医院内感染的病原菌,被人们所重视。

艰难梭菌的检验结果分析与报告如下:

①本菌为 G^+ 粗大杆菌,芽孢卵圆形位于菌体次极端;

②在血平板上形成芽孢,菌落黄色粗糙型、脂酶阴性、卵磷脂酶阴性;

③不凝固和不消化牛乳;

④发酵果糖、液化明胶、不发酵乳糖、不产生吲哚;

⑤挥发性代谢产物;

⑥细胞毒素试验阳性。

符合上述指标,则可报告:"检出致病性艰难梭菌"。

4.2　厌氧菌的感染

4.2.1　厌氧菌感染的特点

4.2.1.1　绝大多数属内源性感染

当全身或局部情况改变时,厌氧菌会乘虚而入,如休克、全身性疾病,或盆腔、胃肠道手术后,肛周、会阴部脓肿,或块状组织坏死。

4.2.1.2　以混合感染为主

Anderson 指出,厌氧菌培养阳性中仅 15% 为单一性,85% 为多种菌混合感染;而新生儿外科只有 11.76% 为单一性,88.24% 为多种菌混合感染。并存菌有非溶血性链球菌、大肠杆菌、表皮葡萄球菌和金黄色葡萄球菌,胆管感染为大肠杆菌和厌氧菌混合感染。大肠杆菌为厌氧菌(如脆弱类杆菌)提供生长所需的过氧化物酶,同时需氧菌的存在又降低了氧化还原电位,为厌氧菌繁殖创造了条件。

4.2.1.3　感染区组织腐败及分泌物恶臭,有气体形成

这些恶臭的分泌物或坏死组织中混有气体,尤其脆弱类杆菌,常被误认为气性坏疽。

4.2.1.4　迟缓性感染

尤其是无芽孢厌氧菌感染,临床上很少出现急性炎症,治疗效果也差。

4.2.1.5　全身表现

全身表现与其他菌感染相似,如高热、寒战、饮食下降等,但发热时间长(10 天～3 个月)或持续低热,好发于夏、秋季,常规抗生素无效,病程迁延,厌氧菌培养阳性。

4.2.2　厌氧菌感染的病因

4.2.2.1　厌氧菌产生感染的条件

厌氧菌大量存在于正常人体各腔道内,特别是肠道、口腔和阴道,与需氧菌共同构成这些器官的正常菌群;厌氧菌少部分为单独感染,大部分与需氧菌混合感染。多数女性生殖道感染致病厌氧菌,可致宫内或在分娩时直接污染新生儿。早产低体重、宫内窘迫或窒息、胎膜早破(24 h 以上)、产伤、产妇败血症或生殖道炎症均是产生感染的重要条件。

4.2.2.2　厌氧菌感染的发病机理

厌氧菌缺乏完整的呼吸酶系统,只能在无氧环境中发酵,利用氧以外的其他物质作为

受氢体,当机体氧化还原电势降低时,可使厌氧菌在组织中繁殖。血液供应不足、组织坏死、需氧菌在伤口内生长均可导致氧化还原电势降低,因此血管疾患、注射肾上腺素、寒冷、休克、水肿、创伤、外科手术、异物、恶性肿瘤及需氧菌感染均可诱发厌氧菌感染。破伤风杆菌和肉毒杆菌分别由其外毒素造成机体的中毒反应,某些杆菌如产黑色素杆菌可产生大量氨,有的厌氧菌感染细胞的协同作用似乎是发病的重要的先决条件,也有些厌氧菌感染有引起血栓性静脉炎与脓毒性肺栓塞的倾向。

外科感染和发病的因素取决于机体的防御能力、细菌毒力及环境因素三者是否异常。然而,一般感染的发生可能与一种或两种或全部因素的异常有关,而厌氧菌感染最突出的条件是环境因素,如果没有适合的环境,厌氧菌则不能生存,就谈不上感染。当然如果细菌本身的毒力不强,缺乏一定的致病性,也不会引起各种病理损害。

4.2.3　厌氧菌感染的诊断依据

厌氧菌感染的诊断依据主要有以下几种:

①容易产生厌氧菌感染的危险因素:结肠、直肠、会阴部及胆管手术后,恶性肿瘤、败血症等患者;早产低体重、宫内窘迫或窒息、胎膜早破、产伤及产妇生殖道炎症、动物咬伤;

②厌氧菌引起的感染性疾患有:结膜炎、中耳炎、肺炎、肛门脓肿、新生儿坏死性小肠结肠炎、腹腔炎等;

③典型临床表现:感染区有气体形成或皮下气体及无消化道穿孔的气腹;分泌物恶臭,约半数以上为厌氧菌感染,分泌物暗红或黑色,经紫外线照射呈红色荧光,为硫黄颗粒;脓肿或分泌物涂片有细菌,而普通培养无菌生长,厌氧菌培养为阳性;

④试用灭滴灵治疗,临床症状显著好转。

4.3　厌氧菌感染的防治

4.3.1　预防措施

(1)临床医生要牢固树立整体观念,了解微生物平衡对机体的保护意义和免疫机能低下对宿主的严重危害,应调动机体防御能力控制消除感染。

(2)充分重视消毒隔离,有效地控制感染、切断传播途径,特别是外科医生要有最严格的无菌观念,保护病人。

(3)加强护理,尽量避免早产、宫内窘迫或窒息、胎膜早破和产伤,如一旦出现以上情况,应早期诊断,及时正确管理。

(4)严格控制手术指征,加强围生期手术管理,改善营养和全身情况,提高免疫功能。尽量减少手术创伤和出血,缩短手术及麻醉时间。

4.3.2　抗厌氧菌治疗原则

(1)防止厌氧密闭伤口的形成:应清除失活组织,切除肿瘤,充分引流脓液及气体,舒通梗阻管道,改善局部组织血液供应,提高组织内的氧张力。

(2)中和毒素:用抗毒素血清中和相应外毒素的毒性。

(3)抗菌药的应用:临床厌氧菌种类繁多,不同种类的厌氧菌对各种抗生素敏感性不同。

有报道建议应从以下几方面考虑:抗菌谱要宽,对脆弱类杆菌作用要强;防止细菌耐药性的产生,脆弱类杆菌产生 β - 内酰胺酶破坏 β - 内酰胺环,对青霉素和多种头孢菌类药物耐药;药物不良反应,青霉素可出现严重过敏反应,氯霉素致再生障碍性贫血,氯林可霉素可致假膜性肠炎的危险性;药物动力学特点,尤其药物在组织中的扩散能力,药物成本。总之,绝大多数厌氧菌感染为混合感染,所以在抗生素的选择上要做到需氧菌和厌氧菌的两两兼顾。

4.3.3　治疗方法

4.3.3.1　一般治疗

除了全身支持疗法(包括氧气疗法)外,应进行必要的手术如清创、异物取出、清除坏死组织、消灭死腔与梗阻、脓液与滞流液的充分引流等,以造成不利厌氧菌生存的环境。

4.3.3.2　抗生素疗法

必须选用对厌氧菌敏感的药物。厌氧菌对氨基糖苷类抗生素有抗药性;大多数厌氧菌、除脆弱拟杆菌外,均对青霉素敏感(因脆弱拟杆菌能生产 β 酰胺酶,它能显著降低病灶中青霉素的浓度);厌氧菌对四环素、红霉素的敏感性有差异,且在治疗中迅速产生抗药性。

头孢菌素第一代对葡萄球菌和链球菌最有效,第三代药对肠杆菌属最有效,第二代药效则居中;目前所有的头孢菌素对肠球菌均无效,而对大多数厌氧菌有效。第二代噻吩甲氧头孢素(*Cefoxitin*)对脆弱拟杆菌等专性厌氧菌效果良好,第三代的头孢羟羧氧酰胺(*Moxalactan*)对脆弱拟杆菌作用较强,是严重的厌氧菌和需氧菌感染的有效和安全的治疗药物。氯霉素与甲砜霉素对厌氧菌包括脆弱拟杆菌均有效,能透过脑屏障与骨组织,但易发生骨髓抑制;洁霉素与氯洁霉素,以氯洁霉素作用更强,能透过骨组织,是一种杀菌剂,对脆弱拟杆菌及核粒梭形杆菌尤有效,与灭滴灵(又名甲硝唑)合用有协同作用,可广泛用于混合感染,氯洁霉素毒性较大,易引起膜结肠炎。目前的抗药中,疗效最好的首推灭滴灵,灭滴灵对所有的厌氧菌包括脆弱拟杆菌有效,它有效力强、抗菌谱广、安全、耐药菌少、经济,能穿透脑屏障,在体液、尿、唾液、乳汁、脓液中都可达到高浓度等优点。外科厌氧菌与需氧菌混合感染率高,且它们之间伴有协同作用。单独使用灭滴灵效果不佳,故常需与其他广谱抗生素联合应用,与氨苄青霉素、庆大霉素、头孢菌素等合用,可取得满意的疗效。

最新的资料表明:胃肠外科感染的病原菌主要是病变部位的定植菌群,因此,多为需氧菌和厌氧菌所致的多菌种混合感染,所用药物应能同时覆盖需氧菌和厌氧菌,推荐使用的抗菌药物如下:对革兰阴性肠道杆菌有较强活性的抗菌药有广谱青霉素、第二代和第三代头孢菌素、氨基糖苷类和氟喹诺酮类;专门针对厌氧菌的药物有甲硝唑、替硝唑和克林霉素;能同时覆盖肠道杆菌科细菌和厌氧菌的药物有哌拉西林、添加 β - 内酰胺酶抑制剂的广谱青霉素(氨苄西林/舒巴坦、阿莫西林/克拉维酸)、头孢西丁、头孢美唑;能同时覆盖肠道杆菌、厌氧菌和铜绿假单胞菌的抗菌药有替卡西林/克拉维酸、哌拉西林/三唑巴坦、亚胺培南、美洛培南等;临床上大多采取联合用药的方式,通常选择广谱青霉素、第二代或第三代头孢菌素、氨基糖苷或氟喹诺酮类,与甲硝唑配伍使用。

第5章 铁还原菌

5.1 铁循环及异化铁还原机制

5.1.1 铁循环

铁循环涉及几种不同的微生物,它们能完成铁的氧化,将亚铁离子(Fe^{2+})转化成铁离子(Fe^{3+})。氧化亚铁硫杆菌在酸性条件下完成这一过程,嘉利翁氏菌属在中性 pH 值条件下很活跃,而硫化叶菌属是在酸性、高温条件下行使功能。许多早期文献认为还有另外两种微生物能氧化铁——球衣细菌属和纤发菌属,它们依然被许多非微生物学家称为"铁细菌"。混淆这些微生物的作用是由于在中性 pH 值下,亚铁离子发生化学氧化形成铁离子(形成不溶的铁沉淀物),而这里微生物也生长在有机底物上,这些微生物现被归为化能异养型。

最近,人们发现以硝酸盐作为电子受体来氧化 Fe^{2+} 的微生物,这个过程发生在氧含量低的水下沉积物中,可能是在低氧水平环境里大量氧化铁积累的另外一个途径。

铁还原发生在厌氧条件下,导致亚铁离子的积累。虽然很多微生物在它们的代谢过程中能还原少量的铁,但大部分铁的还原是通过特殊的铁呼吸微生物来实现的,如还原金属地杆菌、还原硫地杆菌、湖沼高铁杆菌和腐败希瓦氏菌,它们以铁离子作为氧化剂,从有机物获取生长所需的能量。

除这些相对简单的亚铁离子的还原外,有些趋磁细菌,如趋磁水螺菌,能将细胞外的铁转化成混合价位氧化铁磁铁(Fe_3O_4),并构成细胞内的磁指南针。此外,异化铁还原细菌也能在细胞外积累磁铁。

在沉积物中检测到颗粒状态存在的磁铁矿,这种颗粒与在细菌体内发现的相似。这个结果表明细菌在铁循环中的长期贡献。用来合成磁铁的基因已经被克隆到其他生物体内,从而产生新的磁敏感性微生物。

图 5.1 为铁循环的简图及在这些氧化还原过程中起作用的微生物。除了亚铁离子(Fe^{2+})的氧化和铁离子(Fe^{3+})的还原外,由趋磁细菌作用形成的具混合价位的磁铁矿(Fe_3O_4)在铁循环中也是很重要的。不同微生物对亚铁离子的氧化依赖于不同的环境条件。

趋磁细菌被描述为趋磁-需气细菌,因为它们能利用磁场迁移到氧气水平更适合它们行使功能的沼泽地域。最近几十年,在不产氧光合作用中,发现利用亚铁离子作为电子供体的新的微生物。因此,随着铁氧化细菌如地杆菌和希瓦氏菌,在光厌氧带产生铁离子,以化能营养型为基础的铁还原被确定,从而建立起一个严格厌氧的氧化/还原铁循环。

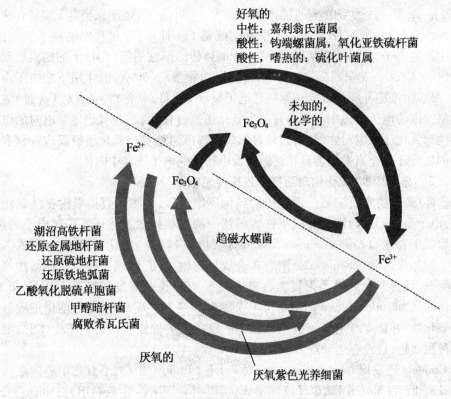

图 5.1 基础铁循环

5.1.2 异化铁还原的机理

异化铁还原微生物还原 Fe(Ⅲ)的机理一直是一个研究的热点问题。铁还原微生物还原铁氧化物时,电子由微生物体内的基质转移给体外的 Fe(Ⅲ),导致 Fe(Ⅲ)被还原为 Fe(Ⅱ)。近中性条件下,土壤和沉积物环境中 Fe(Ⅲ)主要以不溶性铁氧化物的形式存在。因此如何将电子传递到胞外不溶性铁氧化物就成为异化铁还原微生物必须应对的挑战,也成为科研人员充满疑惑的问题。同时异化铁还原的微生物种类繁多,而且它们在利用 Fe(Ⅲ)进行无氧呼吸时经历了多次独立的进化,因此很难对 Fe(Ⅲ)异化还原机理形成一个总括的认识。一般认为,铁还原微生物异化还原铁氧化物的机理主要有以下 3 种类型。

5.1.2.1 借助电子传递中间体复合物进行电子传递

所谓电子传递中间体是一种能够介入异化铁还原体系,起电子运输载体作用的小分子。这类分子处于氧化态时,可作为细胞的最终电子受体。在微生物细胞外膜上,在还原酶的作用下得到电子被还原,然后还原态的分子扩散到金属氧化物表面,将金属氧化物还原,同时自身又回复到原来的氧化态。因此这种电子传递中间体能多次使用。例如,还原型的细胞色素失去电子给游离的 AQDS 分子,得到电子后形成的 AHQDS 再移至表面 Fe(OH)$_3$,失去电子给 Fe(OH)$_3$,同时自身还原为 AQDS,然后再进行其下一轮的电子运输。

腐殖酸、半胱氨酸、黑色素、各种蒽醌类化合物都具有电子中间传递体的能力。Lovley 等的研究表明,外加腐殖质类物质或者蒽醌类化合物,如蒽醌 - 2,6 - 二磺酸盐(AQDS),可增加 G. metallireducens 的还原能力。腐殖质类物质含有醌样基团,可进行氧化还原循环。

Newman 和 Kolter 研究一些细菌自身能产生并释放一些小分子,可能充当电子穿梭体来还原 $Fe(Ⅲ)$。Saffarini 等的研究结果证明了甲基萘醌是 $Fe(Ⅲ)$ 还原过程中的一个重要组分。从脱氢酶中接递电子,然后电子从醌类(MQ)中间体传给细胞质膜(CM)上的四血红素周质细胞色素(CymA),CymA 向周质细胞色素传递,在功能蛋白(MtrA)的作用下把电子由周质转向外膜,最后由细胞外膜的末端还原酶把电子交给 $Fe(Ⅲ)$ 氧化物,完成对 $Fe(Ⅲ)$ 氧化物的异化还原。因为电子传递中间需参与两个氧化还原过程,因而其氧化还原电对的电势差应在另外两个氧化还原电对之间,所以只有那些能够可逆地参与氧化还原反应并具有适当还原电势的物质才能充当微生物异化还原过程中特定的电子传递中间体。

5.1.2.2　与 Fe(Ⅲ)氧化物表面接触直接传递电子

与 $Fe(Ⅲ)$ 氧化物表面接触传递电子的异化还原过程,即细胞直接吸附在铁氧化物表面,最终的电子受体通过与细胞外膜上嵌入的还原酶直接接触氧化还原传递电子的过程。异化铁还原微生物比如 *Geobacter metallireducens* 直接与 $Fe(Ⅲ)$ 氧化物表面接触,或者通过鞭毛和纤毛的趋化运动(chemotaxis)附着在金属氧化物表面,形成一种附属物结构。这一过程与细胞壁上的鞭毛、纤毛等附属物有密切关系。Childers 等发现以 $Fe(OH)_3$ 和 MnO_2 为电子受体时,*G. metallireducens* 的细胞会生成鞭毛、纤毛这类附属物,细胞能借助鞭毛游动趋近金属氧化物,并依靠纤毛紧密吸附到表面。以可溶的柠檬酸铁为电子受体时,细胞不会形成这种附属物,且没有运动能力。

同时 Childers 还发现 *G. metallireducens* 对 $Fe(Ⅱ)$ 和 $Mn(Ⅱ)$ 离子有化学趋向性。在厌氧环境中,$Fe(Ⅱ)$ 和 $Mn(Ⅱ)$ 浓度梯度的形成,可以引导细菌接近 $Fe(OH)_3$、MnO_2。Caccavo 和 Das 认为 S. alga Br Y 可利用鞭毛同 $Fe(Ⅲ)$ 接触,S. alga Br Y 与铁氧化物表面结合的过程主要由疏水反应控制,而且生有鞭毛的细胞比没有鞭毛的细胞更具疏水性,并且认为在 $Fe(Ⅲ)$ 氧化物颗粒表面的附着是 $Fe(Ⅲ)$ 还原微生物利用 $Fe(Ⅲ)$ 氧化物呼吸的另一种优势。Mehta 等在对 *G. sulfurreducens* 的纤毛研究中发现,剔除控制生成纤毛蛋白的相关基因,细胞就丧失异化还原 $Fe(OH)_3$、MnO_2 的能力,但是仍然具有还原 $Fe(Ⅲ)$ 螯合物 Fe(Ⅲ)-NTA 的能力,当存在电子传递中间体 AQDS 时,同样能还原 $Fe(OH)_3$、MnO_2。在厌氧环境中,异化铁还原微生物细胞与铁氧化物接触后,外膜亚铁血红蛋白表达增加,这些蛋白质在微生物和金属氧化物附着过程中发挥着重要的作用,具有传递电子给 $Fe(Ⅲ)$ 的功能。由此可以看出,接触吸附与异化还原金属氧化物之间是有密切联系的。

5.1.2.3　借助 Fe(Ⅲ)螯合剂将金属离子螯合溶解后再将其还原

在铁还原过程中,电子由微生物传递给不溶性 $Fe(Ⅲ)$ 氧化物过程可能需借助微生物体分泌的特异性螯合剂,使不溶的固体氧化物先变为可溶解的螯合离子,然后参与还原过程。Lovely 等在利用 DMRB 处理含水溶性芳香族化合物的石油污染时,发现增加一种 $Fe(Ⅱ)$ 的螯合剂——氨三乙酸(NTA),能显著加速芳香族化合物的氧化降解,甚至苯、甲苯这些很难被氧化降解的有机物都能彻底氧化成 CO_2。Nevin 和 Lovley 提出,除了醌以外,G. fermentans 和 S. alga Br Y 分泌的 $Fe(Ⅲ)$ 螯合剂,可直接弱化铁氧化物表面的 Fe—O 键,降低异化还原的氧化还原电位,能很大程度上促进 $Fe(Ⅲ)$ 氧化物的溶解。同时会将处于不规则颗粒空隙内部、不可能被细胞通过直吸附和接触的氧化物也络合溶解出来,提高还原收率。$Fe(Ⅱ)$ 螯合物,如邻菲罗林等,可以与 $Fe(Ⅱ)$ 离子螯合,防止 $Fe(Ⅱ)$ 离子吸附在细胞表面或沉积在反应的氧化物表面,进而阻碍铁氧化物的异化还原,于是 $Fe(Ⅱ)$ 螯合物只能在异化还原反应进行一段时间后,当 Fe(Ⅱ)离子有一定量的积聚后,才能发挥其作用。

5.1.3　异化 Fe(Ⅲ)还原酶

异化铁还原作用是微生物铁代谢的一种形式。在该过程中,微生物利用外界的 Fe(Ⅲ)作为呼吸链末端电子受体,氧化体内的基质(电子供体),实现电子在呼吸链上的传递,形成跨膜的质子浓度电势梯度,进而转化为其代谢所需的能量,从而使 Fe(Ⅲ)还原为 Fe(Ⅱ)。而 Fe(Ⅲ)转化为 Fe(Ⅱ)的过程所释放出来的能量也被微生物所捕获,用于满足生长发育的需要。这一还原过程通常是由呼吸链末端的铁还原酶(Iron reductase)催化完成的。随着各学科的交叉,以及分子生物学的迅猛发展,越来越多的研究都已集中到铁还原酶上。研究已证明铁还原酶的存在,并发现这类酶只位于铁还原微生物的膜体系及胞周质上。Nevin首先报道了从异化 Fe(Ⅲ)还原菌 *G. sulfurreducens* 中得到的一个与膜相结合的、依赖 $NADH^-$ 的 Fe(Ⅲ)还原酶。当存在延胡索酸盐或 Fe(Ⅲ)时,*G. sulfurreducens* 产生一个单一的膜相关 Fe(Ⅲ)还原酶活性。该酶的相对分子质量大约为 300 kDa,是特异性的作为 NADH 的电子供体,由此证明该还原酶可还原 Fe(Ⅲ)。在添加 Fe(Ⅲ)后,细胞色素参与该复合体所发生的氧化还原反应,表明了其具有还原 Fe(Ⅲ)的能力。

5.1.3.1　参与 *Shewanella* 种微生物的可溶性

Fe(Ⅲ)呼吸的蛋白希瓦氏菌属将电子传递到 Fe(Ⅲ)氧化物的主要机制不可能是从细胞直接将电子传递到 Fe(Ⅲ)氧化物表面。而很可能是,细胞释放的络合物质首先溶解了 Fe(Ⅲ),或者是细胞产生的电子穿梭体作为 Fe(Ⅲ)真正的电子载体。任何情况下,有关希瓦氏菌属还原 Fe(Ⅲ)的机理的多数研究都集中在可溶性、络合型 Fe(Ⅲ)的还原上。希瓦氏菌属在还原胞外电子受体时,具有特异性的适应。厌氧生长时,c-型细胞色素特异性定位于外膜,Fe(Ⅲ)还原酶定位于膜部分。敲除Ⅱ型分泌系统中的一个基因,会严重地降低 Fe(Ⅲ)和 Mn(Ⅳ)的还原能力,而并不影响可溶性电子受体的还原速率。这是与突变株不能将具有 Fe(Ⅲ)还原酶活性的一个 83 kDa 的含有血红素蛋白定位于外膜有关。可能,其他的对于 Fe(Ⅲ)和 Mn(Ⅳ)还原必需的外膜蛋白也不能正确定位。在厌氧和好氧条件下希瓦氏菌和 Fe(Ⅲ)之间的吸引力不同,表明一种 Fe(Ⅲ)还原酶位于外膜。

已经发现的希瓦氏菌属中电子传递到 Fe(Ⅲ)和 Mn(Ⅳ)的重要组分概述如下:

①CymA:由 4 个血红素构成的 21 kDa 的 c-型细胞色素,在希瓦氏菌中,它和内膜以及细胞质片断相连接。该蛋白在 Fe(Ⅲ)、延胡索酸、NO_3^-、NO_2^- 以及 DMSO 的还原中是必需的。基于该蛋白的定位推测,它可能参与了电子从内膜向胞周质电子载体或电子受体的传递。CymA 的电子来源可能是甲基萘醌,它在电子向 Fe(Ⅲ)和 Mn(Ⅳ)的传递中是必需的。在 *S. frigidimarina* 中发现了类似的蛋白。MtrA:32 kDa,包含 10 个血红素的 c-型细胞色素,可能定位在胞周质。该基因是一个操纵子的一部分,它还包括 MtrA,MtrB 和 MtrC。初步研究发现 MtrA 在 Fe(Ⅲ)还原中是必需的,但还有待证实。MtrA 可能从 CymA 接受电子,并将它传递到外膜的一个电子受体。也可能是直接还原进入胞周质的可溶性 Fe(Ⅲ),因为添加络合态的 Fe(Ⅲ)导致 E. coli 中 MtrA 的氧化。

②MtrB:7.6 kDa 的外膜蛋白,它在 *S. oneidensis* 还原 Fe(Ⅲ)和腐质酸同系物 AQDS 的过程中是必需的。因为该蛋白具有一个非常明显的金属结合结构域,起初推测它在还原 Fe(Ⅲ)之前先同其结合。然而,后来的研究表明 MtrB 对于 OmcA 和 OmcB 以及其他的细

色素在外膜的正确定位是不可缺少的。因此，MtrB 的真实功能不是与金属结合，而更可能是细胞色素的定位。

③IfcA：S. frigidimarina 生长在可溶性 Fe(Ⅲ)而不是其他可溶性电子受体介质中时所表达的一种含 4 个血红素的 63.9 kDa 的黄素细胞色素。这是细胞与高电位 Fe(Ⅲ)还原相关的一种蛋白。该细胞色素含有一个非共价键结合的 FAD，并可催化延胡索酸的还原。敲除 IfcA 对可溶性 Fe(Ⅲ)的还原并没有影响，可能因为突变株可产生其他高浓度的胞质细胞色素。

④细胞色素 C₃：另一个含有 4 个血红色素的胞周质 c - 型细胞色素，可能也参与了 S. frigidimarina 中可溶性 Fe(Ⅲ)的还原。敲除该细胞色素的基因，将导致细胞对柠檬酸 Fe(Ⅲ)还原能力降低，而对其他的可溶性电子受体的还原并无影响。在 S. oncidensis 中发现了类似的细胞色素，结构分析表明，其他的电子传递物质可能是和该细胞色素的血红素相互作用，说明作为胞周质的电子穿梭体，可优化高效地进行分子内电子传递。

⑤OmcA 和 OmcB：位于 Shewanella 菌属外膜，c - 型细胞色素，可能参与了向 Mn(Ⅳ)的电子传递。在电子向 Fe(Ⅲ)传递过程中的作用还不确定，一些研究认为，它可能参与了 Fe(Ⅲ)还原，但最近的研究表明它对 Fe(Ⅲ)还原不是必需的。

5.1.3.2　Geobacter 种微生物的 Fe(Ⅲ)还原酶

早期有关 Geobacer 属电子向 Fe(Ⅲ)传递机理的生化研究表明，细胞色素和其他的氧化还原活性蛋白参与了这一过程。但是直到发展了 G. sulfurreducens 系统之前，这些蛋白在体内的功能还无法证实。已经发现的，参与 Fe(Ⅲ)还原的组分如下：

①OmcB：含有 12 个血红色素的 c - 型细胞色素，位于外膜，相对分子质量为 87 kDa。现在认为 OmcB 与其高度类似的 OmcC 都出现在 c - 型细胞色素 FerA 中。FerA 片断是从 G. sulfurreducens 膜部分纯化得到的，依赖于 NADH 的 Fe(Ⅲ)还原酶复合体。FerA 中的细胞色素可以将电子传递给 Fe(Ⅲ)。这些研究表明，FerA 可能是 G. sulfurreducens 末端 Fe(Ⅲ)还原酶。当敲除 OmcB 时，G. sulfurreducens 不能再以 Fe(Ⅲ)为电子受体进行生长，可溶性和不溶性 Fe(Ⅲ)氧化物的还原也被抑制，但是突变株对延胡索酸的还原并不受到影响。

②PpcA：从 G. sulfurreducens 胞周质纯化的含有 3 个血红色素，9.6 kDa 的 c - 型细胞色素。它的序列与 Geobacteraceae,Desulfuromonas acetoxidans 中的另一个 9.1 kDa 的 c - 型细胞色素、G. metallireducens 中 9.7 kDa 的 c - 型细胞色素序列类似。从 G. sulfurreducens 中敲除 PpcA 后，微生物在乙酸盐 - Fe(Ⅲ)中比野生型生长缓慢。但对细胞在以延胡索酸为电子受体的生长没有影响。生长在延胡索酸中的细胞悬液，在以乙酸盐为电子供体时 Fe(Ⅲ)的还原速率只有野生型的 60%，对 U(Ⅵ)和腐殖质类似物 AQDS 的还原速率只有野生型的 20% 和 5%。而在以 H₂ 为电子供体时，对 3 种电子受体的还原速率和野生型相当。这些结果表明：PpcA 是乙酸盐代谢中产生的电子向胞周质 Fe(Ⅲ)、U(Ⅵ)和 AQDS 传递的中间电子载体。

③PpcB：含有 2 个血红色素 36 kDa 的 c - 型细胞色素，被认为位于 G. sulfurreducens 的胞周质，可能松散地连接在内膜。敲除 PpcB 后会严重地影响 G. sulfurreducens 以 Fe(Ⅲ)为电子供体的生长，但对利用延胡索酸生长没有影响。生长在延胡索酸中的细胞悬液在以乙酸盐和 H₂ 为电子供体时，Fe(Ⅲ)还原速率只有野生型的 10% 和 17%。这些结果表明

PpcB 在电子向 Fe(Ⅲ) 的传递过程中是非常重要的中间电子载体。

④OmcD 和 OmcE：OmcD 是 48 kDa 含有 4 个血红色素的 c - 型细胞色素，而 OmcE 有 6 个血红色素。这两种细胞色素很容易从 G. sulfurreducens 外膜分离得到。敲除 OmcD 或 OmcE 后，细胞可生长在包括柠檬酸铁在内的所有可溶性电子受体，但不能生长在 Fe(Ⅲ) 或 Mn(Ⅳ) 氧化物。因为这些细胞色素和外膜结合松散，并且在 Fe(Ⅲ) 和 Mn(Ⅳ) 的还原中是必需的，因此这些细胞色素很可能是 Fe(Ⅲ) 和 Mn(Ⅳ) 还原过程中的末端还原酶。

⑤用于定位和附着 Fe(Ⅲ) 氧化物的蛋白：Geobacter 属的微生物在还原 Fe(Ⅲ) 氧化物时必须和它们直接接触。有关 G. metallireducens 的研究发现，该微生物在不溶性 Fe(Ⅲ) 或 Mn(Ⅳ) 氧化物上生长时，可生长出鞭毛。在可溶性电子受体，包括螯合态 Fe(Ⅲ) 上生长时，很少或不生长鞭毛。鞭毛的一种可能功能是使得 G. metallireducens 泳向 Fe(Ⅲ) 和 Mn(Ⅳ) 氧化物。Geobacter metallireducens 对 Fe(Ⅱ) 和 Mn(Ⅱ) 表现出趋化作用。鞭毛的另一种可能功能，当然还有待于研究，可能是参与了最初向氧化物的附着。当在 Fe(Ⅲ) 和 Mn(Ⅳ) 氧化物上生长时，微生物也会特别地生长纤毛，这些纤毛长在细胞有鞭毛的一侧。在 G. sulfurreducens 突变体中，当编码纤毛结构蛋白的基因 PilA 被敲除掉后，它就不能再还原 Fe(Ⅲ) 氧化物，然而对可溶性 Fe(Ⅲ) 的还原能力和野生型一样。而且，当添加电子穿梭物质 AQDS 或 Fe(Ⅲ) 螯合剂时，突变体可还原 Fe(Ⅲ) 氧化物。这些结果与 G. sulfurreducens 在利用不溶性 Fe(Ⅲ) 氧化物时鞭毛的概念是一致的。

⑥其他的外膜蛋白：当 G. sulfurreducens 分泌系统操纵子中的一个基因 OxpG 被敲除后，突变体不能再利用不溶性 Fe(Ⅲ) 或 Mn(Ⅳ) 氧化物，但是可利用可溶性电子受体，包括螯合态 Fe(Ⅲ)。因此，G. sulfurreducens 的分泌系统很可能参与了 Fe(Ⅲ) 和 Mn(Ⅳ) 还原过程中必需的蛋白向外膜的运输。比较突变体和野生型细胞中这些蛋白的定位，可发现几种蛋白在突变体中没有很好地定位，而且其中一个突变会特异地抑制 Fe(Ⅲ) 氧化物的还原。

5.1.4　胞外电子转移机制及其应用

微生物胞外电子转移是指细胞氧化有机物（电子供体）产生电子，并将电子传递给细胞外的最终电子受体的过程。胞外电子传递在地球环境中的碳、铁、锰循环，微量金属元素和磷在地球环境中的形态和分布，以及地下水修复等过程中起着关键作用，因而受到众多研究者的关注。微生物胞外电子转移过程也可称为胞外呼吸，它是近年来发现的新型微生物厌氧能量代谢方式，主要包括铁呼吸、腐殖质呼吸与产电呼吸 3 种形式。微生物胞外呼吸与传统的有氧呼吸、胞内厌氧呼吸存在显著差异。其电子受体多以固态形式存在于胞外；氧化产生的电子必须通过电子传递链从胞内转移到细胞周质和外膜，并通过外膜上的细胞色素 C、纳米导线或自身产生的电子穿梭体等方式，最终将电子传递至胞外的末端受体。胞外呼吸的本质问题是微生物与胞外电子受体（铁/锰氧化物、固态电极或腐殖质等）的相互作用，即微生物如何将胞内电子传递至胞外受体。铁还原菌是目前最为典型的胞外呼吸细菌。

微生物驱动的铁的氧化还原循环被认为是厌氧环境中的控制性电子转移途径，直接驱动了 C/N/S 等关键元素的生物地球化学循环过程。已经成功分离获得了多株铁还原菌，并对其中的几株产电菌的胞外电子传递机理进行了深入细致的研究，获得了一系列重要成果。研究发现，合体和自身分泌的电子穿梭体将电子传递给电极。同时，利用铁还原菌的电子转移特性,构建了多种微生物生物电化学系统,并成功利用该系统同步处理各种废弃物和获取清洁的电能。该系统也被用于土壤污染物控制与修复,并发现微生物电化学系统能够加速土壤污染物(例如,苯酚)降解和促进河道底泥有机物分解。

5.1.5　影响异化铁还原过程的因素

异化铁还原过程是微生物介导的生物过程,因而影响微生物生长代谢过程的因素就会对异化铁还原过程产生影响。微生物生长需要一个合适的生长环境,其中体系的温度和 pH 值是微生物生长的关键性因素。在温度为 $4 \sim 121\ ℃$ 的环境中均存在异化铁还原微生物。上文中叙述的 *Geobacter* 和 *Shewanella* 两种菌均生长在 $20 \sim 35\ ℃$ 的环境中,属于嗜温性菌。超嗜热菌生长温度在 $65 \sim 100\ ℃$ 附近,如超嗜热古生菌 *Pyrobaculum islandicum*。研究表明,温度对异化铁还原菌的生长和铁还原的影响基本一致。一般来说,异化铁还原微生物生长在近中性 pH 值条件下,pH 值范围是 $5.0 \sim 8.0$。但是还存在一些嗜酸性铁还原菌,其生长所需的 pH 值较低,如 *Acidiphlium* 属的 JF-5 的最佳 pH 值是 3.2。因而,不同的 pH 值条件影响微生物的生长,从而影响铁还原过程。异化铁还原过程是一个氧化还原反应,就必然存在电子供体和电子受体,因而这也是制约其过程的主要因素。异化铁微生物可以利用各种不同的电子供体和电子受体。可利用的电子供体主要有 H_2、乙酸等有机酸及其盐类、糖类、芳香烃类、腐殖质物质和 $Fe(Ⅱ)$。可利用的电子受体除了 $Fe(Ⅲ)$ 外,还有 O_2、$Mn(Ⅳ)$、$U(Ⅵ)$ 及其他金属、胞外醌类物质、硝酸盐、延胡索酸盐等。异化 $Fe(Ⅲ)$ 还原微生物在异化铁还原过程中利用不同电子供体和电子受体的机理各异,其中 $Fe(Ⅲ)$ 的还原潜势和还原速率就有所不同。

5.2　异化铁还原菌

20 世纪初,微生物异化 $Fe(Ⅲ)$ 还原就已被认知,但直到 1987 年第一株具有 $Fe(Ⅲ)$ 还原活性的金属还原地杆菌 *Geobacter metallireducens* 从河流沉积物中被分离后,$Fe(Ⅲ)$ 还原菌才开始引起人们的广泛关注。迄今为止,已有许多微生物被证实可以通过呼吸、发酵等方式进行 $Fe(Ⅲ)$ 还原。

5.2.1　发酵型铁还原菌

最早发现的具有异化铁还原功能的菌就是利用发酵进行铁还原的,在发酵糖/氨基酸并产生乙酸、乙醇、氢气等发酵产物的过程中还原铁。碳水化合物发酵时,只有不到 5% 的电子被传递给 $Fe(Ⅲ)$,因此,该发酵体系中 $Fe(Ⅲ)$ 只是一个次要的电子受体。目前已发现可通过发酵进行 $Fe(Ⅲ)$ 还原的微生物有弧菌属 *Vibrio spp.*、多黏类芽孢杆菌 *Bacillus Polymyxa*、巴氏芽孢梭菌 *Clostridium Pasteurianum*、喜温发酵菌 *Pelotomaculum thermopropionicum* 等,但是,总体来说,在各类异化 $Fe(Ⅲ)$ 还原菌中,通过发酵进行 $Fe(Ⅲ)$ 还原的细菌所占比例较少。

5.2.2　呼吸型铁还原菌

能够广泛利用多种有机物质,特别是氢气或乙酸作为电子供体,进行 $Fe(Ⅲ)$ 还原的微生物在环境修复中的作用受到广泛关注。迄今为止,已有几十余种呼吸型 Fe(Ⅲ)还原菌株从海洋沉积物、淡水沉积物、蓄水层等环境中分离出,大多属于变形菌纲 δ 亚纲的土杆菌属 *Geobacter* 和变形菌纲 γ 亚纲的希瓦氏菌属 *Shewanella*。

5.2.2.1　土杆菌科

第一个被发现利用 Fe(Ⅲ)作为电子受体的铁还原微生物就是变形菌纲 δ 亚纲土杆菌科(*Geobacteraceae*)的成员。土杆菌科微生物在自然环境中数目最多、分布最广,基本上所有可能发生异化铁还原的环境中都可能发现土杆菌科微生物的存在。土杆菌属 *Geobacter* 是一种严格厌氧细菌,可将有机物完全氧化成二氧化碳,主要包括 *G. sulfurreducens*,*G. metalli-reducens*,*G. hydrogenophilu*,*G. chapelle*,*G. grbiciae*,*G. akaganeitreducens*,*G. humireducens* 及 *G. arculus* 等。其他可以氧化乙酸成二氧化碳的铁细菌有地弧菌属(例如 *Geovibrio Ferrireducens*)、地发菌属(例如 *Geothrix Fermentens*)以及变形菌纲 δ 亚纲的脱硫单胞菌属 *Desulfuromonas* 和硫还原弯形菌属 *Desulfuromusa*。

Geobacter metallireducens 即 GS – 15 菌株,是 *Geobacter* 属的典型株。它是一个严格厌氧的革兰氏阳性非运动的杆菌,从淡水沉积物的培养中分离获得。该培养系统以乙酸盐作为唯一电子供体,以少量的晶体状 Fe(Ⅲ)氧化物作为电子受体。该菌最佳生长温度为 30 ℃。除乙酸盐外,GS – 15 菌株还可以利用多种有机物作为电子供体,其中令人注意的是甲苯。甲苯作为一种芳香烃类物质普遍存在于污染的地下水中,而 GS – 15 是发现的第一个能够在厌氧条件下氧化芳香烃类有机化合物的菌株。*Geobactergrbicium* 也能与 Fe(Ⅲ)偶联并氧化甲苯。除了还原 Fe(Ⅲ)以外,GS – 15 还能以 AQDS(2,6 – *anthraquinone disulfonate*,2,6 – 蒽醌二磺酸盐)、Mn(Ⅳ)、U(Ⅵ)、NO_3^-、Fe(Ⅲ)– NTA、Tc(Ⅶ)作为电子受体。尽管 GS – 15 的细胞悬浮物可还原 S^0 为硫化物,但 GS – 15 在以 S^0 作为唯一的电子受体时不能生长。

Geobacter Sulfurreducens 是从石油污染的污水排水沟中分离得到的,以乙酸盐、甲酸盐、乳酸盐和 H_2 作为电子供体,以无定型氧化铁、柠檬酸铁、焦磷酸铁、AQDS、Tc(Ⅶ)等作为电子受体。*G. Sulfurreducens* 是最先发现的能以 S^0 作为电子受体而生长的菌株。它也是首先知道的以 Co(Ⅲ)作为电子受体的菌株,其对 Co(Ⅲ)的还原在环境意义上有重要的作用。*Geobacter Humireducens* 是从碳水化合物污染的湿地沉积物中分离得到的,以 Ac 作为电子供体和腐质酸类似物 AQDS 作为电子受体。AQDS 用于分离以腐质酸作为终端电子受体的细菌中。用 AQDS 可快速分离 *G. Humireducens* 的事实表明,*Geobacter* 是土壤中重要的腐质酸还原微生物。*Pelobacter Propionicus* 是一个严格厌氧的革兰氏阳性、非孢子形式、非运动的杆菌,从厌氧淡水污泥和污水污泥中分离得到,以 2,3 – 丁二醇为发酵物。它与 *G. Chapelleii* 在系统发生上有密切关系,可以 Fe(Ⅲ)作为电子受体氧化乳酸为乙酸。另外,Cumming D. E. 等人从美国爱德华州受尾矿污染的 Coeurd'Alene Lake 湖泊沉积物中分离得到两株异化铁还原菌 CdA_2 和 CdA_3。这两种菌都是严格厌氧的、可运动、非发酵型革兰氏阴性杆菌。它们的生长严格偶联着 Fe(Ⅲ)还原,并依赖于电子供体。以乙酸盐作为唯一电子供体,能够还原柠檬酸铁、焦磷酸铁、无定型的 $Fe(OH)_3$ 以及水铁矿。除了 Fe(Ⅲ)外,这两菌株还可还原 AQDS、Mn(Ⅳ)、NO_3^-、分子硫、NO_2^-、SO_4^{2-}、$S_2O_3^{2-}$、AsO_3^- 等物质。这两菌株在 pH 值为 6.5,6.9 和 7.2 时 Fe(Ⅱ)产量最高。经 16S rDNA 序列分析表明:这两菌株都是 *Geobacteraceae* 中 *Geobacter* 簇的成员。它们和 *Pelobacter Propionicus* 更接近,值得一提的是这两个菌

株都不能利用 2,3 - 丁二醇发酵生长,这是 *Pelobacter* 的诊断特征。

5.2.2.2　希瓦氏菌属

变形杆菌 γ 亚纲的希瓦氏菌属的微生物也是一类被广泛深入研究的异化 Fe(Ⅲ)还原菌。希瓦氏菌是兼性革兰氏阴性菌,生长快,分布广,在病原体或致使食物腐败环境中都有分布。

希瓦氏菌属是 1985 年 Macdonell 和 Colwell 根据 5SrRNA 序列从交替单胞菌属中另立的新属。这些菌种大多具有耐盐、耐低温、降解卤代有机化合物和还原金属的能力,因而在降解有机化合物的环境修复中起着重要的作用。希瓦氏菌属的微生物在厌氧条件下可利用多种电子受体,如 Mn(Ⅳ)、U(Ⅵ)、NO_3^-、NO_2^-、S^0、延胡索酸盐、三甲胺 - N - 氧化物(*tri-methylamine - N - oxide*)和二甲基砜等物质。由于希瓦氏菌的兼性厌氧特性,使其易于在需氧环境中被培养分离。从代谢机理上来看,希瓦氏菌属微生物的异化铁还原机理主要是借助螯合剂或者电子穿梭体来传递电子的,这与土杆菌科的微生物不同。

Shewanella putrefaens(MR - 1 菌株),来自地表下层,能将有机碳的氧化偶联到黏土矿物的结构 Fe(Ⅲ)还原反应中。它们用甲酸盐或乳酸盐作为电子供体,证明了黏土矿物中结构 Fe(Ⅲ)可作为唯一的电子受体,观察到了结构 Fe(Ⅲ)还原反应分别偶联到甲酸氧化和乳酸氧化的平均比值为 1.6 : 1 和 4.9 : 1。*Shewanella oneidensis* 是从淡水沉积物中分离得到的,该菌呈杆状,最佳生长温度为 30 ℃,属中温菌,能以甲酸盐、乳酸盐、丙酮酸盐和 H_2 为电子供体。能够还原弱晶体型(Ⅲ)氧化物、柠檬酸铁、AQDS、S^0、U(Ⅵ)、NO_3^-、$S_2O_3^{2-}$ 等。

希瓦氏菌属 *Shewanella* 是一种兼氧菌,在还原 Fe(Ⅲ)的过程中只能将有机物氧化成乙酸和水,主要包括 *S. alga*、*S. putrefaciens*、*S. oneidensis*、*S. baltica*、*S. livingstonensis*、*S. denitrificans*、*S. olleyana*、*S. japonica* 等。此类不完全氧化有机物的 Fe(Ⅲ)还原细菌还有变形菌纲 γ 亚纲的假单胞菌属 *Pseudomonas*、交替单胞菌 *Ferrimonas balearica*、变形菌纲 δ 亚纲的暗杆菌属 *Pelobacter*、变形菌纲 ε 亚纲的 *Geospirilllum barnesii* 等。

变形菌纲 δ 亚纲中的地杆菌属 *Geobacter*、脱硫单胞菌属 *Desulfuromonas*、暗杆菌属 *Pelobacter* 和硫还原弯形菌属 *Desulfuromusa*,由于其相近的系统发育关系和相似的生理特性(严格厌氧,均可还原 Fe/S^0)而被统称为地杆菌科 *Geobacteraceae*。

除了上述典型的呼吸型 Fe(Ⅲ)还原菌和发酵型 Fe(Ⅲ)还原菌外,自然界中还存在诸如光合蓝绿菌 *Cyanobacterium* 中集胞藻属 *Synechocystis*、大肠埃希氏菌 *Escherichia coli*,荚膜红细菌 *Rhodobactercapsulate* 等也存在还原 Fe(Ⅲ)的能力,已有关于其 Fe(Ⅲ)还原特性的研究报道。

5.2.3　嗜热铁还原菌

铁的氧化物和氢氧化物广泛存在于地下各种环境中,它们的价态很容易发生改变。在厌氧生态环境,特别是高温厌氧环境中,铁还原菌(*iron - reducing bacteria*)可以只作为电子受体,这类微生物一般靠近系统发育树底部。Greene 等(1997)首次报道从油藏中发现了一株嗜热铁还原菌(*Deferribacter thermophilus*),可利用乙酸盐等有机酸和 H_2 为电子供体,以 Fe(Ⅲ)、Mn(Ⅳ)和硝酸盐作为电子受体。

从油藏中分离的腐败希瓦氏菌(*Shewanella putrefaciens*)能以 H_2 或甲酸盐作为电子供体还原氢氧化铁。Slobodkin 等(1999)认为,深层油藏中许多不同类型的嗜热和超嗜热厌氧菌都能够还原 Fe(Ⅲ)，并推测油藏中铁还原菌通过地热反应或发酵反应产生的 H_2 作为电子供体，以乙酸作为碳源生长。

迄今发现所有的古生菌和一部分细菌属于超嗜热微生物。细菌中栖热袍菌门(*Thermotogae*)、热脱硫杆菌门(*Thermodesulfobacter*)和异常球菌 – 栖热菌门(*Deinococcus – Thermus*)的一些成员都具有还原 Fe(Ⅲ)的能力。

从南非金矿的地下水中分离得到的一种嗜热菌命名为 SA – 01，属兼性厌氧菌。其 16S rRNA 基因序列分析发现，它属于 Thermus 属，并和 Thermus 属中的 NMX2 A.1 最接近。NMX2 A.1 分离自新墨西哥的一个热泉。这两株菌最佳温度是 65 ℃，温度低于 35 ℃时 Fe(Ⅲ)还原不发生，高于 65 ℃时 Fe(Ⅲ)还原速率明显下降。最佳的 pH 值在 6.5~7.0。这两种微生物在以乳酸盐为电子供体时可还原 O_2、NO_3^- 和 Fe(Ⅲ) – NTA；在缺少或以延胡索酸盐、SO_4^{2-}、$S_2O_3^{2-}$ 为最终电子受体时都可生长。SA – 01 的细胞还可还原 Fe(Ⅲ) – NTA、柠檬酸铁、Co(Ⅲ) – EDTA、Cr(Ⅵ)和 U(Ⅵ)。SA – 01 和 NMX2A.1 在含有 S^0 的介质中生长，并检测到硫化物，证明它们可还原 S^0。Thermus 属的这两株菌还原金属的机制是溶解 – 还原。*Pyrobaculum islandicum* 是一种厌氧的超嗜热古生菌，分离自超热的地下水中，生长的最佳温度是 100 ℃。它可利用蛋白胨 – 酵母浸提液、H_2 作为电子供体，弱晶体的 Fe(Ⅲ)氧化物、S^0、U(Ⅵ)、Cr(Ⅵ)和 Tc(Ⅶ)作为电子受体。其细胞悬液也可还原 Mn(Ⅳ)和 Co(Ⅲ) – EDTA，但是不能以 Mn(Ⅳ)为唯一的电子受体进行生长。*P. islandicum* 产生的超细颗粒的磁铁矿与从热的、陆地深层发现的磁铁矿类似。以前只是推测陆地深层的磁铁矿由微生物活动而产生，*P. islandicum* 则表明这些磁铁矿可能是生活在那里的超嗜热微生物所产生的。*P. islandicum* 进行的氧化 H_2 和有机物质所偶联的 Fe(Ⅲ)氧化物的还原，为早期地球上所发生的地球化学反应提供了生物学模型。因此，超嗜热菌异化还原 Fe(Ⅲ)过程可能与地球早期生命形式联系紧密，但在超嗜热菌异化还原 Fe(Ⅲ)的机理方面的研究却比较有限。

5.3 异化铁还原的地学和环境生态学意义

异化铁还原的环境重要性近年来备受关注。异化铁还原是发生在厌氧沉积物及淹水土壤中重要的微生物学过程，为铁还原微生物提供生存所必需的能量的同时，还有着重大的地学和环境生态学意义。

5.3.1 异化铁还原是最古老的呼吸形式之一

以前普遍认为，S^0 的呼吸是地球上最古老的微生物呼吸形式之一。但最近的地球化学和微生物学研究发现，Fe(Ⅲ)的呼吸更可能是最古老的呼吸形式之一。35 亿年前，在地球上的超热还原环境条件下，细菌最初是利用 Fe(Ⅲ)或 S^0 作为末端电子受体进行呼吸的。近来在太古代海洋和海洋热液流的早期地球环境中也发现有大量 Fe(Ⅲ)，这些 Fe(Ⅲ)是由光氧化 Fe(Ⅱ)而来的，在古老地球上含量丰富。地球化学证据表明，Fe(Ⅲ)还原也是除了早期地球之外其他热生境中重要的生物过程。在火星陨石微生物化石中也发现了由 Fe(Ⅲ)还原菌聚集铁的特征。在 ALH84001 陨石中发现的超细颗粒磁铁矿在形态上与 Fe(Ⅲ)还原菌产生的磁铁矿非常相似，因此一些人认为这包含了火星上早期生命的证据。

另外发现多种嗜高温古细菌和真细菌都能够利用 Fe(Ⅲ),但不能利用 S^0 进行呼吸。这些嗜高温微生物是现存的与最近的现代生命共同祖先关系最为密切的生物,并且这些生物都可还原 Fe(Ⅲ)。研究发现嗜高温古生菌 *Archaeoglobus fulgidus* 不能利用 S^0 进行呼吸,但可还原 Fe(Ⅲ)。由这些事实可以推测 Fe(Ⅲ)的呼吸要早于 S^0 的呼吸,是地球上最早出现的呼吸过程。

5.3.2　异化铁还原在环境污染防治和生物修复方面的作用

在厌氧条件下铁的异化还原过程会强烈影响各种有机无机污染物的环境行为。在铁还原微生物的异化作用中,Fe(Ⅲ)被用作电子受体,还原产生的 Fe(Ⅱ),偶联多种有机无机物的氧化。

异化铁还原微生物具有强大的代谢能力,铁还原菌可以影响到除 Fe(Ⅲ)之外的很多重金属以及放射性核素,如 Mn(Ⅳ)、Cr(Ⅵ)、Ag(Ⅰ)、Au(Ⅲ)、Hg(Ⅱ)、V(Ⅴ)、Sr(Ⅱ)、Co(Ⅱ)等生物的地球化学循环,在厌氧地层的生物修复中起到重要作用。这些重金属以及放射性核素在以高价态存在时往往会形成对环境有毒害的污染物,一旦被还原为低价态后或形成沉淀,或与 Fe(Ⅱ)形成共沉淀,使得其毒性降低。因此异化 Fe(Ⅲ)还原在污染环境的生物修复中表现出了很大的优势。氧化铁具有巨大的比表面积,这对重金属污染物的吸附作用起到一定的控制作用。土壤中氧化铁对铜离子有很强的富集能力,可降低铜污染土壤中的铜生物毒性。在厌氧条件下氧化铁可催化 Cr(Ⅵ)还原为 Cr(Ⅲ)。U(Ⅵ)在环境中溶解度大、易扩散,但其一旦被还原为 U(Ⅳ),则溶解度降低,且形成沉淀而被固定。

铁还原菌 *Geobacter*, *Pseudomonas* 和 *Desulfosporosinus* 的一些菌种参与 Fe(Ⅲ)还原和 U(Ⅵ)还原沉淀这一过程。Bernad 等人发现 *Geobacter metallireducens* 可利用乙酸盐将 V(Ⅴ)还原为 V(Ⅳ)而沉淀下来,这一过程用在地下水 V(Ⅳ)的去除中效果非常好。Michael 等人发现铁的微生物还原过程可以促进铁还原菌 *Geobacter metallireducens* 对四氯甲烷的脱氯作用。Lovley 指出,在淡水沉积物中的铁还原微生物的作用下,Fe(Ⅲ)还原能促进自然条件下难降解的有机污染物,如苯、甲苯、苯甲酸、苯酚、4-羟基苯甲酸、苯甲醛、对羟基苯甲醛和肉桂酸的氧化降解,并且在添加 Fe(Ⅲ)螯合剂或腐殖酸等电子穿梭物质的条件下,沉积物和含水土层的苯的降解被大大加速。脱亚硫酸菌属(*Desulfitobacterium*)和硫化螺旋菌属(*Sulfurospirillum*)的异化铁还原过程可以还原 As、Se 等非金属无机污染物。*Shewanella* 的一些菌种还可以降解一些复杂的染料及其脱色产物。微生物可以直接通过还原偶氮键,或异化还原醌类化合物生成的氢醌还原一些染料。Stucki 在介绍氧化铁的还原对 K^+ 固定和农药残留量的影响中指出,铁还原对农药降解十分有利。铁的还原可能成为土壤净化一个新的有效途径。因此利用异化 Fe(Ⅲ)还原过程促进厌氧环境中有机污染物的降解,并对污染环境进行微生物原位修复具有广阔的前景。许多铁还原微生物都是从一些极端环境中分离得到的,如重金属污染区、尾矿区、辐射污染区、极端的酸性或高温环境。生长在这些极端环境中的铁还原微生物在长期的进化过程中形成了自己独特的代谢方式以适应环境。因此,通过研究异化铁还原微生物有助于人们加强对当今污染防治及生物修复途径的认识。

5.3.3　异化铁还原在抑制甲烷产生方面的作用

在厌氧水稻土中,存在着种类繁多、关系复杂的微生物区系。甲烷的产生是这个微生物区系中各种微生物相互平衡、协同作用的结果。厌氧水稻土中的发酵细菌把各种复杂的有机物进行发酵,生成的产物可被转化成 H_2、CO_2 和乙酸,这些是产甲烷菌生长代谢所需的碳源和氮源,但它们也是铁的主要电子供体。因此,异化铁还原过程中,氧化铁可作为有效电子受体与产甲烷过程竞争利用产甲烷前体——乙酸和 H_2。这样就充分抑制了甲烷的产生。Van Bodegom 等人研究发现,产甲烷菌有时可直接利用 Fe(Ⅲ) 作为电子供体,从而发生的是 Fe(Ⅲ) 还原而不是产甲烷。

5.3.4　利用微生物电池可生产清洁能源

微生物燃料电池是指在微生物的催化作用下将化学能转化为电能的装置。异化 Fe(Ⅲ) 还原微生物在开发新的生物电池中具有很大潜力。近年来,国外陆续发现几种 Fe(Ⅲ) 还原微生物,可在无电子传递中间体存在的条件下,将电子直接传递给电极产生电,构成直接微生物燃料电池。这类细菌主要是 *Geobacter* 和 *Shewanella* 等家族的一些种属。目前从海底沉积物中分离到 3 株微生物 *Geobacter metallireducens*,*Rhodoferaxferrireducens* 和 *Geobacter sulfereducens*,能够在无电子传递中间体的情况下以 $Fe(OH)_3$ 等固态物质作为电子受体进行无氧呼吸。异化铁还原微生物在开发生物电池中具有很大潜力,它们种类多、代谢功能强大、可利用的电子供体范围广。随着对异化铁还原微生物种群及电子利用特征研究的深入,再加之现代生物技术的发展,异化铁还原微生物在高效、节能生物电池的研究中必然发挥着更重要的作用。

5.4　铁还原菌在微生物燃料电池方面的应用

5.4.1　微生物燃料电池原理

微生物燃料电池(MFC)是一种利用微生物作为催化剂,将燃料中的化学能直接转化为电能的生物反应器。典型的 MFC 装置由阴极区和阳极区组成,两区域之间由质子交换膜分隔。其工作原理是:在阳极区表面,水溶液或污泥中的有机物如葡萄糖、醋酸、多糖,和其他可降解的有机物等在阳极微生物的作用下,产生二氧化碳、质子和电子。电子通过中间体或细胞膜传递给电极,并通过外电路到达阴极,质子通过溶液迁移到阴极后与氧气发生反应产生水,从而使得整个过程达到物质和电荷的平衡,并且外部用器也获得了电能。

MFC 兼具了污水处理厂厌氧池和曝气池的特征,阳极室为厌氧发酵区,阴极室为好氧环境,但不需要曝气,既节约了成本,也可产生电能。许多研究表明,MFC 技术具有处理工业污水、生活污水、动物养殖场污水和人工合成污水的潜力。

微生物燃料电池在废水中的应用也十分广泛。MFC 技术作为一种集污水净化和产电为一体的创新性污水处理与能源回收技术,近年来受到广泛关注。MFC 用于废水处理的优点有:①产生有用的产物——电能,其产生的电流取决于废水浓度和库仑效率;②无须曝气,不需曝气的空气阴极 MFC,在阴极处只需要被动的氧气传递;③减少了固体的产生,MFC 技术是一个厌氧工艺,因此,相对于好氧体系,产生细菌的生物量将减少,固体处理是昂贵的,应用 MFC 技术可充分减少固体的产生;④潜在的臭味控制,这是需要在处理实施时仔细规划的部分,省略了空气接触的较大的表面积和 AS 工艺中大量气流从曝气池底部流出的过程,均可大大降低向周围环境释放臭味的可能性。

MFC 在一些高端技术领域有着十分广阔的应用前景。将阳极插入海底沉积物,阴极置于临近海水中可收集到天然的、由微生物代谢产生的海底电流,可为海底无光照条件下监测来往船舰的仪器提供电源,这一设想得到美国海军多个项目的支持。

MFC 是一种复合体系,其兼具厌氧处理和好氧处理的特点。从微生物学的角度,它可以看作一种厌氧处理工艺,细菌必须生活在无氧的环境下才能产电;但就整体而言,阴极室是耗氧的,氧气是整个体系的最终电子受体,因此它又是好氧处理工艺,只不过氧气没有直接用于微生物的呼吸。

5.4.2　微生物燃料电池分类

5.4.2.1　*Shewanella putrefaciens* 燃料电池

腐败希瓦氏菌(*Shewanella putrefaciens*)是一种还原铁细菌,在提供乳酸盐或氢之后,无需氧化还原介质就能产生电。最近,*Byung Hong Kim* 等采用循环伏安法来研究 *S. putrefaciens* MR – 1、*S. putrefaciens* IR – 1 和变异型腐败希瓦氏菌 *S. putrefaciens* SR – 21 的电化学活性,并分别以这几种细菌为催化剂,乳酸盐为燃料组装微生物燃料电池,发现不用氧化还原介体,直接加入燃料后,几个电池的电势都明显提高。其中 *S. putrefaciens* IR – 1 的电势最大,可达 0.5 V。当负载 1 kΩ 的电阻时,它有最大电流约为 0.04 mA。位于细胞外膜的细胞色素具有良好的氧化还原性能,可在电子传递的过程中起到介体的作用,且它本身就是细胞膜的一部分,不存在氧化还原介质对细胞膜的渗透问题,从而可以设计出无介体的高性能微生物燃料电池。进一步研究发现,电池性能与细菌浓度及电极表面积有关。当使用高浓度细菌(0.47 g 干细胞/升溶液)和大表面积的电极时,会产生相对较高的电量(12 h 可产生 3 C)。

5.4.2.2　*Geobacteraceae sulferreducens* 燃料电池

已知 *Geobacteraceae* 属的细菌可以将电子传递给诸如 $Fe(Ⅲ)$ 氧化物的固体电子受体来维持生长。将石墨电极或铂电极插入厌氧海水沉积物中,与之相连的电极插入溶解有氧气的水中,就有持续的电流产生。对紧密吸附在电极上的微生物群落进行分析可得知:*Geobacteraceae* 属的细菌在电极上高度富集。由此得出结论:上述电池反应中电极作为 *Geobacteraceae* 属细菌的最终电子受体。Derek R. Lovley 等发现:*Geobacteraceae sulferreducens* 可以只用电极作为电子受体而成为完全氧化电子供体;在无氧化还原介体的情况下,它可以定量转移电子给电极;这种电子传递归功于吸附在电极上的大量细胞,电子传递速率 $[(0.21 \sim 1.2) \mu mol$ 电子 $\cdot mg^{-1}$蛋白质 $\cdot min^{-1}]$ 与柠檬酸铁做电子受体时 $(E_0 = +0.37 V)$ 的速率相似。电流密度为 65 mA/m^2,比 *Shewanella putrefaciens* 电池的电流密度(8 mA/m^2)高很多。

5.4.2.3　*Rhodoferax ferrireducens* 燃料电池

美国马萨诸塞州大学的研究人员发现了一种微生物,能够使糖类发生代谢,将其转化为电能,且转化效率高达 83%。这是一种氧化铁还原微生物 *Rhodoferax ferrireducens*,它无须催化剂就可将电子直接转移到电极上,产生的电能高达 9.61×10^{-4} kW/m^2。相比其他直接或间接微生物燃料电池,*Rhodoferax ferrireducens* 电池最重要的优势就是能将糖类物质转化为电能。目前大部分微生物电池的底物为简单的有机酸,需依靠发酵性微生物先将糖类或复杂有机物转化为其所需的小分子有机酸方可利用。而 *Rhodoferax ferrireducens* 可以几乎完全氧化葡萄糖，这样就大大推动了微生物燃料电池的实际应用进程。进一步研究表明，这种电池作为蓄电池具有很多优点：①放电后充电可恢复至原来水平；②充放电循环中几乎无能量损失；③充电速度快；④电池性能长时间稳定。

第6章 产甲烷菌

6.1 产甲烷菌的分类

产甲烷菌作为一个生理和表型特征独特的类群,其突出的特征是能够产生甲烷。它们生活在极端的厌氧环境中:海洋、湖泊、河流沉积物、沼泽地、稻田和动物肠道,与其他类群细菌互营发酵复杂有机物而产生甲烷。

产甲烷菌是厌氧发酵过程中最后一个环节,在自然界碳素循环中扮演重要角色。由于产甲烷菌在废弃物厌氧消化、高浓度有机废水处理、沼气发酵及反刍动物瘤胃中食物消化等过程中起关键性作用,也由于产甲烷菌所释放出来的甲烷是导致温室效应的重要因素,产甲烷菌的研究成为环境微生物研究的焦点之一。

6.1.1 产甲烷菌分类鉴定的基本标准

1988 年,国际细菌分类委员会产甲烷菌分会提出了产甲烷菌分类鉴定的基本标准。这一基本标准既参考了过去沿用的表型特征的描述,也指出基于形态结构和生理特征的描述经常难以区分分类群中的差异,不能正确断定分类群种系发生的地位。新的分类鉴定的基本标准增加了化学、分子生物学和遗传学有关的分类数据,为使新的分类种系的位置更确切,常常依靠核酸序列、核酸编码的研究或黑白指纹法的研究。

在该次会议上提出一个观点:确定一个种的分类位置时,系统发育上的数据和标准应当优先于生理学和形态学的特征。也就是说,正确的分类标准必须在提供大量表型特征的描述外,还要指明分类对象系统发育中有关的资料。因此,产甲烷菌分会提出以下内容作为进行产甲烷菌分类鉴定的基本标准。

6.1.1.1 纯培养物

新种的描述需要典型菌株的纯培养物,未获得纯培养物的任何种的描述一般都是不可靠的。在特殊情况下,有些种的纯培养物的获得是非常困难的,例如关于索氏丝状菌分类地位的描述较长时期存在着困难,就是由于不少研究者获得的菌群难以证明它们为纯培养物。

纯培养的产甲烷菌的基本特征为:

①要在严格厌氧条件下才能生长;

②根据不同产甲烷菌的基质利用特点,只能在以 H_2/CO_2、甲酸、甲醇、甲胺或乙酸为能源和碳源的培养基中生长,而不能在其他基质中生长;

③在生长过程中必然有甲烷产生。

6.1.1.2 细菌形态观察

细菌形态的描述包括形态的大小、形态、多细胞下的排列状况。一般采用较高倍数的显微镜进行实地观察,有条件的情况下,最好采用相差显微镜或电子显微镜。超微结构的观察无疑对种的描述将更详尽。要注意观察在重率培养基表面或深层以及不同培养基条件下细菌形态的变化。要注意不同发育时期细菌细胞的变化。还应注意一些细微的变化，如细胞两端的形态差异、孢子着生部位、孢囊形状。显微镜检查要取新鲜培养物，观察时应放置在盖片的中心位置。一般细胞在溶解发生的情况下，就不能代表细菌的本来形态。

6.1.1.3 细菌溶解的敏感性

取对数生长中期至后期的细胞，在去污剂和低渗的条件下来观察细胞溶解的敏感性。观察细菌溶解的敏感性，可将培养物置于暴露和不暴露(10 min)情况下进行对比观察，浑浊减小表明细胞溶解。

6.1.1.4 革兰氏染色

革兰氏染色反应阳性或阴性可以判断细胞壁的结构和组成，而产甲烷菌测定革兰氏染色反应的重要性比真细菌要小得多。革兰氏染色对产甲烷菌来说，多数情况下易出现染色结果多变现象。革兰氏染色的结果应与已知革兰氏阳性或阴性菌株进行比较，因为产甲烷菌缺乏含有胞壁酸的胞壁质，不具有典型的革兰氏阳性或阴性的胞壁结构，因此产甲烷菌革兰氏染色检验结果常被报道成细胞染色"阳性或阴性"。也有一些只含有蛋白质细胞壁的产甲烷菌，在干燥过程中，由于细胞的溶解，影响了其革兰氏染色反应的测定。

6.1.1.5 运动性

在许多情况下，一些产甲烷菌都可以用载玻片从显微镜中观察到。观察细菌的移动性，应该观察不同生长阶段的培养物。目前报道的多数具有运动性的产甲烷菌一般都同时报道其细胞运动器官的显微镜或电镜的照片。运动性的观察应注意细胞在液体中的布朗运动，此种情况不足以说明细菌的运动性。

6.1.1.6 菌落形态

菌落形态的描述，依靠生长在滚管或平板的固体培养基上表面菌落的出现，如果不能获得表面菌落，表面下的菌落描述可以代替表面菌落的描述。应利用解剖镜或透镜从上至下观察滚管中的菌落，变化光源的位置和强度对展现菌落的形态是有益的。进行形态学观察和描述时，滚管中的菌落应少于 30 个。注意菌落的形态、大小、颜色及有无菌落和气体裂缝的记载。

如果在固体培养基上不能形成菌落，可用液体培养的生长状况的描述代替菌落形态学的描述。

6.1.1.7 基质范围

必须专门进行代谢甲酸、$H_2 + CO_2$、甲醇、甲胺(一、二、三甲胺)和乙酸的能力的测定，并确定可以利用哪些基质。一些菌株也许能利用异丙醇 $+ CO_2$、乙醇 $+ CO_2$、甲醇(甲胺) $+ H_2$ 或者二甲醇。测定基质的利用应在无抑制生长的标准情况下进行。由可能的基质所引起的抑制，可通过接种培养基的方式测定。培养基应包括：①含有该基质的单一性基质；②含有上述基质并加入少量微生物能够代谢的第二种基质；③仅含少量的能够代谢的第二种基质。测定这些培养基产生的 CH_4，指示所提到的基质是否妨碍了代谢基质的利用，以及这种基质是否能被代谢。如果发现甲烷八叠球菌属中的成员不能利用乙酸，那么应在含有乙酸并加少量的 H_2 的培养基中测定其降解乙酸的能力。

6.1.1.8 产物形成

用气相色谱仪可容易地测定作为主要代谢产物的 CH_4，产甲烷菌在生长过程中一定有甲烷产生。

6.1.1.9　比生长率的测定

即应测定对数生长期培养的比生长率。由于 H_2 的溶解性差,生长在这种基质上的培养物必须常常摇动,以避免基质利用受限。许多方法都适合测定产甲烷菌的生长,一般情况下,都尽可能采用两种不同的方式测定。浊度的测定快速而且容易,但菌体中含有大量鞭毛、聚团物存在时,必须采用其他的方式测定。CH_4 的形成可用来表示产甲烷菌细胞的生长,但在计算比生长率时,必须考虑接种细胞所形成的 CH_4。

6.1.1.10　生长条件

生长条件的测定应该在其他最适条件下测定影响生长的因子。评价与其他种的比较时,应该做有其他种典型菌株参与的对照。

(1)培养基

通过测定在含有代谢基质的矿质培养基中的生长情况,以确定对有机生长因子的基本需要,即在培养基中含有下列单一或复合物质时生长情况的测定,这些物质是乙酸、复合维生素、辅酶 M、牛瘤胃液蛋白胨和酵母膏。Se、W、Mo 等元素需求的测定也是重要的,但可以任意选择。

(2)最适温度和温度范围

用少量的接种,在不同的温度下测定比生长率。用形成的产物(如产生的甲烷)表示生长量,应检查培养物的生长曲线,以确定是否属倍增生长。在同样的温度下如果产甲烷速率低或不呈对数生长的培养出现,应利用新制作的培养基培养获得的气质分析来确定甲烷生长是否为倍增生长。

(3)最适 pH 值和 pH 值范围

在不同 pH 值的培养基中,通过比较比生长率的测定,以确定 pH 值范围和最适生长 pH 值。当用碳酸盐缓冲培养基时,应注意防止盐浓度过量而引起的抑制。制备高 pH 值的培养基时,必须减少部分 CO_2 的压力,以防止碳酸盐浓度过量。由于生长过程中用 H_2/CO_2 生成甲烷,会使培养基的 pH 值增加,可反复向容器中加 H_2/CO_2(3∶1)增加压力至原始压力,以确保 pH 值保持在有效范围内变化。

(4)NaCl 的最适浓度

在含有不同 NaCl 浓度的培养中测定比生长率,以确定 NaCl 的最适浓度,一般采用直接加固体,而不利用高浓度 NaCl 的稀释。

6.1.1.11　测定 DNA 的(G+C)含量

微生物基因组能直接比较,并且估计分类的相似性可用许多种方法。下面这种技术可能是最简单的,即测定 DNA 碱基组成。DNA 包含有 4 个嘌呤和嘧啶碱基:腺嘌呤(A),鸟嘌呤(G),胞嘧啶(C)和胸腺嘧啶(T)。在双链 DNA 中,A 与 T 配对,G 与 C 配对,因此 DNA 的(G+C)摩尔分数可以反映 DNA 中的碱基序列,可以按下式计算:

$$(G+C)摩尔分数/\% = \frac{G+C}{(G+C)+(A+T)} \times 100\%$$

6.1.2　按照最适温度的产甲烷菌的分类

以温度来划分产甲烷菌,主要是因为温度对产甲烷菌的影响是很大的。当环境适宜时,产甲烷菌得以生长、繁殖;过高、过低的温度都会不同程度抑制产甲烷菌的生长,甚至使之死亡。

根据最适生长温度(T_{opt})的不同,研究者将产甲烷菌分为嗜冷产甲烷菌(T_{opt}低于25 ℃)、嗜温产甲烷菌(T_{opt}为35 ℃左右)、嗜热产甲烷菌(T_{opt}为55 ℃左右)和极端嗜热产甲烷菌(T_{opt}高于80 ℃)4 个类群。

6.1.2.1　嗜冷产甲烷菌

嗜冷产甲烷菌是指能够在寒冷(0~10 ℃)条件下生长,同时最适生长温度在低温范围(25 ℃以下)的微生物(表6.1)。嗜冷产甲烷菌可分为两类:专性嗜冷产甲烷菌和兼性嗜冷产甲烷菌。专性嗜冷产甲烷菌的最适生长温度较低,在较高的温度下无法生存;而兼性嗜冷产甲烷菌的最适生长温度较高,可耐受的温度范围较宽,在中温条件下仍可生长。

表 6.1　嗜冷产甲烷菌及其基本特征

菌种	分离时间	分离地点	外形特征	T_{opt}/℃	T_{min}/℃	T_{max}/℃	底物	最适pH 值
Methan ococcoides burton	1992	Ace 湖,南极洲	不规则、不动、球状、具鞭毛、0.8~1.8 μm	23	-2	29	甲胺,甲醇	7.7
Methan ogenium frigidum	1997	Ace 湖,南极洲	不规则、不动、球状、1.2~2.5 μm	15	0	19	H_2/CO_2甲醇	7.0
Methan osarcina lacustris	2001	Soppen 湖,瑞士	不规则、不动、球状、1.5~3.5 μm	25	1	35	H_2/CO_2甲醇,甲胺	7.0
Methan ogenium marinum	2002	Skan 海湾,美国	不规则、不动、球状、1.0~1.2 μm	25	5	25	H_2/CO_2甲酸	6.0
Methan osarcina baltica	2002	Gotland 海峡,波罗的海	不规则、有鞭毛、球状、1.5~3 μm	25	4	27	甲醇、甲胺、乙酸	6.5
Methan ococcoides alasken	2005	Skan 海湾,美国	不规则、不动、球状、1.5~2.0 μm	25	-2	30	甲胺,甲醇	7.2

注:最适生长温度(T_{opt})、最低生长温度(T_{min})和最高生长温度(T_{max})

6.1.2.2　嗜温和嗜热产甲烷菌

嗜温和嗜热产甲烷菌的 T_{opt} 分别为35 ℃和55 ℃,其生长的温度范围为25~80 ℃。1972年,Zeikus 等从污水处理污泥中分离第一株嗜热自养产甲烷杆菌开始,各国研究人员已从厌氧消化器、淡水沉积物、海底沉积物、热泉、高温油藏等厌氧生境中分离出多株嗜热产甲烷杆菌，*Wasserfallen* 等根据多株嗜热产甲烷杆菌分子系统发育学研究，将其立为新属，并命名为嗜热产甲烷杆菌属(*Methanothermobacter*)，该属分为 6 种，其中 *M. thermau - totrophicus str. Delta* H 已经完成基因组全测序工作。仇天雷等从胶州湾浅海沉积物中分离出 1 株嗜热自养产甲烷杆菌 JZTM，直径为 $0.3 \sim 0.5~\mu m$，长为 $3 \sim 6~\mu m$，具有弯曲和直杆微弯两种形态，单生、成对、少数成串。能够利用 H_2/CO_2 和甲酸盐生长，不利用甲醇、三甲胺、乙酸和二级醇类。最适生长温度为60 ℃，最适盐浓度为 $0.5\% \sim 1.5\%$，最适 pH 值为 $6.5 \sim 7.0$，酵母膏刺激生长。

6.1.2.3　极端嗜热产甲烷菌

极端嗜热产甲烷菌的 T_{opt} 高于 80 ℃，能够在高温的条件下生存，低温却对其有抑制作用，甚至不能存活。Fiala 和 Stetter 在 1986 年发现了 *Pyrococcus furiosus*，该菌的最适生长温度达 100 ℃，是严格厌氧的异氧性海洋生物。

6.1.3　以系统发育为主的产甲烷菌的分类

系统发育信息则主要是指 16S rDNA 的序列分析，16S rRNA 是原核生物核糖体降解后出现的亚单位。16S rRNA 在细胞结构内的结构组成相对稳定，在受到外界环境影响，甚至受到诱变情况下，也能表现其结构的稳定性。因此，Balch 等(1979)利用比较两种产甲烷菌细胞内 16S rRNA 经酶解后各寡核苷酸中碱基排列顺序的相似性(即同源性)的大小即 S_{ab} 值，来确定比较两个菌株或菌种在分类上目科属种菌株的相近性。

根据 S_{ab} 值对产甲烷菌分类，主要包括 3 个目、4 个科、7 个属、13 个种。

《伯杰氏系统细菌学手册》第 9 版将近年来的研究成果进行了总结和肯定，并建立了以系统发育为主的产甲烷菌最新分类系统：产甲烷菌分可为 5 个大目，分别是甲烷杆菌目(*Methanobacteriales*)、甲烷球菌目(*Methanococcales*)、甲烷微菌目(*Methanomicrobiales*)、甲烷八叠球菌目(*Methanosarcinales*)和甲烷火菌目(*Methanopyrales*)，上述 5 个大目的产甲烷菌可继续分为 10 个科与 31 个属，它们的系统分类及主要代谢生理特性见表6.2。

表6.2　产甲烷菌系统分类的主要类群及其生理特性

分类单元(目)	典型属	主要代谢产物	典型栖息地
甲烷杆菌目	*Methanobacterium*，*Methanobrevibacter*，*Methanosphaera*，*Methanothermobacter*，*Methanothermus*	氢气和二氧化碳、甲酸盐、甲醇	厌氧消化反应器、瘤胃、水稻土壤、腐败木质、厌氧活性污泥等
甲烷球菌目	*Methanococcus*，*Methanothermococcus*，*Methanocaldococcus*，*Methanotorris*	氢气和二氧化碳、甲酸盐	海底沉积物、温泉等

分类单元(目)	典型属	主要代谢产物	典型栖息地
甲烷微菌目	*Methanomicrobium*，*Methanoculleus*，*Methanolacinia*，*Methanoplanus*，*Methanospirillum*，*Methanocorpusculum*，*Methanocalculus*	氢气和二氧化碳、2-丙醇、2-丁醇、乙酸盐、2-丁酮	厌氧消化器、土壤、海底沉积物、温泉、腐败木质、厌氧活性污泥等
甲烷八叠球菌目	*Methanosarcina*，*Methanococcoides*，*Methanohalobium*，*Methanohalophilus*，*Methanolobus*，*Methanomethylovorana*，*Methanimicrococcus*，*Methanosalsum*，*Methanosaeta*	氢气和二氧化碳、甲酸盐、乙酸盐、甲胺	高盐海底沉积物、厌氧消化反应器、动物肠等
甲烷火菌目	*Methanopyrus*	氢气和二氧化碳	海底沉积物

6.2 产甲烷菌的代表菌种

6.2.1 产甲烷菌代表属的选择特征

由于产甲烷菌进化上的异源性和分类的不确切性，因此至今在分类系统总体描述上仍不统一，在本节仅对研究比较深入的属和种进行描述。产甲烷菌代表属的选择特征见表6.3。

表 6.3 产甲烷菌代表属的选择特征

属	形态学	$(G+C)$ 含量 /%	细胞壁组成	革兰氏反应	运动性	用于产甲烷的底物
甲烷杆菌目						
甲烷杆菌属	长杆状或丝状	32~61	假胞壁质	+或可变	-	H_2+CO_2、甲酸
甲烷嗜热菌属	直或轻微弯曲杆状	33	有一外蛋白S-层的假胞壁质	+	+	H_2+CO_2
甲烷球菌目						
甲烷球菌属	不规则球形	29~34	蛋白质	-	-	H_2+CO_2、甲酸

续表 6.3

属	形态学	(G + C)含量/%	细胞壁组成	革兰氏反应	运动性	用于产甲烷的底物
甲烷微菌目						
甲烷微菌属	短的弯曲杆状	45~49	蛋白质	−	+	$H_2 + CO_2$、甲酸
产甲烷菌属	不规则球形	52~61	蛋白质或糖蛋白	−	−	$H_2 + CO_2$、甲酸
甲烷螺菌属	弯曲杆状或螺旋体	45~50	蛋白质	−	+	$H_2 + CO_2$、甲酸
甲烷八叠球菌属	不规则球形、片状	36~43	异聚多糖或蛋白质	+或可变	−	$H_2 + CO_2$、甲醇、甲胺、乙酸

6.2.2　甲酸甲烷杆菌

甲酸甲烷杆菌(图6.1)一般呈长杆状,宽为 0.4~0.8 μm,长度可变,从几微米到长丝或链状,为革兰氏染色阳性或阴性。在液体培养基中老龄菌丝常互相缠绕成聚集体。在滚管中形成的菌落呈圆形,具有丝状边缘,淡色。用 H_2/CO_2 为基质,37 ℃下培养,3~7 d 形成菌落。利用 H_2/CO_2、甲酸盐生长并产生甲烷,可在无机培养基上自养生长。最适生长温度为 37~45 ℃,最适 pH 值为 6.6~7.8。(G + C)含量为(40.7~42)mol%。甲酸甲烷杆菌一般分布在污水沉积物、瘤胃液和消化器中。

6.2.3　布氏甲烷杆菌

布氏甲烷杆菌(图6.2)是 1967 年 Bryant 等从奥氏甲烷杆菌这个混合菌培养物中分离到的,杆状,单生或形成链。革兰氏染色阳性或可变,不运动,具有纤毛。表面菌落直径可达 1~5 mm,扁平,边缘呈丝状扩散,一般在一周内出现菌落。深层菌落粗糙,丝状,在液体培养基中趋向于形成聚集体。

　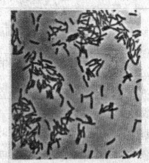

图 6.1　甲酸甲烷杆菌　　　　图 6.2　布氏甲烷杆菌

利用 H_2/CO_2 生长并产生甲烷,不利用甲酸,以氨态氮为氮源,要求环境含有维生素 B 和半胱氨酸,乙酸刺激生长。最适温度为 37~39 ℃,最适 pH 值为 6.9~7.2,DNA 的(G + C)含量为32.7 mol%。分布于淡水及海洋的沉积物、污水及曲酒窖泥中。

6.2.4 嗜热自养甲烷杆菌

嗜热自养甲烷杆菌(图6.3)常呈长杆或丝状,丝状体可超过数百微米,革兰氏染色阳性,不运动,形态受生长条件特别是温度所影响,在40 ℃以下或75 ℃以上时,丝状体变为紧密的卷曲状。菌落圆形,灰白、黄褐色,粗糙,边缘呈丝状扩散。只利用 H_2/CO_2 生成甲烷,需要微量元素 Ni,Co,Mo 和 Fe,不需有机生长素。该菌生长迅速,倍增时间为 2~5 h,液体培养物可在 24 h 完成生长,最适生长温度为 65~70 ℃,在 40 ℃以下不生长,最适 pH 值为7.2~7.6,DNA 的(G+C)含量为(49.7~52) mol%。可分离自污水、热泉及消化器中。

6.2.5 瘤胃甲烷短杆菌

瘤胃甲烷短杆菌(图6.4)呈短杆或刺血针状球形,端部稍尖,常成对或链状,似链球菌,革兰氏染色阳性,不运动或微弱运动。菌落淡黄、半透明,圆形、突起,边缘整齐。一般在37 ℃下 3 d 出现菌落,3 周后菌落直径可达 3~4 mm,利用 H_2/CO_2 及甲酸生长并产生甲烷;在甲酸中生长较慢。要求乙酸及氨态氮为碳源和氮源,还要求氨基酸、甲基丁酸和辅酶 M。最适生长温度为 37~39 ℃,最适 pH 值为 6.3~6.8,(G+C)含量为(3.0~6) mol%。可分离自动物消化道、污水中。

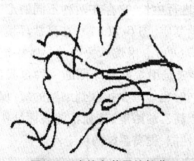
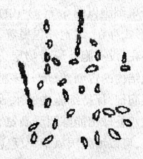

图6.3 嗜热自养甲烷杆菌　　图6.4 瘤胃甲烷短杆菌

6.2.6 万氏甲烷球菌

万氏甲烷球菌(图6.5)呈规则到不规则的球菌,直径为 0.5~4 μm,单生、成对,革兰氏染色阴性,丛生鞭毛,活跃运动,细胞极易破坏。深层菌落淡褐色,凸透镜状,直径为 0.5~1 mm。

利用 H_2/CO_2 和甲酸生长并产生甲烷,以甲酸为底物最适生长 pH 值为 8.0~8.5;以 H_2/CO_2 为底物,最适 pH 值为 6.5~7.5。机械作用易使细胞破坏,但不易被渗透压破坏。最适温度为 36~40 ℃,(G+C)含量为 31.1 mol%。可分离自海湾污泥中。

6.2.7 亨氏甲烷螺菌

亨氏甲烷螺菌(图6.6)的细胞呈弯杆状或长度不等的波形丝状体,菌体长度受营养条件的影响,革兰氏染色阴性,具极生鞭毛,缓慢运动。表面菌落淡黄色,圆形、突起,边缘裂叶状,表面菌落具有间隔为 16 μm 的特征性羽毛状浅蓝色条纹。利用 H_2/CO_2 和甲酸生长并产生甲烷,最适生长温度为 30 ~ 40 ℃,最适 pH 值为 6.8 ~ 7.5,(G + C)含量为(45 ~ 46.5)mol%。分离自污水、污泥及厌氧反应器中。亨氏甲烷螺菌是迄今为止在产甲烷菌中发现的唯——种螺旋状细菌。

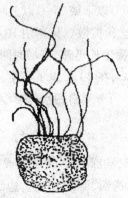

图 6.5　万氏甲烷球菌　　　　　　　图 6.6　亨氏甲烷螺菌

6.2.8　巴氏甲烷八叠球菌

1947 年,荷兰学者 Sehnellen 首次分离出了甲烷八叠球菌属并命名,甲烷八叠球菌(图6.7)通常是 8 个单细胞以图 6.7(a)中的形式进行生长,它存在两种不同的形态:在淡水中生长时,以聚集形式存在,细胞外包裹着杂多糖基质(图 6.7(b));在高盐环境中生长时,则是以分散形式存在,没有胞外聚合物层(图 6.7(c))。甲烷八叠球菌是唯一能够通过胞外多糖形成多细胞结构的古细菌,胞外多糖的形成是甲烷八叠球菌的一种自我保护机制,它能吸收水作为湿润剂,保持细胞内的水活度;同时也能减少扩散到细胞的氧,保护细菌免受氧的损害。甲烷八叠球菌能够耐受高氨、高盐、高乙酸浓度,其独特的表面结构使其可以在水下阴极上生长,可以增强厌氧消化反应器的性能,提高系统的稳定性。

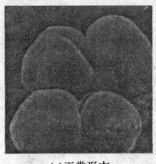

(a)正常形态　　　　　　　(b)淡水环境　　　　　　　(c)高盐环境

图 6.7　甲烷八叠球菌细胞的显微照片

细胞形态为不对称的球形,通常形成拟八叠球菌状的细胞聚体。革兰氏染色阳性,不运动,细胞内可能有气泡。在以 H_2/CO_2 为底物时,3 ~ 7 d 可形成菌落;以乙酸为底物生长较慢;以甲醇为底物时生长较快。菌落往往形成具有桑葚状表面结构的特征性菌落。最适生长温度为 35 ~ 40 ℃,最适 pH 值为 6.7 ~ 7.2,(G + C)含量为(40 ~ 43)mol%。

6.2.9 索氏甲烷丝菌

索氏甲烷丝菌(图 6.8)的细胞呈杆状,无芽孢,端部平齐,液体静止。培养物可形成由上百个细胞连成的丝状体,单细胞为 $0.8 \times (1.8 \sim 2) \mu m$,外部有类似鞘的结钩。电镜扫描可以发现,丝状体呈特征性竹节状,强烈振荡时可断裂成杆状单细胞。革兰氏染色阴性,不运动。至今未得到该菌的菌落生长物,报道过的纯培养物都是通过富集和稀释的方法获得的。

图 6.8 索氏甲烷丝菌

索氏甲烷丝菌可以在只有乙酸为有机物的培养基上生长,裂解乙酸生成甲烷和 CO_2,能分解甲酸生成 H_2 和 CO_2,不利用其他底物,如 H_2/CO_2、甲醇、甲胺等生长和产生甲烷。生长的温度范围是 $3 \sim 45 ℃$,最适温度为 $37 ℃$,最适 pH 值为 $7.4 \sim 7.8$,$(G + C)$ 含量为 $51.8 mol\%$。可自污泥和厌氧消化器中分离。

甲烷丝菌是继甲烷八叠球菌属后发现的仅有的另一个裂解乙酸的产甲烷菌属。沼气中的甲烷 70% 以上来自乙酸的裂解,足以说明这两种细菌在厌氧消化器中的重要性。甲烷丝菌大量存在于厌氧消化器的污泥中,是构成附着膜和颗粒污泥的首要产甲烷菌类。甲烷丝菌适宜生长的乙酸浓度要求较低,其 K_m 值为 $0.7 mmol/L$,当消化器稳定运行时,消化器中乙酸浓度一般很低,因而更适宜甲烷丝菌的生长,经长期运行,甲烷丝菌就会成为消化器内乙酸裂解的优势产甲烷菌。

6.3 产甲烷菌的生理特性

产甲烷菌是有机物厌氧降解食物链中的最后一个成员,尽管不同类型产甲烷菌在系统发育上有很大差异,然而作为一个类群,突出的生理学特征是它们处于有机物厌氧降解末端的特性。

6.3.1 产甲烷菌的微生物特性

古细菌与所有已知的统归为真细菌的其他细菌有显著的差别,古细菌都存在于相当极端的生态环境下,这种极端环境条件相当于人们假定的地球发展最早的时期(太古时期)。产甲烷菌在生物界中属于古细菌界。与所有的好氧菌、厌氧菌和兼性厌氧菌都有许多极其不同的特征。产甲烷菌是一些形态极不相同,而生理功能又惊人地相似的产生甲烷的细菌的总称。近年的研究表明,所有产甲烷菌都具有以下一些共同的特征。

6.3.1.1　所有产甲烷菌的代谢产物都是甲烷和二氧化碳

不管产甲烷菌的形态是球状、杆状、螺旋状甚至八叠球状等多种形态,它们分解利用物质的最终产物都是甲烷和二氧化碳。产生甲烷是在分离鉴别产甲烷菌时的最重要的研究特征。

6.3.1.2　所有产甲烷菌都只能利用少数几种简单的有机物和无机物作为基质

产甲烷菌能够利用的基质范围很窄,目前为止已知的产甲烷菌用以生成甲烷的基质只有氢、二氧化碳、甲醇、甲酸、乙酸和甲胺等少数几种有机物和无机物。就每种产甲烷菌而言,除氢和二氧化碳可作为共同的基质以外,一些种只能利用甲酸、乙酸,不能利用甲胺。只有从海洋深处分离出的一些产甲烷菌种才能利用甲胺。因此,就每个种来说,可能利用的基质就更少了。究其原因,是由于产甲烷菌体缺乏自身合成的许多酶类,因而不能对较广泛的有机物质进行分解利用。

6.3.1.3　所有产甲烷菌都只能在很低的氧化还原电位环境中生长

到目前为止,所分离出的产甲烷菌种都是绝对厌氧的。一般认为,参与中温消化的产甲烷菌要求环境中维持的氧化还原电位应低于 -350 mV;参与高温消化的产甲烷菌则应低于 $-500 \sim -600$ mV。产甲烷菌在氧浓度低至 $2 \sim 5$ μL/L 的环境中才生长得好,甲烷生产量也大。

6.3.2　产甲烷菌的细胞结构特征

根据近年来的研究,产甲烷菌、嗜盐细菌和耐热嗜酸细菌一起被划为古细菌部分。古细菌有许多共同的特征,但是均与真细菌有所不同;即使在此类群细菌内,细胞形态、结构和生理方面也存在显著差异。

6.3.2.1　细胞壁

产甲烷菌的细胞壁并不含肽聚糖骨架,而仅含蛋白质和多糖,有些产甲烷菌含有"假细胞壁质",而真细菌中革兰氏染色阳性菌的细胞壁内含有 40% ~50% 的肽聚糖,在革兰氏染色阴性细菌中,肽聚糖的含量为 5% ~10%。

6.3.2.2　细胞膜

微生物的细胞膜主要由脂类和蛋白质构成,脂类包括中性脂和极性脂。

在产甲烷细菌的总脂类中,中性脂占 70% ~80%。细胞膜中的极性脂主要为植烷基甘油醚,即含有 C_{20} 植烷基甘油二醚与 C_{40} 双植烷基甘油四醚,而不是脂肪酸甘油酯。细胞膜中的中性脂以游离 C_{15} 和 C_{30} 聚类异戊二烯碳氢化合物的形式存在(图6.9)。由表6.4可以看出产甲烷菌的脂类性质很稳定,缺乏可以皂化的脂键,一般条件下不易被水解。

真细菌中的脂类与此不同,甘油上结合的是饱和脂肪酸,且以脂键连接,可以皂化,易被水解。在真核微生物的细胞中,甘油上结合的都为不饱和脂肪酸,也以脂键连接。

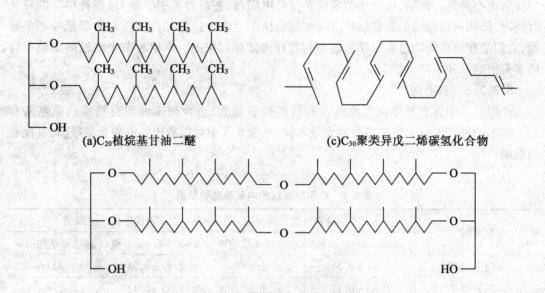

(a)C$_{20}$植烷基甘油二醚

(c)C$_{30}$聚类异戊二烯碳氢化合物

(b)C$_{40}$双植烷基甘油四醚

图 6.9 产甲烷菌细胞膜中的脂类分子结构

表 6.4 古细菌、真细菌及其真核微生物的细胞壁和细胞膜成分比较

成分	古细菌	真细菌	真核生物(动物)
细胞壁	+	+	-
细胞壁特征	不含有典型原核生物的细胞壁	有典型原核	
	缺乏肽聚糖	有肽聚糖	
N-乙酰胞壁酸	-	+	-
脂类	疏水基为植烷醇醚键连接	疏水基为磷脂键连接	疏水基为磷脂键连接
	完全饱和并分支的 C$_{20}$化合物	饱和脂肪酸和不饱和脂肪酸各一	均为不饱和脂肪酸

6.3.2.3 气体泡囊

现在发现具有游动性的产甲烷菌,是甲烷球菌目(*Methanococcales*)以及甲烷微菌目中的甲烷螺菌属(*Methanospirillum*)、甲烷叶菌属(*Methanolobus*)和甲烷微菌属(*Methanomicrobium*)。关于细菌游动性的生理作用,目前唯一令人信服的看法是,它们对环境刺激的趋向性,或趋向于环境的刺激,或远离(背向)环境的刺激。微生物能够用于调整它们在生境中位置的另一机制是可漂浮的泡囊。气体泡囊只在一些嗜热甲烷八叠球菌(Mah 等人,1977;Zhilina 和 Zavarzin,1987)和三株嗜热甲烷丝菌(Kamagata 和 Mikami,1991;Nozhevnikova 和 Chudina,1985;Zinder 等人,1987)中检出。

6.3.2.4 储存物质

生物需要内源性能源和营养物质,以便在缺乏外源性能源和营养物质时能够生存,产甲烷菌也不例外。例如,可运动的氢营养型产甲烷菌,在培养基中少量 H_2 被耗尽后的较长时间内,仍能从显微镜的湿载玻片上观察到菌体的运动。这些储存物质通常都是一些多聚物,它们是在营养物质过剩时作为能源和营养物储存起来的。产甲烷菌中已检测出储存性的多聚物糖原和聚磷酸盐。

6.3.2.5　氨基酸

产甲烷菌中含有其他微生物所含有的各种氨基酸,至今尚未发现有特殊的氨基酸存在。在不同种产甲烷菌中氨基酸的含量不同,从表6.5中可以看出谷氨酸含量最高,其次是丙氨酸。

表6.5　产甲烷菌细胞内氨基酸的数量

氨基酸	嗜热自养甲烷杆菌		巴氏甲烷八叠球菌	
	μmol/500 mg 细胞	占总氨基酸的%	μmol/500 mg 细胞	占总氨基酸的%
天门冬氨酸	1.81 ± 0.24	2.5	2.50 ± 0.54	3.1
苏氨酸	0.85 ± 0.12	1.2	1.96 ± 0.42	2.4
丝氨酸	0.65 ± 0.16	0.9	0.49 ± 0.23	0.6
谷氨酸	37.86 ± 4.92	51.5	53.04 ± 12.27	64.8
谷氨酰胺	存在		存在	
脯氨酸	0.89 ± 0.09	1.2	0.81 ± 0.35	1.0
甘氨酸	3.88 ± 0.50	5.3	4.12 ± 0.89	5.0
缬氨酸	0.75 ± 0.24	1.0	1.48 ± 0.28	1.8
亮氨酸	0.85 ± 0.10	0.8	0.70 ± 0.10	0.9
丙氨酸	23.73 ± 2.55	32.3	15.25 ± 1.66	18.6
赖氨酸	1.80 ± 0.28	2.4	0.95 ± 0.20	1.2
精氨酸	0.67 ± 0.13	0.9	0.53 ± 0.12	0.6
总计	73.47		81.83	

6.3.3　产甲烷菌的辅酶

产甲烷菌是迄今所知最严格的厌氧菌,因为它不仅必须在无氧条件下才能生长,而且只有当氧化还原电位低于 -350 mV 时才产甲烷。它们从简单的碳化合物转化成为甲烷的过程中获得生长所需的能量。产甲烷菌能够利用的基质范围很窄。绝大多数产甲烷菌从 H_2 还原 CO_2 生成甲烷的过程中获取能量。

产甲烷菌在生长和产甲烷过程中有一整套作为 C 和电子载体的辅酶(表6.6)。在这些辅酶中,有些是产甲烷菌与非产甲烷菌所共有的。例如,ATP、FAD、铁氧还原蛋白、细胞色素和维生素 B_{12}。同时产甲烷菌体内有 7 种辅酶因子是其他微生物及动植物体内不存在的,它们是辅酶 M、辅酶 F_{420}、F_{350}、B 因子、CDR 因子和运动甲烷杆菌因子。这些因子可以分为两类:①作为甲基载体的辅酶;②作为电子载体的辅酶。产甲烷菌的生理特性与其细胞内存在的许多特殊辅酶有密切关系,这些辅酶包括 F_{420}、CoM 等。

表6.6 　 产甲烷菌的辅酶

辅酶	特征结构成分	功能	类似物
CO_2 还原因子	对位取代的酚,呋喃,甲酰胺	甲酰水平上的 C_1 载体	无
(四氢)甲烷喋呤	7-甲基喋呤,对位取代的苯胺	甲酰,甲叉和甲基水平上的 C_1 载体	四氢叶酸
辅酶 M	2-巯基乙烷硫胺	甲基水平上的 C_1 载体	无
F_{436} 因子	Ni-四吡咯卟吩型结合	末端步骤中的辅酶	无
辅酶 F_{436}	5-去氮核黄素	电子载体	黄素,NAD
B 组分	未知	末端步骤中的辅酶	未知
因子Ⅲ	5-羟苯并咪唑钴胺	甲基水平上的 C_1 载体	5,6-二甲苯咪唑钴胺(B_{11})
细胞色素,铁氧还原蛋白,FAD,ATP		辅酶作用不大	

如上所述,产甲烷代谢途径中包含了两类重要的辅酶:①作为甲基载体的辅酶;②作为电子载体的辅酶。主要的辅酶有以下几种。

6.3.3.1 氢化酶

在产甲烷菌作用下,CO_2 被 H_2 还原成 CH_4 的初始步骤是分子氢的激活。利用 H_2/CO_2 为基质的产甲烷菌通常包含两种氢化酶:一种是利用辅酶 F_{420} 为电子受体的氢化酶,另一种是非还原性辅酶 F_{420} 氢化酶。在产甲烷代谢中,辅酶 F_{420} 氢化酶催化次甲基四氢甲基喋呤还原成亚甲基四氢甲基喋呤,再进一步催化还原成甲基喋呤;非还原性辅酶 F_{420} 氢化酶的生理功能有两种:①激活 CO_2,并将它催化还原成甲酰基甲基呋喃;②在甲基辅酶 M 的还原过程中提供电子。迄今为止,研究人员已对 20 多种微生物的氢化酶进行了较为详尽的研究。从已报道的研究结果来看,产甲烷菌的氢化酶结构类似于铁氧还原蛋白,并含有对酸不稳定硫,其活性中心为 $[4Fe-4S]$,结构图如图 6.10 所示。

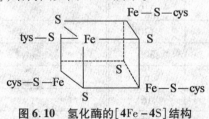

图 6.10 　 氢化酶的 $[4Fe-4S]$ 结构

6.3.3.2 辅酶 F_{420}

辅酶 F_{420} 是一种脱氮黄素单核苷酸的类似物,在磷酸脂侧链上附有一条 N-(N-L-乳酰基-r-谷酰基)-L-谷氨酸侧链(图6.11)。在不同的生长条件下,产甲烷菌能合成侧链上有 3~5 个谷酰胺基团的辅酶 F_{420} 衍生物。氧化态的辅酶 F_{420} 的激发波长为 420 nm,发射波长为 480 nm。辅酶 F_{420} 首先被 Fzeng 和 Cheeseman 等人发现,后来被证实在产甲烷菌中普遍存在。

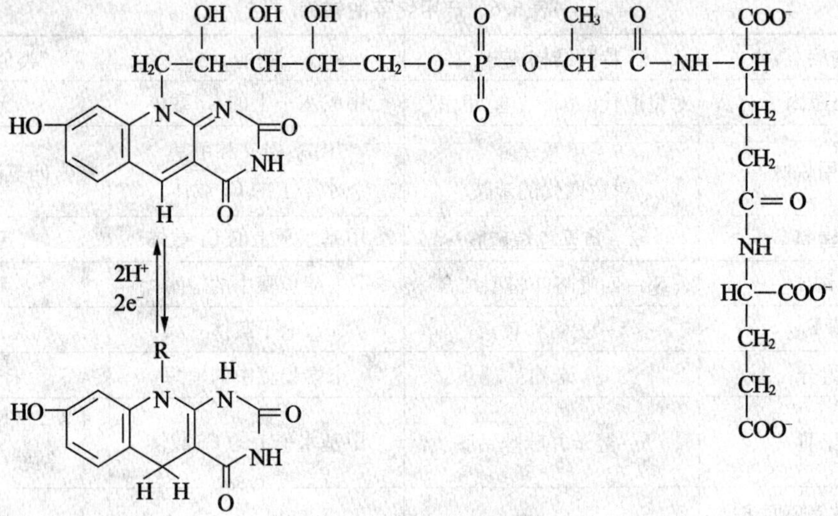

图 6.11　辅酶 F_{420} 的结构

由表 6.7 可以看出,大多数产甲烷菌中辅酶 F_{420} 含量相当高,一般不低于 150 mg/kg 湿细胞,但在巴氏甲烷八叠球菌和瘤胃甲烷短杆菌中辅酶 F_{420} 的含量却很低(<20 mg/kg 湿细胞)。目前除产甲烷菌外,还没有发现其他专性厌氧菌存在有辅酶 F_{420} 和其他在 420 nm 激发、480 nm 发射荧光的物质。因此,利用荧光显微镜检测菌落产生的荧光已成为确定产甲烷菌的一种重要技术手段。

表 6.7　产甲烷菌和非产甲烷菌细胞内辅酶 F_{420} 的含量

产甲烷菌	mg/kg 湿细胞	非产甲烷菌细胞	pmol/mg 干重
布氏甲烷杆菌 M. O. H. 菌株	410	嗜盐细菌菌株 GN－1	>210
布氏甲烷杆菌 M. O. H. G. 菌株	226	嗜热菌质体(Thermoplasma)	>5.0
嗜热自养甲烷杆菌	324	硫叶菌(Sulfolobussolfaticus)	>1.1
甲酸甲烷杆菌	206	链霉菌(Streptamyces spp.)	<20
亨氏甲烷杆菌	319		
黑海产甲烷菌	120		
嗜树木甲烷短杆菌 AZ 菌株	306		
瘤胃甲烷短杆菌 MI 菌株	6		
巴氏甲烷八叠球菌	16		
嗜热自养甲烷杆菌	3 800	伍德氏乙酸杆菌	<2
甲酸甲烷杆菌	2 400	大肠杆菌 JK－1	<3

辅酶 F_{420} 的作用是独特的,它不能替代其他电子载体,也不能被其他电子载体所替代。这可能由于辅酶 F_{420} 与其他电子载体的分子结构不同,还可能因为它们的氧化还原电位不

同。辅酶 F_{420} 是一种低电位($E_0 = -350 \sim -340$ mV)电子载体。由于大部分产甲烷菌缺少铁氧还蛋白,辅酶 F_{420} 替代它起电子载体的作用:

$$H_2 + F_{420} = H_2F_{420}$$

6.3.3.3　辅酶 M(CoM)

1970 年,McBride 和 Wolfe 在甲烷杆菌 M.O.H. 菌株中发现了一种参与甲基转移反应的辅酶,并将其命名为辅酶 M。Gunsalus 和 Wolfe 发现嗜热自养甲烷杆菌的细胞粗提取液中加入甲基辅酶 M 后,产甲烷速率提高 30 倍,这种现象被称为 RPG 效应。它表明辅酶 M 在产甲烷过程中起着极为重要的作用。辅酶 M 的化学结构如图 6.12 所示。

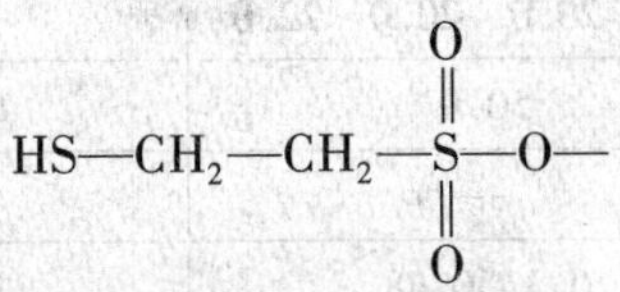

$$HS—CH_2—CH_2—\overset{\overset{\displaystyle O}{\|}}{\underset{\underset{\displaystyle O}{\|}}{S}}—O—$$

图 6.12　辅酶 M 的化学结构

辅酶 M 是迄今已知的所有辅酶中相对分子质量最小的一种。辅酶 M 含硫量高,具有良好的渗透性,无荧光,在 260 nm 处有最大的吸收值。另外,辅酶 M 是对酸及热均稳定的辅助因子。辅酶 M 有 3 个特点:①是产甲烷菌独有的辅酶,可鉴定产甲烷菌的存在;②在甲烷形成过程中,辅酶 M 起着转移甲基的功能;③辅酶 M 中的 $CH_3 - S - CoM$ 具有促进 CO_2 还原为 CH_4 的效应,它作为活性甲基的载体,在 ATP 的激活下,迅速形成甲烷:

$$CH_3 - S - CoM \xrightarrow{H_2, ATP} CH_4 + HS - CoM$$

辅酶 M(简写为 CoM)有 3 种存在形式,见表 6.8。

表 6.8　辅酶 M 的存在形式

简写	化学结构	化学名称	俗称
HS – CoM	$HS – CH_2CH_2SO_3^-$	2 – 巯基乙烷磺酸	辅酶 M
(S – CoM)$_2$	$O_3SCH_2CH_2S – SCH_2CH_2SO_3^-$	2,2' – 二硫二乙烷磺酸	甲基辅酶 M
$CH_3 – S – CoM$	$CH_3 – S – CH_2CH_2SO_3^-$	2 – (甲基硫)乙烷磺酸	甲基辅酶 M

这 3 种形式的转化过程可以表述为:

①HS – CoM 为 CoM 的原型;

②CoM 在空气中极易被氧化为 2,2' – 二硫二乙烷磺酸[(S – CoM)$_2$],在 NADPH – (S – CoM)$_2$ 还原酶的作用下,(S – CoM)$_2$ 还原成为活性 HS – CoM;

③HS – CoM 在转甲基酶的作用下经过甲基化作用,形成 $CH_3 – S – CoM$。

由表 6.9 可知,不同种的产甲烷菌或同种但利用的底物不同,所含辅酶 M 的数量也有差异,一般含量为 $0.3 \sim 1.6$ μmol/mg 干重。

表 6.9　产甲烷菌细胞内辅酶 M 的含量

产甲烷菌	无细胞提取液中 （nmol/mg 蛋白）	完整细胞中	
		nmol/mg	nmol/mg 蛋白
嗜热自养甲烷杆菌	3.0　6.1　9.1　21.1	2.0	6.7
甲酸甲烷杆菌	3.2　31.2	8.4	17.5
亨氏甲烷螺菌	>0.1	1.2	3.0
布氏甲烷杆菌	17.8　19.0	6.0	12.1
巴氏甲烷 H_2/CO_2	15.0　20.0　20.0　22.0	1.5	3.0
八叠球菌 $MSCH_3OH$	50.0	16.2	44.4
史氏甲烷短杆菌 PS	—	5.0	8.3
瘤胃甲烷短杆菌	0.3　0.48	0.5	0.7
嗜树木甲烷短杆菌	—	3.3	—
活动甲烷微菌	—	0.3	0.26
嗜树木甲烷短杆菌 AZ	—	—	5.1
卡列阿科产甲烷菌 JRI	—	—	0.75
黑海产甲烷菌 JRI	—	—	0.32
范尼氏甲烷球菌	—	0.5	—
沃氏甲烷球菌 PS	—	2.0	—

6.3.3.4　甲基呋喃

在利用 H_2/CO_2 产甲烷的代谢途径中,甲基呋喃(MFR)是 CO_2 激活和还原过程中的第一个载体,所以早期的文献中称它为二氧化碳还原因子(CDR)。甲基呋喃的基本结构如图 6.13 所示,它是一类 C_4 位取代的氨基呋喃类化合物,存在于所有的产甲烷菌中。在产甲烷菌中目前至少发现了有 5 种 R 取代基不同的甲基呋喃衍生物。

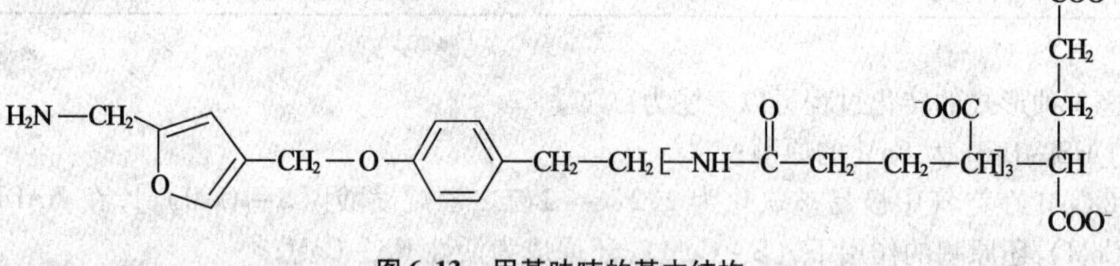

图 6.13　甲基呋喃的基本结构

甲基呋喃相对分子质量为 748。甲基呋喃在产甲烷菌中的含量为 $0.5 \sim 2.5$ mg/kg 细胞干重。目前有关甲基呋喃衍生物作为产甲烷过程生化指标的测定方法还未见专门的报道。

6.3.3.5　四氢甲基喋呤

四氢甲基喋呤(H_4MTP)是产甲烷代谢 C_1 化合物还原和甲基转移的重要载体。它从甲酰基甲基呋喃获得甲酰基,将其还原为甲基,最后将甲基传递给辅酶 M。四氢甲基喋呤的化学结构与四氢叶酸有相似之处,如图 6.14 所示。甲烷八叠球菌 *spp.* 菌株含有四氢甲基喋吟的另一种异构体——四氢八叠喋呤,只是 R 取代基中多了一个谷酰胺基。

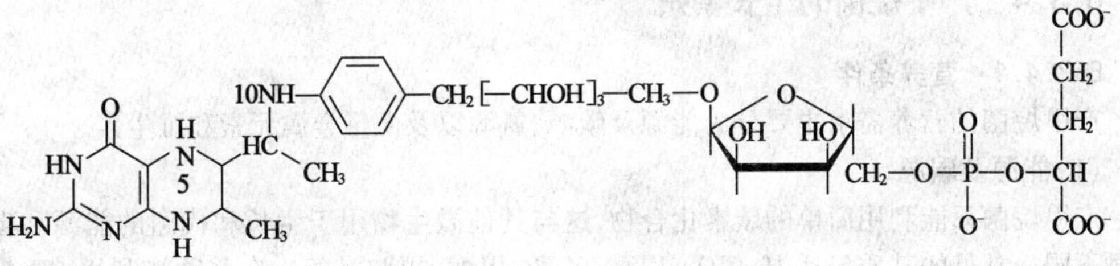

图 6.14 四氢甲基喋呤的基本结构

四氢甲基喋呤是一种能发射荧光的化合物(激发波长 $E_m = 287$ nm,发射波长 $E_x = 480$ nm),在紫外光照下能够发出蓝色荧光,可用高压液相色谱技术进行分离。根据它的这些性质,可定量测定产甲烷菌中的四氢甲基喋呤。

6.3.3.6 F_{350}(辅酶 350)

F_{350} 是一种含镍的具有吡咯结构的化合物,在紫外光(波长 350 nm)的照射下,会发生蓝白色荧光。研究表明,它很可能在甲基辅酶 M 还原酶的反应中起作用。

6.3.3.7 F_{430}(辅酶 430)

F_{430} 是一种含镍的、低相对分子质量的经羧甲基和羧乙基甲基化修饰的黄色化合物。它具有四吡咯结构。F_{430} 是甲基辅酶 M 还原酶组分 C 的弥补基,参与甲烷形成的末端反应。F_{430} 在产甲烷菌中的含量丰富,为 $0.23 \sim 0.80$ μmol/g 细胞干重。F_{430} 在细胞中主要是与细胞内的蛋白质部分结合,很少游离于细胞中。

当产甲烷菌在有限 Ni 浓度条件下生长时,被吸收的 Ni 中的 50%~70%用于合成细胞中的 F_{430},剩余 30%~50%的 Ni 结合在细菌的蛋白质部分。生长于 Ni 浓度为5 μmol/L时,产甲烷菌和非产甲烷菌体内的 Ni 及 F_{430} 的含量见表 6.10。

表 6.10 Ni 浓度为 5 μmol/L 时,产甲烷菌和非产甲烷菌体内的 Ni 及 F_{430} 的含量

生物		Ni /(nmol · L^{-1})	F_{430} /(nmol · L^{-1})
产甲烷菌	嗜热自养产甲烷菌 *Marburg*	1 100	800
	嗜热自养产甲烷菌 ΔH	—	643
	史氏甲烷短杆菌	680	307
	范尼氏甲烷球菌	290	227
	亨氏甲烷螺菌	581	482
	巴氏甲烷八叠球菌	—	800
非产甲烷菌	嗜热乙酸梭菌	250	<10
	伍德氏乙酸杆菌	400	<10
	大肠杆菌	—	<10

6.3.4　产甲烷菌的生长繁殖

6.3.4.1　营养条件

产甲烷菌的营养需求主要分为能源及碳源、氮源以及微量金属元素和维生素。

（1）能源及碳源

产甲烷菌只能利用简单的碳素化合物，这与其他微生物用于生长和代谢的能源和碳源明显不同。常见的基质包括 H_2/CO_2、甲酸、乙酸、甲醇、甲胺类等。有些种能利用 CO 为基质但生长差，有的种能生长于异丙醇和 CO_2 上。表6.11列出了几种产甲烷菌的基质类型，绝大多数产甲烷菌可利用 H_2，但食乙酸的索氏甲烷丝菌、嗜热甲烷八叠球菌等不能利用 H_2，能利用氢的产甲烷菌多数可利用甲酸，有些只能利用氢。甲烷八叠球菌在产甲烷菌中是能代谢底物种类最多的细菌，一般可利用 H_2/CO_2、甲醇、乙酸、甲胺、二甲胺、三甲胺，有的还可利用 CO 生长。后来的研究发现，一些食氢的产甲烷菌还可利用短链醇类作为电子供体，氧化仲醇成酮或者氧化伯醇成羧酸。

表6.11　几种产甲烷菌的适宜基质

菌名	生长和产甲烷的基质	菌名	生长和产甲烷的基质
甲酸甲烷杆菌	H_2，HCOOH	亨氏甲烷螺菌	H_2，HCOOH
布氏甲烷杆菌	H_2	索式甲烷丝菌	CH_3COOH
嗜热自养甲烷杆菌	H_2	巴氏甲烷八叠球菌	H_2，CH_3COH CH_3NH_2，CH_3COOH
瘤胃甲烷短杆菌	H_2，HCOOH	嗜热甲烷八叠球菌	CH_3OH，CH_3NH_2，CH_3COOH
万氏甲烷球菌	H_2，HCOOH	嗜甲基甲烷球菌	CH_3OH，CH_3NH_2

根据碳源物质的不同，可以把产甲烷菌分为无机营养型、有机营养型、混合营养型3类。无机营养型仅利用 H_2/CO_2；有机营养型仅利用有机物；混合营养型既能利用 H_2/CO_2，又能利用 CH_3COOH，CH_3NH_2 和 CH_3OH 等有机物。

细胞得率是对细胞反应过程中碳源等物质生成细胞或其产物的潜力进行定量评价的量。产甲烷菌的细胞得率 Y_{CH_4} 随生长基质的不同而不同，以巴氏甲烷八叠球菌为例，详见表6.12。

表6.12　巴氏甲烷八叠球菌的细胞得率 Y_{CH_4}

生长基质	反应	$\Delta G^{0'}/(kJ \cdot mol^{-1})$	$Y_{CH_4}/(mg \cdot mmol^{-1})$
CH_3COOH	$CH_3COOH \rightarrow CH_4 + CO_2$	-31	2.1
CH_3OH	$4CH_3OH \rightarrow 3CH_4 + CO_2 + 2H_2O$	-105.5	5.1
H_2/CO_2	$4H_2 + CO_2 \rightarrow CH_4 + 2H_2O$	-135.7	8.7±0.8

从表6.12中可以看出，在形成甲烷的几种基质中，碳原子流向甲烷的容易程度大致如下：$CH_3OH > CO_2 > {}^*CH_3COOH > CH_3 {}^*COOH$。此外，研究表明，乙酸甲基碳流向甲烷的数

量受其他甲基化合物的影响很大。例如,当乙酸单独存在时,96%的乙酸甲基碳流向甲烷;而当有甲醇存在时,乙酸甲基碳更多的是流向 CO_2 和合成细胞。表 6.13 为产甲烷菌利用不同基质的自由能。

表 6.13 产甲烷菌利用不同基质的自由能

反应	$\Delta G^{0'}$ ($kJ \cdot mol^{-1}$)
$4H_2 + CO_2 \rightarrow CH_4 + 2H_2O$	-131
$4HCOO^- + 4H^+ \rightarrow CH_4 + 3CO_2 + 2H_2O$	-119.5
$4CO + 2H_2O \rightarrow CH_4 + 3CO_2$	-185.5
$4CH_3OH \rightarrow 3CH_4 + CO_2 + 2H_2O$	-103
$4CH_3NH_3^+ + 2H_2O \rightarrow 3CH_4 + CO_2 + 4NH_4^+$	-74
$2(CH_3)_2NH_2^+ + 2H_2O \rightarrow 3CH_4 + CO_2 + 2NH_4^+$	-74
$4(CH_3)_3NH^+ + 6H_2O \rightarrow 9CH_4 + 3CO_2 + 4NH_4^+$	-74
$CH_3COO^- + H^+ \rightarrow CH_4 + CO_2$	-32.5
$4CH_3CHOHCH_3 + HCO_3^- + H^+ \rightarrow 4CH_3COCH_3 + CH_4 + 3H_2O$	-36.5

产甲烷菌将 CO_2 固定为细胞碳的途径至今研究得还不是很明确,目前普遍认为两分子 CO_2 缩合最终形成乙酰 CoA,Holder 等提出 CO_2 固定的推测性图示,如图 6.15 所示。

$$CO_2 \rightarrow CH_3-X \rightarrow CH_3-S-CoM \rightarrow CH_4$$

$$CO_2 \rightarrow CO-Y \xrightarrow{CH_3-X} CH_3-CO-Y \xrightarrow{HS-CoA} CH_3-CO-SCoA \rightarrow 细胞碳$$

图 6.15 由 CO_2 合成乙酰 CoA 的推测性图示

X 和 Y 分别表示含类咕啉的甲基转移酶和 CO 脱氢酶。在 CO 脱氢酶的作用下,CO_2 还原成为乙酸中的羧基,当这一还原过程被氰化物一致后,CO 就能代替 CO_2 而被转化为乙酰 CoA 中的 C_1。

(2)氮源

产甲烷菌均能利用 $NH_4^+ \cdot$ 为氮源,但对氨基酸的利用能力差。瘤胃甲烷短杆菌的生长需要氨基酸。酪蛋白胰酶水解物可以刺激某些产甲烷菌和布氏甲烷杆菌的生长。一般来说,培养基中加入氨基酸,可以明显缩短世代时间,且可增加细胞产量。产甲烷菌中氨同化的过程与一般的微生物相同,都是以谷氨酸合成酶(GS)/α-酮戊二酸氨基转移酶(GOGAT)途径为第一氨同化机理。在嗜热自养甲烷杆菌的细胞浸提液中丙氨酸脱氢酶(ADH)的活性达到(15.7 ± 4.5) nmol/min/mg 蛋白,起着第二氨同化机理的作用,表 6.14 所示的氨转移酶的活性证明了这一点。

表 6.14　产甲烷菌中氨转移酶活性的比较

酶	比活性/(nmol/min/mg 蛋白)	
	嗜热自养甲烷杆菌	巴氏甲烷八叠球菌
谷氨酸合成酶	6.1 ± 2.6	93.0 ± 25.8
谷氨酸脱氢酶	<0.05	<0.05
谷氨酰胺合成酶	<0.05	<0.05
谷氨酸/丙酮酸转氨酶	102.0 ± 25.9	6.4 ± 1.19
谷氨酸/草酰乙酸转氨酶	348.8 ± 124.2	9.7 ± 2.69
丙氨酸脱氢酶	15.7 ± 4.5	<0.05

　　丙氨酸脱氢酶(ADH)的活性依赖于丙酮酸、NADH 和 NH_4^+ 的浓度,对氨有较高的 K_m 值,当嗜热自养甲烷杆菌从过量的环境转移至氨浓度在较低水平时,ADH 的活性显著降低,而谷氨酸合成酶(GS)/α-酮戊二酸氨基转移酶(GOGAT)的比活性提高;相反,当从 NH_4^+ 浓度在较低水平转移至氨浓度过量的环境中时,ADH 的活性显著提高,而谷氨酸合成酶(GS)/α-酮戊二酸氨基转移酶(GOGAT)的比活性下降,见表 6.15。

表 6.15　NH_4^+ 浓度对嗜热自养甲烷杆菌的 ADH 和 GS 比活性的影响

氮源	NH_4^+ 浓度/(mmol·L^{-1})		比活性/(nmol/min/mg 蛋白)	
	贮库	容量	ADH	GS
起始过量	15.4	13.2	2.96 ± 1.26	0.78 ± 0.35
转入限制	1.5	0.02	0.49 ± 0.35	1.54 ± 0.64
起始限制	1.5	0.88	0.56 ± 0.44	1.43 ± 0.71
转入过量	20.0	–	1.98 ± 0.65	0.86 ± 0.31

(3)其他营养条件

Speece 对产甲烷菌所需的营养给出一个顺序:N、S、P、Fe、Co、Ni、Mo、Se、维生素 B_2、维生素 B_{12}。缺乏上述某一种营养,甲烷发酵仍会进行,但速率会降低,特别指出的是只有当前面一个营养元素足够时,后面一个才能对甲烷菌的生长起激活作用。

近年来研究表明,Ni 是产甲烷菌必需的微量金属元素,是尿素酶的重要成分。产甲烷菌生长除需要 Ni 以外,尚需 Fe、Co、Mo、Se、W 等微量元素,但对产甲烷菌中的 F_{430} 而言,其他微量金属元素均不能替代 Ni 的作用。

某些产甲烷菌必需某些维生素类才能生长,或有刺激作用,尤其是 B 族维生素培养基配制维生素溶液,配方见表 6.16。

表 6.16 维生素溶液配方(mg/L 蒸馏水)

生物素	2	叶酸	2
盐酸吡哆醇	10	核黄素	5
硫胺素	5	烟酸	5
泛酸	5	维生素 B_{12}	0.1
对－氨基苯甲酸	5	硫辛酸	5

所有产甲烷菌的生长均需要 Ni、Co 和 Fe,有些产甲烷菌需要其他金属元素,如 Mo 能刺激嗜热自养甲烷杆菌和巴氏甲烷八叠球菌的生长并在细胞内积累。有些产甲烷菌的生长需要较高浓度 Mg 的存在。培养基配制常用微量元素溶液,配方见表 6.17。

表 6.17 常用微量元素溶液配方(g/L 蒸馏水)

氨基三乙酸	1.5	$MgSO_4 \cdot 7H_2O$	3.0
$MnSO_4 \cdot 7H_2O$	0.5	NaCl	1.0
$CoCl_2 \cdot 6H_2O$	0.1	$CaCl_2 \cdot 2H_2O$	0.1
$FeSO_4 \cdot 7H_2O$	0.1	$ZnSO_4 \cdot 7H_2O$	0.1
$CuSO_4 \cdot 5H_2O$	0.01	$AlK(SO_4)_2$	0.01
H_3BO_3	0.01	Na_2MoO_4	0.01
$NiCl_2 \cdot 6H_2O$	0.02		

6.3.4.2 环境条件

除了生长基质对产甲烷菌的生长繁殖有重要影响外,环境条件的作用也是不容忽视的,比较重要的环境条件主要包括氧化还原电位、温度、pH 值。

(1)氧化还原电位

产甲烷菌是世人熟知的严格厌氧细菌,一般认为产甲烷菌生长介质中的氧化还原电位应低于 −0.3 V(Hungate,1967)。据 Hungate(1967)计算,在此氧化还原电位下 O_2 的浓度理论上为 10^{-56} 克分子/升,因此可以这样说,在良好的还原生境中 O_2 是不存在的。

厌氧消化系统中氧化还原电位的高低,对产甲烷菌的影响极为明显。产甲烷菌细胞内具有许多低氧化还原电位的酶系。当体系中氧化态物质的标准电位高和浓度大时(即体系的氧化还原电位高时),这些酶系将被高电位不可逆转地氧化破坏,使产甲烷菌的生长受到抑制,甚至死亡。例如,产甲烷菌产能代谢中重要的辅酶因子在受到氧化时,即与蛋白质分离而失去活性。

一般认为,参与中温消化的产甲烷菌要求环境中维持的氧化还原电位应低于 −350 mV;参与高温消化的产甲烷菌则应低于 −500 ~ −600 mV。产甲烷菌在氧浓度低至 2~5 μL/L 的环境中才生长得好,甲烷生产量也大。

尽管产甲烷菌在有氧气存在下不能生长或不能产生 CH_4,但是它们暴露于氧时也有着相当的耐受能力。

Zehnder 和 Brock(1980)将淤泥样稀释瓶在 37 ℃ 好氧条件下剧烈振荡 6 h,使黑色淤泥变为棕色,然后将此淤泥置于空间为空气的密闭血清瓶中培养。结果发现氧很快被耗尽,而且甲烷的氧化与形成几乎以 1∶1 000 的速率平行发生,氧对于甲烷的氧化没有促进性影响,在氧耗尽后甲烷的形成和氧化都比氧耗尽前有更大的速率进行。这种经好氧处理的甲烷氧化和形成均比不经好氧处理下的要小。利用消化器污泥所获得的结果也与此相似。即氧不仅在某种程度上抑制甲烷的形成,也抑制甲烷的氧化。也表明氧并不是影响甲烷厌氧氧化的直接因子。

(2)温度

根据产甲烷菌对温度的适应范围,可将产甲烷菌分为 3 类:低温菌、中温菌和高温菌。低温菌的适应范围为 20 ~ 25 ℃,中温菌为 30 ~ 45 ℃,高温菌为 45 ~ 75 ℃。经鉴定的产甲烷菌中,大多数为中温菌,低温菌较少,而高温菌的种类也较多。

与甲烷形成一样,甲烷厌氧氧化液呈现出两个最适的温度范围:中温性和高温性。甲烷形成的第一个最适范围在 30 ~ 42 ℃,最高活性在 37 ℃ 左右;第二个活性范围在 50 ~ 60 ℃,最高在 55 ℃ 左右。这些结果表明甲烷形成与氧化活性的适宜温度范围是十分一致的。

应该指出的是:产甲烷菌要求的最适温度范围和厌氧消化系统要求维持的最佳温度范围经常是不一致的。例如,嗜热自养甲烷杆菌的最适温度范围为 65 ~ 70 ℃,而高温消化系统维持的最佳温度范围则为 50 ~ 55 ℃。之所以存在差异,原因在于厌氧消化系统是一个混合菌种共生的生态系统,必须照顾到各菌种的协调适应性,以保持最佳的生化代谢之间的平衡。如果为了满足嗜热自养甲烷杆菌,把温度升至 65 ~ 70 ℃,则在此高温下,大部分厌氧的产酸细菌就很难正常生活。

(3)pH 值

大多数中温产甲烷菌的最适 pH 值范围在 6.8 ~ 7.2 之间,但各种产甲烷菌的最适 pH 值相差很大,从 6.0 至 8.5 不等。pH 值对产甲烷菌的影响主要表现在 3 个方面:影响菌体及酶系统的生理功能及活性;影响环境的氧化还原电位;影响基质的可利用性。

在培养产甲烷菌的过程中,随着基质的不断吸收,pH 值也随之变化,一般来说,当基质为 CH_3COOH 或 H_2/CO_2 时,pH 值会逐渐升高;当基质为 CH_3OH 时,pH 值会逐渐降低。pH 值的变化速率基本上与基质的利用速率成正比。当基质消耗尽时,pH 值会逐渐地趋向于某一稳定值。因为 pH 值的变化偏离了最适值或者试验规定值,因此不可避免地影响实验的准确性,所以当监测到 pH 值的变化时,要向培养基质中加入一些缓冲物质,如 K_2PO_4 和 KH_2PO_4,或者 CO_2 和 N_aHCO_3 等。

(4)抑制剂

2 - 溴乙烷磺酸是产甲烷菌产甲烷的特异性抑制剂,它同样是甲烷厌氧氧化的强抑制剂。无论是在自然的厌氧环境中,还是活性消化污泥中,都显示出其抑制作用。而且甲烷的厌氧氧化过程比甲烷形成过程对此化合物似乎更为敏感。如在消化污泥和湖底沉积物中抑制甲烷厌氧氧化活性 50% 的 2 - 溴乙烷磺酸浓度为 $10^{-5} mol/L$。而抑制 50% 甲烷形成活性则需 $10^{-3} mol/L$ 浓度。2 - 溴乙烷磺酸对于以各种基质的甲烷形成和甲烷氧化抑制 50% 时的深度也不相同。另外,硫酸盐的存在不仅影响甲烷的形成,也影响甲烷的厌氧氧化,而且也呈现出硫酸盐对甲烷厌氧氧化的影响比对甲烷形成更大。随着硫酸盐浓度的增加,甲烷的厌氧氧化量占甲烷形成量的比率随之减小。在不存在或低浓度(1 mmol/L)硫酸盐情况下,甲烷的厌氧氧化量与甲烷形成量的比率随着温育时间的延长而增加,但随着硫酸盐浓度的增加,这种趋势渐趋消失。

6.3.4.3　产甲烷菌的繁殖

产甲烷菌主要采用二分裂法进行繁殖,即一个细菌细胞壁横向分裂,形成两个子代细胞。具体来说,就是当细菌细胞分裂时,DNA 分子附着在细胞膜上并复制为两个,然后随着细胞膜的延长,复制而成的两个 DNA 分子彼此分开;同时,细胞中部的细胞膜和细胞壁向内生长,形成隔膜,将细胞质分成两半,形成两个子细胞,这个过程就被称为细菌的二分裂。

一般来说,产甲烷菌的生长繁殖进行得相当缓慢,在适宜的条件下,其倍增时间可以达到几小时到几十小时不等,甚至还可以达到 100 h,而好氧菌在适宜的条件下的倍增时间仅为数十分钟。

6.4　产甲烷菌的产甲烷作用

6.4.1　产甲烷菌的产甲烷过程

产甲烷菌能利用的基质范围很窄,有些种仅能利用一种基质,并且所能利用的基质基本是简单的一碳或二碳化合物,如 CO_2、甲醇、甲酸、乙酸、甲胺类化合物等,极少数种可利用三碳的异丙醇。

6.4.1.1　氢气和二氧化碳形成甲烷

H_2 和 CO_2 是大多数产甲烷菌能利用的底物,在氧化 H_2 的同时把 CO_2 还原为 CH_4,这是产甲烷菌所独有的反应。

$$4H_2 + HCO_3^- + H^+ \longrightarrow CH_4 + 3H_2O \quad \Delta G^{0'} = -131 \text{ kJ/mol}$$

在以 H_2 和 CO_2 为底物时,产甲烷菌的生长效率并不高,CO_2 基本上都转变为 CH_4 了。在产甲烷生态体系中,氢分压通常在 $1 \sim 10$ Pa 之间。在此低浓度氢状态下,利用 H_2 和 CO_2 产甲烷的过程中自由能的变量为 $-20 \sim -40$ kJ/mol。在细胞内,从 ADP 和无机磷酸盐合成 ATP 最少需要 50 kJ/mol 自由能,因此,在生理生长条件下,产生每摩尔甲烷可以合成不到 1 mol 的 ATP。它可作为产能的甲烷形成与吸能的 ADP 磷酸化通过化学渗透机制偶联的证据。由 H_2 和 CO_2 代谢产甲烷的途径如图 6.16 所示。

该过程具体可以分为以下几个步骤:

(1)第一阶段:CO_2 还原为甲酰基甲基呋喃(HCO—MF)

$$CO_2 + H_2 + MF \longrightarrow HCO—MF + H_2O \quad \Delta G^{0'} = 16 \text{ kJ/mol}$$

H_2 和 CO_2 形成 CH_4 的第一步为 CO_2 与甲基呋喃(MF,见图 6.17)键合,并被 H_2 还原生成中间体甲酰基甲基呋喃(HCO—MF,见图 6.18)。

甲基呋喃存在于产甲烷菌和闪烁古生球菌(*Archaeoglobus fulgidus*)中,是一类 C_4 位取代的呋喃基胺,至少存在 5 种 R 基代基不同的甲基呋喃衍生物。

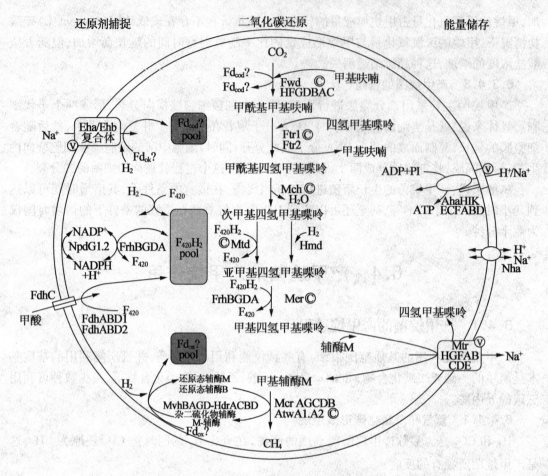

图 6.16　氢气和二氧化碳形成甲烷的途径

H_4MPT—四氢甲基喋呤；MF—甲基呋喃；F_{420}—氧化态辅酶 F_{420}；$F_{420}H_2$—还原态辅酶 F_{420}；Fd_{ox}？—未知氧化态铁氧还原蛋白；Fd_{red}？—未知还原态铁氧还原蛋白；HSCoM—还原态辅酶 M；HSCoB—还原态辅酶 B；CoMS – SCoB—杂二硫化物辅酶 M 辅酶 B；$NADP^+$—非还原态的咽酰胺腺嘌呤二核苷酸磷酸；NADPH—还原态的咽酰胺腺嘌呤二核苷酸磷酸

图 6.17 左侧结构式下方标注：R 连接呋喃环，侧链为 $CH_2NH_3^+$

图 6.18 右侧结构式

图 6.17　甲基呋喃(MF)　　　　图 6.18　甲酰基甲基呋喃(HCO – MF)

　　甲酰基甲基呋喃由甲酰基甲基呋喃脱氢酶催化形成。该酶含有一个亚钼嘌呤二核苷酸作为辅基。从 *Methanobacterium thermoautotrophicum* 中分离到这种酶是由表观分子质量为 60 kD 和 45 kD 的亚基以 $\alpha_1\beta_1$ 形式构建的二聚体，每摩尔该二聚体含有 1 mol 钼、1 mol 亚钼嘌呤二核苷酸、4 mol 非亚铁血红素铁和酸不稳定硫。而从 *Methanobacterium wolfei* 中分离到两种甲酰基甲基呋喃脱氢酶，一种由表观分子质量为 63 kD、51 kD 和 31 kD 的 3 个亚基以 $\alpha_1\beta_1\gamma_1$ 形成构建的钼酶，该酶含有 0.3 mol 钼、0.3 mol 亚钼嘌呤二核苷酸和 4 ~ 6 mol 非亚铁血红素铁和酸不稳定硫；第二种为由表观分子质量为 64 kD、51 kD 和 35 kD 的 3 个

亚基以 $\alpha_1\beta_1\gamma_1$ 三聚物形成的钨蛋白,每摩尔该三聚物含有 0.4 mol 钨、0.4 mol 亚钼嘌呤鸟嘌呤二核苷酸和 4 ~ 6 mol 非亚铁血红素铁和酸不稳定硫。

(2)第二阶段:甲酰基甲基呋喃中的甲酰基侧基转移到 H_4MPT 形成次甲基 – H_4MPT

$$HCO\!-\!MF + H_4MPT \rightarrow HCO\!-\!H_4MPT + MF \qquad \Delta G^{0'} = -5\ kJ/mol$$

$$HCO\!-\!H_4MPT + H^+ \rightarrow CH\!\equiv\!H_4MPT + H_2O \qquad \Delta G^{0'} = -2\ kJ/mol$$

甲酰基甲基呋喃中的甲酰基转移给 H_4MPT(四氢甲基喋呤,结构如图 6.19)。这个反应由甲酰基转移酶(Ftr)催化,该酶已从多个产甲烷菌和硫酸盐还原菌分离中纯化到,该酶在空气中稳定,是一种多肽的单聚体或四聚体,表观分子质量为 32 ~ 41 kD,无发色辅基。在溶液中,Ftr 是单体、二聚体和四聚体的平衡态,单体不具有活性和热稳定性,而四聚体具有活性和热稳定性。

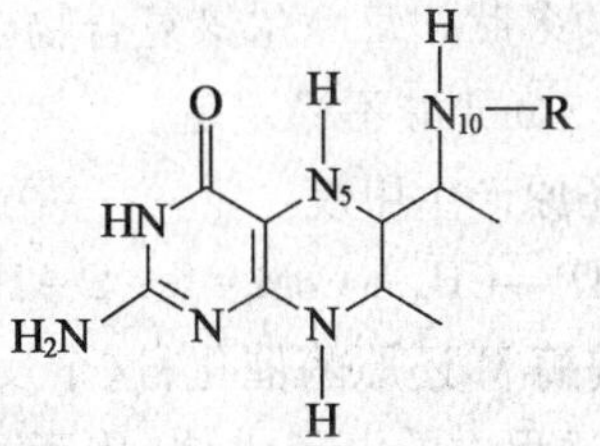

图 6.19　四氢甲基喋呤(H_4MPT)

(3)第三阶段:次甲基 – H_4MPT 还原为甲基 – H_4MPT

$$CH\!\equiv\!H_4MPT^+ + F_{420}H_2 \rightarrow CH_2\!\equiv\!H_4MPT + F_{420} + H^+ \qquad \Delta G^{0'} = 6.5\ kJ/mol$$

$$CH_2\!\equiv\!H_4MPT + F_{420}H_2 \rightarrow CH_3\!-\!H_4MPT + F_{420} \qquad \Delta G^{0'} = -5\ kJ/mol$$

甲烷形成的第三阶段是次甲基 – H_4MPT 被还原剂 F_{420} 还原为亚甲基 – H_4MPT,进一步还原生成甲基 – H_4MPT。次甲基 – H_4MPT、亚甲基 – H_4MPT、甲基 – H_4MPT 的结构如图 6.20 所示。

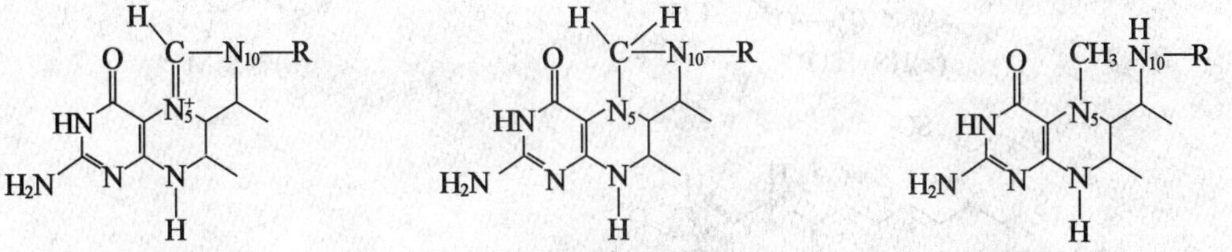

(a) 次甲基–H_4MPT　　　(b) 亚甲基–H_4MPT　　　(c) 甲基–H_4MPT

图 6.20　次甲基 – H_4MPT、亚甲基 – H_4MPT、甲基 – H_4MPT 的结构

在这一阶段中,依赖 F_{420} 的次甲基 – H_4MPT 还原反应是可逆的,由亚甲基 – H_4MPT 脱氢酶催化,该酶在空气中稳定,是一种多肽均聚物,表观分子质量为 32 kD,无辅基。

在可逆的依赖 $F_{420}H_2$ 的亚甲基 – H_4MPT 还原为甲基 – H_4MPT 的过程是由亚甲基 – H_4MPT 还原酶(Mer)催化发生的。Mer 为可溶性酶,表观分子质量为 35 ~ 45 kD,无发色辅基,在空气中稳定。该酶的一级结构与依赖 F_{420} 的乙醇脱氢酶有极大的相似性。

(4)第四阶段:甲基 – H_4MPT 上的甲基转移给辅酶 M

$$CH_3\!-\!H_4MPT + HS\!-\!CoM \rightarrow CH_3\!-\!S\!-\!CoM + H_4MPT \qquad \Delta G^{0'} = -29\ kJ/mol$$

甲烷形成的第四阶段是甲基辅酶 M 的生成过程。研究发现分离出的转甲基酶可被 Na^+ 激活,并且在 $H_2 + CO_2$ 产甲烷过程中作为钠离子泵,这就意味着在甲基基团转移过程中产生的自由能(-29 kJ/mol)以跨膜电化学钠离子梯度($\Delta\mu_{Na^+}$)形式储存,这个梯度可能通过$\Delta\mu_{Na^+}$驱动 ATP 合成酶,将$\Delta\mu_{Na^+}$作为驱动力用于 ATP 合成。

基于有关转甲基反应的研究观察到在缺少辅酶 M 时,一种甲基化类卟啉物质出现积累,当加入辅酶 M 时,甲基化类卟啉脱甲基。现已鉴定出这种类卟啉物质是 5 - 羟基苯并咪唑基谷氨酰胺。从这些研究可以假设甲基 - H_4MPT 上的甲基转移给辅酶 M 的过程分为两个步骤:首先甲基 - H_4MPT 上的甲基侧基转移给类卟啉蛋白,接下来甲基再从甲基化的类卟啉转移给辅酶 M。甲基 - H_4MPT 上的甲基转移给辅酶 M 的过程是非常重要的,是 CO_2 还原途径中的唯一一个能量转换位点。

催化整个反应的酶复合物已从嗜热自养甲烷杆菌中分离到,它由表观分子质量为 12.5 kD、13.5 kD、21 kD、23 kD、24 kD、28 kD 和 34 kD 的亚基组成,其中表观分子质量为 23 kD 的多肽可能是结合类卟啉的多肽。每摩尔该复合物含有 1.6 mol 的 5 - 羟基苯并咪唑基谷氨酰胺、8 mol 非血红素铁和 8 mol 酸不稳定硫。

(5)第五阶段:甲基辅酶 M 还原产生甲烷

$$CH_3 - S - CoM + HS - HTP \rightarrow CH_4 + CoM - S - S - HTP \qquad \Delta G^{0'} = -43 \text{ kJ/mol}$$

甲基辅酶 M 的还原由甲基辅酶 M 还原酶催化,这个反应包括两个独特的辅酶,一个是 HS - HTP,主要作为辅酶 M 还原过程中的电子供体,用于生成甲烷和杂二硫化物(由 HS - CoM 和 HS - HTP 反应生成,CoM - S - S - HTP);另一个是 F_{430},作为发色团辅基。甲基辅酶 M 还原酶(Mer)已从许多产甲烷菌分离纯化到,该酶的表观分子质量大约是 300 kD,由 3 个表观分子质量为 65 kD、46 kD 和 35 kD 的亚基以 $\alpha_2\beta_2\gamma_2$ 形式排列。参与该过程的辅酶和物质的结构如图 6.21 所示。

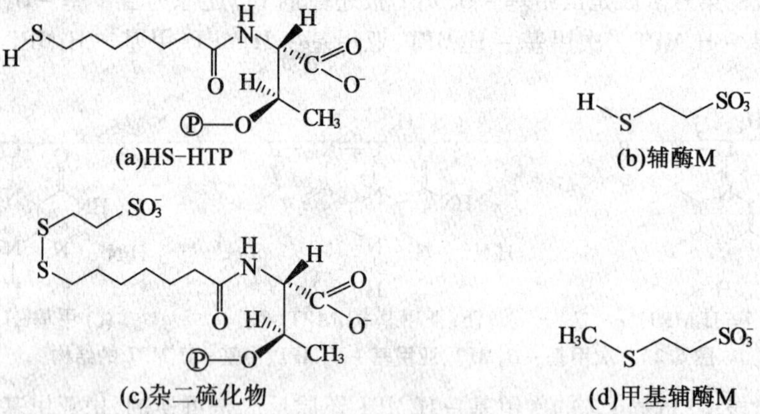

图 6.21　HS - HTP、辅酶 M、杂二硫化物、甲基辅酶 M 结构图

6.4.1.2　甲酸生成甲烷

除 H_2 和 CO_2 外,产甲烷菌最常用的基质是甲酸。产甲烷菌利用甲酸生成甲烷的途径首先是甲酸氧化生成 CO_2,然后再进入 CO_2 还原途径生成甲烷。甲酸代谢过程中的关键酶是甲酸脱氢酶。该酶已从 *M. formicicum* 菌和 *M. vannielii* 菌中分离纯化到,研究发现来源于 *M. formicicum* 菌的甲酸脱氢酶由两个不确定的亚基组成,表观分子质量为 85 kD 和 53 kD,并以 $\alpha_1\beta_1$ 形式构建,每摩尔酶含有钼、锌、铁、酸不稳定硫和 1 mol FAD,钼是钼嘌呤辅因子的一部分,光谱特征分析显示,在黄嘌呤氧化酶中存在一个钼辅因子的结构相似体。编码

甲酸脱氢酶的基因已被克隆和测序,DNA 序列分析显示,来源于 *M. formicicum* 的甲酸脱氢酶并不含有硒代半胱氨酸,与之相反,*M. vannielii* 菌中含有两个甲酸脱氢酶,其中一种含有硒代半胱氨酸。

6.4.1.3　甲醇和甲胺产甲烷

可以利用甲醇或甲胺作为唯一能源的菌类仅限于甲烷八叠球菌科。甲烷八叠球菌科中的甲烷球形菌属只有 H_2 存在时才可以利用含甲基的化合物。大部分的甲烷八叠球菌属的产甲烷菌既可以利用甲基化合物,也可以利用 $H_2 + CO_2$,但甲烷叶菌属、拟甲烷球菌属和甲烷嗜盐菌属的产甲烷菌只在甲基化合物上生长。*Methanolobus siciliae* 和一些甲烷嗜盐菌属的产甲烷菌还可以利用二甲基硫化物为产甲烷基质。甲醇转化中含有一个氧化和还原途径,反应中所涉及的酶及自由能变化见表 6.18。

表 6.18　甲醇转化过程中的反应

过程	反应	自由能 /(kJ·mol^{-1})	酶(基因)
甲烷形成	$CH_3-OH + H-S-CoM \rightarrow CH_3-S-CoM + H_2O$	-27.5	甲醇-辅酶 M 甲基转移酶(MtaA + MtaBC)
	$CH_3-S-CoM + H-S-CoB \rightarrow CoM-S-S-CoB + CH_4$	-45	甲基辅酶 M 还原酶(McrBDCGA)
	$CoM-S-S-CoB + 2[H] \rightarrow H-S-CoM + H-S-CoB$	-40	杂二硫化物还原酶(HdrDE)
CO₂形成	$CH_3-OH + H-S-CoM \rightarrow CH_3-S-CoM + H_2O$	-27.5	甲醇-辅酶 M 甲基转移酶(MtaA + MtaBC)
	$CH_3-S-CoM + H_4SPT \rightarrow H-S-CoM + CH_3-H_4SPT$	30	甲基-H₄SPT-辅酶 M 甲基转移酶(MtrEDCBAFGH)
	$CH_3-OH + H_4SPT \rightarrow CH_3-H_4SPT + H_2O$	2.5	
	$CH_3-H_4SPT + F_{420} \rightarrow CH_2=H_4SPT + F_{420}H_2$	6.2	依赖 F₄₂₀ 亚甲基-H₄SPT 还原酶(Mer)
	$CH_2=H_4SPT + F_{420} + H^+ \rightarrow CH\equiv H_4SPT + F_{420}H_2$	-5.5	依赖 F₄₂₀ 亚甲基-H₄SPT 脱氢酶(Mtd)
	$CH\equiv H_4SPT + H_2O \rightarrow HCO-H_4SPT + H^+$	4.6	次甲基-H₄SPT 环化水解酶(Mch)
	$HCO-H_4SPT-MFR \rightarrow HCO-MFR + H_4SPT$	4.4	甲酰基甲基呋喃-H₄SPT 甲基转移酶(Ftr)
	$HCO-MFR \rightarrow CO_2 + MFR + 2[H]$	-16	甲酰基甲基呋喃脱氢酶(FmdEFACDB)

甲醇的产甲烷途径可以分为以下几个阶段:

(1)甲基的转移

甲醇的利用首先是甲基侧基转移给辅酶 M,在两种特有酶的催化下,甲基经过两个连续的反应转移给辅酶 M。首先,在 MT1(甲醇-5-羟基苯并咪唑基谷氨酰胺转甲基酶)的催化下,甲醇中的甲基基团转移到 MT1 上的类咕啉辅基基团上。然后在 MT2(钴胺素-HS

– CoM 转甲基酶）作用下转移 MT1 上甲基化类咕啉的甲基基团到辅酶 M。MT1 对氧敏感，表观分子质量为 122 kD，由两个表观分子质量分别为 34 kD 和 53 kD 的亚基以 $\alpha_2\beta$ 形式构建，每摩尔该酶含有 3.4 mol 5 – 羟基苯并咪唑谷氨酰胺，编码 MT1 的基因通常含有一个操纵子。MT2 含有一个表观分子质量为 40 kD 的亚基，编码 MT2 的基因是单基因转录。

（2）甲基侧基的氧化

在甲醇的转化过程中，甲基 CoM 还原为甲烷的过程与 CO_2 的还原方法相同。在氧化时，甲基 CoM 中的甲基基团首先转移给 H_4MPT。标准状态下这个反应是吸能的，并且有研究显示这个反应需要钠离子的跨膜电化学梯度，以便驱动甲基 CoM 的吸能转甲基到 H_4MPT。甲基 – H_4MPT 氧化为 CO_2 的过程经由亚甲基 – H_4MPT、次甲基 – $H_4MPTMPT$、甲酰基 – H_4MPT 和甲酰基 MF 等中间体，分别在亚甲基 – H_4MPT 还原酶和亚甲基 – H_4MPT 脱氢酶的催化下，甲基 – H_4MPT 和亚甲基 – H_4MPT 氧化生成还原态的 F_{420} 因子。

（3）甲基侧基的还原

由甲基 – H_4MPT 氧化产生的还原当量接着转移到杂二硫化物。来自甲酰基 MF 的电子通道目前还不清楚，但可以假设这个电子转移与能量守恒有关。

甲基 – H_4MPT 和亚甲基 – H_4MPT 氧化过程中产生的 $F_{420}H_2$ 则由膜键合电子转运系统再氧化。*Methanosarcina* G61 反向小泡的实验证实，依赖 $F_{420}H_2$ 的 CoM—S—S—HTP 还原产生了一个跨膜电化学质子电位，这个电位驱动 ADP 和 Pi 通过膜键合 ATP 合成酶生成 ATP。依赖 $F_{420}H_2$ 的 CoM—S—S—HTP 还原酶系统可分为两个反应：首先 $F_{420}H_2$ 被 $F_{420}H_2$ 脱氢酶氧化，然后电子转移到杂二硫化物还原酶，杂二硫化物还原酶在依赖 $F_{420}H_2$ 的杂二硫化物还原酶系统中起着非常重要的作用。该酶的表观分子质量为 120 kD，由 5 个多肽组成，其表观分子质量分别为 45 kD、40 kD、22 kD、18 kD 和 17 kD，含有 16 mol Fe 和 16 mol 酸不稳定硫。

利用甲基化合物的产甲烷菌通过转甲基作用形成甲基 CoM，然后该中间体被不均匀分配，1 个甲基 CoM 氧化产生 3 对可用于还原 3 个甲基 CoM 产甲烷的还原当量，该过程包括 CoM – S – S – HTP 的形成，CoM – S – S – HTP 是实际的电子受体，并且 CoM—S—S—HTP 还原与能量转换有关。

6.4.1.4　乙酸产甲烷

在多数淡水厌氧生境中，利用有机质降解产甲烷最少需要 3 类相互作用的代谢群体组成的微生物共生体。第一个群体（发酵性细菌）将大分子有机物质降解为氢、二氧化碳、甲酸、乙酸和碳链较长的挥发性脂肪酸。第二个群体（产乙酸细菌）将长碳链脂肪酸氧化成氢、乙酸和甲酸。第三个群体（产甲烷菌）通过两种不同的途径利用氢、甲酸或乙酸为基质生长：一条途径利用从氢或甲酸氧化获得的电子将 CO_2 还原成 CH_4；另一条途径通过还原乙酸的甲基为 CH_4 和氧化它的羰基为 CO_2 来发酵乙酸。

（1）乙酸产甲烷途径的作用

自然界产生的甲烷多数源于乙酸，而从乙酸脱甲基和还原 CO_2 中产生 CH_4 的相对数量随其他厌氧微生物代谢群体的参与和环境条件的改变而变化。同型产乙酸微生物氧化氢和甲酸，并使 CO_2 还原成乙酸。被称为乙酸氧化（AOR）的非产甲烷已被前人论述，它将乙酸氧化为 H_2 和 CO_2。像乙酸氧化这样的微生物在厌氧环境中的存在范围还是未知的，不过它们的存在将削弱乙酸营养型产甲烷菌的相对重要性。在海相环境中，乙酸营养型硫酸盐还原菌居支配地位。因而当有硫酸盐存在时，产甲烷的主要途径是二氧化碳还原和甲基化。乙酸营养型微生物生长比还原二氧化碳细菌慢得多,因而当有机物的停留时间很短时,利用乙酸的产甲烷不可能占主导地位。

(2)乙酸产甲烷过程中的碳传递

早期的研究者认为,乙酸被氧化为二氧化碳,随后被还原成甲烷。以后采用^{14}C标记乙酸的研究发现:多数甲烷来自于乙酸中的甲基,只有少数产生于乙酸中的羧基。这就排除了二氧化碳还原理论。这些研究结果还证明甲基上的氢(氕)原子原封不动地转移到了甲烷上。进一步的研究获得的结论是:利用所有基质产甲烷(还原二氧化碳或转化其他基质的甲基)的最终步骤是一种共同的前体($X-CH_3$)的还原脱甲基。多数"细菌"范畴的利用乙酸的厌氧微生物裂解乙酰辅酶,将甲基和羧基氧化成二氧化碳,并还原别的电子受体。嗜乙酸产甲烷"古细菌"(Archaea)也裂解乙酸,此时甲基被从羧基氧化获得的电子还原成甲烷,因此乙酸转化成甲烷和二氧化碳是一个发酵过程。

尽管乙酸是产甲烷的重要前体物质,但仅有少数产甲烷菌种可以利用乙酸作为产甲烷基质。这些菌种主要是甲烷八叠球菌属和甲烷丝菌属,它们都属于甲烷八叠球菌科。这两类菌的主要区别是甲烷八叠球菌可以利用除乙酸之外的H_2+CO_2、甲醇和甲胺作为基质;而甲烷丝菌只能利用乙酸为基质。由于甲烷丝菌属对乙酸有较高的亲和力,因此在乙酸浓度小于 1 mmol/L 时的环境中,甲烷丝菌为优势乙酸菌;但在乙酸浓度较高的环境中,甲烷八叠球菌属则生长迅速。

(3)乙酸形成甲烷的过程

由乙酸形成甲烷有两种途径:一种是由甲基直接生成甲烷,$14CH_3COOH \rightarrow 14CH_4 + 14CO_2$;另一种是由甲基直接生成甲烷,是乙酸形成甲烷的一般途径,也是主要的途径。在该过程中乙酸先氧化成为 CO_2,然后 CO_2 还原成为甲烷。具体步骤如下:

①乙酸活化和甲基四氢八叠喋呤的合成。

产甲烷菌利用乙酸首先是乙酰辅酶 A 的活化。两种菌活化乙酸的酶不同,甲烷八叠球菌利用乙酸激酶和磷酸转乙酰酶,而甲烷丝菌利用乙酰基辅酶 A 合成酶。乙酸激酶是由 2 个表观分子质量均为 53 D 的相同甲基组成;磷酸转乙酰酶含有 1 个表观分子质量为 42 D 的多肽,并且 K^+ 和铵离子可以刺激该酶的活性,催化机理是碱基催化生成 $-S-CoA$,然后通过硫醇阴离子对乙酰磷酸中羧基 C 的亲核反应生成乙酰基辅酶 A 和无机磷酸盐;乙酰基辅酶 A 合成酶含有表观分子质量为 73 D 的亚基,对辅酶 A 的 K_m 为 48 μm。

②乙酰辅酶 A 的断裂。

乙酰辅酶 A 的 $C-C$ 和 $C-O$ 的断裂是由一氧化碳脱氢酶-乙酰辅酶 A 的催化而进行的。CO 脱氢酶复合体催化乙酰辅酶 A 的断裂,生成甲基基团、羧基基团和辅酶 A,这些物质暂时与酶结合,接下来羧基基团氧化形成 CO_2,产生的电子转移给 $2 \times [4Fe-4S]$ 铁氧还原蛋白,甲基转移给 H_4SPT 生成甲烷。

Blaut 提出了乙酰辅酶 A 断裂的机理(1993),如图 6.22 所示。根据 Jablonski 等提出的机理,在 $Ni-Fe-S$ 组分的作用下乙酰辅酶 A 断裂,且甲基和羧基键合到金属中心的活性位点上,而 CoA 则结合到 $Ni-Fe-S$ 组分的其他位点上,然后被释放出来。结合到金属位点上的羧基侧基被氧化为 CO_2 后释放。甲基被转移到 $Co(I)-Fe-S$ 组分上,生成甲基化的 $Co(III)$ 类咕啉蛋白。然后甲基化的类咕啉蛋白上的甲基再转移给 H_4MPT 生成甲基$-H_4MPT$。

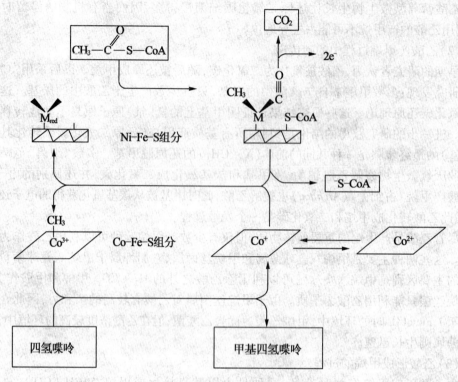

图 6.22　乙酰辅酶 A 断裂的机理

Zeikus 等(1976)发现,在天然沉积物中加入标记甲基的乙酸盐可以产生一些 $^{14}CO_2$,这表明乙酸盐的甲基可以氧化成为 CO_2,在某些沉积物中可能通过一条选择性的种间氢转移途径由乙酸盐产生甲烷。在这种途径中,甲基首先被氧化成为 H_2 和 CO_2,然后 CO_2 被 H_2 还原为甲烷。羧基直接脱羧释放 CO_2,如添加氢则进一步还原生成甲烷,反应为

$$CH_3COOH + 2H_2O \rightarrow CO_2 + 4H_2$$
$$4H_2 + CO_2 \rightarrow CH_4 + 2H_2O$$

乙酸产甲烷过程中所涉及的反应见表 6.19。

表 6.19　*Methanosarcinales* 中利用乙酸产甲烷过程中所涉及的反应及酶

反应	自由能/$(kJ \cdot mol^{-1})$	酶(基因)
乙酸 + CoA→ 乙酰—CoA + H_2O	35.7	甲烷八叠球菌属利用乙酸激酶(Ack)和磷酸转乙酰酶(Pta);鬃毛甲烷菌中为乙酸硫激酶(Acs)
乙酰—CoA + H_4SPT→CH_3—H_4SPT + CO_2 + CoA + 2[H]	41.3	CO 脱氢酶 – 乙酰辅酶 A 合成酶(Cdh ABCXDE)
CH_3—H_4SPT + HS—CoM→ CH_3—S—CoM + H_4SPT	−30	甲基 – H_4SPT – 辅酶 M 甲基转移酶(能量储存)(MtrEDCBAFGH)
CH_3—S—CoM + H—S—CoB→ CoM—S—S—CoB + CH_4	−45	甲基辅酶 M 还原酶(McrBDCGA)

续表 6.19

反应	自由能/($kJ \cdot mol^{-1}$)	酶(基因)
$CoM—S—S—CoB + 2[H] \rightarrow$ $H—S—CoM + H—S—CoB$	-40	杂二硫化物还原酶(HdrDE)

实际上,产甲烷菌在以乙酸为基质时的生长速率较以 $H_2 + CO_2$、甲醇或甲胺为基质时的生长速率慢,此外乙酸中两个位置不同的碳原子在甲烷形成过程中进入甲烷的转移率也不一样,向 CO_2 的转移率也不一样。碳标记的乙酸利用的实验表明,^{14}C 标记的甲基向甲烷的转移率为 65%,是 ^{14}C 标记的羧基向甲烷的转移率(16%)的 4 倍多,CO_2 中标记的 ^{14}C 向甲烷的转移率为 21%。因此甲烷从各种基质中获得的碳源按以下的顺序减少:$CH_3OH >$ $CH_2 > C - 2$ 乙酸 $> C - 1$ 乙酸,但当环境中有辅基质(如甲醇)存在时,乙酸的代谢顺序会发生巨大变化,甲基碳的流向也会发生改变。

③乙酸产甲烷过程中的电子转移和能源转化。

产甲烷菌以乙酸和 $H_2 + CO_2$ 为基质时,从甲基 – H_4MPT 到甲烷的途径中碳的流向相同,不同之处在于电子的流向。在以 $H_2 + CO_2$ 为基质时,H_2 由膜键合的氢化酶活化,电子则是通过异化二硫还原酶传递;在以乙酸为基质时,产甲烷菌中的电子载体目前还不清楚。研究发现,在 M. thermophila 中铁氧还原蛋白利用纯化出来的 CO 脱氢酶传递电子给与膜有关的氢化酶,可以推测,还原态的铁氧还原蛋白在膜上被氧化,这个过程主要是通过利用异化二硫化物为终端电子受体的能量转化电子传递链,但是该系统目前还未曾在实验中检测到。可以假设细胞色素参与到产甲烷过程的电子传递链中,因为甲烷八叠球菌属和甲烷丝菌属都含有这种膜键合的电子载体。

产甲烷菌对于不同基质利用的区别在于用于 H_2、$F_{420}H_2$ 和乙酰辅酶 A 的羧基基团反应的电子受体的不同。

6.4.2　甲烷形成过程中的能量代谢

6.4.2.1　甲烷形成过程中的电子流

产甲烷过程实际上是各种氧化状态的碳逐步接受电子被还原至碳的最高还原状态的过程,从 CO_2 还原至甲烷共有 4 个电子转移位点,如图 6.23 所示,分别位于 $CO_2 \rightarrow HCO—$ $MFR;(= CH—)H_4MPT \rightarrow CH_2 = H_4MPT;CH_2 = H_4MPT \rightarrow CH_3—H_4MPT;(4)CH_3—S—CoM$ $\rightarrow CH_4$。

6.4.2.2　甲烷形成过程中的能量释放

产甲烷菌以 H_2/CO_2、甲醇、甲酸、乙酸、异丙醇为基质形成甲烷时释放的自由能见表6.20。以 H_2/CO_2 为基质和以甲酸为基质生成 1 mol 甲烷所释放的能量几乎相等,而以乙酸为基质时则相当低。由 ADP 和无机磷酸合成 ATP 所需的能量为 31.8 ~ 43.9 kJ/mol,以 H_2/CO_2,甲酸,CO 为基质形成 1 mol 甲烷所释放的能量足够合成 3 molATP。

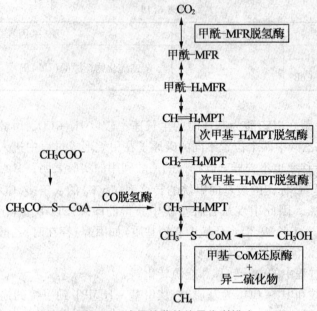

图 6.23　产甲烷菌的能量代谢模式

表 6.20　甲烷形成过程中的能量释放

反应	$\Delta G^{0'}/(\mathrm{kJ \cdot mol^{-1}})$
$4H_2 + CO_2 \rightarrow CH_4 + 2H_2O$	-131
$4HCOO^- + 4H^+ \rightarrow CH_4 + 3CO_2 + 2H_2O$	-119.5
$4CO + 2H_2O \rightarrow CH_4 + 3CO_2$	-185.5
$4CH_3OH \rightarrow 3CH_4 + CO_2 + 2H_2O$	-103
$4CH_3NH_3^+ + 2H_2O \rightarrow 3CH_4 + CO_2 + 4NH_4^+$	-74
$2(CH_3)_2NH_2^+ + 2H_2O \rightarrow 3CH_4 + CO_2 + 2NH_4^+$	-74
$4(CH_3)_3NH^+ + 6H_2O \rightarrow 9CH_4 + 3CO_2 + 4NH_4^+$	-74
$CH_3COO^- + H^+ \rightarrow CH_4 + CO_2$	-32.5
$4CH_3CHOHCH_3 + HCO_3^- + H^+ \rightarrow 4CH_3COCH_3 + CH_4 + 3H_2O$	-36.5

6.4.2.3　甲烷形成过程中的能量要求

Gunsalus 等(1978)研究显示,当在嗜热自养甲烷杆菌的提取液中不加入外源性 ATP 时仅有 191 nmol 甲烷;当加入 50 nmol 外源性 ATP 时,甲烷的生成量为 924 nmol,除去内源性 ATP 所形成的甲烷背景值后可以发现甲烷净增加了 773 nmol。另外,当用理化方法除去内源性 ATP 经培养后发现没有甲烷形成;当加入 1 μmol ATP 后,每毫克酶蛋白质每小时生成 465 nmol 甲烷。

Kell 等(1981)提出 ATP 起到的作用主要有以下几种:①阻拦质子泄漏;②通过水解而随后缓慢地重新合成,以创造一个高能量的膜状态,这种高能的膜状态是动力学需要;③ATP 起着嘌呤化、磷酸化酶或辅因子的作用。现在实验已经证实,ATP 在产甲烷过程中起到的只是催化的作用,即需要一定量的 ATP 启动和催化,在启动和催化之后,更高浓度的 ATP 对于甲烷的形成没有更大的促进作用。ATP 的催化作用必须有 Mg^{2+} 的存在,结合成 ATP – Mg^{2+} 复合物后参与产甲烷过程,Mg^{2+} 的适宜浓度为 30 ~ 40 mmol/L,当除去反应体系中的 Mg^{2+} 后,形成的甲烷量大大减少。其他二价阳离子如 Mn^{2+}、Fe^{2+}、Ni^{2+}、Co^{2+} 或 Zn^{2+} 替代同浓度的 Mg^{2+} 后,其效率分别为同浓度 Mg^{2+} 的 86%、28%、20.5%、25.4% 和 17.3%。

其他磷酸核苷在某种程度上也可以替代 ATP 的催化作用,GTP、UTP、CTP、ITP、ADP、DATP 的效率分别为 ATP 的 42%、58%、61%、11%、49% 和 38%。

6.5　产甲烷菌的生态环境

产甲烷菌可以自由生活,也可以和动植物以及别的微生物结成不同程度的共生关系。自由生活的产甲烷菌的选择性分布与生境基质碳的类型和浓度、氧浓度和氧化还原电位、温度、pH 值、盐浓度以及硫酸盐细菌和其他厌氧菌的活性有密切的关系。产甲烷菌广泛分布于各种厌氧生境,是厌氧食物链最末端的一个成员。

6.5.1　海洋沉积物

由于存在缺氧、高盐等极端条件,所以在海底环境中有大量产甲烷菌的富集。在已知的产甲烷菌中,大约有 1/3 的类群来源于海洋这个特殊的生态区域。一般在海洋沉积物中,利用 H_2/CO_2 的产甲烷菌的主要类群是甲烷球菌目和甲烷微菌目,它们利用氢气或甲酸进行产能代谢。在海底沉积物的不同深度里都能发现这两类氢营养产甲烷菌,此类产甲烷菌能从产氢微生物那里获得必需的能量。

据研究,CH_4 每年的产生量大约为 320 Tg,年净 CH_4 排放仅为 16 Tg,仅为产生量的 5%,造成这一现象的原因除了硫酸盐还原细菌与产甲烷菌的基质竞争作用外,绝大部分所产生的 CH_4 都被厌氧氧化消耗。从表 6.21 中数据可以看出,不同深度区沉积物 CH_4 厌氧氧化占总的 CH_4 厌氧氧化量的比例大小关系为:陆地下缘 > 大陆架内 > 大陆架外 > 陆地上缘。

表 6.21　陆地不同深度区的甲烷厌氧氧化数据

不同深度区	CH_4 厌氧氧化速率 /(mmol · m^{-2} · d^{-1})	面积 /(10^{12} m^2)	CH_4 厌氧氧化量 /(Tg · a^{-1})	占总量比例 /%
大陆架内	1.0	13	73.6	24.21
大陆架外	0.6	18	64	21.05
陆地上缘	0.6	15	56	18.42
陆地下缘	0.2	106	110.4	36.32
总和	—	152	304	100

6.5.2　淡水沉积物

相对于海洋的高渗环境,淡水里的各类盐离子浓度明显要低很多,其硫酸盐的浓度只有 100 ~ 200 μmol/L。因此在淡水沉积物中,硫酸盐还原菌将不会和产甲烷菌竞争代谢底物,这样产甲烷菌就能大量生长繁殖,由于在淡水环境中乙酸盐的含量是相对较高的,因而其中的乙酸盐营养产甲烷菌占了产甲烷菌菌种的70%,而氢营养产甲烷菌只占不到30%。一般在淡水沉积物中,产甲烷菌的主要类群是乙酸营养的甲烷丝状菌科,同时还有一些氢营养的甲烷微菌科和甲烷杆菌科的存在。

很多观测实验都表明,尽管存在水域和地质条件的差异,淡水沉积物中产甲烷菌的垂直分布仍具有明显的规律性。即从水层 – 沉积物的接触面开始,随着深度的增加,甲烷浓度也随之增加,在2~27 cm深度之间达到最大值,深度继续增加则甲烷浓度开始下降。因为在2~27 cm这段内,环境中的营养条件、氧化还原电位及其他限制性条件均适合产甲烷菌和生理伴生菌群生长需求。

6.5.3　稻田土壤

耕作土壤中存在大量微环境,甚至表面上通气良好的土壤也存在厌氧微环境。水稻田通常吸收有大量的有机物质,一旦被水淹没很快转变成厌氧状态。稻田中的产甲烷菌类群主要有甲酸甲烷杆菌、马氏甲烷八叠球菌、巴氏甲烷八叠球菌。研究发现,稻田里产甲烷菌的生长和代谢具有一定的特殊规律性。第一,产甲烷菌的群落组成能保持相对恒定,当然也有一些例外,如氢营养产甲烷菌在发生洪水后就会占主要优势。第二,稻田里的产甲烷菌的群落结构和散土里的产甲烷菌群落结构是不一样的、不可培养的。水稻丛产甲烷菌群作为主要的稻田产甲烷菌类群,其甲烷产生的主要原料是 H_2/CO_2。而在其他的散土中,乙酸营养产甲烷菌是主要的类群,甲烷主要来源于乙酸。造成这种差别可能是由于稻田里氧气的浓度要比散土中高,而在稻田里的氢营养产甲烷菌具有更强的氧气耐受性。第三,氢营养产甲烷菌的种群数量随着温度的升高而增大。第四,生境中相对高的磷酸盐浓度对乙酸营养产甲烷菌有抑制效应。

6.5.4　动物瘤胃

动物瘤胃内生成的甲烷通过嗳气排入大气,全球反刍动物年产甲烷约7.7×10^7 t,占散发到大气中的甲烷总量的15%,而且每年还以1%的速度递增。瘤胃细菌主要的分类是纤维分解菌、淀粉水解菌、产甲烷菌,数量可以达到$10^9 \sim 10^{10}$个/mL;原生动物的数量可以达到$10^5 \sim 10^6$个/mL,主要以厌氧性纤毛虫和鞭毛虫为主。

饲喂高精料日粮的羊和牛的瘤胃液中分别含有产甲烷菌$10^7 \sim 10^8$个/g和$10^8 \sim 10^9$个/g,放牧的羊和奶牛的瘤胃液中含有产甲烷菌$10^9 \sim 10^{10}$个/g。一般认为,瘤胃中主要的产甲烷菌为瘤胃甲烷短杆菌和巴氏甲烷八叠球菌。动物瘤胃中产甲烷菌的分类及形态见表6.22。

表6.22　反刍动物瘤胃中产甲烷菌的形态及能源

种类	形态	能源
反刍甲烷短杆菌	短杆状	H_2/甲酸
甲烷短杆菌	短杆状	H_2/甲酸
巴氏甲烷八叠球菌	不规则团状	H_2/甲醇、甲胺/乙酸
马氏甲烷八叠球菌	球菌	甲醇、甲胺/乙酸
甲酸甲烷杆菌	长杆丝状	H_2/甲酸
运动甲烷微菌	短杆状	H_2/甲酸

6.6　产甲烷菌的研究意义

产甲烷菌是厌氧发酵过程中最后一个环节,在自然界碳素循环中扮演着重要角色。由于产甲烷菌在废弃物厌氧消化、高浓度有机废水处理、沼气发酵及反刍动物瘤胃中食物消化等过程中起关键性作用,也由于产甲烷菌所释放出来的甲烷是导致温室效应的重要因素,产甲烷菌的研究必将成为环境微生物研究的焦点。产甲烷菌的研究意义大致概括为以下几个方面:

①为生物地球化学研究领域工作打开一个新的局面。

②是一个开展生物成矿研究的起点,它对拓宽我国金属和非金属矿床找矿具有重要的意义。

③是天然气成矿理论研究的一部分,对扩大天然气勘探领域有重要影响,尤其是在未熟－低成熟地区寻找靶区,具有理论指导意义。

④产甲烷菌酶系统的生气模拟实验能为生物气的储量计算提供可靠的数据。

⑤研究某些菌群在成油及形成次生气藏中的作用机理,以及微生物降解原油的机制。

⑥研究甲烷氧化菌,根据气体分子扩散运移机理,建立较好的地表勘探方法。

⑦有可能利用微生物代谢 C_1 化合物的能力,来消除可能的环境污染物(如 CO 和氰化物等),并有可能在实验室和工业上利用这些微生物的酶系促使若干种化合物在常规(常温、常压)条件下进行化学转化,为人类生产和生活服务。

⑧利用某些微生物作为食物链中一个新的环节,使家畜等能够间接利用甲烷为饲料;并有希望间接或直接地利用微生物产生的蛋白质和糖类,作为地球上迅速增长的人口的补充食物来源。

⑨通过细菌的生物活动,每天有大量甲烷气产生,可作为替补能源。

产甲烷菌在自然界中的种类和生态类群是相当丰富的,随着厌氧培养技术和分子生物学技术的不断发展,人们对产甲烷菌这一独特类群的研究将更加细致和全面,产甲烷菌由于具有独特的代谢机制,所以必将在环境和能源等工业领域发挥重要的作用。

第7章 硫酸盐还原菌

硫酸盐还原菌(*Sulfate-Reducing Bacteria*,SRB)是一类独特的原核生理群组,是一类严格厌氧的,具有各种形态特征,能通过异化作用将硫酸盐作为有机物的电子受体进行硫酸盐还原的严格厌氧菌。

7.1 硫酸盐还原菌的生活环境

7.1.1 硫酸盐还原菌在地球化学循环中的作用

化石燃料的燃烧、火山爆发和微生物的分解作用是 SO_2 的主要来源。在自然状态下,大气中的 SO_2,一部分被绿色植物吸收;一部分则与大气中的水结合,形成 H_2SO_4,随降水落入土壤或水体中,以硫酸盐的形式被植物的根系吸收,转变成蛋白质等有机物,进而被各级消费者所利用,动植物的遗体被微生物分解后,又能将硫元素释放到土壤或大气中,这样就形成一个完整的循环回路。微生物在硫元素循环过程中发挥了重要作用,主要包括脱硫作用、硫化作用和反硫化作用,如图 7.1 所示。

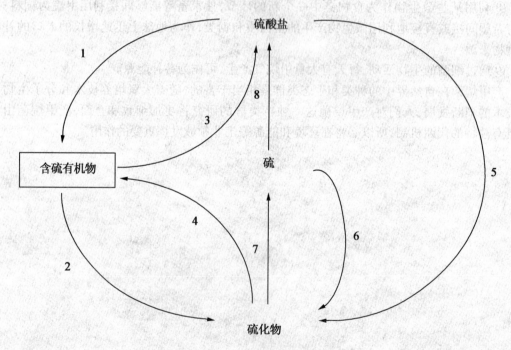

图 7.1 生物学硫循环

图中途径 1 为通过细菌、植物和真菌的硫酸盐同化还原作用;2 为死亡及细菌和真菌的分解作用;3 为动物的硫酸盐排泄物;4 为细菌和某些植物的硫化物同化作用;5 为硫酸盐异化还原作用;6 为单质硫的异化还原作用;7 为化能和光能的硫化物氧化;8 为化能和光能的硫氧化。

7.1.2 硫酸盐还原菌的生长环境

硫酸盐还原菌 SRB 在地球上分布很广泛,通过多种相互作用发挥诸多潜力,尤其在微生物的代谢等活动造成的缺氧的水陆环境之中发挥作用,如土壤、海水、河水、地下管道以及油气井、淹水稻田土壤、河流和湖泊沉积物、沼泥等富含有机质和硫酸盐的厌氧生境和某些极端环境。

SRB 在厌氧环境和水环境中分布广泛,可通过硫化亚铁沉淀反应检测到 SRB 的存在。海洋和沉积物是 SRB 的典型生境,这些环境中有较高的硫酸盐浓度。在受污染的环境,如腐败食物和污水处理厂排放物中均能检测到 SRB 的存在,人们还从稻田、瘤胃、白蚁肠道、人畜粪便及油田水中检测到 SRB 的存在。

7.1.3 生态因素对 SRB 的影响

自然生境中微生物对生物学因子和生理生化因子改变的适应能力可以决定其生长和活性。

7.1.3.1 温度、pH 值对 SRB 的影响

同化硫酸盐还原作用存在明显的季节性变化,温度是影响厌氧沉积物中硫酸盐还原作用的主要环境参数。然而,在海洋沉淀中,SRB 种群没有生理上的反应和适应性中对付环境温度的季节性改变。在海洋沉积物中,异化硫酸盐还原作用的温度依赖性是多样的、非随机性的,随着活性速率的降低,显示出更强的温度依赖性。嗜温 SRB 最适生长温度在 28 ~ 38 ℃,其上限温度为 45 ℃左右;嗜热真核 SRB 脱硫肠状菌属和嗜热脱硫细菌属的最佳生长温度范围为 54 ~ 70 ℃,最高生长温度范围可达 56 ~ 85 ℃。古细菌 SRB 古球菌属的最佳生长温度为 83 ℃,最高可在 92 ℃条件下生存。大多数嗜热 SRB 是从地热环境和油田中分离到的,其最佳生长温度反映了其生境状况。专性喜寒 SRB 目前还未分离到。

SRB 在微碱度条件下会生长得更好,而其 pH 值的耐受范围可达 5.5 ~ 9.0。然而,异化硫酸盐还原作用可以在 pH 值为 2.5 ~ 4.5 的高酸性环境中进行,在工业酸矿排水或淡水湿地的泥煤中进行还原作用。从酸矿水混合培养基上分离到的 *Desulfovibrio* 和 *Desulfotomaculum* 种不能在 pH 值低于 5.5 的条件下还原硫酸盐。

7.1.3.2 盐分对 SRB 的影响

SRB 能够利用广泛的有机物,在海底有机物矿化过程中起着重要作用。即使在盐度为 24% 的大盐湖、死海和盐田等超盐生态系统中,都发现了微生物的硫酸盐还原作用。到目前为止,分离到的绝大多数嗜盐 SRB 还是海生或微嗜盐性的,其最佳 NaCl 浓度范围在 1% ~ 4%。中等嗜盐的 SRB 只分离到两个菌种:*D. halophilus* 和 *Desulfohalobium retbaense*。*D. halophilus* 是从微生物垫中分离到的,生长的盐度范围为 3% ~ 18%,最佳生长条件是 6% ~ 7% NaCl 浓度的环境;*Desulfohalobium retbaense* 是从超盐湖中分离到的,生长在含 NaCl 浓度 24% 的介质中,其最佳盐度环境为 10%。

7.1.3.3　氧对 SRB 的影响

很久以前,人们曾认为异化型 SRB 是专性厌氧微生物,只能采用严格厌氧技术才能分离 SRB。然而,研究表明,SRB 能够在分子氧存在的条件下存活,有些 SRB 甚至能够通过有氧呼吸作用获得能量,并将 O_2 还原为 H_2O。研究证明,SRB 暴露于分子氧中数小时甚至几天都会有活性。脱硫弧菌属、脱硫叶状菌属、脱硫杆菌属和脱硫球菌属中的某些 SRB 具有好氧呼吸的能力。脱硫弧菌和自养脱硫杆菌可在微氧条件下生长。据报道,几个去磺弧菌属存在着抵抗分子氧的保护性酸,如超氧化物歧化酶、NaOH 氧化酶和过氧化氢酶。

最近从巨大脱硫弧菌的溶解性萃取液中提纯并特性分析了一种终端氧化还原酶,它是一种氧还蛋白,含 FAD 的蛋白质,能伴随着 NaOH 的氧化结合还原态的氧形成 H_2O。

研究表明,在微生物垫的有氧区发生着高速的异化型硫酸盐还原作用,在沉积物的有氧或缺氧界面附近或内部也有此现象。1991 年,Jeirgensen 和 Bak 就发现在海洋沉积物的有氧层 SRB 的数量可达 2×10^6 个/mL。

微生物垫可能是人们所知的最古老、最普遍的生物群落。这些生态系统是由垂直分层的光营养、化能营养和异养微生物群落组成的。微生物垫在很多环境中存在,包括海水和淡水,但在超盐和海水生境中存活得最好。多数情况下,以蓝细菌为代表的光合生物,其有色的叠片结构主要是因为最上层绿色的蓝细菌层和红色的紫硫细菌层所致。其下层变黑是由于 SRB 产生的硫化物形成了硫化亚铁黑色沉淀物。

7.2　硫酸盐还原菌的分类

SRB 的分类主要是基于 SRB 的形态、生理生化及 16S rDNA 序列等特征建立起来的。比较认可的 SRB 的分类方式主要有以下 3 种:

①根据《伯杰氏系统细菌学手册》(第二版)传统分类;

②根据是否具有完全氧化有机物的能力进行分类;

③根据 16S rDNA 序列比较分析的系统发育学分类。

据目前资料记载,SRB 已有 18 个属,近 40 多个种。依据 SRB 对底物利用的不同将其分为 3 类:氧化氢的硫酸盐还原菌(HSRB);氧化高级脂肪酸的硫酸盐还原菌(FASRB);氧化乙酸的硫酸盐还原菌(ASRB)。依据 SRB 生长的温度不同可以将 SRB 分为中温菌和嗜热菌两类。至今所分离到的 SRB 菌属大多是中温性的,其最适温度一般在 30 ℃左右,高温 SRB 的最佳生长温度为 54 ~ 70 ℃。

7.2.1　传统分类

从 20 世纪 60 年代中期,科学家们就开始了 SRB 系统分类的早期阶段的研究。由于当时对生化和遗传特征进行分类的技术限制,加之人们对微生物的表型特征知之甚少,所以,从螺旋脱硫菌(*Spirillum desulfuricans*)开始直到脱硫弧菌属(*Desulforibrio*)、脱硫肠状菌属(*Desulfotomaculum*)的建立及脱硫弧菌属的再次修正,在此命名过程中,更多依赖于分类学家主观臆断。

根据《伯杰氏系统细菌学手册》的原核微生物分类框架,通过 NCBI Taxonomy database 和 2006 年 5 月更新的 Bacterial Nomenclature 对 SRB 的分类,合法有效的 SRB 已分布于 5 个门(图 7.2),共包含 41 个属、168 个种。

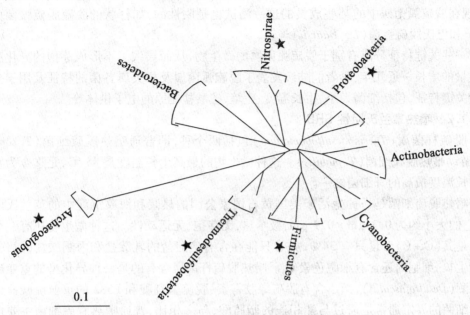

图 7.2　SRB 在微生物中的分布
(比例尺代表 10% 的碱基替换,★表示该门中有 SRB 分布)

致黑梭菌、东方脱硫弧菌(*Dv. orientis*)及一株从绵羊瘤胃中分离到的 SRB,不仅与脱硫弧菌属不同,而且同革兰氏阳性的梭菌也不同。故此,革兰氏阴性、肠状的微生物类群——脱硫肠状菌属建立起来,包括致黑脱硫肠状菌(*Dt. nigrificans*)、东方脱硫肠状菌(*Dt. orientis*)和瘤胃脱硫肠状菌(*Dt. ruminis*)。

硫酸盐的还原作用并不仅限于这两个属的微生物,已发现在其他属微生物中也有体现,且是产能的一种方式。在有些情况下,有的属只包含一种硫酸盐还原菌,除此之外没有其他的 SRB,如螺旋状菌属(*Spirillum*)、假单胞菌属(*Pseudomonas*)和弧杆菌属(*Campylobacter*)。而在另外一些情况下,某些新属的描述是通过一些 SRB 来进行的,当然这一属中还包括不还原硫酸盐的细菌存在,如嗜热脱硫肠状菌属(*Thermodesulfotobacterium*)和古球菌属(*Archaea Archaeoglobus*)。

7.2.1.1　嗜温革兰氏阴性 SRB

在 Rostgatel 和 Campbell 于 1965 年校正后,脱硫弧菌属包含 5 个无芽孢、极性鞭毛、嗜温的革兰氏阴性硫酸盐还原菌种。其目的是将当时的分类作为一种分类的工作框架,以便日后有可靠的新数据时进行修正。不像脱硫肠状菌属中各菌在形态和代谢方面均较一致,革兰氏阴性的异化型 SRB 可以利用的电子供体非常广泛,且在形态上也表现出极大的多样性。其菌种数量也迅速增加,由 1965 年的 5 种上升到 1984 年的 9 种,再到 1994 年的 15 种,又到 2006 年的 50 种。

在脱硫弧菌属的分类中,测试的各种特性过少是导致分类不够完美的原因。经实验观察,菌种的表型不稳定,经常发生形态、运动性的丧失,菌丝体或双鞭毛细胞的存在等改变,另外培养行为也多有改变。因此,在脱硫弧菌属的分类中,菌种表型并不能为分类提供依据。脱硫绿啶(*Desulfoviridin*)测试用于将脱硫弧菌属(阳性)从脱硫肠状菌属(阴性)中区分出来,而现在脱硫弧菌属中的某些成员的这一测试也是阴性的,如杆状的脱硫脱硫弧菌菌株 Norway 和巴氏脱硫弧菌(*Dv. Baarsii*)等。

综合一些关键特征分离有别于脱硫弧菌属的微生物,从而导致了不形成芽孢的异化型 SRB 属数量的增长。近几年,学者们陆续发表了脱硫弧菌属及相关属各菌的特征及用于分类的大量关键特征,包括细菌大小、生长温度、生境、硫酸盐还原的电子供体等。

7.2.1.2　嗜热革兰氏阴性 SRB

嗜热脱硫杆菌属(*Thermodesulfobacterium*)包括两个种,即普通嗜热脱硫细菌(*T. commune*)和游动嗜热脱硫细菌(*T. mobilis*)。这种微生物的最高生长温度是 85 ℃,是迄今为止所见的生长温度最高的真细菌之一。

普通嗜热脱硫细菌是一种生活于美国黄石国家公园的热浆和海藻沉淀中的革兰氏阴性细菌,它的大小约为 $0.3~\mu m \times 0.9~\mu m$,极嗜热,无芽孢,无运动性。这种微生物还有一个显著特点是其(G + C)含量只有34%,并且只能在含有硫酸盐的乳酸盐和丙酮酸盐的培养基上才能生长,细胞内还含有细胞色素 C_3。嗜热脱硫杆菌属含有的是一种异化型的重亚硫酸盐还原酶(*Desulfofuscidin*),而不含有脱硫绿胶霉素、脱硫玉红啶和 P582 的重亚硫酸盐还原酶。真细菌的界定通常是通过与酯相连的脂肪酸,与之相比,普通嗜热脱硫细菌主要依靠的是与醚相连的磷脂。但与古细菌不同的是,普通嗜热脱硫细菌带有的与醚相连的成分是一个具端点甲基分支的脂肪链。

游动嗜热脱硫细菌为缺乏脱硫绿胶霉素,(G + C)含量也要比脱硫弧菌属低很多,为极度嗜热的杆状细菌。由于游动嗜热脱硫细菌同另外两株脱硫弧菌的 DNA 相似性很低,Rozanova 和 Pivovarova 在 1988 年将此株菌分类到嗜热脱硫杆菌属。根据细菌命名法的国际编码,虽然细菌名称的改变是不合法的,但其作为嗜热脱硫杆菌属的唯一菌种生效了。根据游动嗜热脱硫细菌和普通嗜热脱硫细菌在生长条件、形态、有无芽孢,异戊二烯类组成(MK - 7)及脂肪酸组成的相似性,这种改变也被认为是合理的,并且两菌种所含有的重亚硫酸盐还原酶也具有很高的同源性。

7.2.1.3　革兰氏阳性 SRB

脱硫肠状菌属到目前为止已包含 12 个合法菌种,这些菌种主要是根据代谢特征和对生长因子的需要来分类的(表7.1)。此菌属在最开始的时候只含有 3 个种,此后,陆续有一些菌种被发现并分类到此菌属中,包括 3 种嗜温菌(乙酸氧化脱硫肠状菌 *Dt. acetoxidans*,南极脱硫肠状菌 *Dt. antarcticum* 和大肠脱硫肠状菌 *Dt. gnttoideum*)。其中,后两种菌同最早的 3 种菌相似度较高,都不能完全氧化有机底物,且着生周生鞭毛;而乙酸氧化脱硫肠状菌是能够完全氧化有机底物的,并着生单个极生鞭毛,其 DNA 的(G + C)含量也特别低,只有38%。

表 7.1　脱硫肠状菌(*Desulfotomaculum*)的分类特征(Barton,1995)

分类	形态	鞭毛排列	细胞色素	甲基萘醌类	最适温度/℃
Acetoxidans	直杆或曲杆状	单端极生	B	MK - 7	34 ~ 36
Antarcticum	杆状	周生	B	NR	20 ~ 30
Australicum	杆状	摆动	NR	NR	68

续表7.1

分类	形态	鞭毛排列	细胞色素	甲基萘醌类	最适温度/℃
Geothermicum	杆状	至少2根	C	nr	54
Guttoideum	杆状/水滴形	周生	C	nr	31
Kuznetsovii	杆状	周生	NR	NR	60~65
Nigrificans	杆状	周生	B	MK-7	55
Orientis	直杆/曲杆状	周生	B	MK-7	37
Rumimis	杆状	周生	B	MK-7	37
Sapomandens	杆状	摆动	NR	NR	38
Hermobenzoicum	杆状	摆动	NR	NR	62
Thermoacetoxidans	直杆/曲杆状	摆动	NR	NR	55~60

通过电子显微镜研究观察,发现一个最意外的结果:脱硫肠状菌属的菌株从超微结构上看有一个革兰氏阳性的细胞壁,但是革兰氏染色结果却是阴性的,系统发育分析也进一步证实了这一发现。

革兰氏阳性 SRB 中所有种的界定的依据为是否具有芽孢,并且芽孢的形状(球形到椭圆)和位置(中心、近端、末端)也因菌而异。至于硫酸还原过程中的电子供体,对于脱硫肠状菌属来说是多种多样的(见 Widdel,1992a)。一些是自养型细菌,一些是通过发酵葡萄糖和其他有机质生长的异养型细菌,还有一些类型的细菌是通过同型产乙酸作用,将 H_2 和 CO_2 等的基质转化为乙酸,并从此过程中获得能量。这也许表明这些种的细菌更应该归为同型产乙酸的梭菌属,而不是脱硫肠状菌属。在脱硫肠状菌属中还从未发现一种亚硫酸盐还原酶——脱硫绿胶霉素,却发现了亚硫酸盐还原酶 P582。同时检测到了细胞色素 B 和细胞色素 C。磷脂类型与脱硫弧菌属及相关种属相差不大,都是饱和的、不分支的、偶数碳原子的(16:0,18:0)和同型、异型分支的(16:1,18:1)脂肪酸占优势(Ueki and Suto,1979)。然而有两个嗜热的脱硫肠状菌,致黑脱硫肠状菌(*Dm. nigrificans* 和 *Dt. australicum*),却含有大量的、不饱和、分支的(i-15:0,i-17:0)脂肪酸,在后者中占到总脂肪酸的比例可高达87%。这些化合物的大量出现是细菌适应高热生境的产物,同样在其他嗜热菌中也发现了大量此类的脂肪酸,例如 thermi 和一些梭菌。

7.2.2 根据对有机物的氧化能力分类

根据有机物在还原硫酸盐过程中能否完全氧化,SRB 可分为不完全氧化型 SRB(incomplete oxidizing SRB)和完全氧化型 SRB(complete oxidizing SRB)两类。

7.2.2.1 完全氧化型代谢 SRB

完全氧化型代谢 SRB,能利用乙酸为碳源,可通过 TCA 途径或乙酰辅酶 A 途径将乙酸反向氧化至 CO_2 和 H_2O,主要包括脱硫杆菌(*Desulfbacter*)、脱硫线菌属(*Desulfonema*)、脱硫球菌(*Desulfococcus*)、脱硫八叠球菌(*Desulfosarcina*)、脱硫叶状菌属(*Desulfobulus*)、*Desulfoarulus*、*Desulforhabdus* 和 *Thermodesulforhabdus* 等。对于完全氧化型 SRB,如下式所示:

$$CH_3COO^- + SO_4^{2-} \rightarrow 2HCO_3^- + HS^-$$

7.2.2.2 不完全氧化型代谢 SRB

不完全氧化型代谢 SRB 在进行硫酸盐还原时,只能将有机物如乳酸、丙酮酸、丙酮等降解至乙酸、CO_2 等,不能进行进一步乙酸代谢的相关氧化途径,主要包括脱硫弧菌(*Desulfvibrio*)、脱硫单胞菌(*Desulfomonas*)、脱硫微菌(*Desulfomicrobium*)、脱硫念珠菌(*Desulfomonile*)、脱硫叶菌(*Desulfobulbus*)、*Desulfobolus*、*Desulfobacula*、古生球菌(*Archaeoglobus*)和脱硫肠状菌(*Desulfotomaculum*)等,其氧化过程如下式所示:

$$2CH_3CHOHCOO^- + SO_4^{2-} \rightarrow 2CH_3COO^- + 2HCO_3^- + HS^- + H^+$$

根据利用底物的不同,不完全氧化型 SRB 还可分为利用氢的 SRB(HSRB)和利用乳酸的 SRB(l-SRB)、利用丙酸的 SRB(p-SRB)、利用丁酸的 SRB(b-SRB)等,后 3 种可以统称为利用脂肪酸的 SRB(FSRB)。HSRB 是利用 H_2 提供电子,以 CO_2 为电子受体进行自营养生长,而嗜氢脱硫杆菌则通过逆向 TCA 循环以 H_2 和 CO_2 合成各种有机物。

7.2.3 系统发育学分类

7.2.3.1 嗜温革兰氏阴性 SRB

Beijerinck 在研究微生物产硫化物时,第一个分离到了严格厌氧的 SRB,命名为脱硫螺旋弧菌,后来正式定名为脱硫弧菌。截至目前,被分离和描述的 SRB 绝大多数为革兰氏阴性的。革兰氏阴性嗜温 SRB 分布于变形菌门的 δ-变形菌纲亚族中,这一分支包含绝大多数 SRB,最早分离的 SRB 也属于这一类群。根据对该分支的系统发育学分析,科学家们提出将其分为两个科,即脱硫弧菌科(*Desulfovibrionaceae*)和脱硫杆菌科(*Desulfobacteriaceae*)。

(1)脱硫弧菌科

通过 16S rRNA 顺序比较技术分析,表明脱硫弧菌属存在着一个复杂多样的系统发生关系,这一科微生物同其他革兰氏阴性嗜温菌有些不同。脱硫弧菌属中有两个种 *Dv. sapovorans* 和 *Dv. baarsii* 的序列恰好落在主要脱硫弧菌属群的外侧,后来将其重新命名为 *Desulfobotulus sapovorans* 和 *Desulfoarculus baarsii*。脱硫弧菌属中至少存在 5 个分支,这些分支之间的关系同 SRB 属间关系一样远。脱硫弧菌属的多样性已引起了科学家们更为广泛的关注。

脱硫弧菌科中 SRB 的系统发育关系如图 7.3 所示。

在属级水平分支的识别,由以下菌株来代表:

①*D. salexigens and D. desulfuricans strain EI Aghelia Z*;

②*D. desulfuricans ATCC 2774*,*Desulfuromonas pigra*,*and D. vulgaris Hildenborough*;

③*Desulfomicrobium baculatus and D. desulfuricans strain Narway 4*;

④*D. africanus*;

⑤*D. gigas*。

根据 16S rRNA 的序列相似性和基因组 DNA 之间的同源性以及由此建立起来的相关系数,表明脱硫弧菌属中种的分歧度实际上是处于属级水平的。区别脱硫弧菌属中各种同其他属 SRB 的 16S rRNA 核苷酸指标也已确定。这些研究既认识到了该属中菌的多样性,又认识到了单系统起源性,所以提出了"脱硫弧菌科"。

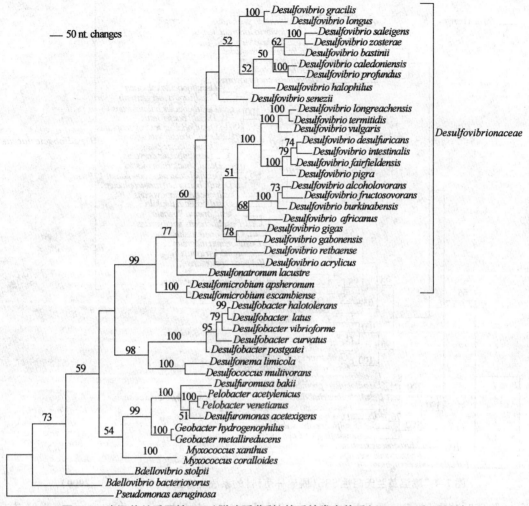

图 7.3　嗜温革兰氏阴性 SRB(脱硫弧菌科)的系统发育关系(Castro et al. ,2000)

（2）脱硫杆菌科

基于脱硫弧菌属系统发生关系的多样性的研究,科学家们将嗜温革兰氏阴性的其他属 SRB 组成一个分离的科。另外,有一个统一的 16S rRNA 指标将所有这些成员统一起来。这样便提出了脱硫杆菌科,其系统发育关系如图 7.4 所示。这些属之间的分类关系是由 Devereux 等人于 1989 年和 DeWeerd 等人于 1990 年根据 16S rRNA 的顺序得来的,与经典分类是一致的。

除 *Desulfovibrionaceae* 外, δ – *Proteobacteria* 内,所有 SRB 均为 *Desulfobacteriaceae*,包括 *Desulfobulbus*、*Desulfobacterium*、*Desulfococcus*、*Desulforhabdus*、*Desulfomonile*、*Desulfonema*、*Desulfobacula*、*Desulforhopalus*、*Desulfobotulus*、*Desulfacinum*、*Desulfocella*、*Desulfoarculus*、*Desulfosarcina*、*Desulfospira*、*Desulfobacter*、*Desulfobacca*、*Thermodesulforhabdus*、*Desulfocapsa*。脱硫杆菌属中的各个种之间的亲缘关系很近,菌株间的 16S rDNA 序列最高具有 95% 的相似性。同样, *Desulfobacterium antotrophicum* 与 *Desulfobacteriumniacini* 和 *Desulfobacterium vacuolatum* 也具有至少 95% 的序列相似性,这两属是从一个最近共同祖先演化而来的,16S rRNA 顺序有 90% 相似性,这也表明将后两种菌分配到该属中是可行的。

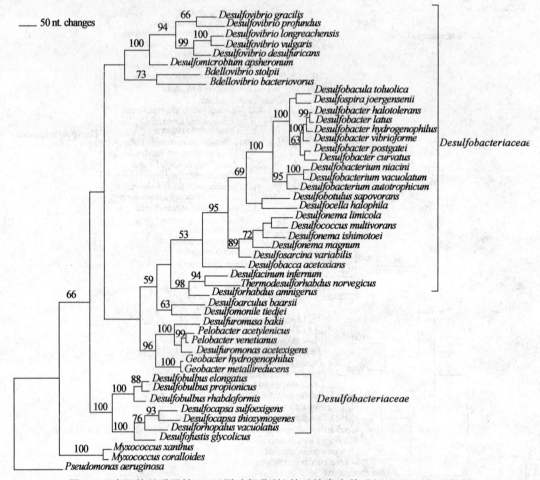

图 7.4　嗜温革兰氏阴性 SRB(脱硫杆菌科)的系统发育关系(Castro et al.,2000)

脱硫叶状菌属(*Desulfobulbus*)的酸脱硫叶状菌(*Desulfobulbus propionicus*)和海洋脱硫叶状菌(*Desulfobulbus marinas*)表型相似,但是在系统发生上要比脱硫杆菌属(*Desulfobacter*)和脱硫细菌属(*Desulfobacterium*)具有更大的多样性。

有一些 SRB 能够氧化高级脂肪酸,在这些 SRB 中,*Desulfococcus multivorans* 和 *Desulfosarcina variabilis* 的 16S rRNA 相似性高达 92% , *Desulfoarculus sapovorans* 同 *Desulfococcus muttivorans* 的序列具有 90% 相似性。

对于菌株 *Desulfonema limicola* 的更为精确的系统发生位置有待于 16S rDNA 全序列的测定。通过对该菌与 *Desulfosarcina variabilis* 的 16S rRNA 编目研究,得到的 SAB 值为 0.53 ,基本上同 88% 的序列相似性一致。此值表明这个种的分支点在 *Desulfosarcina /Desulfococcus* 的分岔点的下面,并且足够低,这进一步支持了属 *Desulfonema* 提出的合理性。

7.2.3.2　嗜热革兰氏阴性 SRB

嗜热革兰氏阴性 SRB 有嗜热脱硫杆菌属(*Thermodesulfobacterium*)和嗜热脱硫弧菌属(*Thermodesulfovibrio*)两个属,分别归属在嗜热脱硫细菌门(*Thermodesulfobacteria*)和硝化螺旋菌门(*Nitrospirae*)(图 7.5)。嗜热革兰氏阴性 SRB 的最适生长温度介于嗜温 SRB、产芽孢的革兰氏阳性 SRB 与嗜热的古细菌 SRB 之间,即在 65 ~ 70 ℃之间。

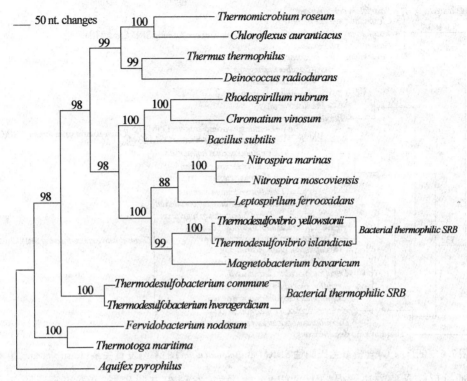

图7.5　嗜热革兰氏阴性 SRB 的系统发育关系(Castro et al. ,2000)

　　在研究的过程中,有一段时间科学家们认为嗜热 SRB 同嗜温 SRB 的关系是很远的。已经完成的 T. commune 同从黄石公园的沸泉中分离得到的嗜热菌株 YP87 进行的 16S rRNA 序列比较分析结果表明,革兰氏阴性的 SRB 起源于真细菌界的早期。

　　以简约法或进化距离法进行分析时,高(G + C)含量的序列更趋向于聚在一起。另外, rRNA 序列中的嘌呤或嘧啶的含量非常稳定,所以利用测定(G + C)含量来进行系统发育研究。

　　T. commune 和菌株 YP87 在生理方面具有高度的相似性,但碱基转换距离却使它们在系统发生上表现出极大的分歧。这一现象类似于某些脱硫弧菌,生理相似却具有系统发生多样性。

7.2.3.3　革兰氏阳性 SRB

　　革兰氏阳性 SRB 在系统发育学上分布于低(G + C)含量的革兰氏阳性菌厚壁细菌门 (Firumictues) ,同该门中芽孢菌属(Bacillus) 和梭菌属(Clostridium) 的亲缘关系很近,DNA (G + C)含量均低于55% ,如图 7.6 所示。

　　革兰氏阳性 SRB 主要包括脱硫肠状菌属和 Desulfosporosinus 属等,均能够形成内生芽孢。有些 SRB 能够利用乙酸、乙醇、丙酮、烟碱、苯胺、琥珀酸盐、吲哚、酚、硬脂酸等作为电子供体,有些菌株还能够以 Fe^{3+} 作为唯一电子受体。

　　采用 16S rRNA 编目的方法,将致黑脱硫肠状菌(Dm. nigrificans)和 Dm. acetoxidans 同革兰氏阳性的梭菌属/芽孢杆菌属亚门组成一群,它们的 DNA(G + C)含量均低于55% 。但是这两种菌只有约86%的相似性,并在基因组和表型方面也表现出巨大差异。

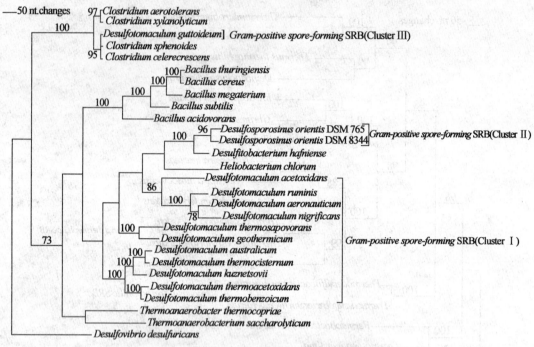

图 7.6 低(G+C)含量革兰氏阳性 SRB(*Desulfotomaculum*)的系统发育关系(Castro et al. ,2000)

通过反转录酶方法测得的 16S rRNA 的序列,发现东方脱硫肠状菌和瘤胃脱硫肠状菌的系统发育学关系更远,相似性仅有 83%。但是在基因组和表型方面,它们却比致黑脱硫肠状菌和 *Dm. acetoxidans* 之间的相似性要大得多。

随着近来对 8 个菌种的分析,脱硫肠状菌属(*Desulfotomaculum*)的系统发育框架和其在梭菌属中的位置也已确定,其包括 4 个类群,即东方脱硫肠状菌(*Dm. orientis*),*Dm. acetoxidans*,*Dm. australicum* 和其他脱硫肠状菌。

通过 16S rRNA 编目分析,与脱硫肠状菌属亲缘关系最近的是某些嗜热梭菌。此外,*Dm. australicum* 的 16S rRNA 基因中含有多达 3 个的大插入片段(>120 bp),这些片段不被转录成为成熟的 rRNA,这一个特征在其他原核生物中未曾发现。

7.3　硫酸盐还原古细菌

到目前为止,人类发现的古细菌界只有古生球菌属(*Archaeoglobus*)中的 3 种异化型的硫酸盐还原古细菌,分别是从厌氧的地下热水区域中分离出来的闪烁古生球菌 *Archaeoglobus*(*A. fulgidus*)、深奥古生球菌(*A. profundus*)和火山古生球菌(*A. veneficus*)。通过系统发育分析,一开始人们认为这个种是代谢硫的古菌和产甲烷的古菌之间的中间状态的菌种。闪烁古生球菌、深奥古生球菌在 420 nm 处发出相似的蓝绿荧光,以硫酸盐、亚硫酸盐及硫代硫酸盐作为电子受体,而元素硫却能使它们的生长受到抑制。这两个菌种的细胞呈规则至不规则的球状,最高生长温度为 90 ℃,属极度嗜热菌,并且需要至少 1% 的盐类才可正常生长。

闪烁古生球菌(*A. Fulzidus*)中含有腺苷酰硫激酶、ATP 硫酸化酶和亚硫酸氢盐还原酶,在这些酶的作用下,乳酸经过一个特殊的途径被氧化,释放能量。另外,闪烁古生球菌 *Archaeoglobus*(*A. fulgidus*)、深奥古生球菌的细胞壁均缺少肽聚糖,但含有脂肪族 C_{40} 四醚和 C_{20} 二醚脂。闪烁古生球菌 *A. fulgidus* 可产生少量甲烷,并有辅因子甲基呋喃和四羟甲基喹啉,而深奥古生球菌 *A. profundus* 不能产生甲烷。闪烁古生球菌和深奥古生球菌(*A. fulgidus* 和 *A. profundus*)DNA 的碱基组成(G + C)分别是 46% 和 41%,营养结构类型也不同,分别是特定的化学无机自养型和严格的化学无机异养型。

7.3.1　古生球菌属的发现

1987 年,Stetter 从意大利火山的厌氧底泥中首次分离到耐热硫酸盐还原菌。通过菌株 16S rDNA 序列和特征比较,鉴定其为古细菌。对硫酸盐的异化现象是能够以硫酸盐为底物并且产生大量的硫化氢。此菌株能够依靠分子氢和硫酸盐作为单一能源,表明硫酸盐还原是伴随着能量的储存。古细菌能够在厌氧呼吸中以硫酸盐作为电子受体,生理学上的特征对细菌分类的界定等结论都证明此菌为古细菌。目前,所有分离到的硫酸盐还原菌都统一归为古生球菌属。

7.3.2　细胞结构的形态与组成

古生球菌属细胞包括规则和不规则的球菌,呈现为单体或双体,通过鞭毛进行移动,能在琼脂形成墨绿体,并在 420 nm 处呈蓝绿色荧光,这被认为是 Archaeal 甲烷菌特性。

Archaeal 硫酸盐还原菌的细胞膜由糖蛋白的亚单位构成,与细胞质膜相邻。细胞内没有严格的小囊和突变体。细胞膜的形态为圆拱形。细胞质膜由乙醚和丁醚构成。这种组成只能通过计算单体的数量进行表达。

闪烁古生球菌和深奥古生球菌的不同脂肪酸的组成可通过气相色谱进行监测。在闪烁古生球菌中两种磷酸葡萄糖分别在 Rf0.10 和 0.25,作为主要的复杂脂类,一种磷脂在 Rf0.30,一种糖脂在 Rf0.60。深奥古生球菌的主要复杂脂类由两种在 Rf0.10 和 Rf0.13 的磷酸葡萄糖和在 Rf0.40,Rf0.45,Rf0.60,Rf0.65 的糖脂构成。目前,所有检测的单体都缺少氨基脂类。

7.3.3　生存环境和生长要求

古生球菌属的菌株是从下列不同的环境中分离得到的,因为它们需要较高的温度和盐度:意大利那不勒斯火山口附近浅海的热水中;墨西哥的热沉积物中;亚速尔群岛地下 10 m 的热水中;波利尼西亚的火山口的沉积物中;冰岛北部 103 m 海底的热水中。

古生球菌属生长的上限温度是 92 ℃,下限温度是 64 ℃。然而,在对海底热水系统的硫酸盐还原菌进行示踪剂研究时发现,其能在更高的温度下生长,上限温度是 110 ℃,理想温度是 103 ~ 106 ℃。其生长速度不快,在理想条件下,菌种的代时为 4 h。

闪烁古生球菌能够在 H_2、CO_2、硫酸盐、亚硫酸盐、硫代硫酸盐、甲酸、丙酮酸盐、葡萄糖、甲酰胺、乳酸、淀粉、蛋白胨、胶质、酪蛋白、酵母膏中进行化能自养生长,但不能以硫单质作为电子受体。该菌较适合选用硫酸盐和乳酸作为单一的能源和碳源作为富集因子。

深奥古生球菌可以 H_2、硫酸盐、硫代硫酸盐、亚硫酸盐作为能源,以乳酸、丙酮酸、醋酸、酵母膏、蛋白胨等有机化合物作为碳源。这些菌种的生长离不开 H_2。该菌比较适合选用醋

酸和 CO_2 在 H_2 和硫酸盐中作为富集因子。

7.3.4　辅酶、酶和代谢途径

古生球菌属含有两种酶,这两种酶曾被认为是只在产甲烷菌中特有的:*Tetrahydromethanopterin* 和 *Methanofuran*。其结构与从 *Mrhtanobacterium thermoautotrophicum* 提纯分离的 *methanopterin* 和从 *Methanosarcina barkeri* 分离到的 *Methanofuran* 在结构上是一致的。

研究发现 Archaeal 硫酸盐还原菌体内含有大量的辅酶 F_{420},这种酶只在产甲烷菌中出现过。在长波紫外光照射下,细胞中这种辅酶在 420 nm 处呈蓝绿色荧光。目前,古生球菌属至少有 3 种不同的辅酶 F_{420}。其中一种为 F_{420-5},另外两种为 F_{420} 的异构体。

硫酸盐还原菌都含有萘醌作为脂类的电子传送体。在古生球菌体内发现一种新的带有侧链的维生素 K_2。属于 *Crenarchaeota* 的 *Archaeal* 体系的 *Thermoproteus tenax* 和 *Sulfolobus* 的脂醌呼吸代谢中含有这种物质。在菌株 *Archaeoglobus fulgidus* VC−16 体内的 FAD、FMN、维生素 B_2、维生素 H、泛酸、烟碱酸、维生素 B_6、硫辛酸的含量已被检定出。

古生球菌属检测出的酶的特性与硫酸盐还原菌的酶非常相似。由于古细菌和硫酸盐还原菌中的 DNA 的氨基酸序列具有高度的一致性,表明古细菌和硫酸盐还原菌具有一个发育源。

在闪烁古生球菌的细胞液中,下列酶被证明与生物合成有关:谷氨酸水解酶、顺乌头酸酶、异柠檬酸酶、甘油醛磷酸盐水解酶、苹果酸盐水解酶、延胡索酸盐水解酶及甘油磷酸盐水解酶等。

从闪烁古生球菌 VC−16 中的酶和辅酶可以推断出硫酸盐还原中乳酸被氧化为 CO_2 的代谢途径,该途径与硫酸盐还原菌中脱硫肠状菌 *acetoxidans* 和脱硫肠状菌 *autotrophicum* 的途径非常相似。然而,不同的是:四氢甲烷喋呤替代四氢叶酸充当 C 的传递任务,甲酸甲烷呋喃替代甲酸成为末端产物。

7.3.5　Archaeal 硫酸盐还原的同化

现在人们对 Archaeal 利用硫酸盐作为硫源的能力所知非常有限。绝大多数甲烷菌依靠还原的硫化物生长,如硫化氢、硫代硫酸盐、亚硫酸盐。只有 *Methanococcus thermolithotrophicus* 被报道对硫酸盐还原具有同化作用。催化亚硫酸盐生成硫化氢的亚硫酸盐还原酶已被从 Methanosarcina 分离出来。

7.4　硫酸盐还原菌的呼吸代谢作用

硫酸盐还原菌的代谢过程分为 3 个阶段:第一阶段是对短链脂肪酸、乙醇等碳源不完全氧化(分解代谢),生成乙酸;第二阶段是电子转移;第三阶段是 SO_4^{2-} 等还原为 S^{2-},如图7.7 所示。

多数的硫酸盐还原菌都以硫酸盐为末端电子受体,将硫酸盐还原为 S^{2-}。有些属种还能够利用元素硫、亚硫酸盐、硫代硫酸盐等为电子受体进行硫酸盐还原反应。

如图 7.7 所示,硫酸盐还原过程可分为 3 个步骤:

(1)硫酸盐活化。硫酸盐与 ATP 在 ATP−硫激酶的作用下生成腺苷酰硫酸(APS)和焦磷酸(PPi),PPi 很快水解形成磷酸(Pi),促使反应连续进行。

(2)APS 在 APS – 还原酶作用下形成 SO_3^{2-} 和一磷酸腺苷(AMP)。

(3)亚硫酸盐在亚硫酸盐还原酶复合酶系的作用下,最终还原为 S^{2-}。

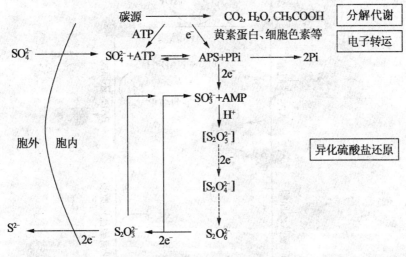

图7.7　硫酸盐还原菌的代谢过程

硫酸盐还原菌的另一条氧化途径是将乙酸、丙酸和乳酸等短链脂肪酸和乙醇完全氧化为 CO_2 和 H_2O。所以在含有硫酸盐的废水中硫酸盐还原菌便会大量存在,使厌氧消化过程中有机物的代谢途径呈现多样化,出现菌种对基质的竞争现象。主要表现在 SRB 和产甲烷菌(MPB)对乙酸和氢气的竞争(表 7.2);SRB 与产氢产乙酸菌(HPAB)对乙酸、丁酸等短链脂肪酸以及乙醇等的竞争;不同类型的 SRB 之间对硫酸盐利用的竞争。

表7.2　硫酸盐还原菌与产甲烷菌发生基质竞争的 COD/SO_3^{2-} 比范围

基质	COD/SO_3^{2-} 比范围	基质	COD/SO_3^{2-} 比范围
乙酸	1.7 ~ 62.7	丁酸	0.5 ~ 1.0
丙酸	1.0 ~ 3.0	苯甲酸酯	0.33 左右

硫酸盐还原菌对厌氧消化的影响如下:SRB 的基质谱广泛且氧化分解能力强,能提高难降解有机物处理效果;SRB 氧化氢气,可使厌氧系统中的氢分压降低,从而使消化过程维持较低的氧化还原电位,为产甲烷创造良好条件;SRB 可将丙酸、丁酸等短链脂肪酸直接氧化为乙酸和二氧化碳,减少它们在系统中的积累,一定程度上促进了甲烷化过程的进行。

7.4.1　有机物作为电子供体的代谢途径

在微生物体内,硫酸盐还原有两种方式:一种是同化型硫酸盐还原途径,硫酸盐还原作用的产物直接用于合成细胞物质,这种方式在各种生物体内普遍存在;另一种是异化型硫酸盐还原途径,是 SRB 特有的获取能量的厌氧呼吸方式,是有机物厌氧氧化、电子传递、能量储存与硫酸盐还原相偶联的过程,需要一系列的酶参与,过程如图 7.8 所示。

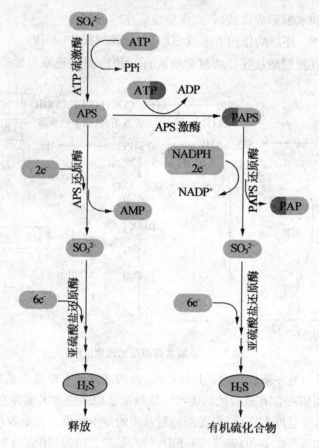

图 7.8 异化型和同化型硫酸盐还原过程

SRB 在氧化有机物过程中产生的电子,通过一系列的电子传递体系,最终传递给硫酸盐,生成硫化物。硫酸盐还原过程主要包括硫酸盐活化生成 APS,APS 还原生成亚硫酸盐,亚硫酸盐再还原生成硫化物。下面以普通脱硫弧菌菌株 *Hildenborough* 氧化乳酸为例来介绍有机物被 SRB 氧化后电子传递及 ATP 产生过程。过程如下:

(1)1 mol 乳酸在乳酸脱氢酶作用下生成 1 mol 丙酮酸、2 mol H^+ 和 2 mol e^-。2 mol H^+ 和 2 mol e^- 在膜结合细胞质内氢化酶作用下产生 H_2,H_2 穿过细胞膜进入周质。

(2)酮酸进一步裂解生成乙酸和 CO_2,并且通过底物水平磷酸化产生 1 mol ATP,产生的电子同上一步一样产生 H_2,扩散进周质。

(3)周质中的 H_2 在周质氢化酶的作用下氧化,将电子传递给 SRB 特有的电子受体蛋白——细胞色素 C_3。周质中 H^+ 与细胞质形成周质－细胞质 H^+ 离子梯度,推动产生 ATP。

(4)细胞色素 C_3 将电子传递给电子传递复合体,复合体将电子跨膜传递给硫酸盐还原相关的酶,进行硫酸盐还原。

(5)H_2 从细胞质转移至周质,通过周质氢化酶产生 H^+ 和 e^-,H^+ 和 e^- 通过 ATP 合成酶和细胞色素传递体系,又返回到细胞质,这一过程称为氢循环。

(6)氧化 2 mol 乳酸释放 8 mol e^-,通过底物水平磷酸化,形成 2 mol ATP。8 mol e^- 传递给 1 mol SO_4^{2-},还原生成 S^{2-}。如图 7.9 所示。

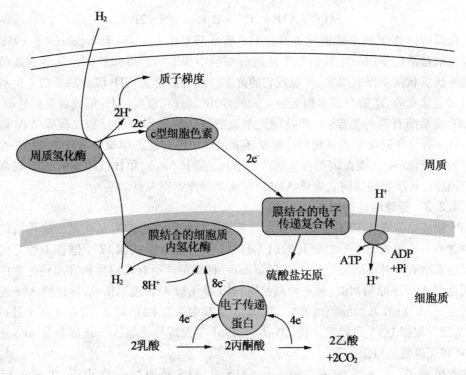

图 7.9　乳酸氧化及硫酸盐还原机理示意图

有些 SRB 能够经过 TCA 循环或乙酰辅酶 A 途径完全氧化乙酸。但是大多数 SRB 都没有 TCA 循环的酶,所以乙酸的完全氧化大都通过乙酰辅酶 A 途径来完成。

乙酰辅酶 A 首先在 CO 脱氢酶(CODH)作用下裂解,生成 CO - CODH 复合体和 CH_3 - B_{12} - 蛋白复合体。CO - CODH 分解产生 CO_2 和 2 mol e^-。CH_3 - B_{12} - 蛋白复合体经甲基转移酶(MeTr)生成复合体 CH_3 - THF,分解生成甲酸,同时转移 4 mol e^-,甲酸在甲酸脱氢酶(FDH)作用下转移 2 mol e^-,最终生成 CO_2。

7.4.2　硫酸盐的活化及亚硫酸盐的形成

7.4.2.1　硫酸盐的活化

硫酸盐还原菌通过氧化各种各样的有机化合物,引导氧化作用产生的电子流向硫酸盐还原系统还原硫酸盐。硫酸盐还原菌可利用的有机化合物非常丰富,从简单的脂肪酸到复杂的芳香族碳氢化合物均可利用。硫酸盐的还原过程首先是硫酸盐从细胞外转移至细胞内的过程,一般情况下,SO_4^{2-} 是通过离子浓度梯度的驱动进入到细胞内的。但阴离子对 SO_4^{2-}/SO_3^{2-} 之间的氧化还原电势很低,并且 SO_4^{2-} 的热稳定性很强,所以在还原之前,硫酸盐还原的起始反应是激活阶段,在该阶段 SO_4^{2-} 需要在 ATP 硫激酶作用下活化,生成腺苷酰硫酸 APS 和焦磷酸 PPi:

$$SO_4^{2-} + ATP + 2H^+ \rightarrow APS + PPi$$

焦磷酸水解生成磷酸:

$$PPi + H_2O \rightarrow 2Pi$$

总反应式如下:

$$SO_4^{2-} + ATP + 2H^+ + H_2O \rightarrow APS + 2Pi$$

活化反应由 ATP 硫激酶催化进行。ATP 硫激酶是由 Robbins 和 Lipmann 于 1958 年在从事于硫酸盐活化作用的主导研究中从酸母细胞中提取的。后来该酶也从普通脱硫弧菌和致黑脱硫肠状菌中提取出来,并发现它的许多特性与酵母菌 ATP 硫激酶类似。但科学家们进行过很多实验,结果有很多相互冲突的地方,所以直到现在,APS 形成观点仍悬而未决。

ATP 硫激酶有两种类型:一种是同化型硫酸盐还原过程中的异构二聚体 ATP 硫激酶($\alpha\beta$);另一种是在同化型或异化型硫酸盐还原过程中都存在的单聚体 ATP 硫激酶,在脱硫弧菌中为三聚体(α_3),而在闪烁古生球菌中则是二聚体(α_2),单体或单聚体 ATP 硫激酶由 sat 基因编码,其序列同异构二聚体 ATP 硫激酶基因没有同源性。

7.4.2.2　亚硫酸盐的形成

APS 盐还原生成 AMP 和亚硫氢盐的过程,由 APS 还原酶作为催化剂。这种酶的每个分子中含有一个黄素腺嘌呤二核苷酸(FAD)、12 个非血红素铁和 12 个酸性不稳定的硫化物。目前发现有两种不同类型的 APS 还原酶:一种类型同所有真核生物和原核生物中都存在的同化型 APS 还原酶相似;另一种则是同 SRB 异化型 APS 还原相关,异化型 APS 还原酶是分别由 apsA、apsB 基因编码的 $\alpha\beta$ 二聚体,α 亚基中带有 FAD 辅基,而 β 亚基中带有两个 Fe_4S_4 基团。根据 DNA 序列的比较,Peck 在 1961 年发现异化型 APS 还原酶是 APS 还原生成 AMP 和亚硫酸盐的催化剂。

细胞色素 C_3 向 APS 传递 2 mol e^-,APS 在 APS 还原酶的作用下,生成亚硫酸盐(SO_3^{2-}),同时释放 AMP。APS 还原酶将 APS 中的亚硫酸盐基团转移到还原态的 FAD 上,随后解离成亚硫酸盐和氧化态的 APS 还原酶。

APS 还原机理被假定发生在一个亚硫酸盐加成产物到形成异咯嗪环的第五个位置上的 FAD 的过程中。在该反应机制中,APS 把它的亚硫酸盐组转移成 APS 还原酶的一个被还原的 FAD 的一半,随之亚硫酸加成产物解离成亚硫酸盐,并氧化成 APS 还原酸,这个过程表示如下:

$$E - FAD + 电子载体(red) \Leftrightarrow E - FADH_2 + 电子载体(OX)$$
$$E - FADH_2 + APS \Leftrightarrow E - FADH_2(SO_3) + AMP$$
$$E - FADH_2(SO_3) \Leftrightarrow E - FAD + SO_3^{2-}$$

有研究发现,普通脱硫弧菌中的 APS 还原酶也能还原 APS 的类似物鸟苷酰硫酸(GPS)、胞苷酰硫酸(CPS)、尿苷酰硫酸(UPS),生成氧化态的 APS 还原酶和亚硫酸盐。

7.4.3　亚硫酸盐的还原过程

目前对 APS 还原形成的亚硫酸盐随之还原为硫化物过程有两种理论。一种是直接还原理论,即亚硫酸盐直接获得电子还原生成硫化物;另一种是间接还原理论,即反应过程首先生成连三硫酸盐和硫代硫酸盐这两种中间产物,硫代硫酸盐进一步还原生成硫化物和亚硫酸盐。

7.4.3.1　直接还原过程

(1)亚硫酸盐还原酶

Postgate(1956)从 D. vulgaris 提取物中分离出吸收 630 nm、585 nm 和 411 nm 波长的绿色素。他把该色素描述为一种酸性咔啉蛋白,在波长为 365 nm 的紫外线下暴露时能在碱性条件下分解生成一种红色荧光色团,该发色团被称为脱硫绿啶。

脱硫弧菌属除一种突变体——D. 肪硫弧菌 *Norway*4 外的所有种均含有脱硫绿啶,这些种是 Miller 和 Saleh(1964)分离的。Postgate 在 1956 年发现这些绿色素尚无可知作用,尽管其在 D. vulgaris 的提取物中大量存在。氧化还原反应并不能改变脱硫绿啶的吸收光谱,且不能与一氧化碳、氰化物或叠氮化钠等发生任何反应。其功能由 Lee 和 Peck 经研究最终确定,他们认为这种色素催化了在亚硫酸盐还原成连三硫酸盐的反应,并将其命名为亚硫酸盐还原酶。随后有研究指出脱硫绿啶含有一种四氢卟啉辅基,与同化型亚硫酸盐还原酶相同。

1979 年,Seki 和 Ishimoto 分别分离了这两种类型的脱硫绿啶,在 MVH 连接的亚硫酸盐还原中差异不大,两条带均形成连三硫酸盐、硫代硫酸盐及硫化物,另外吸收光谱、相对分子质量、亚基组成、不稳定性硫元素、铁含量、氨基酸组成以及圆二色性谱等特征均相同。

在普通脱硫弧菌菌株 *Hildenborough/Miyazaki*、巨大脱硫弧菌和非洲脱硫弧菌中,脱硫绿啶的亚基组成均为四聚体($\alpha_2\beta_2$),带 2 个血卟啉辅基和 6 个典型的 Fe_4S_4 基团,其中有 2 个 Fe_4S_4 基团同血卟啉结合。α 亚基的相对分子质量在 50 ~ 61 000 之间,β 亚基的相对分子质量在 39 ~ 42 000 之间,由 dsrA 和 dsrB 基因编码。最后从 D. vulgaris Hildenborough 的脱硫绿啶中发现第三个亚基 γ,由基因 dsrC 编码,11 kDa 多肽,从而该酶成为六聚体结构($\alpha_2\beta_2\gamma_2$)。这 3 种亚基的抗体已具备,且被发现是专门针对各自的抗原而形成的,没有发现交叉反应能够表明 γ 亚基不是 α 或 β 亚基的蛋白水解部分。

1970 年,Trudinger 从致黑脱硫肠状菌中成功分离出一种一氧化碳结合色素 P582,该色素能催化亚硫酸盐还原生成硫化物,起着与亚硫酸盐还原酶类似的作用。1973 年 Akagi 和 Adams 发现 P582 还原亚硫酸盐形成的主要产物为连三硫酸盐,同时生成少量硫代硫化物和硫化物。另一种蛋白质是在亚硫酸氢盐还原形成三硫堇化合物和硫化物的过程中发现的,它是一种红色素。该红色素是脱硫玉红啶,它从 D. 脱硫弧菌 *Norway* 的提取物中被 Lee 等人(1973)分离出来。

第四种亚硫酸盐还原酶是从不产芽孢的嗜热 SRB 普通嗜热脱硫细菌中分离出来的,被命名为 *desulfofuscidin*,能够还原亚硫酸盐生成连三硫酸盐,硫代硫酸盐和硫化物所生成的量相对较少。

(2)直接还原机理

同化型或异化型亚硫酸盐还原酶,从细胞色素 C_3 获得 6 mol e^-,将 SO_3^{2-} 还原为 H_2S,反应式如下:

$$SO_3^{2-} + 6e^- + 8H^+ \rightarrow H_2S + 3H_2O$$

2 mol 乳酸氧化为乙酸的过程中,释放 8 mol e^-,还原 1 mol SO_4^{2-} 形成 1 mol S^{2-}。2 mol 乳酸氧化通过底物水平磷酸化作用产生 2 mol ATP,这 2 mol ATP 用于 1 mol SO_4^{2-} 的活化。

1975 年,Chambers 和 Trudinger 进行了通过对采用 S35 标定的底物的同位素研究,通过脱硫脱硫弧菌中休眠细胞和生长细胞来确知这些标定物在它们新陈代谢过程中的取向,他们发现硫代硫化物的硫酸和磺胺组群均能被还原生成大致相同比率的硫化物。

如果硫酸盐以硫代硫化物为中间体被还原,分布于硫烷基和磺酸盐基团原子之间的放射率应是相同的。因为硫代硫化物引起三硫堇化合物的还原,他们得出的结论是三硫堇化合物和硫代硫化物并非亚硫酸氢盐还原过程的中间体。这个结论与早期 Jones 和 Skyring(1974)

的观点相吻合,后者发现脱硫绿啶素谱在聚丙烯酰胺凝胶中还原亚硫酸盐生成硫化物。

有研究发现,亚硫酸盐在氧气中还原的过程中发生快速的质子生成现象。Peck 实验室的另一研究表明,顺电化学上被还原的脱硫绿胶霉素可被亚硫酸盐氧化,每微摩的酶可产生 0.8 μmol 的硫化物,这表明存在着六电子还原。以上研究积累的结果引导研究者们提出这样一个假设:亚硫酸盐直接通过电子还原机理被还原,并且还原过程未形成任何可分离的中间产物。

科学工作者们讨论亚硫酸盐还原酶(脱硫绿啶,P582,脱硫红啶,desebfoscidin)活性的真正产物是三硫堇化物还是硫化物,到目前为止,没有一个实验能够确定亚硫酸氢盐还原成硫化物的真正途径,使其令所有研究者都满意。有可能亚硫酸盐还原过程中存在另一种 SRB。

1975 年 Chamber 和 Trudinger 研究表明,如果脱硫弧菌属休眠和生长细胞所进行的亚硫酸盐还原过程是由同化亚硫酸还原酶所引起,那么他们文章中所发表的结果就可被解释。这种酶从 D. vulgaris 中分离并提纯,并被证明在无任何其他化合物如三硫堇化物、硫代硫化物形成的情况下,把亚硫酸氢盐还原成硫化物。

7.4.3.2　间接还原过程

1990 年,Fitz 和 Cypionka 研究发现以 H_2 或甲酸为电子供体时,脱硫脱硫弧菌能使亚硫酸盐还原生成硫代硫酸盐和连三硫酸盐。1992 年,Sass 等的工作表明,当脱硫弧菌属、脱硫叶状菌属、脱硫球菌属、脱硫杆菌属和脱硫细菌属的某些种在亚硫酸盐和适量的 H_2 中培养时,能形成硫代硫酸盐或连三硫酸盐。他们同时观察到,在一个有限电子供体 H_2 的恒化器内生长时,脱硫脱硫弧菌能生成硫代硫酸盐和连三硫酸盐。但是,Sass 等人没有阐明这些副产品是否是硫化物以外的最终产物。

(1)连三硫化物和硫代硫化物的发现

1969 年,Kobayashi、Tachibana 和 Ishimoto 从普通脱硫弧菌提取物中分离出两种组分,这两种组分能够还原亚硫酸盐、硫化物,依次通过连三硫化物、硫代硫化物,而另一部分把这些产物还原成硫化物。他们指出的异养亚硫酸还原过程是:

$$3SO_3^{2-} \xrightarrow{2e^-} S_3O_6^{2-} \xrightarrow{2e^-} S_2O_3^{2-} + SO_3^{2-} \xrightarrow{2e^-} S^{2-} + SO_3^{2-}$$

同年,Suh 和 Akagi 报道从普通脱硫弧菌菌株 8303 中分离出两种组分,这两种组分能使亚硫酸盐生成硫代硫酸盐。这个过程被命名为硫代硫酸盐形成体系,该体系中一种组分为脱硫绿啶,另一组分被命名为 FⅡ。Ishimoto 和 Akagi 实验室的这些发现表明在脱硫弧菌属中存在形成连三硫酸盐的途径。同一研究中还得出结论,这些提取物中通过"硫代硫酸盐形成体系"发生上述作用的离子为亚硫酸氢盐而非亚硫酸盐。

(2)连三硫酸盐途径

1971 年,Lee 和 Peck 发现脱硫绿啶可催化亚硫酸盐还原生成唯一产物连三硫酸盐。而 Jones 和 Skyring 等随后进行的研究表明,除连三硫酸盐之外,还有硫代硫酸盐和硫化物的生成。许多研究者利用氢化酶或甲基紫精(MV)进行实验,该实验中包括连三硫酸盐、硫代硫酸盐、亚硫酸氢盐和异化型亚硫酸盐还原酶,在氢气中进行,反应式如下:

$$H_2 + MV[氧化态] + H_2ase \Leftrightarrow MV[还原态] + 2H^+$$

$$MV[还原态] + nHSO_3^- + Dsr \Leftrightarrow S_3O_6^{2-} + S_2O_3^{2-} + S^{2-}$$

如果氢化酶或甲基紫精浓度相对较高,而亚硫酸氢盐浓度较低,一般将导致较低的连三硫酸盐和较高的硫化物产量水平,而在相反的条件下,所产生物质的量呈相反趋势。

Drake 和 Akagi(1977 年)利用普通脱硫弧菌的丙酮酸盐和丙酮酸磷酸裂解系统取代氢和氢化酶作为亚硫酸盐还原的电子供体。在此实验条件下,形成了连三硫酸盐、硫代硫酸盐和硫化物。所形成产物的数量与丙酮酸盐和亚硫酸盐的浓度有关,该结论与氢化酶实验得到的结果相似。

亚硫酸盐还原酶包括相邻的 A、B、C 3 个活性位点。C 位点在 A 位点和 B 位点形成适当的催化外形之前就与亚硫酸盐结合,该亚硫酸盐被两个电子还原生成亚硫酸氢盐。如果电子浓度高,次硫酸氢盐可能还原为硫化物,或者二硫中间体可能还原生成硫代硫酸盐;如果电子浓度相对较低,连三硫酸盐将是终产物。亚硫酸氢盐还原生成硫代硫酸盐和连三硫酸盐的途径如图 7.10 所示。

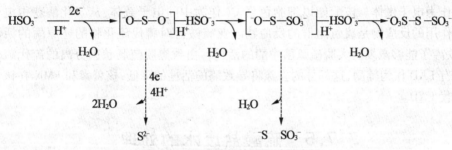

图 7.10　亚硫酸氢盐还原过程途径

1974 年,Kohayshi 等提出一个稍有不同的亚硫酸盐还原生成硫化物的模式,其中包括三硫堇化物和硫代硫酸物的形成。假设亚硫酸盐被还原生成一个中间体 X,该中间体与两个亚硫酸盐结合形成三硫堇化物,或被还原形成另一中间体 Y。这个中间体接着可与一个亚硫酸盐分子结合形成硫化物或被还原成硫化物。根据该模式,如果连三硫酸盐形成,它将被还原成硫代硫酸物,反之它被还原成硫化物。

(3)连三硫酸盐还原酶

1977 年,连三硫酸盐被一种分离蛋白质还原成硫代硫化物这一反应最先被 Drabe 和 Akagi 提出。通过聚丙烯酰胺凝胶电泳,F Ⅱ 组分被进一步分离提纯,纯化产物可将亚硫酸氢盐和连三硫酸盐还原生成硫代硫酸盐,该反应需要亚硫酸氢盐和连三硫酸盐的同时存在。

从连三硫酸盐释放亚硫酸氢盐分子,作为序列反应中自由态的亚硫酸氢盐重新循环参与随后的反应。尽管这种酶并非一种特征明显的三硫化物还原酶,但它是最先被分离出来的,能使连三硫酸盐还原形成硫代硫酸物的酶。从 D. vulgaris 提取物中分离出另一种连三硫酸盐还原体系,该体系由亚硫酸盐还原酶和另一被命名为 TR - 1 的部分组成。该活性也被称为依赖于亚硫酸氨盐还原酶的连三硫酸盐还原酶。TR - 1 也曾从致黑脱硫肠状菌中分离出来,并与菌株 P582 作用形成连三硫酸盐还原酶体系。致黑脱硫肠状菌中的 TR - 1 能在还原连三硫酸盐的过程中利用脱硫绿啶。这意味着,TR - 1 和亚硫酸氢盐还原酶互相间可以进行内部转化,其中亚硫酸氢盐还原酶是从 D. valgal 和 Dt. 脱硫弧菌中分离出来的。

（4）硫代硫酸盐还原酶

根据三硫堇化物途径,亚硫酸氢盐还原生成硫化物的最终步骤中涉及酶,硫代硫化物是原酶。硫代硫酸盐还原分为两个步骤:第一步是磺胺硫原子还原成硫化物,第二步是亚硫酸盐缓慢还原成硫化物。从硫代硫酸盐还原反应产物中分离到了亚硫酸盐,硫代硫酸盐的还原反应如下:

$$S-SO_3^{2-} \xrightarrow{2e^-} S^{2-} + SO_3^{2-}$$

对致黑脱硫肠状菌和普通脱硫弧菌的硫代硫酸盐还原酶的研究表明亚硫酸盐是硫代硫酸盐还原酶催化反应的最终产物之一。通过内部和外部标定的35S－硫代硫化物还原表明外层标定的磺胺硫被还原成硫化物,而内部磺酸硫原子仍以亚硫酸盐状态存在。如果硫代硫酸盐被细胞提取物还原,那么两个硫原子将以大致相等的速率被还原为硫化物。

这种酶能把硫代硫化物还原成硫化物和亚硫酸盐,并且在任何情况下,都可以利用甲基紫精作为电子供体。该酶能以细胞色素 C_3 作为中间电子载体,从氢化酶获得电子。抑制该酶作用的反应物是硫氢组群的反应物。亚硫酸盐对硫代硫化物的还原酶的活性产生抑制,铁离子能够激发巨大脱硫弧菌中酶的活性。由致黑脱硫肠状菌分离的硫代硫化物还原酶含有 FAD 作为辅酶,这部分的去除将导致酶的活性的降低,核黄素和 FMN 在该情况下不能替代 FAD。

7.5　硫酸盐废水的处理

在厌氧处理废水的工艺中,对厌氧反应起关键作用的主要有两类厌氧菌:一类是硫酸盐还原菌(SRB);另一类是产甲烷菌(MPB)。在厌氧条件下,废水中的复杂有机物质被降解为有机酸、醇、醛等液态产物以及 CH_4、CO_2、H_2O、H_2S 等气态产物。SRB 是兼性厌氧菌,MPB 是专性厌氧菌。SRB 主要分解硫酸根离子,产生硫化氢气体,故出水有较重的臭味。而 MPB 对 pH 值、温度、有毒物质非常敏感。在厌氧系统中,两类菌群存在着竞争关系,所以在设计厌氧处理系统时要充分考虑这种情况。

7.5.1　单相厌氧处理工艺

单相厌氧工艺流程中硫酸盐还原作用对厌氧消化的影响机制可归纳为:SRB 与产甲烷菌(MPB)竞争共同底物而对其产生的初级抑制作用和硫酸盐还原产生的 H_2S 对 MPB 和其他厌氧菌的次级抑制作用两大方面。

单相厌氧工艺分悬浮法和固着型膜法两种。其中,膜系统处理在废水处理中占有优势地位。膜法有利于克服 SRB 对 MPB 的竞争性抑制和非竞争性抑制,在处理含 SO_4^{2-} 废水时耐受硫化物的能力比较强。膜系统的优势在于 MPB 对于载体的吸附能力和自凝聚能力比SRB 强,因而膜系统有利于强化 MPB 的截留富集而不利于 SRB。另外,膜系统中的微生态环境复杂,SRB 和 MPB 可以分别寻找适于自己生长的场所进行生长繁殖,减小相互作用的影响。同时,较高的生物量降低了 SO_4^{2-} 的污泥负荷,也有利于减轻 MPB 受到毒害。几种废水处理的运行结果见表7.3。

表 7.3　单相厌氧工艺处理高浓度硫酸盐废水的若干运行结果

反应器	接种污泥	污泥形式	基　质	$\dfrac{r_{COD}}{r_{H_2S}}$	$\dfrac{r_{CH_4}}{r_{H_2S}}$
CSTR(6.0 L)	消化污泥	絮状	乙酸 + SO_4^{2-}	1.0	0.0
CSTR(12.0 L)	未报告	絮状	城市污水 + SO_4^{2-}	1~1.3	0.0
UASB(6.0 L)	未报告	颗粒污泥	模拟城市污水 + SO_4^{2-}	1.8	约0.4
UASB(2.5 L)	絮体污泥	颗粒污泥	酵母废水 + SO_4^{2-}	3.0	约0.6
CP(0.5 m³)	消化污泥	絮状	食用油废水(含 SO_4^{2-})	1.5	约0.8
AF(0.5 m³)	消化污泥	生物膜,絮状	脂肪酸废水(含 SO_4^{2-})	1.8	约0.7
AF(1.5 L)	好氧活性污泥	生物膜,絮状	糖蜜废水 + SO_4^{2-}	3.5	约0.3
FB(3.2 L)	厌氧生物膜	生物膜	乙酸 + SO_4^{2-}	1.6	约0.5
FB(3.2 L)	厌氧生物膜	生物膜	乙酸 + SO_4^{2-}	—	约0.9
UASB(2.5 L)	颗粒污泥	颗粒污泥	甘油、类脂 + SO_4^{2-}	2.0	约0.1
UASB(20.0 m³)	颗粒污泥	颗粒污泥	食用油废水(含 SO_4^{2-})	1.5	约0.5

注:(1)CSTR—连续流搅拌槽式反应器;CP—厌氧接触反应器;UASB—升流式厌氧污泥床反应器;AF—厌氧滤池;FB—厌氧流化床反应器。(2)r_{COD}、r_{CH_4}、r_{H_2S}分别为 COD 去除速率、产甲烷速率和产 H_2S 速率

7.5.2　两相厌氧处理工艺

在两相厌氧工艺流程中废水首先进入产酸相反应器内,在 SRB 的作用下硫酸盐被还原为硫化物,有机物被酸化,出水由上部进入气提塔,其中的硫化物以硫化氢的形式被氮气洗出,气提塔的出水部分回流入产酸相反应器,以解除高浓度硫化物对 SRB 的抑制作用,部分流入产甲烷相反应器进行甲烷发酵,第一相和气提塔上部的气体进入脱硫塔以回收硫。实际生产中也可以沼气作为洗气。

在两相厌氧工艺流程中最重要的是产酸相与产甲烷相的分离。相分离即两个反应器中的菌体分布以及微生物量的比例有着较大差别。通常两相厌氧消化理想的分布是:产酸相中存在大量的产酸菌和 SRB、一定量的产氢产乙酸菌(HPAB)和较少的 MPB;而产甲烷相中则大量存在 HPAB 和 MPB,产酸菌的量很少。利用污泥进行厌氧消化是一个各类菌群存在互营共生、协同竞争关系的复杂系统,因此,对废水中有机物的降解能力由菌群之间的比例关系来决定。有效利用种群间的种间关系,来达到最佳的消化效果。

试验证明两相厌氧工艺的酸化单元中微生物的产酸作用和硫酸盐还原作用可以同时进行。在酸性发酵阶段利用 SRB 去除硫酸盐过程中,SRB 可以代谢乳酸、丙酮酸、丙酸等酸性发酵阶段的中间产物,在一定程度上可以促进有机物的产酸分解过程;另外,硫酸盐还原作用主要是在产酸相反应器中进行,避免了 SRB 和 MPB 之间的基质竞争问题;再者,由于产酸相反应器处于弱酸状态,硫酸盐的还原产物硫化物大都为 H_2S,便于吹脱去除。

7.5.3　多相厌氧处理工艺

多相厌氧工艺是在两相厌氧工艺的基础上发展的新型工艺。如硫酸盐还原 - 生物脱硫 - 产甲烷三相串联工艺,其生物脱硫单元利用微生物将水中硫化物氧化为单质硫。其基

本流程是在硫酸盐还原反应器中,SRB 利用废水中部分有机物将 SO_4^{2-} 还原为硫化物;在硫化物生物氧化反应器中,无色硫细菌在好氧条件下将硫化物氧化成单质硫;在产甲烷反应器中,MPB 将脱硫废水中的有机物分解为 CH_4 和 CO_2。此工艺具有无须催化剂、不产生化学污泥、产生的污泥量少、耗能低、去除效率高、反应速度快等优点。所以,此工艺用于高浓度硫酸盐有机废水的处理有很大的发展潜力和实用意义。

在三相处理工艺的基础上也进一步开发了采用硫酸盐还原－硫化物生物氧化－产甲烷－接触氧化的四相串联工艺处理含硫酸盐的高浓度有机废水,将硫酸盐还原与有机物甲烷化分别在两个反应器中进行,从根本上避免了生物还原对 MPB 造成的竞争抑制。利用无色硫细菌将硫化物氧化为单质硫,效果好,设备简单,消除了硫化物对 MPB 的毒害作用,为产甲烷反应器的有效运行创造了良好的条件。

第8章　厌氧氨氧化菌

8.1　废水生物脱氮原理

自然界的微生物氮素循环(图8.1)可分为以下几个过程:固氮、氨的同化、氨化、硝化、反硝化、异化性硝酸盐还原、厌氧氨氧化。其中,硝化、反硝化和厌氧氨氧化是废水生物脱氮的重要理论依据。

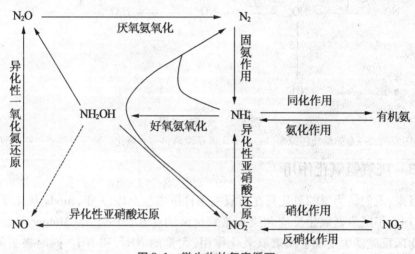

图8.1　微生物的氮素循环

8.1.1　硝化作用

NH_4^+ 被氧化成 NO_2^-,再氧化成 NO_3^- 的生物过程,称为硝化作用,通常由自养菌或异养菌完成。经过硝化作用后,氨被转化成亚硝酸盐和硝酸盐,迁移性增大,易被植物吸收,也易随水流失。其中,由自养菌引发的硝化作用,称为自养型硝化作用;由异养菌引发的硝化作用,称为异养型硝化作用。

8.1.1.1　自养型硝化作用

自养型硝化作用在废水脱氮领域起着重要作用,可分为两个阶段,首先在亚硝酸菌(好氧氨氧化菌)的作用下,使氨氮转化为亚硝氮 $NH_4^+ + 1.5O_2 \rightarrow NO_2^- + H_2O + 2H^+$;继之,亚硝氮在硝酸菌(亚硝酸氧化菌)的作用下,进一步氧化为硝氮 $NO_2^- + 0.5O_2 \rightarrow NO_3^-$。自养型硝化作用的总反应表示为:$NH_4^+ + 2O_2 \rightarrow NO_3^- + H_2O + 2H^+$。

好氧氨氧化菌和亚硝酸氧化菌统称为硝化菌。常见的好氧氨氧化菌主要有 *Nitrosomonas* 和 *Nitrosospira*,亚硝酸氧化菌主要有 *Nitrobacter* 和 *Nitrospira*。

8.1.1.2　异养型硝化作用

自然界存在一些异养型硝化菌,如藻类、真菌和细菌,某些微生物同时具有异养硝化和好氧反硝化能力,如 *Thiosphaera pantotropha*、*Microvirgula aerodenitrificans*。与自养型硝化作用相比,异养型硝化作用较弱,在废水生物处理中所起的作用不大。

8.1.2 反硝化作用

在反硝化菌的作用下,硝酸盐(NO_3^-)经 NO_2^-、NO、N_2O 还原为 N_2 的过程称为反硝化作用。反硝化菌分布在众多细菌属中,主要为异养菌,也有一部分是自养菌。反硝化过程(图8.2)中所利用的电子供体可以是有机物或还原性无机物质(如硫化物和氢),以有机物为电子供体的反硝化作用可表示为

$$NO_3^- + 5[H] \rightarrow 0.5N_2 + 2H_2O + OH^-$$
$$NO_2^- + 3[H] \rightarrow 0.5N_2 + H_2O + OH^-$$

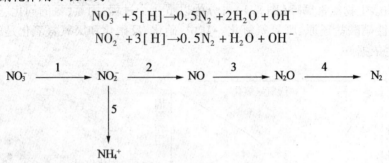

图 8.2 反硝化过程

1—硝酸盐还原酶;2—亚硝酸盐还原酶;3——氧化氮还原酶;4——氧化二氮还原酶;5—亚硝酸盐还原酶

8.1.3 厌氧氨氧化作用

长期以来,人们认为氨的氧化只在有氧的条件下发生。1977年,Broda从化学热力学出发,大胆地预言了厌氧氨氧化反应和厌氧氨氧化菌的存在。1995年,Mulder 等在一个反硝化脱氮流化床反应器中发现了厌氧氨氧化作用,大量的 NH_4^+ 和 NH_2^- 同时被去除,从而证实了 Broda 的预言。接着 Vande Graaf 等人通过大量的试验研究发现了厌氧氨氧化是一个以氨氮作为电子供体,亚硝酸氮作为电子受体的自养生物脱氮反应,羟氨和联氨是其中间产物,并提出其可能的反应途径如图8.3所示。

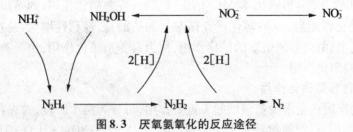

图 8.3 厌氧氨氧化的反应途径

Strous 等根据化学计量和物料衡算估计厌氧氨氧化总的反应方程式如下:

$$1NH_4^+ + 1.32NO_2^- + 0.066HCO_3^- + 0.13H^+ \rightarrow 1.02N_2 + 0.26NO_3^- +$$
$$0.066CH_2O_{0.5}N_{0.15} + 2.03H_2O$$

厌氧氨氧化相比传统脱氮工艺具有能耗低、污泥产量少、节省外加碳源等显著优势。参与厌氧氨氧化过程的细菌称为厌氧氨氧化菌。一般认为厌氧氨氧化菌是自养细菌,以二氧化碳或碳酸盐作为碳源,以铵盐作为电子供体,以亚硝酸盐/硝酸盐作为电子受体。厌氧

氨氧化菌生长缓慢(倍增时间为 11 d),细胞产率极低,对周围环境敏感,因而富集培养极为困难,至今未获得厌氧氨氧化菌的纯菌株。

8.2 厌氧氨氧化菌

8.2.1 形态特征

厌氧氨氧化菌形态多样,呈球形、卵形等,直径为 0.8 ~ 1.1 μm。厌氧氨氧化菌是革兰氏阴性菌,细胞外无荚膜,细胞壁表面有火山口状结构,少数有菌毛。细胞内分隔成 3 部分:厌氧氨氧化体(*Anammoxosome*)、核糖细胞质(*Riboplasm*)及外室细胞质(*Paryphoplasm*)。核糖细胞质中含有核糖体和拟核,大部分 DNA 存在于此。该菌出芽生殖。

厌氧氨氧化体是厌氧氨氧化菌所特有的结构,占细胞体积的 50% ~ 80%,厌氧氨氧化反应在其内进行。厌氧氨氧化体由双层膜包围,该膜深深陷入厌氧氨氧化体内部。厌氧氨氧化体不含核糖体,但含六角形的管状结构和电子密集颗粒。透射电镜及能谱仪分析表明,这些电子密集颗粒中含有铁元素。

厌氧氨氧化菌的细胞壁主要由蛋白质组成,不含肽聚糖。

细胞膜中含有特殊的阶梯烷膜脂,由多个环丁烷组合而成,形状类似阶梯。在各种厌氧氨氧化菌中,阶梯烷膜脂的含量基本相似。疏水的阶梯烷膜脂与亲水的胆碱磷酸、乙醇胺磷酸或甘油磷酸结合形成磷脂,构成细胞膜的骨架。细胞膜中的非阶梯烷膜脂由直链脂肪酸、支链脂肪酸、单饱和脂肪酸和三萜系化合物组成。三萜系化合物包括 C_{27} 的藿烷类化合物(Hopanoid)、细菌藿四醇(Bacteriohopanetetrol,BHT)和鲨烯(Squalene,$C_{30}H_{50}$)。其中,BHT 首次发现于严格厌氧菌中。在不同厌氧氨氧化菌种中,非阶梯烷膜脂的种类和含量变化较大。科学家们曾一度认为阶梯烷膜脂只存在于厌氧氨氧化体的双层膜上,其功能是限制有毒中间产物的扩散。目前认为阶梯烷膜脂存在于厌氧氨氧化菌的所有膜结构上(包括细胞质膜),它们与非阶梯烷膜脂相结合,以确保其他膜结构的穿透性好于厌氧氨氧化体膜。

8.2.2 分布

最初人们认为厌氧氨氧化菌分布范围较窄,但越来越多的文献表明多种环境中存在厌氧氨氧化活性。在氮负荷很高且氧浓度有限的废水处理系统中发现有大量的氨以气态氮化合物的形式消失,推测可能存在硝化菌和厌氧氨氧化菌的共存现象。采用硝化颗粒污泥可成功启动厌氧氨氧化反应器且活性较高。在土壤地下水体的水处理系统中,也存在厌氧氨氧化现象。

Thamdru 等人的研究表明,海洋底泥中存在较高的厌氧氨氧化活性,其在海洋氮素循环中起着不容忽视的作用。在哥斯达黎加的 Golfo Dulce 沿海海湾的深水缺氧水体中,也存在明显的厌氧氨氧化活性,由厌氧氨氧化反应产生的 N_2 可占到总 N_2 产量的 19% ~ 35%。Kuypers 等人利用分子生物学技术首次从黑海中分离出与进行厌氧氨氧化反应的浮霉细菌相关的 16S rRNA 基因序列,表明在该海域的缺氧水体中存在着厌氧氨氧化菌。据估计,通过厌氧氨氧化反应产生的 N_2 能占到整个海洋中 N_2 产量的 30% ~ 50%。所有这些现象表明厌氧氨氧化菌(至少是厌氧氨氧化作用)可能广泛存在于自然界中,其在整个氮素循环中起到不容忽视的作用。

8.2.3　富集培养与分离特征

厌氧氨氧化菌的富集培养选用自然样品作为接种物(如活性污泥、海洋底泥、土壤),按目标菌群所需的最佳生境条件,以含有适量基质和营养元素的培养液(表 8.1)在生物反应器中进行。厌氧氨氧化菌生长缓慢,倍增时间为 10 ~ 30 d。富集培养物呈红色,性状黏稠,含有较多的胞外多聚物。

厌氧氨氧化菌是一种难培养的微生物,采用系列稀释分离、平板画线分离、显微单细胞分离等传统微生物分离方法,均未分离成功。迄今为止,密度梯度离心法是成功分离厌氧氨氧化菌的唯一方法。其原理是通过离心使不同密度的细菌细胞形成不同的沉降带。具体操作方法如下:首先,用超声波温和破碎厌氧氨氧化菌富集培养物,将菌群分散成单个细胞;接着,离心去除残留的聚集体(生物膜或絮体碎片);最后,将分散的细胞用 Percoll 密度梯度离心,使厌氧氨氧化菌在离心管内形成一条深红色条带。采用该方法可获得高纯度的细胞悬液,每 200 ~ 800 个细胞中可只含有 1 个污染细胞。

表 8.1　富集厌氧氨氧化菌的营养元素组成

营养物	质量浓度/($g \cdot L^{-1}$)	营养物	质量浓度/($g \cdot L^{-1}$)
KH_2PO_4	0.027	$CaCl_2$	0.18
$MgSO_4 \cdot 7H_2O$	0.3	$KHCO_3$	0.5
微量元素溶液 I EDTA	5	$FeSO_4$	5
微量元素溶液 II EDTA	15	H_3BO_4	0.014
$MnCl_2 \cdot 4H_2O$	0.99	$CuSO_4 \cdot 5H_2O$	0.25
$ZnSO_4 \cdot 7H_2O$	0.43	$NiCl_2 \cdot 6H_2O$	0.19
$NaMoO_4 \cdot 2H_2O$	0.22	$NaSeO_4 \cdot 10H_2O$	0.21

8.2.4　生理生化特性

厌氧氨氧化菌为化能自养型细菌,以二氧化碳作为唯一碳源,通过将亚硝酸氧化成硝酸来获得能量,并通过乙酰 – CoA 途径同化二氧化碳。虽然有的厌氧氨氧化菌能够转化丙酸、乙酸等有机物质,但它们不能将其用作碳源。厌氧氨氧化菌对氧敏感,只能在氧分压低于 5% 氧饱和(以空气中的氧浓度为 100%)的条件下生存,一旦氧分压超过 18% 氧饱和,其活性即受抑制,但该抑制是可逆的。厌氧氨氧化菌的最佳生长 pH 值范围为 6.7 ~ 8.3,最佳生长温度范围为 20 ~ 43 ℃。厌氧氨氧化菌对氨和亚硝酸的亲和力常数都低于 $1 \times 10^{-4} g \cdot L^{-1}$。基质浓度过高会抑制厌氧氨氧化菌活性(表 8.2)。

表 8.2　基质对厌氧氨氧化菌的抑制浓度

基质	抑制浓度	半抑制浓度
$NH_4^+ - N$	70	55
$NO_2^- - N$	7	25

注:半抑制浓度代表抑制浓度 50% 厌氧氨氧化活性的基质浓度

亚硝酸先被含有细胞色素 C(Cyt C)和细胞色素 D_1 的亚硝酸还原酶(NiR)还原成一氧化氮($NO_2^- + e^- \rightarrow NO$);再由联氨水解酶(HH)将一氧化氮与氨结合成联氨($NO + NH_4^+ + 3e^- \rightarrow N_2H_4$);最后由联氨氧化酶(HZO)或羟氨氧化还原酶(HAO)将联氨氧化成氮气($N_2H_4 \rightarrow N_2 + 4e^-$)。

在联氨氧化成氮气的过程中,可产生 4 个电子,这 4 个电子通过细胞色素 C、泛醌、细胞色素 BC_1 复合体以及其他细胞色素 C 传递给 NiR 和 HH,其中 3 个电子传递给 NiR,1 个电子传递给 HH。伴随电子传递,质子被排放至厌氧氨氧化体膜外侧,在该膜两侧形成质子梯度,驱动 ATP 合成。

HAO 和 HZO 是厌氧氨氧化菌中研究得较为深入的两种酶。HAO 广泛存在于好氧氨氧化菌、反硝化菌等微生物中,它不但能够催化羟氨氧化成亚硝酸,也能够将亚硝酸还原为羟氨,还能催化氧化联氨。从厌氧氨氧化菌中分离获得的 HAO 不同于从好氧氨氧化菌中获得的 HAO,它不能将羟氨转化成亚硝酸,只能将其转化成 NO 或 N_2O。已被纯化的 HAO 有两种,虽然两者的相对分子质量和亚单位不同,但是均含大量 C 型血红素[16 个和(26 ± 4)个]和 P_{468} 细胞色素。该酶也能催化氧化联氨,但对羟氨的亲和力更强(表 8.3)。HZO 也已从厌氧氨氧化菌中分离纯化,它只能催化氧化联氨,不能催化氧化羟氨。但羟氨能与该酶结合,从而对联氨产生竞争性抑制。

表 8.3　厌氧氨氧化菌 HAO 和 HZO 酶的特征

性质	*Brocadia Anammoxidans*		KSU - 1 菌株
	HAO	HZO	HAO
相对分子质量/ku	183 ± 12	130 ± 10	118 ± 10
亚单位/ku	58	62	53
组成形态	a_3	a_2	a_2
血红素含量	26 ± 4	16	16
氧化活性 NH_2OH	—	—	—
$\mu_{max}/(\mu m \cdot min^{-1} \cdot mg^{-1})$	21^a	ND	9.6^a
$K_m, K_i/\mu_m$	$26^a(K_m)$	$2.4^b(K_i)$	$33^a(K_m)$
周转次数/min^{-1}	2.0×10^2	1.7×10^2	NB

注:[a] 以 PBS 和 MTT 为电子受体;[b] 以细胞色素 C 为电子受体;ND:未检出;NB:未报道

厌氧氨氧化菌是一类专性厌氧的无机自养细菌,属于革兰氏阴性光损性球状细菌,细胞单生或成对出芽繁殖。在电子显微镜下,一般为不规则的圆形和椭圆形,其直径不到

1 μm。它属于最古老的古生物菌或分支很深的细菌栖热袍菌属和产液菌属。在微生物的分类系统中属于浮霉状菌目。

8.2.5 底物

含有氨(5~30 mmol/L)、NO_2^-(5~35 mmol/L)、CO_2(10 mmol/L)、金属及微量元素的母液可以培养 Anammox 细菌。介质中的 PO_4^{3-} 的浓度低于 0.5 mmol/L,氧气浓度低于检测值(<1 μmol/L),以避免可能产生的抑制。在 Jetten 等的实验中,有一部分 NO_2^- 转化为 NO_3^-,且每 mol CO_2 转化为生物团时,就有 24 mol 的氨被转化。

厌氧氨氧化菌和甲烷氧化菌能以不同的速率催化氨与甲烷的氧化。加入甲烷不会抑制氨与 NO_2^- 的转化,表明负责厌氧氨转化的酶与好氧 AMO 或甲烷单氧化酶是不同的,但甲烷本身不为 Anammox 生物团所转化。

H_2 加入 Anammox 反应器后,在短时期内表现出了明显的类似 Anammox 的现象。但这些实验中的 H_2 不能代替氨作为电子供体。短期实验中投加的不同有机底物(丙酮酸盐、甲醇、乙醇、丙氨酸、葡萄糖、钙氨酸)会严重抑制 Anammox 的活性。这样底物的范围可严格地定为 N_2H_4 和 NH_2OH。可是供给 1 mmol/L 的 N_2H_4 时不能使 Anammox 活性保持更长的时间。

8.2.6 抑制物

高浓度的氨和亚硝酸盐会对 Anammox 细菌产生抑制。氨的抑制常数为 38.0~98.5 mmol/L,亚硝酸根的抑制常数为 5.4~12.0 mmol/L。Jetten 等认为 NO_2^- 大于 20 mmol/L时,Anammox 会受到抑制,超过 12 h 时,Anammox 活性完全消失。氨厌氧氧化过程中存在 O_2 时,Anammox 活性完全受抑制,O_2 的浓度必须小于 2 μmol/L。O_2 对 Anammox 的抑制是可逆的。

8.3 厌氧氨氧化菌的分类

到目前为止,科学家们已经从淡水、海水中找到了 4 种属的厌氧氨氧化菌,从而也证明了厌氧氨氧化菌广泛存在于自然环境中,按盐度可将其分为淡水氨氧化菌和海水氨氧化菌,按生长特性可将其分为自养氨氧化菌和异养氨氧化菌,见表 8.4。

表 8.4　厌氧氨氧化菌种类

氧需求	盐度	营养类型	厌氧氨氧化菌种类
厌氧	淡水	自养	*Candidatus Brocadia anammoxidans*
			Candidatus Kuenenia stuttgartiensis
		异养	*Candidatus anammoxoglobus propionicus*
			Candidatus Brocadia fulgida
			anaerobic ammonium - oxidizing
	海水	自养	*Planctomycete cquenviron - 1*

续表 8.4

氧需求	盐度	营养类型	厌氧氨氧化菌种类
好氧*			*Candidatus Scalindua sorokinii*
			Candidatus Scalindua wagneri
		异养	*Candidatus Scalindua brodae*
			Nitrosomonas europaea
			Nitrosomonas eutropha

注:"*"表示在存在 O_2 的情况下,这些菌能将氨氮和亚硝氮转化为 N_2,而非存在好氧氨氧化菌

浮霉状菌目(*Planctomycetales*)是细菌域中分化较早的一个分支。该目包括 2 个科,9 个属,分别为 *Planctomyces*、*Pirellula*、*Gemmata*、*Isosphaera*、*Candidatus Brocadia*、*Candidatus Kuenenia*、*Candidatus Scalindua*、*Candidatus Jettenia* 和 *Candidatus Anammoxoglobus*。其中,前 4 个属归入浮霉状菌科(*Planctomycetaceae*),皆为化能异养型好氧菌,后 5 个属归入厌氧氨氧化菌科(*Anammoxaceae*),皆为化能自养型厌氧菌,并具有厌氧氨氧化功能。

8.3.1 *Candidatus Brocadia anammoxidans*

该种发现于荷兰 Gist – Brocades 污水处理厂,是第一个被富集鉴定的厌氧氨氧化菌种,也是 *Candidatus Brocadia* 属的代表种。菌体呈球形,具有前述厌氧氨氧化菌的细胞结构特征,如细胞表面有火山口状结构,内含厌氧氨氧化体,无荚膜,无鞭毛和菌毛。细胞膜含阶梯烷膜脂,约占细胞总脂类的 34%。以亚硝酸为能源,以二氧化碳为碳源,不能利用小分子有机酸类,如甲酸、丙酸等。倍增时间为 11 d,最佳生长 pH 值为 8,最佳生长温度为 40 ℃。已从该菌体内分离获得相对分子质量为(183 ± 12) ku 的 HAO,并证明它能同时氧化羟氨和联氨。

8.3.2 *Candidatus Brocadia fulgida*

该种发现于荷兰鹿特丹污水处理厂,细菌形成的胞外多聚物能够发光,细胞呈球形,直径为 0.7 ~ 1 μm。该菌为化能自养型厌氧菌,以亚硝酸为能源,以二氧化碳为碳源,同时能以亚硝酸或硝酸为电子受体氧化甲酸、丙酸、单甲胺和二甲胺,但这些有机物并不用于细胞物质的合成。菌体具有前述厌氧氨氧化菌的细胞结构特征。在细胞膜中,阶梯烷膜脂占细胞总脂类的 63%。16S rRNA 序列分析表明,该菌与 *Candidatus Brocadia anamoxidans* 的相似性最高,达 94%。它在 GenBank 中的注册号为 DQ459989。

8.3.3 *Candidatus Kuenenia stuttgartiensis*

该种发现于生物滤池中,该菌呈球状,直径为 1 μm 左右,属化能自养型,不能利用甲酸、丙酸等有机酸。菌体具有前述厌氧氨氧化菌的细胞结构特征。在细胞中,阶梯烷膜脂占细胞总脂类的 45%。已从该菌体内分离获得 HAO 和 HZO,前者能同时氧化羟氨和联氨,后者只能氧化联氨。该菌在 GenBank 中的注册号为 AF375995。

8.3.4 *Candidatus Scalindua brodae* 和 *Candidatus Scalindua wagneri*

两菌都发现于英国 Pitsea 垃圾填埋场的污水处理厂,它们名字中的 Scalindua 表示细菌细胞中具有阶梯烷,brodae 和 wagneri 是为了纪念厌氧氨氧化反应的第一个预言者——奥地利理论化学家 Engelbert Broda 以及为厌氧氨氧化菌生态学和系统发育学研究做出贡献的德国微生物学家 Michael Wagner 而命名。两菌均为化能自养型的兼性厌氧菌。菌体呈球形,直径大约为 1 μm。它们能以亚硝酸为电子受体氧化氨,以二氧化碳为唯一碳源;能将羟氨转化成联氨。菌体具有前述厌氧氨氧化菌的细胞结构特征,细胞膜含有阶梯烷膜脂,细胞内拥有厌氧氨氧化体。在 *Scalindua brodae* 菌落中,细胞排列松散;而在 *Scalindua wagneri* 菌落中,细胞排列紧密。两菌之间 16S rRNA 序列的相似度为 93%。它们在 GenBank 中的注册号分别为 AY254883 和 AY254882。

8.3.5 *Candidatus Scalindua sorokinii*

该种发现于黑海的次氧化层区域,是第一个在自然生态系统中发现的厌氧氨氧化菌种,属化能自养型,能利用亚硝酸将氨氧化形成氮气,以二氧化碳为唯一碳源。菌体具有前述厌氧氨氧化菌的细胞结构特征,其厌氧氨氧化体膜含有阶梯烷膜脂。16S rRNA 序列分析表明,该菌与 *Brocadia anammoxidans*、*Kuenenia stuttgartiensis* 的相似度分别为 87.6% 和 87.9%。它在 GenBank 中的注册号为 AY257181。

8.3.6 *Candidatus Jettenia asiatica*

该种发现于实验室生物膜反应器中,该菌体具有前述厌氧氨氧化菌的细胞结构特征。最佳生长 pH 值为 8.0 ~ 8.5,最佳生长温度为 30 ~ 35 ℃,能够耐受的亚硝酸浓度高于 7 mmol/L^{-1}。基因序列分析表明,该菌含有 HZO。16S rRNA 序列分析表明,该菌与 *Brocadia*、*Kuenenia*、*Scalindua*、*Anammoxoglobus* 的相似性低于 94%。它在 GenBank 中的注册号为 DQ301513。

8.3.7 *Candidatus Anammoxoglobus propionicus*

该种从实验室序批式活性污泥法(SBR)反应器中富集得到,名字中的 propionicus 代表该菌的代谢方式。属化能自养型,但能以亚硝酸或硝酸为电子受体氧化甲酸、丙酸,能将羟氨转化成联氨。菌体具有前述厌氧氨氧化菌的细胞结构特征。在细胞中,阶梯烷膜脂占细胞总脂类的 24%。它在 GenBank 中的注册号为 DQ317601。

8.3.8 *Candidatus Anammoxoglobus sulfate*

该种从实验室生物转盘反应器中富集得到,该菌的代谢方式不同于一般厌氧氨氧化菌,能以氨为电子供体,以硫酸盐为电子受体,将两种基质转化为氮气和单质硫。16S rRNA 分析表明,它是浮霉状菌目中的一个种。目前未见对这种细菌的细胞形态、化学组分、代谢途径、生理生化等方面的研究报道。

经研究发现,*K. stuttgartiensis*、*Anammoxoglobus propionicus*、*B. fulgida*、*Scalindua spp.* 这 4 种菌种体内都发现具有一定浓度的电子颗粒,在目前发现的几种细菌中都发现含有 Fe 离子

颗粒。这 4 种菌种的某些特性见表 8.5。

表 8.5　集中厌氧氨氧化菌的比较

菌种	细胞平均直径	厌氧氨氮化体占细胞体积
K. stuttgartiensis	800 nm	61% ±5%
B. fulgida	800 nm	61% ±5%
Scalindua spp.	950 nm	56% ±5%
anammoxoglobus propionicus	1 100 nm	66% ±5%

从表 8.5 中可以看出 *Scalindua spp.* 比前两种细菌要稍微大点,厌氧氨氧化体的尺寸与 *K. stuttgartiensis* 和 *B. fulgida* 相同,但是在细胞中只占细胞体积的 56% ±5%。*Anammoxoglobus propionicus* 是最大类型的菌种,厌氧氨氧化体积在 4 种细菌中最大。通过 tem 观察到 4 种细菌线粒体周围有大量直径约为 55 nm 的颗粒,通过检测发现其组成与线粒体没有什么区别。通过基因染色发现 *K. stuttgartiensis* 基因中存在糖原质的基因,约占到基因长度的 40%。

8.4　厌氧氨氧化速率

影响厌氧氨氧化速率的因素如下。

(1)有机物

厌氧氨氧化菌属化能自养的专性厌氧菌,生长缓慢;当存在有机物时,异养菌增殖较快,从而抑制厌氧氨氧化活性。但对于有机物含量较低而含氨较高的废水,采用 Anammox 工艺仍具有很好的处理效果,甚至在含苯酚 330 mg/L 的条件下仍具有较高的活性和氨去除率。

(2)氧

氧对厌氧氨氧化活性有抑制作用。Strous 等人采用间歇曝气的方式运行厌氧氨氧化反应器,结果表明,在好氧条件下没有氨的氧化,只有在缺氧条件下才具有厌氧氨氧化活性,但氧对厌氧氨氧化活性的抑制作用是可逆的。随后进一步研究了厌氧氨氧化菌对氧的敏感程度,即使是微氧条件(<0.5% 空气饱和度)仍能完全抑制厌氧氨氧化活性。

将厌氧氨氧化技术应用于废水脱氮时,需设置一个前置的短程硝化反应器,这就不可避免地会在进水中引入氧。在稳定运行的厌氧氨氧化反应器中通常都存在一定数量的好氧氨氧化菌,能够为厌氧氨氧化菌解除氧毒,使得该技术的开发应用有了可靠的保障。

(3)氨氮和亚硝酸盐

高浓度的氨氮和亚硝酸盐(NO_2^-)对厌氧氨氧化菌活性有抑制作用。厌氧条件下,pH = 7.0 ~ 7.5、$T = 32 ~ 35$ ℃时,厌氧氨氧化速率与氨氮浓度的对应关系见表 8.6。厌氧氨氧化速率先随氨氮浓度的增加而增加,在氨氮浓度为 230.8 mg/L 时达到最大值 0.002 75 mg/(mg·h),随着氨氮浓度再继续增加,氨氧化速率反而下降。

表 8.6 氨氮浓度对厌氧氨氧化反应的影响

S 氨氮浓度/(mg·L^{-1})	q 氨氮降解($NH_4^+ - N/MLSS$)速率/[mg/(mg·h)]	方差/%
4.5	0.000 15	5.5
20.7	0.000 86	1.2
50	0.001 53	1.7
116.8	0.002 18	3.9
184.8	0.002 6	4.2
230.8	0.002 75	3.2
280.3	0.002 71	5.2
568.6	0.002 48	1.5
980	0.002 18	2.6

NO_2^- 是一种"三致"物质,在进行废水脱氮处理时,可作为出水水质的主要控制指标。尽量降低其在系统中的浓度,可消除其对厌氧氨氧化菌的抑制作用。厌氧氨氧化速率与亚硝态氮浓度的对应关系见表 8.7。厌氧氨氧化($NH_4^+ - N/MLSS$)速率先随亚硝态氮浓度的增加而增加,在亚硝态氮浓度为 25.97 mg/L 时达到最大值 0.002 749 mg/(mg·h),随着亚硝态氮浓度再继续增加,氨氧化速率反而下降。

表 8.7 亚硝态氮浓度对厌氧氨氧化反应的影响

S 亚硝态氮浓度/(mg·L^{-1})	q 氨氮降解($NH_4^+ - N/MLSS$)速率/[mg/(mg·h)]	方差/%
4	0.000 31	2.1
6.6	0.000 75	3.6
12.5	0.001 69	2
18.5	0.002 154	3.2
25.97	0.002 749	5.2
37.7	0.002 712	3.9
39.97	0.002 709	4.1
49.9	0.002 478	5.1

(4)光

厌氧氨氧化菌属光敏性微生物,光能抑制其活性,降低 30% ~ 50% 的氨去除率。试验研究中通常将厌氧氨氧化试验装置置于黑暗中进行,在实际应用中,可将反应器设计成封闭型,以减少光对其处理能力的负面影响。

厌氧氨氧化菌种类丰富,除了人们最早认识的浮霉状菌外,还有硝化细菌和反硝化细菌,这些菌群生态分布广泛,为开辟新的厌氧氨氧化菌种资源创造了条件。硝化细菌和反硝化细菌兼有厌氧氨氧化能力,其代谢多样性为加速厌氧氨氧化反应器的启动提供了依据。

8.5　厌氧氨氧化工艺

8.5.1　厌氧氨氧化工艺的应用现状

厌氧氨氧化工艺曾被认为很难应用于实际废水处理,阻碍厌氧氨氧化工艺应用的一个主要原因是由于厌氧氨氧化菌的低增长率(倍增时间为 11 d),导致反应器启动时间过长。另外,因为厌氧氨氧化菌是严格厌氧和自养的,比较难培养,这样很难分离成纯培养体。但是近年来在全球各地也陆续出现了一些生产性规模和中试规模的厌氧氨氧化反应器,所处理的废水有城市污水、屠宰废水、酒精废水、制革废水、半导体废水、土豆加工废水,最近甚至用来处理生活饮用水。

表8.8　4座工程应用厌氧氨氧化反应器的基本情况

工程项目	应用场合	设计负荷 /(kg·d⁻¹)	实际处理能力 /(kg·d⁻¹)	启动时间 /月
荷兰鹿特丹 Dokhaven 污水处理厂(两步)	污泥消化液	490	750	42
荷兰 Lichtenvoorde 工业废水项目(两步)	制革废水	325	150	12
荷兰 Olburgen 工业 废水项目(一步)	土豆加工废水	1 200	70※	6
日本三重县 半导体厂(两步)	半导体	220	220	2

注:1.“※”表示进水中缺乏足够的 N_2 源

　　2.表中实际处理能力是以 N_2 质量计

在常规的污水处理厂,因污泥压滤液回流到活性污泥池中的氮可占到总氮量的15% ~ 20%,如单独处理含氨氮的污泥压滤液,则可显著降低活性污泥系统的脱氮压力,提高整个污水厂的出水水质。实验室研究表明,Anammox 工艺能有效去除高氨废水(如污泥压滤液)中的 NH_4^+ 和 NO_2^-,试验中的 NO_2^- 一般是人工配制的,实际应用中需开发出适当的 NO_2^- 生成装置。先将部分 NH_4^+ 氧化成 NO_2^-,再通过厌氧氨氧化将 NH_4^+ 和 NO_2^- 转化成 N_2,可构成新型废水生物脱氮工艺,在有机物含量较低的废水(如污泥压滤液、垃圾渗滤液等)生物脱氮方面具有良好的工程应用前景。

8.5.2　新型废水生物脱氮工艺

基于厌氧氨氧化技术开发的新型废水生物脱氮工艺主要有两种:单相 Canon 工艺和两相 Sharon - Anammox 工艺。

8.5.2.1　单相 Canon 工艺

在厌氧氨氧化菌富集培养物中存在有一定数量的好氧氨氧化菌,通过控制 DO 浓度可

在单一反应器中实现两类细菌的协调生长,从而构成单相 Canon 工艺。其中主要进行了好氧氨氧化作用

$$\left(\begin{array}{c} NH_4^+ + 1.32NO_2^- + 0.066HCO_3^- + 0.13H^+ \rightarrow 1.02N_2 + 0.26NO_3^- + \\ 0.066CH_2O_{0.5}N_{0.15} + 2.03H_2O \end{array} \right)$$

和厌氧氨氧化作用

$$(NH_4^+ + 1.32NO_2^- + H^+ \rightarrow 1.02N_2 + 0.26NO_3^- + 2H_2O)$$

总的反应可表示为

$$NH_4^+ + 0.85O_2 \rightarrow 0.11NO_3^- + 0.44N_2 + 1.43H_2O + 0.14H^+$$

单相 Canon 工艺的开发尚处于实验室研究阶段,主要存在 SBR 和气提式反应器两种形式。Sliekers 等人的研究表明,采用 SBR 单相 Canon 工艺脱氮是可行的。通过控制 DO 浓度可调节好氧氨氧化作用和厌氧氨氧化作用转化氨的比例。

DO 浓度为 0.07 mg/L 时,两种反应达到平衡,可直接获得完全的脱氮,而没有 NO_2^- 的累积。在氧浓度受限的条件下,好氧氨氧化菌(占 45%)和厌氧氨氧化菌(占 40%)同存于颗粒污泥中共同起作用,稳定条件下 85% 的 NH_4^+ 转化成 N_2,15% 转化成 NO_3^-,容积去除率约为 64 mgN/L·d。提高氧浓度可获得更好的氨去除效果,但强烈抑制厌氧氨氧化作用,导致总氮去除率下降。SBR 单相 Canon 工艺的氮去除负荷较低,主要原因在于:SBR 中气 - 液界面的氧传质速率低,限制了该工艺的处理能力。据报道,气提式反应器中气 - 液界面的氧传质速率较高,更适宜应用于 Canon 工艺。

在 SBR 单相 Canon 工艺的基础上,Sliekers 等人进一步研究气提式 Canon 工艺的可行性。首先将厌氧氨氧化污泥接种到气提式反应器中进行厌氧氨氧化研究,然后加入含有好氧氨氧化菌的污泥并通入氧气进行 Canon 工艺研究。以模拟废水进行试验时,容积负荷去除率达 1 500 mgN/L·d,约为 SBR 的 20 倍,但 NH_4^+ - N 的去除率只有 42%。

8.5.2.2 两相 Sharon - Anammox 工艺

Sharon - Anammox 工艺分别在两个反应器中实现部分硝化和厌氧氨氧化,能优化两类细菌的生存环境,运行性能稳定。Sharon 是一种理想的 NO_2^- 生成装置,目前已有生产规模运行,Sharon 和 Anammox 联合脱氮时,只需约 50% 的 NH_4^+ 转化成 NO_2^-。

Van Dongen 等人小试规模研究了 Sharon - Anammox 工艺处理污泥消化出水的可行性。采用连续搅拌罐(CSTR)Sharon 反应器,在连续曝气的条件下维持 HRT 1 d,稳定运行长达两年多。由于多数污泥消化出水中含有足够的碱(以碳酸盐形式存在)中和硝化过程中产生的酸,无须 pH 值调节即能取得较好的部分硝化效果。污泥消化出水中 53% 的 NH_4^+ 转化成 NO_2^-,没有检测到 NO_3^- 的形成,特别适合用作厌氧氨氧化反应器进水。厌氧氨氧化反应器采用的是 SBR 反应器,保持过量的 NH_4^+,以促进 NO_2^- 完全去除。容积负荷为 1 200 mgN/L·d 时,80% 以上的 NH_4^+ 转化成了 N_2。进一步的研究表明,在厌氧氨氧化反应器中优势菌为浮霉细菌,也存在少量的好氧氨氧化菌,说明 Sharon 反应器出水中的好氧氨氧化菌没有在厌氧氨氧化反应器中累积,对厌氧氨氧化反应器无负面影响。Sharon - Anammox 工艺稳定运行时脱氮效果良好,容积去除率可达 750 mg 总氮 N/L·d,污泥比活性为 0.18 mg 总氮 N/mg 干重·d。

8.5.3 厌氧氨氧化动力学模型研究

氨和亚硝酸盐是很强的生物抑制剂,通常它先抑制菌体的生长,然后抑制其氧化的能

力。主要的抑制方式有:通过抑制氧吸收、氧化磷酸化主动运输,影响能量保存;作为解偶联剂,引起质子梯度的瓦解;抑制某些代谢酶。厌氧氨氧化动力学过程受 $NH_4^+ - N$ 浓度和 $NO_2^- - N$ 浓度两个因素的限制,它们对厌氧氨氧化反应速率的影响用 Haldane 模型描述。Haldane 模型的数学表达式为

$$q = q_{max} \cdot \frac{S_{nh}}{S_{nh} + K_{s,nh} + \dfrac{S_{nh}^2}{K_{I,nh}}} \cdot \frac{S_{NO_2^-}}{S_{NO_2^-} + K_{s,NO_2^-} + \dfrac{S_{NO_2^-}^2}{K_{I,NO_2^-}}}$$

式中　q——基质($NH_4^+ - N/MLSS$)反应速率,$mg/(mg \cdot h)$;

　　　q_{max}——最大基质($NH_4^+ - N/MLSS$)反应速率,$mg/(mg \cdot h)$;

　　　$K_{s,nh}$——氨氮半饱和常数,mg/L;

　　　$K_{I,nh}$——氨氮抑制常数,mg/L;

　　　S_{nh}——氨氮浓度,mg/L;

　　　$S_{NO_2^-}$——亚硝态氮浓度,mg/L;

　　　K_{s,NO_2^-}——亚硝态氮半饱和常数,mg/L;

　　　K_{I,NO_2^-}——亚硝态氮抑制常数,mg/L。

间歇式试验反应器中投加亚硝态氮浓度为 26 mg/L,K_{s,NO_2^-} 和 K_{I,NO_2^-} 都保持不变,式中 $S_{NO_2^-}/[S_{NO_2^-} + K_{s,NO_2^-} + (S_{NO_2^-}/K_{I,NO_2^-})]$ 为一常数。用中试试验数据对该通过 Matlab 拟合,拟合曲线如图 8.4 所示,得到参数:氨氮半饱和常数($K_{s,nh}$) = 87.1 mg/L,氨氮抑制常数($K_{I,nh}$) = 1 123 mg/L。实际最大基质($NH_4^+ - N/MLSS$)反应速率为 2.75×10^{-3} mg/(mg·h),此时氨氮浓度为 230.8 mg/L。

批反应器中投加氨氮浓度为 230 mg/L,把氨氮半饱和常数($K_{s,nh}$) = 87.1 mg/L,氨氮抑制常数($K_{I,nh}$) = 1 123 mg/L 代入式中。将试验数据通过 Matlab 拟合,拟合曲线如图 8.5 所示,得到参数:最大氨氮($NH_4^+ - N/MLSS$)反应速率 $q_{max} = 6.65 \times 10^{-3}$ mg/(mg·h),亚硝态氮半饱和常数(K_{s,NO_2^-}) = 15.39 mg/L,亚硝态氮抑制常数(K_{I,NO_2^-}) = 159.5 mg/L。

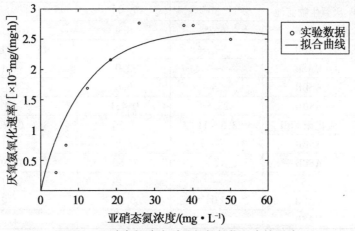

图 8.4　亚硝态氮浓度对厌氧氨氧化反应的影响

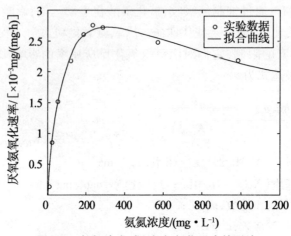

图 8.5　氨氮浓度对厌氧氨氧化反应的影响

8.5.4　厌氧氨氧化工艺反应器的选择

按反应器中微生物存在的状态,生物反应器可分为絮体生物反应器和生物膜反应器。根据厌氧氨氧化菌的生理特征,国内外学者对不同类型的厌氧氨氧化反应器进行了探索和研究(表8.9)。

表 8.9　不同厌氧氨氧化反应器运行效果比较

废水性质	反应器类型	HRT	氮转化容积负荷	$NO_2^- - N/NH_4^+ - N$ 消耗比
无机模拟废水	流化床 FBR	4.2	4.8	1.31 ± 0.06
	流化床 FBR	22~42	1.8	1.4~1.5
	固定床	6~23	1.1	1.0~1.2
	上流式生物膜	24	0.145	1.01
	推流式生物膜	62	0.215	—
	厌氧生物滤池	3	0.93	—
	气提式	6.7	8.9	1.34
	UASB	—	0.38	1.30
	UASB	—	2.0	1.31
	ASBR	24	0.6	—
	ASBR	28.8	0.431	1.387
污泥消化液	流化床 FBR	3.5~11	1.50	0.06~0.55
	ASBR	—	0.75	1.03
	ASBR	2	0.60	1.29~1.47
	UASB	—	6.39	1.62
猪厂废水	UASB	60	0.72	2.13
	UASB	120	0.66	1.5~1.8

8.5.4.1　生物膜反应器

由于厌氧氨氧化菌生长缓慢,如何避免微生物从反应器中流失,以保证足够的生物持留量,成为研究者们考虑的重要问题。为此,不少研究者采用添加生物填料或以颗粒污泥为载体的反应器。

(1)生物流化床反应器(Fluidized bed reactor,FBR)

最初,厌氧氨氧化现象是荷兰科学家 Mulder 在用于反硝化的流化床中发现的,随后许多研究者采用这种反应器进行启动厌氧氨氧化的研究。目前达到的最高氮容积去除负荷为 $0.39 \sim 1.8 \dfrac{kg(N)}{(m^3 \cdot d)}$,去除率可以达到 89% 以上。流化床生物持留量大、传质条件好、负荷高,但是颗粒污泥不稳定,容易随流体流出反应器,导致微生物流失,并且生物流化床还有难长期稳定运行的缺点,影响其在实际中的应用。

(2)固定生物反应器(Fixed bio – reactor)

由于生物流化床反应器存在污泥流失的问题,因此很多研究者选择固定生物反应器来研究厌氧氨氧化工艺。

由于固定生物反应器具体形式的多样性,氮容积去除负荷差异较大。上流式生物膜反应器和推流式生物膜反应器的氮容积去除负荷最低,仅为 $0.1 \sim 0.2 \dfrac{kg(N)}{(m^3 \cdot d)}$,远低于其他反应器;固定生物反应器去除负荷为 $1.1 \dfrac{kg(N)}{(m^3 \cdot d)}$,厌氧生物滤池为 $0.93 \dfrac{kg(N)}{(m^3 \cdot d)}$,略高于ASBR。但是它们在应用中又各有特点。

上流式生物膜反应器和推流式生物膜反应器水力停留时间较长,是气提式反应器的 $4 \sim 10$ 倍,但是,这两种反应器采用固定填料,不易发生污泥流失,都以支撑填料充当载体,不易发生载体堵塞,流态采用推流式,可使微生物在填料上实现分区,前段可在氧气、抑制物存在时对后段起到保护作用,且运行费用相对低廉,因此适合日处理水量较小的小型污水处理系统(例如,单个养殖场的废水处理)。固定床载体堵塞、气体滞留的缺点使得厌氧氨氧化菌活性降低,造成工程应用的困难。厌氧生物滤池具有良好的运行稳定性,能适应废水浓度和水力负荷的变化,使污泥性能不易因这种变化而受到破坏,且再启动迅速,因此,更适宜处理间歇排放的废水。

(3)上流式厌氧污泥床(Up – flow anaerobic sludge blanket reactor,UASB)

UASB 具有污泥持留量高、容积负荷高等优点,从而受到研究者们的重视。国内外学者采用 UASB,在接种污泥种类、反应器结构、废水性质等方面展开了大量研究,成功启动了厌氧氨氧化,并且运行稳定性好,可重复。UASB 的运行处理效果见表8.10。

UASB 反应器氮容积去除负荷为 $0.38 \sim 6.39 \dfrac{kg(N)}{(m^3 \cdot d)}$,高于上流式生物膜反应器和推流式生物膜反应器,其去除负荷的差异可能源自反应器的高径比或内部结构。UASB 是目前应用最普遍的厌氧反应器,其主要优点(如生物量高、污染物负荷高、传质效果好等)已得到广泛认同,如对其结构进行适当改进,应该可以达到更高的厌氧氨氧化效率。

表 8.10　不同条件下 UASB 的运行参数和处理效果比较

序号	反应器体积	废水性质	HRT /(t·d⁻¹)	氮容积去除负荷 /[r/kg(N)·m⁻³·d⁻¹]	高径比
1	1	猪厂废水 城市污水厂出水添加 NH_4^+ 和 NO_2^-	2.5	0.72(120 d)	—
2	0.2	处理废水 添加 NH_4^+ 和 NO_2^-	2.5	0.52(220 d)	—
3	1	模拟废水和猪厂废水	5	0.6(150 d)	5.9
4	1	猪厂废水	5	0.66(150 d)	—
5	200	污泥消化液	—	2(100 d),6.39(389 d)	16
	6.4	模拟废水		2.87(173 d)	7.6

8.5.4.2　絮体生物反应器

絮体生物反应器的最大优势就是可以保证厌氧氨氧化菌和底物间的良好传质,最长研究的反应器为厌氧序批式反应器(Anaerobic sequencing batch reactor,ASBR)。ASBR 厌氧氨氧化氮容积去除负荷处于中等水平,为 $0.6 \sim 0.7 \dfrac{kg(N)}{(m^3 \cdot d)}$,但具有很多优点:结构简单,不会发生污泥堵塞,生物的持留效果最佳;涡轮机械搅拌产生的剪切力使传质良好;强的污泥筛选能力,可富集结构更紧凑的颗粒污泥,使系统更加稳定;无短流现象,无须回流,无须单独的固液分离器;运行操作简单方便,由实验室放大到实际应用规模比较容易。

8.5.5　厌氧氨氧化的研究方向

经过这些年的发展,厌氧氨氧化已经发展到一定的阶段,已经进入厌氧氨氧化菌内部结构以及遗传基因的研究。这将进一步推动厌氧氨氧化的深入认识,对其生理生化特性的研究也为开发性的生物脱氮技术提供了生物学和微生物学的基础。以后的工作重点可以放在:

①研究微生物新陈代谢中各种重要氧化还原酶的提纯,对其结构和功能进行进一步研究;

②研究缩短微生物世代时间的关键部位,适应环境,以减少其对富集培养的限制;

③研究微生物生长动力学,部分微量元素的量对于该微生物的影响。通过其研究可以找出最适宜的生长条件,以最大可能地改善工程应用中其生长速率较慢的弊端,使厌氧氨氧化工艺能够更快、更广泛地投入工程应用。

第9章 厌氧生物处理原理

9.1 有机物质排放现状

9.1.1 废水

9.1.1.1 废水排放量

2011年,全国废水排放总量为652.1亿吨,化学需氧量(COD)排放总量为2 499.9万吨,氨氮排放总量为260.4万吨。全国地表水总体为轻度污染,湖泊(水库)富营养化问题依然突出。长江、黄河等十大水系469个国控监测断面中,Ⅰ类~Ⅲ类、Ⅳ类~Ⅴ类和劣Ⅴ类水质断面比例分别为61.0%、25.3%和13.7%。我国管辖海域海水水质状况总体较好,符合第Ⅰ类海水水质标准的海域面积约占管辖海域面积的95%。

2012年,全国地表水国控断面总体为轻度污染。长江、黄河、珠江、松花江、淮河、海河、辽河、浙闽片河流、西北诸河和西南诸河等十大流域的国控断面中(图9.1),Ⅰ~Ⅲ类、Ⅳ~Ⅴ类和劣Ⅴ类水质断面比例分别为68.9%、20.9%和10.2%。

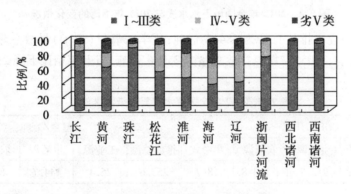

图9.1 2012年十大流域水质类别比例

2012年,全国198个地市级行政区开展了地下水水质监测,监测点总数为4 929个,其中国家级监测点800个。依据《地下水质量标准》(GB/T 14848—93),综合评价结果为水质呈优良级的监测点580个,占全部监测点的11.8%;水质呈良好级的监测点1 348个,占27.3%;水质呈较好级的监测点176个,占3.6%;水质呈较差级的监测点1 999个,占40.5%;水质呈极差级的监测点826个,占16.8%(图9.2)。主要超标指标为铁、锰、氟化物、"三氮"(亚硝酸盐氮、硝酸盐氮和氨氮)、总硬度、溶解性总固体、硫酸盐、氯化物等,个别监测点存在重(类)金属超标现象。

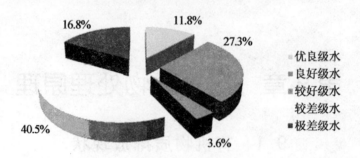

图 9.2　2012 年全国地下水水质状况

与 2011 年相比,有连续监测数据的水质监测点总数为 4 677 个,分布在 187 个城市,其中水质呈变好趋势的监测点 793 个,占监测点总数的 17.0%;呈稳定趋势的监测点 2 974 个,占 63.6%;呈变差趋势的监测点 910 个,占 19.4%(图 9.3)。

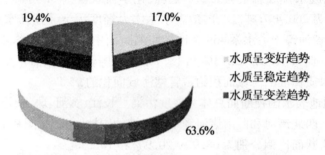

图 9.3　2012 年全国地下水水质与 2011 年相比的变化情况

2012 年,全国废水排放总量为 684.6 亿吨,化学需氧量(COD)排放总量为 2 423.7 万吨,与上年相比下降 3.05%;氨氮排放总量为 253.6 万吨,与上年相比下降 2.61%。

表 9.1　2012 年全国废水主要污染物排放量

COD/万吨					氨氮/万吨				
排放总量	工业源	生活源	农业源	集中式	排放总量	工业源	生活源	农业源	集中式
2 423.7	338.5	912.7	1 153.8	18.7	253.6	26.4	144.7	80.6	1.9

废水中的有机物(以 COD 表示)始终是造成水污染最重要的污染物,它是水域变质、发黑发臭的罪魁祸首。废水中的有机物里也不乏有毒的化合物。因此在保护环境、控制污染的工作中,废水有机物的处理是非常重要的。

生物方法是去除废水中有机物最经济、最有效的方法,特别是对于 BOD 含量高的有机废水更为适宜。利用微生物生命过程中的代谢活动,将有机物分解为简单的无机物,从而去除有机污染物的过程称为废水的生物处理。根据代谢过程中对氧的需求情况,微生物可以分为好氧微生物、厌氧微生物和介于两者之间的兼性微生物。因此相应的废水处理工艺也可分为 3 个大类。

好氧生物处理利用好氧微生物的代谢活动来处理废水,它需要不断向废水中补充大量空气或氧气,以维持其中好氧微生物所需要的足够的溶解氧浓度。在好氧条件下,有机物

被最终氧化为 H_2O 和 CO_2 等,部分有机物被微生物同化以产生新的微生物细胞,活性污泥法、生物转盘法和好氧滤器等都属于好氧处理工艺。

厌氧生物处理利用厌氧微生物的代谢过程,在无须提供氧气的情况下把有机物转化为无机物和少量的细胞物质,这些无机物主要包括大量的生物气(即沼气)。

9.1.1.2　废水中的污染物

废水中的污染物包括有机物和无机物两大类。废水进行生物处理的主要对象是其中的各类可生化性有机污染物;只有在少数情况下,处理对象是少数几种无机物,如 CN^-、NH_3、NO_3^-、PO_4^{3-}、S^{2-} 等。就厌氧消化处理而言,处理对象限于各类有机污染物。

据报道,目前造成环境污染的化学物质有数十万种,其中大量存在着种类繁多的有机物。有机污染物造成的污染危害大体可归纳为以下几方面:

(1)需氧性污染危害

需氧性污染危害是有机物造成的普遍存在的污染危害。反映有机污染物数量多少的综合指标有生化需氧量(BOD)、化学需氧量(COD)、高锰酸盐指数总需氧量(TOD)和总有机碳(TOC)等。

(2)致毒性污染危害

工业废水中往往含有毒性有机物,如《污水综合排放标准》中规定的挥发酚、甲醛、苯胺类、硝基苯类、烷基汞类等。

这类有机物虽然也造成需氧性污染危害,但其毒性危害表现得更加突出,因而在各类标准中规定了其最高允许含量。

(3)酸、碱污染危害

有些有机物能改变水体的 pH 值,恶化水体生态环境,这些污染物包括众多的有机酸和有机碱。

(4)感官性污染危害

有些有机物(如有机染料)能增加水体色度。胶体态及悬浮态有机物能造成水体浑浊。有些有机物(如硫醇等)能造成恶臭。漂浮物及泡沫也能使人产生感官上的不愉快。为了清除上述有机物的污染危害,可利用微生物细胞内进行的生物化学反应,将这些有机污染物转化成易于分离的或无害的化学物质。

9.1.1.3　有机废水的处理方法

有机废水,尤其是高浓度有机废水处理的途径,主要取决于废水的性质。有机废水的性质大致可分为以下 3 个大类:

(1)易于生物降解废水

易于生物降解的废水一般来自以农牧产品为原料的工业废水和禽畜粪便废水等,如轻工食品发酵废水和禽畜饲养场排放的废水等。这类废水一般易于生物降解,且数量大,有机物浓度很高,对环境污染较严重。

对于第一类高浓度有机废水,废水中的有机组分主要是糖类,但由于废水中还含有蛋白质和脂类,所以这类高浓度有机废水的治理,除先考虑回收有用物质外,如玉米酒精废液采用蒸发浓缩技术回收于酒精糟,应优先考虑采用厌氧生物处理技术,不仅效能高,能耗低,并能回收大量生物能,这是一种最佳的选择。

（2）难生物降解废水

难于生物降解的或对生物有害的废水主要来自化学工业、石油化工和炼焦工业等，如制药厂、染料厂、人造纤维厂、焦化厂等排出的生产废水。

对于第二类高浓度有机废水，由于废水中的有机物主要是难生物降解的高分子有机物，单独采用好氧生物法往往达不到满意的处理效果，而采用厌氧生物法则可降解或提高其可生化性。所以这类废水采用厌氧－好氧串联工艺是最佳的选择。如果这类废水中所含的有机物不仅是不可生化的，而且是有毒的，则不宜采用生物法，而应考虑采用化学法或物化法进行处理。

（3）有害废水

含有害物质的废水中含有重金属、高氮、高硫等。这类废水主要来自化学工业和发酵工业，如味精废水、糖蜜酒精废水等。

对于第三类高浓度有机废水，首先要通过适当的预处理，去除废水中有毒有害物质，仍可采用厌氧生物法。

综上所述，对于高浓度有机废水，直接采用好氧生物法是不可取的，因为这不仅要耗用大量稀释水，而且要消耗大量电能。应优先考虑采用厌氧生物法，作为去除有机物的主要手段，或提高有机物的可生化性。

高浓度有机废水，仅通过厌氧生物处理，往往达不到出水的排放标准，尚需采用好氧生物处理作为后处理，才能满足排放要求，因此，对于高浓度有机废水采用以厌氧生物处理为主、好氧生物处理为辅的技术路线，是最佳的选择。

9.1.2　固体废物

9.1.2.1　固体废物的定义

固体废物是指在生产、生活和其他活动中产生的丧失原有利用价值或者虽未丧失利用价值但被抛弃或者放弃的固态、半固态和置于容器中的气态的物品、物质以及法律、行政法规规定纳入固体废物管理的物品、物质。

也可以说，固体废物指人类在生产和生活活动中丢弃的固体和泥状的物质，简称固废，包括从废水、废气中分离出来的固体颗粒。凡人类一切活动过程产生的，且对所有者已不再具有使用价值而被废弃的固态或半固态物质，通称为固体废物。各类生产活动中产生的固体废物俗称废渣；生活活动中产生的固体废物则称为垃圾。"固体废物"实际只是针对原所有者而言。在任何生产或生活过程中，所有者对原料、商品或消费品，往往仅利用了其中某些有效成分，而对于原所有者不再具有使用价值的大多数固体废物中仍含有其他生产行业中需要的成分，经过一定的技术环节，可以转变为有关部门行业中的生产原料，甚至可以直接使用。可见，固体废物的概念随时空的变迁而具有相对性。提倡资源的社会再循环，目的是充分利用资源，增加社会与经济效益，减少废物处置的数量，以利社会发展。

9.1.2.2　固体废物的分类

按照城市固体废物产生的原因，可将其分为以下 4 类：

（1）工业固体废物

工业固体废物是在工业生产和加工过程中产生的，排入环境的各种废渣、污泥、粉尘等。工业固体废物如果没有严格按环保标准要求安全处理处置，对土地资源、水资源会造成严重的污染。

（2）危险固体废物

危险固体废物特指有害废物，具有易燃性、腐蚀性、反应性、传染性、毒性、放射性等特性，产生于各种有危险固体废物产物的生产企业。从危险固体废物的特性看，它对人体健康和环境保护会造成巨大危害，如引起或助长死亡率增高；或使严重疾病的发病率增高；或在管理不当时会给人类健康或环境造成重大急性（即时）或潜在危害等。

（3）医疗固体废物

医疗固体废物，是指医疗卫生机构在医疗、预防、保健以及其他相关活动中产生的具有直接或者间接感染性、毒性以及其他危害性的废物。主要有 5 类：一是感染性废物；二是病理性废物；三是损伤性废物；四是药物性废物；五是化学性废物。

（4）城市生活垃圾

城市生活垃圾指在城市日常生活中或者为城市日常生活提供服务的活动中产生的固体废物。包括：有机类，如瓜果皮、剩菜剩饭；无机类，如废纸、饮料罐、废金属等；有害类，如废电池、荧光灯管、过期药品等。

9.2　厌氧生物处理的基本原理

9.2.1　厌氧生物处理的研究历程

有机物厌氧消化产甲烷过程是一个非常复杂的由多种微生物共同作用的生化过程，其研究历程可分为以下几个过程：

9.2.1.1　两阶段理论

1930 年 Buswell 和 Neave 肯定了 Thumm 和 Reichie(1914) 与 Imhoff(1916) 的看法，将有机物厌氧消化过程分为酸性发酵和碱性发酵两个阶段。两阶段学说可用图 9.4 表示。

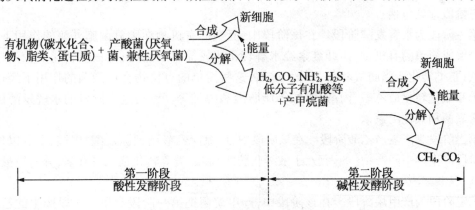

图 9.4　两阶段厌氧消化过程示意图

在第一阶段，复杂的有机物，如糖类、脂类和蛋白质等，在产酸菌（厌氧和兼性厌氧菌）的作用下被分解成为低分子的中间产物，主要是一些低分子有机酸，如乙酸、丙酸、丁酸等，和醇类，如乙醇等，并有 H_2、CO_2、NH_4^+ 和 H_2S 等产生。因为该阶段中有大量的脂肪酸产生，使发酵液的 pH 值降低，所以，此阶段被称为酸性发酵阶段，或称产酸阶段。

　　在第二阶段,产甲烷菌(专性厌氧菌)将第一阶段产生的中间产物继续分解成 CH_4 和 CO_2 等。由于有机酸在第二阶段不断被转化为 CH_4 和 CO_2,同时系统中有 NH_4^+ 的存在,使发酵液的 pH 值不断升高。所以,此阶段被称为碱性发酵阶段,或称产甲烷阶段。

　　在不同的厌氧消化阶段,随着有机物的降解,同时存在新细菌的生长。细菌的生长与细胞的合成所需的能量由有机物分解过程中放出的能量提供。

　　厌氧消化过程两阶段理论这一观点,几十年来一直占统治地位,在国内外有关厌氧消化的专著和教科书中一直被广泛应用。

9.2.1.2　三阶段理论

　　随着厌氧微生物学研究的不断进展,人们对厌氧消化的生物学过程和生化过程认识不断深化,厌氧消化理论得到不断发展。

　　M. P. Bryant 的研究结果认为两阶段理论不够完善,提出了三阶段理论(1979),如图9.5所示。该理论认为产甲烷菌不能利用除乙酸、H_2/CO_2 和甲醇等以外的有机酸和醇类,长链脂肪酸和醇类必须经过产氢产乙酸菌转化为乙酸、H_2 和 CO_2 等后,才能被产甲烷菌利用。

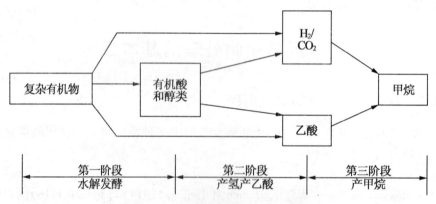

图9.5　三阶段厌氧消化过程示意图

　　三阶段理论包括:

　　第一阶段为水解发酵阶段。在该阶段中,复杂的有机物在厌氧菌胞外酶的作用下,首先被分解成简单的有机物,如纤维素经水解转化成较简单的糖类;蛋白质转化成较简单的氨基酸;脂类转化成脂肪酸和甘油等。继而,这些简单的有机物在产酸菌的作用下经过厌氧发酵和氧化转化成乙酸、丙酸、丁酸等脂肪酸和醇类等。参与这个阶段的水解发酵菌主要是厌氧菌和兼性厌氧菌。

　　第二阶段为产氢产乙酸阶段。在该阶段中,产氢产乙酸菌把除乙酸、甲酸、甲醇以外的第一阶段产生的中间产物(如丙酸、丁酸等脂肪酸)和醇类等转化成乙酸和氢,并有甲酸、甲醇、CO_2 产生。

　　第三阶段为产甲烷阶段。在该阶段中,产甲烷菌把第一阶段和第二阶段产生的乙酸、H_2 和 CO_2 等转化为甲烷。

9.2.1.3　四种群说理论

　　参与有机物逐级厌氧降解的细菌主要有四大类群,依次为水解发酵菌、产氢产乙酸菌、产甲烷菌。此外,还存在着一种能将产甲烷菌的一组基质(H_2/CO_2)横向转化为另一种基质(CH_3COOH)的细菌,称为同型产乙酸菌。

　　由图9.6可知,复杂有机物在第一类种群水解发酵菌作用下被转化为有机酸和醇类;第二类种群产氢产乙酸菌把有机酸和醇类转化为乙酸和 H_2/CO_2、一碳化合物(甲醇、甲酸等);第三类种群同型产乙酸菌能利用 H_2 和 CO_2 等转化为乙酸;第四类种群产甲烷菌把乙酸、H_2/CO_2 和一碳化合物(甲醇、甲酸等)转化为 CH_4 和 CO_2。

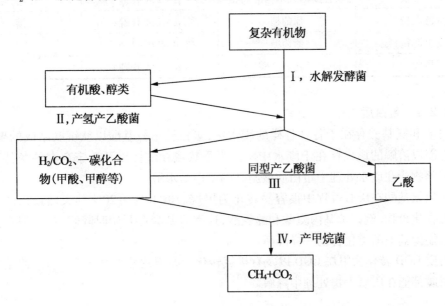

图 9.6　四种群说有机物厌氧降解示意图

　　在有硫酸盐存在条件下,硫酸盐还原菌也将参与厌氧消化过程。在厌氧条件下,葡萄糖通过产酸菌的作用被降解为中间产物,如丙酸,并有少量乙酸和 H_2/CO_2 产生。由于有 SO_4^{2-} 的存在,有部分的中间产物被产氢产乙酸菌转化为乙酸和 H_2/CO_2,而另一部分中间产物在硫酸盐还原菌作用下也被转化为乙酸,并有 H_2S 产生。硫酸盐还原菌也能利用乙酸或氢使 SO_4^{2-} 还原而产生 H_2S。同型产乙酸菌可把 H_2/CO_2 转化为乙酸,最后乙酸裂解,产甲烷菌把乙酸和 H_2/CO_2 转化为 CH_4 和 CO_2。

9.2.2　有机物质的可生物降解性

9.2.2.1　多糖

　　某些废水常含有多糖。表9.2列出了常见的多糖及其结构上的特征。其中纤维素和半纤维素大量存在于木材及非木材等造纸原料中,因而在制浆造纸工业废水中也含有相当多的纤维素、半纤维素及其在制浆过程中的降解产物。淀粉作为食品与饲料工业原料而存在于食品工业废水中。果胶是黏性的多糖,通常在水果罐头加工废水中较多,造纸工业废水中也含有一定量的果胶或其降解物。

表9.2　常见的多糖

多糖名称	组成的单糖	单糖之间的化学键	在热水中的溶解性
纤维素	葡萄糖	$\beta-1,4$ 苷键	不溶
半纤维素	以甘露糖或木糖醇为主	$\beta-1,4$ 苷键	溶
直链淀粉	葡萄糖	$\alpha-1,4$ 苷键	溶
支链淀粉	葡萄糖	$\chi-1,4$ 和 $\alpha-1,6$ 苷键	不溶
果胶	半乳糖醛酸	$\alpha-1,4$ 苷键	溶

9.2.2.2　蛋白质

蛋白质和氨基酸存在于各种各样的废水中,蛋白质是氨基酸以肽键联结成的聚合物。蛋白质常能以溶解的形式存在于废水中。但当受热或在酸性以及单宁存在的条件下会凝聚为不溶解物。在废水处理中蛋白质被胞外的蛋白酶水解。

大多数氨基酸在厌氧过程中很容易转化为甲烷。但 10% ~ 20% 的天然蛋白质中的氨基酸是芳香化合物,例如苯基丙氨酸和酪氨酸,这类氨基酸在开始时降解较慢,但在菌种驯化之后也能像其他酚类化合物一样降解。

蛋白质 COD 转化为甲烷 COD 以及有机氮转化为氨氮的数据列于表9.3。此结果表明各种蛋白质都能在厌氧生物处理中降解。

表9.3　各类蛋白质转化为甲烷和氨氮的厌氧降解

蛋白质来源	COD:TS	浓度/$(g \cdot L^{-1})$		甲烷转换率 /COD%	无机化程度 /TKN%
		COD	TKN		
土豆	1.22	5.84	0.675	72.9	96.0
玉米	1.11	3.62	0.443	85.9	96.5
牛奶	1.32	3.62	0.364	77.8	103.8
明胶	1.12	5.81	0.777	61.4	95.0
鸡蛋	1.34	3.62	0.484	66.0	103.9
血清	1.21	5.81	0.605	54.7	104.1

9.2.2.3　脂肪和长链脂肪酸

脂肪是长链脂肪酸与甘油以醚键连接形成的聚合物,即甘油三酸酯。当脂肪溶解在水中时,它可以迅速被脂肪酶水解。但仅在 pH > 8 以上的溶液中脂肪才可能溶解,在中性特别是酸性条件下脂肪是不溶解的。

长链脂肪酸本身的厌氧降解是一个厌氧氧化的过程。其末端产物主要为乙酸和氢气,它们分别占整个末端产物 COD 的 67% 和 33%。长链脂肪酸的降解会因乙酸和氢气的积累而受到抑制。

9.2.2.4　酚类化合物

废水中的酚类化合物通常采自于植物中的木素和单宁。木素是非极性化合物,它通常只在碱性条件下溶解,但一些小的相对分子质量的木素降解产物可以溶解于水。单宁是水溶性的化合物。酚类化合物可以分为两大类:单体酚和聚酚化合物。

某些单体酚很容易被厌氧菌降解,甚至当使用未驯化厌氧污泥时,降解过程也没有停滞期。它们的降解与甲烷的产生无关,在没有产甲烷菌存在的情况下,这些单体的酚类化合物也能迅速酸化。

聚酚化合物一般比单体酚化合物难降解,木材和草类中的大分子原本木素在厌氧过程中不能够降解。

9.2.3 厌氧生物处理的过程

有机物的厌氧降解过程可以被分为 4 个阶段:

9.2.3.1 水解阶段

水解可以定义为复杂的非溶解性的聚合物被转化为简单的溶解性单体或二聚体的过程。水解过程通常较缓慢,因此被认为是含高分子有机物或悬浮物废液厌氧降解的限速阶段。多种因素可能影响水解的速度与水解的程度,例如,水解温度、有机质的组成(例如木素、碳水化合物、蛋白质与脂肪的质量分数)、有机质颗粒的大小、pH 值、水解产物的浓度(例如挥发性脂肪酸)、有机质在反应器内的保留时间等。

水解速度可由以下动力学方程表示:

$$\frac{\mathrm{d}\rho}{\mathrm{d}t} = -K_h\rho$$

式中 ρ——可降解的非溶解性底物的浓度,g/L;

K_h——水解常数,d^{-1}。

对于间歇反应器,上式积分之后可写作

$$\rho = \rho_0 \times \mathrm{e}^{-K_h \cdot t}$$

式中 ρ_0——非溶解性底物的初始浓度,g/L。

对一个连续搅拌槽反应器,可写作

$$\rho = \frac{\rho_0}{1 + K_h \cdot T}$$

式中 T——停留时间,d。

水解常数 K_h 受许多因素的影响,但和这些因素的具体关系尚不完全清楚,该数值的大小只适用于某种条件下某一特定底物,因而不是普遍有效的(表9.4)。

表 9.4 温度与停留时间对污水污泥中不同猪粪的 K_h 值的影响

温度/℃	停留时间/d					
	脂肪	核酸	纤维素	淀粉	蛋白质	多糖
15	0	0	0.03	0.018	0.02	0.01
25	0.09	0.03	0.27	0.16	0.03	0.01
35	0.11	0.04	0.62	0.21	0.03	0.01

高分子有机物因其相对分子质量巨大,不能透过细胞膜,因此不可能为细菌直接利用。

因此它们在第一阶段被细菌胞外酶分解为小分子。例如,纤维素被纤维素酶水解为纤维二糖与葡萄糖,淀粉被淀粉酶分解为麦芽糖和葡萄糖,蛋白质被蛋白酶水解为短肽与氨基酸等。这些小分子的水解产物能够溶解于水,并透过细胞膜为细菌所利用。

9.2.3.2 产酸发酵阶段

在这一阶段,上述小分子的化合物在发酵细菌(即酸化菌)的细胞内转化为更为简单的化合物并分泌到细胞外。这一阶段的主要产物有挥发性脂肪酸(VFA)、醇类、乳酸、二氧化碳、氢气、氨、硫化氢等。与此同时,酸化菌也利用部分物质合成新的细胞物质,因此未酸化废水厌氧生物处理时会产生更多的剩余污泥。

发酵可以被定义为有机化合物既作为电子受体也作为电子供体的生物降解过程,在此过程中,溶解性有机物被转化为以挥发性脂肪酸为主的末端产物,因此这一过程也称为酸化。酸化过程是由大量的、多种多样的发酵细菌完成的。由于微生物种类不同,特别是产酸发酵微生物对能量需求和氧化还原内平衡要求的不同,会产生不同的发酵途径,即形成多种特定的末端产物(表9.5)。

表9.5　碳水化合物发酵的主要经典类型

发酵类型	主要末端产物	典型微生物
丁酸发酵 (butyric acid fermentation)	丁酸、乙酸、H_2 + CO_2	梭菌属(Clostridium) 丁酸梭菌(C. butyricum)
丙酸发酵 (propionic acid fermentation)	丙酸、乙酸、CO_2	丁酸弧菌属(Butyriolbrio) 丙酸菌属(Propionibacterium) 费氏球菌属(Veillonella)
混合酸发酵 (mixed acid fermentation)	乳酸、乙酸、乙醇、 甲酸、CO_2 + H_2	埃希氏杆菌属(Escherichia) 变形杆菌属(Proteus) 志贺氏菌属(Shigella) 沙门氏菌属(Salmonella)
乳酸发酵(同型) (lactic acid fermentation)	乳酸	乳酸杆菌属(Lactobacillus) 链球菌属(Streptococcus) 明串珠菌属(Leuconostoc)
乳酸发酵(异型) (lactic acid fermentation)	乳酸、乙醇、CO_2	肠膜状明串珠菌(Lmesenteroides) 葡聚糖明串珠菌(L. dextranicum)
乙醇发酵 (ethanol fermentation)	乙醇、CO_2	酵母菌属(Saccharomyces) 运动发酵单孢菌属(Zymomonas)

(1)丁酸发酵

进行丁酸发酵的微生物一般都属于专性厌氧微生物。它们分别属于梭菌属(Clostridium)、丁酸弧菌属(Butyriolbrio)、真杆菌属(Eubacterium)和梭杆菌属(Fusobacterium)。其中最常见的菌种有:丁酸梭菌(C. brtyricrm)、克氏梭菌(C. kluyveri)、巴氏芽孢梭菌(C. pasteurianum)等。

该种类型的发酵过程为:梭菌属经 EMP 途径发酵葡萄糖生成丙酮酸,丙酮酸在铁氧还蛋白氧化还原酶催化下生成乙酰 CoA,乙酰 CoA 经一系列反应生成丁酸(图9.7)。

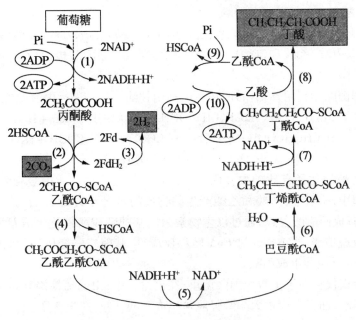

图 9.7　葡萄糖的丁酸发酵

(1)—磷酸转移酶系统和 EMP 途径;(2)—丙酮酸 – 铁氧还蛋白氧化还原酶;(3)—氢化酶;

(4)—乙酰 CoA 乙酰转移酶(硫解酶);(5)—L(+) – β – 羟丁酰 CoA 水解酶(酰烯水合酶);(6)—巴豆酸酶;

(7)—丁酰 CoA 脱氢酶;(8)—CoA 转移酶;(9)—磷酸乙酰转移酶;(10)—乙酸激酶

(2)丙酮 – 丁醇发酵

某些丁酸发酵细菌,如丙酮丁醇梭状芽孢杆菌(*Clostridium acetobutylicum*)、拜氏梭菌(*C. beijerinckii*)和金黄丁酸梭菌(*C. aurantibutyricum*)能在 pH 值低于 5.0 时,从形成丁酸转换为形成丙酮和正丁醇,即形成丙酮 – 丁醇发酵。

目前,丙酮 – 丁醇发酵的代谢途径已经被证明,即葡萄糖经过 EMP 途径降解成丙酮酸,在产酸期生成乙酸及丁酸时,丙酮酸先被磷酸水解为乙酰磷酸,丙酮酸的磷酸水解反应有 CoASH 参加,其反应过程如下:

①乙酸首先转变为乙酰 CoA

$$CH_3COOH + HSCoA + ATP \longrightarrow CH_3CO \sim SCoA + ADP$$

②2 分子乙酰 CoA 在乙酰乙酰 CoA 硫解酶的催化下,合成乙酰乙酰 CoA

$$2CH_3CO \sim SCoA \longrightarrow CH_3COCH_2CO \sim SCoA + HSCoA$$

③乙酰乙酰 CoA 水解为乙酰乙酸

$$CH_3COCH_2CO \sim SCoA + H_2O \longrightarrow CH_3COCH_2COOH + HSCoA$$

④乙酰乙酸生成丙酮

$$CH_3COCH_2COOH \longrightarrow CH_3COCH_3 + CO_2$$

丁醇的合成也是由乙酰乙酰 CoA 开始,经丁酰 CoA、丁醛,最后在丁醇脱氢酶的催化下生成丁醇。对于这种发酵类型的转换机理,目前还很难从分子水平上获得证据,但是从生理生态学角度却可以解释微生物细胞对低 pH 值的生理代谢反应。

（3）丙酸发酵

丙酸杆菌（*Propionibacteria spp.*）、费氏球菌（*Veillonella gazogenes*）和丙酸梭菌（*C. propionicum*）等都能以丙酸、乙酸和CO_2作为主要的发酵产物，除丙酸梭菌（*C. propionicum*）外都形成少量的琥珀酸。

产丙酸的细菌除能利用葡萄糖外，还可以利用甘油和乳酸进行丙酸发酵，其反应式为

$$1.5C_6H_{12}O_6 \longrightarrow 2CH_3CH_2COOH + CH_3COOH + CO_2 + H_2O$$

$$3CH_3CHOHCOOH \longrightarrow 2CH_3CH_2COOH + 3CH_3COOH + H_2O$$

$$C_3H_8O_3 \longrightarrow CH_3CH_2COOH + H_2O$$

进行丙酸发酵的途径有琥珀酸－丙酸途径和丙烯酸途径。琥珀酸－丙酸途径存在于大多数产丙酸菌中，一般地，丙酸和乙酸产生的物质的量之比为 2∶1。在该途径中，葡萄糖经 EMP 途径分解成丙酮酸，然后通过以生物素为辅基的转羧酶催化生成草酰乙酸，通过几步还原反应生成琥珀酸，琥珀酸通过 CoA 转移反应、甲基丙二酰变位酶（该酶以维生素 B_{12} 为辅基）所催化的反应等生成丙酸。

丙烯酸途径仅仅存在于少数产丙酸菌里，在该途径中，由葡萄糖降解为丙酮酸之后，经过乳酸还原成丙酸，而只有少量丙酮酸经脱羧生成乙酸，同时产生 ATP。

（4）混合酸发酵

埃希氏菌属、志贺氏菌属、欧文氏菌属和沙门氏菌属等的一些种，以及变形杆菌属（*Proteus*）具有两个作用于丙酮酸的多酶复合体，即丙酮酸脱氢酶系和丙酮酸－甲酸裂解酶系，这两个多酶复合体都可以将丙酮酸分解为乙酰 CoA。在有氧条件下，丙酮酸脱氢酶系可参与丙酮酸的有氧代谢，所产生的乙酰 CoA 进入三羟酸循环被彻底氧化。在无氧（发酵）条件下，这类细菌不再合成丙酮酸脱氢酶系，而是诱导合成丙酮酸－甲酸裂解酶系，进行混合酸发酵。

丙酮酸－甲酸裂解酶所催化的反应分两步进行，并以乙酰－酶作为中间代谢物，反应产物是甲酸和乙酰 CoA：

$$CH_3COCOOH + 酶 \longrightarrow CH_3CO - 酶 + HCOOH$$

$$CH_3CO - 酶 + CoASH \longrightarrow 酶 + CH_3CO \sim SCoA$$

所生成的乙酰 CoA 在磷酸转乙酸激酶的催化下生成乙酸，在乙醛脱氢酶和醇脱氢酶的催化下可生成乙醇。此外，在混合酸发酵中还产生琥珀酸、乳酸、CO_2 和 H_2 等终产物。

（5）乳酸发酵

乳酸发酵是一些通常称为乳酸菌的细菌发酵葡萄糖产生乳酸和其他产物的一类发酵。这些乳酸菌由于缺乏某些生长因子的合成机制，因而需要比较复杂的营养条件，以至于在培养时需要加入动植物组织液等，才能满足其对营养物质的需要。乳酸菌中大多数是兼性好氧菌，但乳酸发酵要在严格的厌氧条件下进行。乳酸发酵的细菌主要分布在乳酸杆菌属（*Lactobacillus*）、芽孢乳杆菌属（*Sporolactobacillus*）、链球菌属（*Streptococcus*）、明串珠菌属（*Leuconostoc*）、片球菌属（*Pediococcus*）和两歧菌属（*Bifidobacterium*）里。通过研究发现，乳酸发酵细菌可以分别利用 3 种不同的代谢途径产生乳酸，即同型乳酸发酵、异型乳酸发酵和两歧发酵途径。

（6）酵母菌的乙醇发酵和甘油发酵

酵母菌属（*Saccharomyces*）的一些种利用葡萄糖发酵时，由于所处的发酵条件不同，可分为 3 种类型。

①酵母菌的第一型发酵(乙醇发酵)。

酵母菌在厌氧条件下,通过 EMP 途径将葡萄糖降解为 2 mol 的丙酮酸,然后在丙酮酸脱羧(脱氢)酶的作用下,将丙酮酸脱羧生成乙醛。乙醛在醇脱氢酶的作用下,生成乙醇。1 mol 葡萄糖经酵母乙醇发酵后产生 2 mol 乙醇、2 mol CO_2 和 2 mol ATP。以上是酵母菌的正常乙醇发酵,又称为酵母菌的第一型发酵。

②酵母菌的第二型发酵(甘油发酵)。

啤酒酵母(*Saccharomyces cereuisiae*)在中性或微酸性以及缺氧条件下,利用 EMP 途径进行葡萄糖分解代谢时,它的主要产物是乙醇和 CO_2。但如果在培养基内加入亚硫酸氢钠,就会生成甘油。这是因为加入亚硫酸氢钠后可与乙醛起加成反应,生成难溶的结晶状亚硫酸氢钠加成物——磺化羟乙醛。

由于乙醛和亚硫酸氢钠发生了反应,因此乙醛就不能作为氢受体,所以也就不能生成乙醇。为使 $NADH + H^+$ 得以再生,迫使磷酸二羟丙酮代替乙醛作为氢受体生成 α - 磷酸甘油。α - 磷酸甘油在 α - 磷酸甘油酯酶的催化下被水解,除去磷酸而生成甘油。这种由于加入亚硫酸盐而生成甘油的过程称为酵母菌的第二型发酵。

③酵母菌的第三型发酵(甘油发酵)。

如果控制 pH 值在碱性条件下,酵母菌乙醇发酵的产物主要是甘油和少量的乙酸与乙醇。因为在碱性(pH > 7.6)条件下,乙醛不能像正常条件那样作为受氢体,而是在乙醛分子之间发生歧化反应,即相互进行氧化还原反应,生成 1 mol 乙醇和 1 mol 乙酸。

另外,来自 3 - 磷酸甘油醛脱氢酶反应的氢转给磷酸二羟丙酮,生成 α - 磷酸甘油,后者经 α - 磷酸甘油酯酶催化,生成甘油。因此酵母菌的第三型发酵的总反应式为

$$2 \text{ 葡萄糖} \longrightarrow 2 \text{ 甘油} + \text{乙醇} + \text{乙酸} + 2CO_2$$

9.2.3.3　产乙酸阶段

产酸发酵阶段的产物在产乙酸阶段被产乙酸菌转化为乙酸、氢气和二氧化碳以及新的细胞物质。产乙酸过程的某些反应可见表 9.6。

表 9.6　产乙酸反应

$CH_3CHOHCOO + 2H_2O \rightarrow CH_3COO + HCO_3^- + H^+ + 2H_2$ (乳酸)	$\Delta G = -4.2$ kJ/mol
$CH_3CH_2OH + H_2O \rightarrow CH_3COO^- + H^+ + 2H_2$ (乙醇)	$\Delta G = +9.6$ kJ/mol
$CH_3CH_2CH_2COO^- + 2H_2O \rightarrow 2CH_3COO^- + H^+ + 2H_2$ (丁酸)	$\Delta G = +48.1$ kJ/mol
$CH_3CH_2COO + 3H_2O \rightarrow CH_3COO^- + HCO_3^- + H^+ + 3H_2$ (丙酸)	$\Delta G = +76.1$ kJ/mol
$4CH_3OH + 2CO_2 \rightarrow 3CH_3COO^- + 2H_2O$ (甲醇)	$\Delta G = -2.9$ kJ/mol
$2HCO_3^- + 4H_2 + H^+ \rightarrow CH_3COO^- + 4H_2O$ (碳酸)	$\Delta G = -70.3$ kJ/mol

在运转良好的反应器中,氢的分压一般不高于 10 Pa,平均值约为 0.1 Pa。只有当作为

反应产物之一的氢气的分压(p_{H_2})相对低时,产乙酸的上述反应才能够顺利进行。反应器中氢气消耗的过程主要是产甲烷菌的有效利用,因此在反应器中产乙酸菌一般靠近产甲烷菌生长,只有这样氢气才能被消耗掉,并且使产乙酸过程顺利进行。

9.2.3.4　产甲烷阶段

产甲烷阶段是把乙酸、氢气、碳酸、甲酸和甲醇等转化为甲烷、二氧化碳和新的细胞物质,参与产甲烷阶段的菌种主要是产甲烷菌。

产甲烷菌能利用的基质范围很窄,有些种仅能利用一种基质,并且所能利用的基质基本是简单的一碳或二碳化合物,如 CO_2、甲醇、甲酸、乙酸、甲胺类化合物等,极少数种可利用三碳的异丙醇,这些基质形成甲烷的反应如下:

$$4H_2 + HCO_3^- + H^+ \longrightarrow CH_4 + 3H_2O$$

$$4HCOO^- + 4H^+ \longrightarrow CH_4 + 3CO_2 + 2H_2O$$

$$4CH_3OH + 4H^+ \longrightarrow 3CH_4 + CO_2 + 2H_2O$$

$$CH_3COO^- + H^+ \longrightarrow CH_4 + CO_2$$

$$4CH_3NH_3^+ \longrightarrow 3CH_4 + HCOOH + 4NH_4^+$$

$$4CO + 2H_2O \longrightarrow CH_4 + 3CO_2$$

$$CH_3CHOHCH_3 + HCO^- + H^+ \longrightarrow 4CH_3COCH_3 + CH_4 + 3H_2O$$

在厌氧反应器中,所产甲烷的大约 70% 由乙酸转化而成。已知利用乙酸的产甲烷菌是索氏甲烷丝菌(*Methanothrix soehngenii*)和巴氏甲烷八叠球菌(*Methanosarcina barkeri*)。另外 30% 的甲烷是由氢气和二氧化碳形成的,能够利用氢气和二氧化碳的菌种称为嗜氢产甲烷菌。约一半嗜氢产甲烷菌也能利用甲酸。这个过程可以直接进行。

9.3　厌氧生物处理的影响因素

废水的厌氧生物处理受到许多因素影响,可分为设计操作因素与环境因素两大类。设计操作因素包括采用的反应器类型、操作单元的选择及排列方式、预处理的方式、反应器的有机负荷、水力停留时间等。环境因素侧重以微生物学角度对厌氧过程加以考虑,主要有氧化还原电位、温度、pH 值、营养、有毒物质等。

9.3.1　设计操作因素

厌氧操作过程中主要考虑的设计操作因素有:

9.3.1.1　上流速度

上流速度也称表面速度或表面负荷。假定一个向上流动的反应器的进液流量(包括出水的循环)为 $Q(m^3/h)$,反应器的横截面面积为 $A(m^2)$,则上流速度 $\mu(m/h)$ 可定义为

$$\mu = \frac{Q}{A}$$

9.3.1.2　水力停留时间

水力停留时间简写作 HRT,指进入反应器的废水在反应器中的平均停留时间。如果反应器的有效容积为 $V(m^3)$,则 $HRT = \dfrac{V}{Q}$;如果反应器的高度为 $H(m)$,则 $HRT = \dfrac{H}{\mu}$,即水力停

留时间(HRT)等于反应器高度与上流速度之比。

9.3.1.3 污泥量

反应器中的污泥量通常以总的悬浮物(TSS)或挥发性悬浮物(VSS)的平均浓度来表示,其单位为 gVSS/L 或 gTSS/L。假定 TSS 经灼烧后的灰分为 Wash,则

$$VSS = TSS - \text{Wash}$$

VSS 主要表示污泥中有机物的含量。在厌氧生物处理中,它近似地反映出污泥中生物物质的量。VSS 和 TSS 的比值也常被用来评价污泥的品质。VSS 在颗粒污泥中的比例在 20% ~99% 间分布,但通常最多见的比例为 70% ~90%。

9.3.1.4 反应器的有机负荷

反应器的有机负荷(简写作 SLR)可以分为容积负荷(简写作 VLR)和污泥负荷(简写作 SLR)两种表示方式。

VLR 即表示单位反应器容积每日接受的废水中有机污染物的量,其单位为 kgCOD/($m^3 \cdot d$) 或 kgBOD/($m^3 \cdot d$)。假定进液浓度为 ρ_w (kgCOD/m^3 或 kgBOD/m^3),流量为 Q (m^3/d),则

$$VLR = \frac{Q\rho_w}{V}$$

式中 V——反应器容积,m^3。

如果反应器中的污泥浓度为 ρ_S (kgTSS/m^3 或 kgVSS/m^3),则反应器中的污泥负荷为

$$SLR = \frac{Q\rho_w}{V\rho_S}$$

9.3.1.5 污泥体积指数

污泥体积指数简写作 SVI,是表示污泥沉降性能的参数,它的测量方法大致如下。

取浓度约为 2 gTSS/L 的污泥悬浮液,均匀混合后置于 1 000 mL 带刻度的锥形量筒中,经 30 min 沉降后,污泥和上清液出现明显界面。假定此时污泥的体积为 V(mL),污泥的精确质量为 m(gTSS),则

$$SVI = \frac{V}{m}$$

当试样浓度大于 2 gTSS/L 或小于 2 gTSS/L 时,试样需稀释或浓缩至大约 2 gTSS/L 后进行测试。

9.3.1.6 比产甲烷活性

比产甲烷活性是在一定条件下,单位质量的厌氧污泥产甲烷的最大速率,是污泥性质的重要参数。其单位为 mLCH$_4$/(gVSS·d)、m^3CH$_4$/(kgVSS·d) 或 gCOD$_{CH_4}$/(gVSS·d)。

比产甲烷活性要通过专门的方法测定,它不是指反应器内污泥实际产甲烷的速率,而是表示了这种污泥所具有的潜在产甲烷能力。由于比产甲烷活性受到很多因素,例如温度、底物浓度与组成等的影响,所以在不同条件下测得的比产甲烷活性不同。

9.3.1.7 污泥停留时间

污泥停留时间简写作 SRT,也称为污泥龄。延长 SRT 是所有高速厌氧反应器最主要的设计思想,即高的 SRT 是厌氧反应器高速高效运行的基本保证。

在连续运行的厌氧反应器中:

$$SRT = \frac{反应器中的污泥总量(kg)}{污泥排出反应器的量(kg/d)}$$

9.3.2　环境因素

9.3.2.1　氧化还原电位

厌氧环境是厌氧消化过程赖以正常进行的最重要的条件。一般情况下,氧的溶入无疑是引起发酵系统的氧化还原电位升高的最主要和最直接的原因。因此需要做到反应系统与空气的完全隔绝。除氧以外,其他一些氧化剂或氧化态物质存在(如某些工业废水中含有的 Fe^{3+}、$Cr_2O_7^{2-}$、SO_4^{2-} 以及酸性废液中的 H^+ 等),同样能影响反应体系中的氧化还原电位。

不同的厌氧消化系统要求的氧化还原电位值不尽相同。同一系统中,不同细菌群要求的氧化还原电位也不尽相同。有些研究资料表明,高温厌氧消化系统要求适宜的氧化还原电位为 $-500 \sim -600$ mV;中温厌氧消化系统要求的氧化还原电位应低于 $-300 \sim -380$ mV。产酸菌对氧化还原电位的要求不甚严格,甚至可在 $+100 \sim -100$ mV 的兼性条件下生长繁殖,而产甲烷菌最适宜的氧化还原电位为 -350 mV 或更低。

控制低的氧化还原电位主要依靠以下措施:①首先保持严格的封闭系统,杜绝空气的渗入;②通过生化反应消耗进水中带入的溶解氧,使氧化还原电位尽快降低到要求值。有资料表明,废水进入厌氧反应器后,通过剧烈的生化反应,使氧化还原电位值降到 $-100 \sim -200$ mV,继而降到 -340 mV。因此在工程上没有必要对进水施加特别的耗资昂贵的除氧措施。但应防止废水在厌氧生物处理前的湍流曝气和充氧。

9.3.2.2　温度

在对温度的适应方面可以将微生物分为 3 类:
①嗜冷微生物,最适温度为 5 ~ 20 ℃;
②嗜温微生物,最适温度为 20 ~ 42 ℃;
③嗜热微生物,最适温度为 42 ~ 75 ℃。

由于存在这 3 类不同最适温度的微生物,因此厌氧生物处理工艺也相应地分为 3 类,即低温处理、中温处理、高温处理。在这 3 类处理工艺中存在着 3 类不同的菌群。

温度对微生物的影响主要是通过影响细胞内某些酶的活性而影响微生物的生长速率(表 9.7)和微生物对基质的代谢速率。此外温度还会影响有机物在生化反应中的流向和某些中间产物的形成以及各种物质在水中的溶解度,因而可能会影响到沼气的产量和成分等。另外温度还可能会影响剩余污泥的成分与性状(表 9.8)。

表 9.7　与乙酸和甲烷形成有关的细菌在不同温度下的生长速率

生物化学反应	生长速率/h^{-1}	
	30 ~ 35 ℃	55 ℃
$H_2/CO_2 \rightarrow$ 甲烷	0.19	0.33
乙酸 → 甲烷	0.023	0.060
	0.010	0.028
丙酸 → 乙酸	0.008	0.030
丁酸 → 乙酸	0.013	0.109

表9.8 55 ℃和30 ℃运行的反应器内污泥活性比较

温度 /℃	底物种类	活性污泥 /[kgCOD·(kgVSS·d)]	反应器类型
55	乙酸	4.6 ~ 7.3	UASB
55	乙酸 + 丁酸	4.2 ~ 6.2	UASB
30	乙酸	2.2 ~ 2.4	UASB
55	蔗糖	0.3 ~ 1.2	膨胀床
30	蔗糖	0.2	膨胀床
55	VFA	3.5	UASB
30	VFA	3.0	UASB

最适温度是指在此温度附近参与厌氧消化的微生物具有最高的产气速率。由于产气速率与生化速率大致成正相关性,因而也可以说最适温度就是生化速率最高时的温度。有关的实验表明,在厌氧消化中,厌氧生化速率在35 ℃附近达到一个极大值,在45 ℃左右出现一个低值,随后在53 ~ 60 ℃之间又出现一个极大值,也就是说出现了两个最适温度区,并明显地出现一个产气量随温度而变的双峰曲线,且后一峰高于前一峰。我们将温度控制在相对于前一产气高峰时进行的发酵,称为中温厌氧消化;相对于后一产气高峰时进行的发酵,称为高温厌氧消化。如果不严格控制温度,让其自由波动于15 ~ 35 ℃之间时进行的发酵,称为自然温度厌氧消化。

不同试验人员提出的两个最适温度区的具体数值不尽相同。归纳起来,中温厌氧消化最适温度大致在30 ~ 39 ℃之间,高温厌氧消化最适值大致在50 ~ 65 ℃之间。

厌氧消化过程中,最适温度之所以出现两个区,最主要的原因是作为限速步骤的甲烷发酵阶段,其参加者(产甲烷菌)具有不同的最适温度。例如,布氏甲烷杆菌的最适温度范围为37 ~ 39 ℃,范氏甲烷球菌为36 ~ 40 ℃、巴氏甲烷八叠球菌为30 ~ 40 ℃,而嗜热自养甲烷杆菌却为65 ~ 70 ℃。如果发酵温度控制在32 ~ 40 ℃范围内,由于上述中温菌的大量存在,会出现一个产气高峰区。同理,如温度控制在65 ~ 70 ℃之间,由于上述高温菌的存在,会出现另一个产气高峰区。

高温厌氧消化所能达到的处理负荷高,处理效果好,但为维持较高的反应器温度所需要消耗的能量也相对较高,因此,只有在原废水温度较高(如48 ~ 70 ℃)或者是有大量废热可以利用的条件下才可以选用。高温厌氧消化对于废水中致病菌的杀灭效果更好,所以对于某些小水量但必须进行严格消毒后才允许排放的废水或污泥,也可采用高温厌氧消化工艺进行处理。目前绝大多数正在运行的厌氧反应器都是在中温条件运行时既可以获得较稳定、高效的处理效果,同时为维持反应温度所需要消耗的能量还可以接受,或者可以从所产生的沼气中获得,甚至多数情况下,如果废水的有机物浓度足够高时,还可以获得多余的沼气。

9.3.2.3 pH 值及碱度

厌氧生物处理的这一 pH 值范围是指反应器内反应区的 pH 值,而不是进液的 pH 值,因为废水进入反应器内,生物化学过程和稀释作用可以迅速改变进液的 pH 值。对 pH 值改变最大的影响因素是酸的形成,特别是乙酸的形成。因此含有大量溶解性碳水化合物(例如糖、淀粉)等的废水进入反应器后 pH 值将迅速降低,而已酸化的废水进入反应器后 pH 值将上升。对于含大量蛋白质或氨基酸的废水,由于氨的形成,pH 值会略有上升。因此对不同特性的废水,可选择不同的进液 pH 值,这一进液 pH 值可能高于或低于反应器内所要求的 pH 值。反应器出液的 pH 值一般等于或接近于反应器内的 pH 值。

由于在厌氧过程中像碳水化合物这样的未经酸化的污染物会转化为 VFA,废水需要具有一定的 pH 值缓冲能力,即当酸性或者碱性的中间产物积累时防止 pH 值剧烈变化的能力。在厌氧消化过程中会产生各种酸性和碱性物质,它们对消化液的 pH 值往往起支配作用。

消化液中产生的酸性物质主要为挥发性脂肪酸和溶解的碳酸。挥发性脂肪酸是碳水化合物和脂类物质经发酵菌和产氢产乙酸菌的作用而形成的不同层次的代谢产物。绝大多数为乙酸、丙酸、丁酸。它们的电离常数比较接近,产生的 pH 值效应相差不大,一般消化液中的挥发性脂肪酸浓度为每升几十到几千毫克,通常不会大于 2 000 mg/L。沼气中的 CO_2 含量约为 15% ~ 35%,其分压为 0.15 ~ 0.35 at,在此分压下,CO_2 的溶解量为172 ~ 400 mg/L(以 35 ℃计算)。消化液中的 H_2S 和 H_4PO_4 等酸性物质的浓度不大,因此对 pH 值的贡献很小。

消化液中形成的碱性物质主要是氨氮。它是蛋白质、氨基酸等含氮物质在发酵菌脱氨基作用下而形成的。它在酸性条件下多以 NH_4^+ 的形式存在,而在碱性条件下多以 NH_3 的形式存在。以 NH_4^+ 形式存在时与之保持电性平衡的 OH^- 起中和 H^+ 的作用。消化液中的总氨浓度以 50 ~ 200 mg/L 为宜,一般不宜超过 1 000 mg/L。

厌氧消化所产生的酸碱物质有如下的电离平衡:

$$CH_3COOH \rightleftharpoons CH_3COO^- + H^+$$

$$CH_3CH_2COOH \rightleftharpoons CH_3CH_2COO^- + H^+$$

$$CH_3CH_2CH_2COOH \rightleftharpoons CH_3CH_2CH_2COO^- + H^+$$

$$CO_2 + H_2O \rightleftharpoons H_2CO_3 \rightleftharpoons HCO_3^- + H^+$$

$$NH_3 + H_2O \rightleftharpoons NH_4^+ + OH^-$$

不同的厌氧微生物类群的适宜 pH 值范围是各不相同的。

产酸菌所能适应的 pH 值范围较宽,一般来说,其最适宜的 pH 值是在 6.5 ~ 7.5 之间,此时,其生化反应的能力最强。但是,pH 值略低于 6.5 或略高于 7.5 时,产酸菌仍有较强的生化反应能力。

产甲烷菌所能适应的 pH 值范围较窄,一般认为,其最适 pH 值范围为 6.8 ~ 7.2,实际经验表明,当 pH 值在 6.5 ~ 7.5 之间时,产甲烷菌均有较强的活性。不同的产甲烷菌所要求的最适 pH 值也各不相同。例如,厌氧生物反应器中几种常见的中温产甲烷菌的最适 pH 值分别是:嗜甲酸产甲烷杆菌为 6.7 ~ 7.2,布氏产甲烷杆菌为 6.9 ~ 7.2,巴氏产甲烷八叠球菌为 7.0 左右,等等。因此,一般可以认为,中温产甲烷菌的最适 pH 值为 6.8 ~ 7.2。但是也有许多产甲烷菌是生长在偏酸或偏碱的极端环境中的,如从泥炭沼泽中分离到的一株氢营养型产甲烷菌,能在 pH =5.0 的条件下生长,甚至在 pH 值下降到 3.0 时,还能产生甲烷;伊斯帕诺拉产甲烷杆菌的最适 pH 值为 5.6 ~ 6.2,等等。自然界中还存在着一些在偏碱环境中生长的产甲烷菌,如嗜碱产甲烷杆菌,其最适 pH 值为 8.1 ~ 9.1,嗜盐产甲烷菌的最适

pH 值则高达 9.2,等等。

厌氧消化工艺不同,维持的 pH 值也不相同。

间歇式厌氧消化工艺(一次装料、长期发酵)中,pH 值随消化时间的延长而不断变化:先是急剧下降,继之在保持短暂的稳定后转而缓慢提升,整个过程表现由酸性转为中性,最后达到碱性。这种消化工艺的 pH 值一般不进行人工控制。在消化的最初阶段,原料中丰富的有机物为适应环境快及代谢能力强的产酸菌提供了生长繁殖的良机,将有机物迅速转化为脂肪酸;而适应环境慢及代谢能力弱的产甲烷菌无法将这些脂肪酸吸收利用,致使脂肪酸积累起来,导致溶液的 pH 值迅速下降。其后,随着产甲烷菌对环境的逐渐适应,利用脂肪酸的速率逐渐增大。更主要的是由于滞后分解的含氮有机物(如蛋白质等)的开始分解(氨化作用),溶液中氨氮含量迅速增加。基于以上两方面的原因,溶液中 pH 值的下降趋势受到抑制,并转而出现上升趋势。此后,溶液中有机物的量逐渐减少,脂肪酸的产量也趋于减少,而产甲烷菌利用脂肪酸的能力并未因之减弱。其结果使 pH 值慢慢上升,在越过 7.0 以后达到较高值。从 pH 值的变化趋势可以看出,溶液酸化(pH 值下降)的速率很快,需要的时间较短;而使酸性液(pH < 7)恢复到碱性(pH > 7)的速率却很慢,需要的时间也很长。

连续式厌氧消化工艺(连续加排料或每天定时加排料)中,只要温度不变,发酵原料的组成不变,溶液的 pH 值将主要取决于有机物负荷率 $[kg(COD 或 VSS)/(m^3 \cdot d)]$。在有机物负荷率一定时,消化液的 pH 值将很快地(数天时间内)趋向某一固定值。一般地说,有机物负荷率低时,pH 值较高;负荷率高时,pH 值较低。大量运行和试验资料表明,pH 值在 7.0 ~ 7.2 时的有机物负荷率比较理想。若 pH 值为 6.0 ~ 6.9,表明负荷率有点大,容易导致 pH 值的下滑和消化液的酸化。前已述及,酸性的消化液要恢复碱性,是颇费时间的。当 pH 值大于 7.4 时,表明负荷率偏小,可适当增加有机物负荷率,以充分利用设备的处理能力。

厌氧消化过程中最应防止 pH 值的下滑。造成下滑的原因有超负荷运行、进水中带入毒物或抑制剂、温度突然下降等。突然增大有机物负荷,必然使 pH 值下降。在负荷增加不大时,下滑量不大,并能稳定在某一较低值下继续运行。当负荷增加很大时,这种下滑趋势就难于自然抑制,并最终导致一单纯的酸发酵,使厌氧消化遭到破坏。因此,根据 pH 值的变化,及时调整有机物负荷,是维持厌氧消化过程高效稳态运行的基本方法。如因不慎使 pH 值降至 6.5 以下时,可短时停止进料,以待 pH 值逐渐回升。有时也可适当投加碱性物质,以促进回升速率。但如 pH 值降至 6 附近,则自然回升颇费时日,这时必须投加碱性物质。可供选用的碱性物质有石灰、碳酸钠和碳酸氢钠等。其中石灰的价格最便宜,而碳酸氢钠的综合效应最佳。

9.3.2.4　营养

厌氧废水处理过程是由细菌完成的,因此细菌必须维持在良好的生长状态,否则细菌最终会从反应器中流失。为此废水中必须含有足够的细菌,用以合成自身细胞物质的化合物。

细菌细胞的化学组成是了解其营养需求的基础。一般认为,产甲烷菌的实验分子式与普通细菌一样可以用 $C_5H_7O_2N$ 来表示,这说明产甲烷菌对生物细胞中基本元素 C、H、O、N 的需求,与普通细菌细胞没有什么差别。但除 C、H、O、N 以外,产甲烷菌的化学组成却具有其自身的特殊性,见表9.9。从中可看出,产甲烷菌的主要营养物质有氮、磷、钾和硫,生长所必需的少量元素有钙、镁、铁,微量金属元素有镍、钴、铝、锌、锰、铜等。

表9.9 产甲烷菌的化学组成 g/kg 干细胞

元素	含量	元素	含量	元素	含量
氮	65	镁	3	锌	0.060
磷	15	铁	1.8	锰	0.020
钾	10	镍	0.10	铜	0.010
硫	10	钴	0.075	钙	4

以上所讨论的主要是厌氧污泥中的产甲烷菌的营养组成情况,但是厌氧污泥中除了产甲烷菌以外,还有多种非产甲烷菌,如水解细菌、产酸菌、产氢产乙酸菌、硫酸盐还原菌等。但一般来说,在厌氧生物处理系统中,产甲烷菌是其中最关键的一种细菌,因为产甲烷菌本身的世代周期很长,生长缓慢,对环境条件的要求很高,对于环境条件的微小变化很敏感,而且在整个厌氧系统中,产甲烷菌处在整个食物链的最后,如果产甲烷菌生长不好,其活性不能得到充分发挥,就会引起整个厌氧消化过程无法进行。因此,在讨论厌氧消化过程中的营养物质时,研究人员主要关心的就是产甲烷菌的营养要求。

在利用厌氧生物处理工艺处理废水时,可以根据上表中各种元素的含量,利用下式来估算出所需要的营养物的浓度:

$$\rho = COD_{BD} \times Y \times \rho_{cell} \times 1.14$$

式中 ρ——所需最低的营养元素的浓度,mg/L;

COD_{BD}——进水中可生化降解的 COD 浓度,g/L;

Y——污泥产率系数,gVSS/gCOD_{BD};

ρ_{cell}——该元素在细胞中的含量,mg/g 干细胞。

这里的污泥产率系数 Y,与废水是否已经酸化有关,对于未酸化的废水,Y 值可取0.15;对于已经完全酸化的废水,则可取 0.03。计算结果在实际应用时还应扩大至两倍,保证在厌氧系统中有足够的营养物质。

(1)碳源和能源

在厌氧生物处理系统中,最关键的微生物是产甲烷菌,因此我们在讨论厌氧微生物的碳源和能源时主要需要讨论的就是适合于产甲烷菌的碳源和能源物质。

产甲烷菌所需要的碳源和能源物质是非常有限的,常见的基质包括 H_2/CO_2、甲酸、乙酸、甲醇、甲胺类物质等,还有一些种能利用 CO 作为基质,但此时生长较差。除此之外,也有少量报道称有的产甲烷菌能利用异丙醇/CO_2、甲硫醇或二甲基硫化物等。

大多数甲烷菌能利用 H_2 作为能源,但也有两类产甲烷菌不能利用 H_2:一类是嗜乙酸型产甲烷菌,包括索氏甲烷丝菌、甲烷八叠球菌的 Tai－i 菌株和嗜乙酸甲烷八叠球菌等;另一类是专性甲基营养型产甲烷菌,它们只能代谢甲醇、甲胺等,主要有甲基甲烷拟球菌和甲烷嗜盐菌属等。尽管少数种不需要有机碳源,如高温无机营养甲烷球菌、嗜热自养甲烷杆菌等,但是,乙酸氨基酸和维生素等都能刺激大部分产甲烷菌的生长。瘤胃甲烷短杆菌和万氏甲烷球菌的细胞物质中的碳分别有 60% 和 30% 是来自乙酸的。

但是,作为厌氧生物过程来说,它所能降解、转化的有机物质则几乎包括自然界中所有的有机物,如纤维素、脂肪酸、果胶、半纤维素、各种芳香族化合物、蛋白质、氨基酸、几丁质、嘌呤、嘧啶等,甚至许多在好氧条件下不能和不易降解的复杂有机物,在厌氧条件下经过足够的驯化与适应后,也能得到降解和部分降解。

(2)氮、磷、硫

在计算氮、磷、硫元素的需求量时,也是主要考虑产甲烷菌的需求。

所有的产甲烷菌均能利用 NH_4^+ 作为氮源,它们利用有机氮源的能力相对较弱,因此即使在环境中有氨基酸或胃等有机氮存在时也能正常生长。

不同的厌氧生物处理系统,其中厌氧污泥的净细胞合成量为其去除有机物量的 2.5% ~ 5%,而前已述及产甲烷菌的经验式可用 $C_5H_7O_2N$,则每去除 1 000 kgCOD,对氮的需要量为 3 ~ 6 kg,每产生 60 m³ 甲烷需氮 0.5 ~ 1.0 kg。针对不同的废水,氮的量也可以按营养元素的计算公式来计算。

但有研究者指出,在厌氧生物反应器中 $NH_4^+ - N$ 浓度必须大于 40 mg/L,否则会减少生物体的活性。当反应器内的 $NH_4^+ - N$ 浓度为 12 mg/L 时,乙酸利用速率只有其最大值的 54%。这说明,氨氮不仅是厌氧微生物生长所必需的基本氮源,而且还对促进厌氧污泥的活性具有重要作用。

一般来讲,对于基本上未酸化的废水,即当 $Y \approx 0.15$ 时,COD_{BD} : N : P 可取大约 350 : 5 : 1 或 C : N : P = 130 : 5 : 1。对基本上完全酸化的废水,即当 $Y \leqslant 0.05$ 时,COD_{BD} : N : P = 1 000 : 5 : 1 或者 C : N : P = 330 : 5 : 1。对于部分酸化废水,可依上法进行推算。

近年来有研究表明,在磷非常缺乏时,虽然细胞增长减少,但产甲烷过程仍进行得非常好。这一发现对于以磷控制剩余污泥的量是非常有吸引力的。对于其他元素的此类观察尚未见报道。在反应器的启动中,可以使用相对高浓度的氮和磷以刺激细菌的繁殖。

大多数产甲烷菌能以硫化物作为硫源,有些种还能利用半胱胺酸或蛋氨酸。厌氧微生物对硫的需要是独有的,但似乎溶液中只要有几 mg/L 的硫化物即可很容易满足厌氧微生物对硫化物的需求。产甲烷相最佳生长和最佳比产甲烷速率所需的硫(以 S 计)为 0.001 ~ 1.0 mg/L。目前认为产甲烷菌不能利用硫酸盐作为硫源,但是低浓度(0.2 ~ 0.4 mmol/L)的硫酸盐能刺激某些产甲烷菌的生长。

厌氧系统中的各种硫化物的去向主要包括:①产气中的 H_2S;②出水中的硫化物;③微生物合成的硫化物(是磷合成量的 1.5 倍);④被重金属沉淀的硫化物。

(3)其他微量元素

所有产甲烷菌的生长均需要 Ni、Co、Fe 等微量金属元素。Ni 是产甲烷菌中辅酶 F_{430} 和氢化酶的重要成分,培养基中 1 ~ 5 μmol/L 的 Ni 就可以满足其生长,其吸收率是 17 ~ 180 μg/g 细胞干重;在咕啉的生物合成过程中需要大量的 Co,Co 的吸收率是 10 ~ 120 μg/g 细胞干重;产甲烷菌对 Fe 的需要量较大,吸收率也较高,为 1 ~ 3 mg/g 细胞干重,因此一般要求培养基中全铁的浓度要维持在 0.3 ~ 0.8 mmol/L。

有些产甲烷菌也需要其他金属元素,如 Mo 能刺激嗜热自养甲烷杆菌和巴氏甲烷八叠球菌的生长;池沼甲烷球菌和嗜甲基甲烷拟球菌的生长则需要较高浓度的 Mg。

通常认为,除上述的 Fe、Co、Ni、Mo、Mg 以外,对产甲烷菌具有激活作用的微量金属还有 Zn、Cu、Mn、Se、W、B 等。因此,可知影响产甲烷速率的微量金属元素是多种多样的,限制或缺少其中一种都会使产甲烷过程受到抑制甚至完全停止。常用微量元素的溶液配方见表9.10。

表9.10　常用微量元素的溶液配方　　　　　　　　　　g/L 蒸馏水

氨基三乙酸	1.5	$MgSO_4 \cdot 7H_2O$	3.0
$MnSO_4 \cdot 7H_2O$	0.5	NaCl	1.0
$CoCl_2 \cdot 6H_2O$	0.1	$CaCl_2 \cdot 2H_2O$	0.1
$FeSO_4 \cdot 7H_2O$	0.1	$ZnSO_4 \cdot 7H_2O$	0.1
$CuSO_4 \cdot 5H_2O$	0.01	$AlK(SO_4)_2$	0.01
H_3BO_3	0.01	Na_2MoO_4	0.01
$NiCl_2 \cdot 6H_2O$	0.02		

某些产甲烷菌需要某些维生素类才能生长,或有刺激作用,尤其是 B 族维生素培养基。配制维生素溶液配方见表9.11。

表9.11　维生素溶液配方　　　　　　　　　　mg/L 蒸馏水

生物素	2	叶酸	2
盐酸吡哆醇	10	核黄素	5
硫胺素	5	烟酸	5
泛酸	5	维生素 B_{12}	0.1
对－氨基苯甲酸	5	硫辛酸	5

9.3.2.5　有毒物质

许多工业废水中常常会含有一种或几种对厌氧微生物(特别是其中的产甲烷菌)产生抑制作用的化学物质,这些抑制物质的存在会导致厌氧污泥活性的下降,甚至会导致厌氧污泥中几大类细菌间的平衡关系被破坏,最终导致反应器运行的失败。因此,在采用厌氧工艺处理某种工业废水之前,需要考察其对厌氧微生物的抑制性,采取适当的预防措施,以保证其对废水中有机污染物的降解活性。

化学物质对厌氧污泥的抑制作用受多种因素的影响,浓度、受试污泥是否经过驯化、测试条件(温度、pH 值、化学物质的种类与浓度、受试污泥的种类与接触时间等)、几种物质之间的拮抗与否等。

但通常情况下,我们将对厌氧生物过程产生抑制作用的有毒物质分为无机抑制性物质、天然有机抑制性物质和人工合成有机抑制性物质几大类,下面分别予以介绍。

(1)无机抑制性物质

无机抑制性物质主要包括:氧气及其他电子受体、氨氮、硫化物及硫酸盐、无机盐类、重金属等。

一般认为,在利用厌氧工艺处理低浓度污水时,通常会遇到溶解氧的影响的问题。由于产甲烷菌通常被认为是严格厌氧菌,因此进水中溶解氧的存在会抑制产甲烷菌的活性。由于 O_2 能引起 F_{420}－氢酶不可逆解联以及产甲烷菌缺乏超氧化物歧化酶,因此产甲烷菌对 O_2(即使是几个 mg/L)也非常敏感。O_2 对产甲烷菌的毒害过程可分为两个阶段,即抑菌阶段和杀菌阶段。O_2 与细胞内的一些活性基作用,导致 F_{420} – 氢酶复合体等重要酶系解联,同时 O_2 产生游离基团超氧化物离子,对细胞引起致死损伤。

在混合微生物生态系中,其他电子受体(如硝酸盐、硫酸盐)会改变电子流向,从而抑制产甲烷过程。当厌氧反应器的进水中含有硫酸盐时,硫酸盐还原所产生的硫化物会对产甲烷菌产生明显的抑制作用,而且硫酸盐还原过程也会与产甲烷过程竞争基质,从而会影响产甲烷过程的顺利进行。

很多废水中都含有较高浓度的氨氮,也有些废水本身可能含有较低浓度的氨氮,但含有较高浓度的有机氮,如蛋白质和氨基酸等,在厌氧生物处理的过程中,会被转化为氨氮。在水处理中,氨氮是指以离子形式存在的铵(NH_4^+)和非离子形式存在的游离氨(NH_3)的总和。一般来说,氨氮的毒性主要是由游离氨引起的,因此氨氮在废水中的存在形式对其毒性的大小有很大影响,也因此废水的 pH 值对氨氮毒性的大小有直接的影响,因为 pH 值对游离氨在氨氮中所占比例有很大影响,当 pH 值为 7.0 时,游离氨仅占总氨氮的 1%;而 pH 值上升到 8.0 时,其比例可提高 10 倍。氨氮的毒性是可逆的,即当氨氮被去除或稀释到一定浓度以下后,产甲烷活性仍可恢复。

许多工业废水中含有以无机形式存在的硫,如硫酸盐和亚硫酸盐,在厌氧生物处理过程中,这些含硫化合物会被微生物还原为硫化氢。硫化氢的毒性由其非离子形式引起,即游离硫化氢(H_2S)。pH 值对游离的 H_2S 在总硫化物中的比例有很大的影响。在 pH = 7.0 以下时,游离 H_2S 所占比例较大。

一般来说,无机盐类只在浓度非常高时才会引起毒性。在处理某些含有高浓度无机盐的工业废水时,应对盐类引起的毒性作用加以考虑。关于无机盐类的毒性,目前对 Na^+ 的毒性的研究较多,很多研究结果都表明,高浓度的 Na^+ 对于未驯化的厌氧污泥确实具有毒害作用。Na^+ 对厌氧污泥活性的抑制作用是可逆的,产甲烷活性被 Na^+ 抑制达到 80% 的颗粒污泥在除去 Na^+ 并加入新的培养液后几乎可以立即完全恢复起活性。

重金属中可溶性低浓度的铜盐、锌盐和镍盐的毒性也相当大,但是当它们与硫化物形成难溶盐类后,对产甲烷菌无明显不良影响。

(2)天然有机抑制性物质

天然有机抑制性物质主要指厌氧消化过程中的中间代谢产物,如挥发性脂肪酸(VFA)、长链脂肪酸(LCFA)、脂类物质等。

VFA 的毒性取决于 pH 值,因为只有游离 VFA 是有毒性的。VFA 在较低 pH 值下对产甲烷菌的毒性是可逆的。在 pH 值为 5.0 左右时,产甲烷菌在含 VFA 的废水中停留长达 2 个月仍可存活。但一般来讲,其产甲烷活性要在 pH 值恢复正常后几天到几个星期才能够恢复。如果低 pH 值条件维持 12 h 以下,产甲烷活性可在 pH 值调节之后立即恢复。

长链脂肪酸(LCFA)的毒性对其厌氧降解过程有很大影响。一般来讲,当长链脂肪酸发生降解时,污泥的产甲烷活性会立即恢复。

脂类物质也是一种难生物降解的物质,一般来说,脂类在厌氧条件下被降解的过程可以分为如下的 3 个阶段:脂类水解为长链脂肪酸(LCFA)和乙醇;LCFA 和乙醇降解为乙酸、H_2 和 CO_2;乙酸、H_2 和 CO_2 转化为 CH_4,其中 LCFA 的进一步降解是限速步骤。

(3)人工合成有机抑制性物质

随着化工工业中人工合成有机物的日益增多,进入环境的有机物的种类也日益复杂,其中有些物质会对厌氧降解过程有一定程度的抑制作用。

某些氯代的碳氢化合物,如氯仿和五氯酚(PCP)等能够在仅仅几个 mg/L 的浓度时就会引起细菌死亡,但这类化合物可以被经过驯化的厌氧细菌降解生成甲烷和没有毒性的氯离子,因此经过驯化后其毒性可减轻。含有 PCP 和氯代乙烯的废水和地下水,均取得了满意的效果。然而,在通常情况下,PCP 是一种杀菌性毒素,对颗粒污泥有较强的毒性,低浓度的 PCP 对厌氧颗粒污泥中的辅酶 F_{420} 含量、磷酸脂酶活性以及胞外多聚物的分泌等均有抑制作用,而高浓度的 PCP 则可以直接杀死菌体。

产甲烷菌对含不饱和碳键的化合物也较为敏感。闽航等(1992)观察到乙炔对产甲烷菌的产甲烷过程具有明显的抑制影响。乙烯也能抑制甲烷的形成,但其抑制作用是可逆的。不饱和脂肪酸和乙酰丙酸对纯培养的产甲烷过程也有抑制作用,后者主要是能阻碍辅酶 F_{430} 的合成。

甲基化合物通常可以直接作为产甲烷菌的基质,但当其浓度较高时,仍会对产甲烷过程产生严重的抑制作用。

很多酿造厂都会使用抗生素对原料进行灭菌,因此其废水中就可能会含有抗生素。由于产甲烷菌具有一些独特的细胞特性,所以对抗生素有相当的敏感性。

金奇庭等人在我国"七五"攻关期间专门研究了有机物在厌氧消化中的抑制性作用。他们利用取自西安市污水处理厂的消化污泥,在静态培养的条件下,研究了多种有机的抑制性物质对以葡萄糖为基质的厌氧消化过程的抑制作用,结果发现:①在酚类物质中,抑制作用由小到大的排列顺序为:苯 < 苯酚 < 苯二酚(邻、间、对) < 甲酚(邻、间、对) < 3,5 - 二甲酚 < 二氯酚 < 硝基酚(邻、间、对) < 2,4 - 二硝基酚 < 五氯酚;②在胺类物质中,抑制作用由小到大的排列顺序为:苯 < 苯胺 < N,N - 二甲基苯胺 < 间硝基苯胺 < 二乙基苯胺 < 乙酰苯胺;③在苯类物质中,抑制作用由小到大的排列顺序为:苯 < 乙苯 < 对二氯苯 < 二甲苯 < 对硝基甲苯 < 邻二氯苯 < 2,4 - 二硝基甲苯。

9.4　厌氧生物处理的特点

9.4.1　厌氧生物处理的环保技术可行性

衡量和选择任何环境保护技术和方法是否实际可行的尺度见表 9.12 和表 9.13。

表 9.12　环保技术可行性的重要衡量尺度

1. 应能杜绝或明显减少污染物的产生
2. 不需要用清水对污染物稀释
3. 对环境污染的控制而言,它们有较高效率
4. 应尽可能做到资源的回收和综合利用
5. 应当是低成本的技术,包括基建、设备动力、操作和维修等费用应较低
6. 操作和维修应当简单
7. 应能够在较大规模和较小规模条件下同样好地运行
8. 能够被当地的人们认识和接受

表 9.13　选择废水处理方法的重要衡量尺度

指标	举例
应当对各类污染物有较高的去除率	可生物降解的有机物(BOD) 悬浮物 氨和有机氮 磷酸盐 致病菌
工艺系统应当对高峰负荷、电力供应的突然中断、供液的中断以及毒性污染物等有较高的抗干扰能力或稳定性	
工艺上具有灵活性	对效率的改进、规模的扩大等
工艺系统在操作、维修和控制上应当简单,应不需要工程技术人员进行连续的现场操作	
占地应当少,特别在土地紧缺和地价较高的地区	
工艺系统需要的不同操作单元应当尽量少	
工艺系统使用寿命长	
工艺系统在使用中没有严重的污泥处理难题	
工艺系统不应当有严重的臭气问题	
工艺系统应当有回收有用副产品的可能性	
工艺的应用有足够的经验以资借鉴	

9.4.2　厌氧生物处理的优点

考虑到我国作为发展中国家的国情、污染的现状以及上述的重要衡量尺度,厌氧废水处理技术有其明显的优点:

(1)厌氧废水处理技术可作为把环境保护、能源回收与生态良性循环结合起来的综合系统的核心技术,具有较好的环境与经济效益。

(2)厌氧废水处理技术是非常经济的技术,在废水处理成本上比好氧处理要便宜得多,特别是对中等以上浓度(COD > 1 500 mg/L)的废水更是如此。表 9.14 为厌氧生物处理与好氧处理成本的比较。

表 9.14　某工业废水处理厂厌氧生物处理与好氧处理相对成本比较
(以厌氧法处理总费用为 100%)

项目	厌氧法	好氧法
中和	39.6	39.5
营养物添加	7.8	81.3
污泥脱水剂	—	49.6
操作人员	7.7	15.5
维修	26.3	29.4
总费用(不含产气价值)	100.0	319.2
总费用(含产气价值)	28.7	319.2

（3）厌氧生物处理不但能源需求很少，而且能产生大量的能源。据报道，每处理 1 tCOD 的废水，厌氧法只需要耗电 2.7×10^8 J（即 75 kW·h），而好氧法需耗电 36×10^8 J（即 1 000 kW·h）。厌氧法在理论上每除去 1 kgCOD 可以产生 0.35 m³ 的纯甲烷气（0 ℃、1.013×10^5 Pa 下，纯甲烷气的燃烧值为 3.93×10^7 J/m³，每立方米甲烷可发电 8.64×10^6 J，即2.4 kW·h），因此甲烷是很好的能源。含甲烷 60% ~ 80% 的沼气可以用于锅炉燃料或家用燃气。

（4）厌氧废水处理设备负荷高，占地少。厌氧反应器容积负荷比好氧法要高得多，单位反应器容积的有机物去除量也因此要高得多，特别是使用新一代的高速厌氧反应器更是如此。因此其反应器体积小，占地少，这一优点对于人口密集、地价昂贵的地区是非常重要的。

（5）厌氧方法产生的剩余污泥量比好氧法少得多，且剩余污泥脱水性能好，浓缩时可不使用脱水剂，因此剩余污泥处理要容易得多。由于厌氧微生物增殖缓慢，因而处理同样数量的废水仅产生相当于好氧法 1/10 ~ 1/6 的剩余污泥。厌氧法所产生的污泥高度无机化，可用作农田肥料或作为新运行的废水处理厂的种泥出售。

（6）厌氧法对营养物的需求量小。一般认为，若以可以生物降解的 COD 为计算依据，好氧法氮和磷的需求量为 COD∶N∶P ~ 100∶5∶1，而厌氧法为（350 ~ 500）∶5∶1。有机废水一般已含有一定量的氮和磷及多种微量元素，因此厌氧法可以不添加或少添加营养盐。

（7）厌氧法可处理高浓度的有机废水。当废水浓度较高时，不需要大量稀释水。

（8）厌氧法的菌种（例如厌氧颗粒污泥）可以在中止供给废水与营养的情况下保留其生物活性与良好的沉淀性能至少一年以上。它的这一特性为其间断的或季节性的运行提供了有利条件，厌氧颗粒污泥因此可作为新建厌氧生物处理厂的种泥出售。

（9）厌氧系统规模灵活，可大可小，设备简单，易于制作，无须昂贵的设备。目前处理工业废水的上流式厌氧污泥床反应器（UASB）以几十立方米到上万立方米的规模运行。

9.4.3 厌氧生物处理的不足

综上所述，厌氧生物处理的种种优点相当适合我国当前资金缺少、能源不足与污染严重的现状，是一种值得推广的技术。但是厌氧法用于大规模的工业废水的处理只是近 20 年间的事，厌氧技术的发展尚不充分，其经验与知识的积累尚有一定局限性。作为一种新的技术，它尚有不足之处，现叙述如下：

（1）厌氧法虽然负荷高、去除有机物的绝对量与进液浓度高，但其出水 COD 浓度高于好氧处理，原则上仍需要后处理才能达到较高的排水标准。

（2）厌氧微生物对有毒物质较为敏感，因此，由于对有毒废水性质了解的不足或操作不当，严重时可能导致反应器运行条件的恶化。但是随着人们对有毒物质的种类、毒性物质的允许浓度和可驯化性的了解以及工艺上的改进，这一问题正在得到克服。近年来人们发现，厌氧菌经驯化后可以极大地提高其对毒性物质的耐受程度。

（3）厌氧反应器初次启动过程缓慢，一般需要 8 ~ 12 周时间。这是因为厌氧菌增殖较慢所致，但正是由于同一原因，厌氧生物处理才产生很少的剩余污泥。由于厌氧污泥可以长期保存，因此新建的厌氧系统在其初次启动时可以使用现有厌氧系统的剩余污泥接种，启动慢的问题即可解决。

第10章 有机物的厌氧降解

有机物的厌氧降解是指有机物质在厌氧条件下被微生物逐级降解,形成较简单的甲酸、乙酸、丙酸、丁酸、CO_2、H_2 等物质,在有产甲烷菌存在时可形成甲烷的过程。

10.1 碳水化合物的厌氧降解

碳水化合物即多糖,如纤维素、淀粉以及复杂的糖类,是大多数微生物能够利用的底物。单糖,如葡萄糖、果糖甘露醇等六碳糖和木糖、核糖、阿拉伯糖等五碳糖是绝大多数异养型厌氧微生物的碳源和能源。

10.1.1 纤维素的厌氧降解

纤维素$[(C_5H_{10}O_2)_n]$是由葡萄糖脱水聚合而成的高分子化合物。纤维素的结构分为一级结构和片层结构两种,分别如图 10.1 和图 10.2 所示。植物原始结构中的纤维素分子含 1 400 ~ 10 000 个葡萄糖基,相对分子质量用黏度法测定为 20 ~ 30 万,用超速离心法测定则超过 100 万。棉纤维中含 90% 以上的纤维素,木、竹、麦秆、稻草中也含有多量的纤维素。在纺织印染、人造纤维、木材加工、制浆造纸、无烟火药、纤维塑料等工业排放的废水中含有较多的纤维素,同时它也是生活污水中的重要成分。

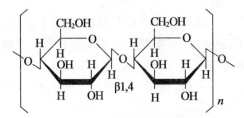

图 10.1 纤维素一级结构

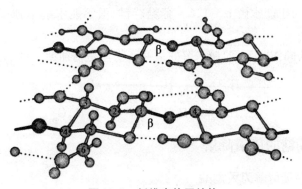

图 10.2 纤维素片层结构

纤维素是可以生物降解的化学物质。但在原始植物纤维中,它与木质素、半纤维素、果胶质等伴生在一起,由于木质素是极难生物分解的化学物质,从而造成了生物降解原始植物纤维素的极大困难。在加工工业中,为了取得纯净的纤维素,一般均采用机械法或化学法将伴生物从纤维素周围剥离或溶出。经加工后的纤维就容易被微生物分解了。

纤维素的生物水解反应分两步进行,依次生成纤维二糖和葡萄糖:

$$2(C_6H_{10}O_5)_n + nH_2O \xrightarrow{\text{纤维素酶}} nC_{12}H_{22}O_{11}$$

$$C_{12}H_{22}O_{11} + H_2O \xrightarrow{\text{纤维二糖酶}} 2C_6H_{12}O_6$$

10.1.2 淀粉[(C₆H₁₀O₅)ₙ]的水解

淀粉也是由葡萄糖经脱水聚合而成的高分子化合物,其途径为葡萄糖→麦芽糖→糊精→淀粉。从分子结构上看,既有直链淀粉,又有支链淀粉;前者占 20% ~ 25%,后者占 75% ~ 80%。

直链淀粉是由 300 ~ 400 个 α - 葡萄糖分子通过 α - 1,4 - 葡糖苷键相连,卷曲成螺旋状的大分子。支链淀粉由上千个葡萄糖分子组成,每 24 ~ 30 个葡萄糖分子就有一个 α - 1,6 - 葡糖苷键构成分支。

食品、纺织、印染、发酵等工业废水及生活污水中经常有多量的淀粉及其水解产物存在。

水解淀粉的酶称为淀粉酶,大致分为 4 种:α - 淀粉酶;β - 淀粉酶;淀粉 - 1,6 - 糊精酶;淀粉 - 1,4(1,6) - 葡糖苷酶。

α - 淀粉酶又称液化酶,从淀粉内部断裂 α - 1,4 - 葡糖苷键,但不能断裂分支点上的 1,6 - 葡糖苷键及靠近分支点的 1,4 - 葡糖苷键。水解产物有糊精、麦芽糖及少量葡萄糖,水解的结果可使淀粉的黏度下降。

β - 淀粉酶又称糖化酶,仅能从直链淀粉的非还原端开始,每次水解出一个麦芽糖分子,不能水解 α - 1,6 - 葡糖苷键(即分支点),也不能越过它。水解产物是麦芽糖及相对分子质量大的糊精(水解残余部分)。

淀粉 - 1,6 - 糊精酶又称脱支酶,作用于分支点上的 1,6 - 葡糖苷键,使支链淀粉变成直链的糊精。

淀粉 - 1,4(1,6) - 葡糖苷酶又称葡萄糖淀粉酶,能从淀粉的非还原端开始,每次脱下一个葡萄糖分子,同时也能水解 α - 1,6 - 葡糖苷键,但不能水解单独存在的 1,6 - 葡糖苷键。

在这 4 种酶的共同作用下,淀粉水解的最终产物均是葡萄糖,具体的反应如下:

$$2(C_6H_{10}O_5)_n + nH_2O \xrightarrow{\text{淀粉酶}} nC_{12}H_{22}O_{11}$$

$$C_{12}H_{22}O_{11} + H_2O \xrightarrow{\text{麦芽糖酶}} 2C_6H_{12}O_6$$

10.1.3 葡萄糖的厌氧降解

10.1.3.1 葡萄糖酵解为丙酮酸

糖酵解是将葡萄糖降解为丙酮酸并伴随着 ATP 生成的一系列反应,是生物体内普遍存在的葡萄糖降解的途径。至今发现的在微生物中的糖酵解为丙酮酸的途径主要有 EMP 途径、HMP 途径、ED 途径和 PK 途径 4 种。

（1）EMP 途径

EMP(Embden - Meyerhof - Parnas) 途径又称糖酵解途径或己糖二磷酸途径,在专性厌氧细菌如梭状芽孢菌、肠道细菌、螺旋菌和八叠球菌等中以及兼性厌氧的大肠杆菌等中都存在这种途径,是绝大多数微生物共有的一条基本代谢途径。对于专性厌氧的微生物来说,EMP 途径是唯一的产能途径。EMP 途径的净结果反应为

$$C_6H_{12}O_6 + 2NAD^+ + 2ADP + 2Pi \longrightarrow 2C_3H_4O_3 + 2NADH + 2H^+ + 2ATP + 2H_2O$$

（2）HMP 途径

己糖单磷酸途径,简称 HMP 途径,这是除了 EMP 途径外又一条重要的糖类分解途径。由于此途径涉及戊糖的转化,因而也称为戊糖磷酸途径。该途径的中间产物较多,可为微生物提供较多的 NADPH 和磷酸三糖、磷酸四糖、磷酸己糖和磷酸庚糖等,满足微生物合成细胞物质的需要。该途径开始时需要 6 个葡萄糖分子以 6 - 磷酸葡萄糖的形式参与,因此完整的 HMP 途径的总反应式为

$$6 - 磷酸葡萄糖 + 12NADP^+ + 6H_2O \longrightarrow 56 - 磷酸葡萄糖 + 12NADPH + 12H^+ + 12CO_2 + Pi$$

（3）ED 途径

ED 途径又称为 2 - 酮 - 3 - 脱氧 - 6 - 磷酸葡萄糖裂解途径。由于 ED 途径产能较 EMP 途径少,所以只是缺乏完整 EMP 途径的少数细菌产能的一条替代途径,利用 ED 途径的微生物不多见,它主要存在于嗜糖假单胞菌、铜绿假单胞菌、荧光假单胞菌和林氏假单胞菌等假单胞菌以及运动发酵单胞菌和厌氧发酵单胞菌等发酵单胞菌中。

完整的 ED 途径的总反应式为

$$C_6H_{12}O_6 + ADP + Pi + NADP^+ + NAD^+ \longrightarrow 2CH_3COCOOH + ATP + NADPH + H^+ + NADH$$

（4）PK 途径

没有 EMP、HMP 和 ED 途径的细菌通过 PK 途径分解葡萄糖。PK 途径有磷酸戊糖酮解酶途径和磷酸己糖酮解酶途径之分。磷酸戊糖酮解酶途径分解葡萄糖过程中的关键反应为 5 - 磷酸木酮糖裂解成乙酰磷酸和 3 - 磷酸甘油醛,关键酶是磷酸戊糖酮解酶,乙酸磷酸通过进一步反应生成乙醇,3 - 磷酸甘油醛经丙酮酸转化为乳酸,即

$$C_6H_{12}O_6 + ADP + Pi + NAD^+ \rightarrow CH_3CHOHCOOH + CH_3CH_2OH + CO_2 + ATP + NADH + H^+$$

10.1.3.2　丙酮酸的发酵过程

由于微生物种类不同,特别是产酸发酵微生物对能量需求和氧化还原内平衡的要求不同,会产生不同的发酵途径,即形成多种特定的末端产物。从生理学角度看,末端产物组成受产能过程、NADH/NAD$^+$ 的氧化还原偶联过程及发酵产物的酸性末端数支配。

（1）丁酸发酵

进行丁酸发酵的微生物一般都属于专性厌氧微生物。它们分别属于梭菌属(Clostridi-um)、丁酸弧菌属(Butyriolbrio)、真杆菌属(Eubacwrium) 和梭杆菌属(Fusobacterium)。其中最常见的菌种有:丁酸梭菌(C. brtyricrm)、克氏梭菌(C. kluyveri)、巴氏芽孢梭菌(C. pasteur-ianum) 等。

梭菌属经 EMP 途径发酵葡萄糖生成丙酮酸,丙酮酸在铁氧还蛋白氧化还原酶催化下生成乙酰 CoA,乙酰 CoA 经一系列反应生成丁酸(图 9.7)。

丙酮酸在丙酮酸铁氧还蛋白氧化还原酶作用下生成乙酰磷酸,并放出 CO_2 和氢气,这个反应称为丙酮酸磷酸裂解反应,即

$$CH_3 - CO - COOH + H_3PO_4 \xrightarrow{\text{丙酮酸铁氧还蛋白氧化还原酶}} CH_3 - CO - P + CO_2 + H_2$$

这个反应实际上由 4 步反应完成:①丙酮酸在丙酮酸铁氧还蛋白氧化还原酶催化下脱羧,羟乙基结合到酶的硫胺素焦磷酸(TPP)上;②生成乙酰 CoA,脱下的氢使铁氧还蛋白还原;③还原型的铁氧还蛋白在氢酶作用下,放出氢而本身被氧化;④乙酰 CoA 在磷酸转乙酰酶催化下生成乙酰磷酸。

(2)丙酸发酵(propionic acid fermentation)

丙酸杆菌(*Propionibacteria spp.*)、费氏球菌(*Veillonella gazogenes*)和丙酸梭菌(*C. propionicum*)等都能以丙酸、乙酸和 CO_2 作为主要的发酵产物,除丙酸梭菌外都形成少量的琥珀酸。

产丙酸的细菌除能利用葡萄糖外,还可以利用甘油和乳酸进行丙酸发酵,其反应式为

$$1.5C_6H_{12}O_6 \longrightarrow 2CH_3CH_2COOH + CH_3COOH + CO_2 + H_2O$$

$$3CH_3CHOHCOOH \longrightarrow 2CH_3CH_2COOH + CH_3COOH + H_2O$$

$$C_3H_8O_3 \longrightarrow CH_3CH_2COOH + H_2O$$

进行丙酸发酵的途径有琥珀酸 – 丙酸途径(图 10.3)和丙烯酸途径。琥珀酸 – 丙酸发酵途径存在于大多数产丙酸菌中,一般地,丙酸和乙酸产生的物质的量之比为 2:1。在该途径中,葡萄糖经 EMP 途径将葡萄糖分解成丙酮酸,然后通过以生物素为辅基的转羧酶催化生成草酰乙酸,通过几步还原反应生成琥珀酸,琥珀酸通过 CoA 转移反应、甲基丙二酰变位酶(该酶以维生素 B_{12} 为辅基)所催化的反应等生成丙酸。

丙烯酸途径仅仅存在于少数产丙酸菌里,在该途径中,由葡萄糖降解为丙酮酸之后,经过乳酸还原成丙酸,而只有少量丙酮酸经脱羧生成乙酸,同时产生 ATP。

(3)混合酸发酵(mixed acid fermentation)

肠杆菌科(*Enterobacteriaceae*)中的一些种属常进行混合酸发酵或丁二醇发酵。如埃希氏杆菌属(*Escherichia*)、沙门氏菌属(*Salmonella*)和志贺氏菌属(*Shigella*)的一些细菌,能利用葡萄糖进行混合酸发酵,生成乳酸、乙酸、甲酸、乙醇、CO_2 和氢气,另外还可以利用一部分磷酸烯醇丙酮酸(PEP)用于生成琥珀酸。

埃希氏杆菌属、志贺氏菌属、欧文氏菌属和沙门氏菌属等的一些种,以及变形杆菌属(*Proteus*)具有两个作用于丙酮酸的多酶复合体,即丙酮酸脱氢酶系和丙酮酸 – 甲酸裂解酶系,这两个多酶复合体都可以将丙酮酸分解为乙酰 CoA。在有氧条件下,丙酮酸脱氢酶系可参与丙酮酸的有氧代谢,所产生的乙酰 CoA 进入三羟酸循环被彻底氧化。在无氧(发酵)条件下,这类细菌不再合成丙酮酸脱氢酶系,而是诱导合成丙酮酸 – 甲酸裂解酶系,进行混合酸发酵。

丙酮酸 – 甲酸裂解酶所催化的反应分两步进行,并以乙酰 – 酶作为中间代谢物,反应产物是甲酸和乙酰 CoA,具体反应式为

$$CH_3COCOOH + 酶 \longrightarrow CH_3CO - 酶 + HCOOH$$

$$CH_3CO - 酶 + CoASH \longrightarrow 酶 + CH_3CO \sim SCoA$$

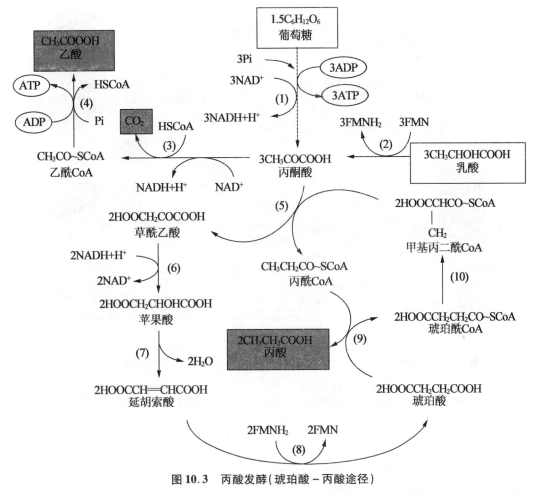

图 10.3　丙酸发酵（琥珀酸－丙酸途径）

(1)—EMP 途径；(2)—乳酸脱氢酶（以黄素蛋白（FP）作为电子载体）；(3)—丙酮酸脱氢酶；(4)—磷酸乙酰转移酶和乙酸激酶；(5)—甲基丙二酰辅酶 A 羧基转移酶；(6)—苹果酸脱氢酶；(7)—延胡索酶；(8)—延胡索酸还原酶（以黄素蛋白作为电子载体）；(9)—辅酶 A 转移酶；(10)—甲基丙二酰辅酶 A 变位酶

所生成的乙酰 CoA 在磷酸转乙酸激酶的催化下生成乙酸，在乙醛脱氢酶和醇脱氢酶的催化下可生成乙醇。此外，在混合酸发酵中还产生琥珀酸、乳酸、CO_2 和 H_2 等终产物（图 10.4）。

个别混合酸发酵细菌，如鼠伤寒沙门氏菌（*S. typhy*）和志贺氏菌属的某些种不具有甲酸脱氢酶系。具有甲酸脱氢酶系的细菌可降解甲酸生成 CO_2 和 H_2，如大肠埃希氏杆菌在酸性条件下可生成 CO_2 和 H_2，而在碱性条件下积累甲酸盐。由于存在 CO_2 的同化（如琥珀酸合成）作用以及 CO_2 部分溶于培养基内，所以常可发现 CO_2 与 H_2 的物质的量之比小于 1。

(4)乳酸发酵（同型）（homolactic acid fermentation）

乳酸细菌能够发酵葡萄糖产生乳酸，有两种类型：同型乳酸发酵（*homolactic acid fermentation*）和异型乳酸发酵（*heterolactic acid fermentation*）。参与乳酸发酵过程的细菌大多数属于乳杆菌，具体见表 10.1。

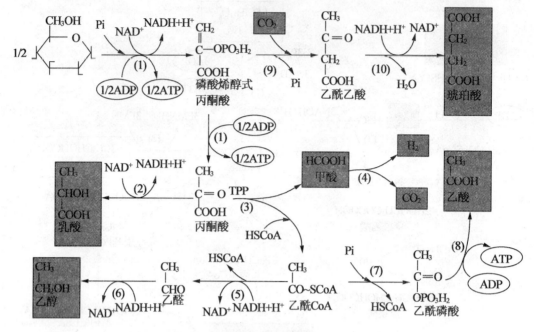

图 10.4　混合酸发酵

(1)—EMP 途径中的各种酶;(2)—乳酸脱氢酶;(3)—丙酮酸 - 甲酸裂解酶;
(4)—甲酸 - 氢裂解酶系;(5)—醛脱氢酶;(6)—醇脱氢酶;(7)—磷酸乙酰转移酶;
(8)—乙酸激酶;(9)—PEP 羧化酶;(10)—苹果酸脱氢酶、延胡索酸酶和延胡索酸还原酶

表 10.1　参与乳酸发酵的菌种

菌属	细菌	同型乳酸发酵	异型乳酸发酵
乳杆菌属	德氏乳杆菌	+	−
	保加利亚乳杆菌	+	−
	干酪乳杆菌	+	−
	植物乳杆菌	+	+
	弯曲乳杆菌	+	−
	短乳杆菌	−	+
	发酵乳杆菌	−	+
肠球菌属	粪肠球菌	+	−
	乳酸乳球菌	+	−
明串珠菌属	肠膜状明串珠菌	−	+
芽孢乳杆菌属	菊糖芽孢乳杆菌	+	−
双歧杆菌属	双歧杆菌属	−	−

同型乳酸发酵是指由葡萄糖经 EMP 途径生成的丙酮酸,直接作为氢受体被 NADH +

H^+还原而全部生成乳酸的一种发酵。进行同型乳酸发酵的有乳酸乳球菌、植物乳杆菌等。

(5)乳酸发酵(异型)(heterolactic acid fermentation)

异型乳酸发酵是指发酵终产物中除了乳酸外还有一些乙醇(或乙酸)和 CO_2 等的发酵。这种发酵是以 HMP(或 PK)途径为基础的。进行异型乳酸发酵的细菌缺乏 EMP 途径中醛缩酶和异构酶等重要的酶,因此只能依靠 HMP(或 PK)途径分解葡萄糖。此时,葡萄糖被分解成 5 - 磷酸核酮糖,再经差向异构酶作用转变为 5 - 磷酸木酮糖,然后由异型乳酸发酵的关键酶——磷酸酮糖裂解酶催化裂解成 3 - 磷酸甘油醛和乙酰磷酸,乙酰磷酸经二次还原为乙醇;3 - 磷酸甘油醛经丙酮酸转化为乳酸,同时产生 2 分子 ATP。该反应的总反应式为

$$C_6H_{12}O_6 + ADP + Pi \rightarrow CH_3CHOHCOOH + CH_3CH_2OH + CO_2 + ATP$$

(6)乙醇发酵(ethanol fermentation)和甘油发酵

酵母菌属(*Saccharomyces*)的一些种利用葡萄糖发酵时,由于所处的发酵条件不同,可分为 3 种类型。

①酵母菌在厌氧条件下,通过 EMP 途径将葡萄糖降解为 2 mol 的丙酮酸,然后在丙酮酸脱羧(脱氢)酶的作用下,将丙酮酸脱羧生成乙醛。乙醛在醇脱氢酶的作用下,生成乙醇。丙酮酸脱羧酶是乙醇发酵的关键性酶,该酶含有硫胺素焦磷酸(TPP)。乙醇发酵的一个重要特点是氢的完全平衡,这是由于发酵过程没有外来的电子(氢)受体(如 CO_2),所以在发酵过程中产生的 $NADH + H^+$ 和消耗的 $NADH + H^+$ 必须完全平衡。1 mol 葡萄糖经酵母乙醇发酵后产生 2 mol 乙醇、2 mol CO_2 和 2 mol ATP。以上是酵母菌的正常乙醇发酵,又称为酵母菌的第一型发酵。

②啤酒酵母(*Saccharomyces cereuisiae*)在中性或微酸性以及缺氧条件下,利用 EMP 途径进行葡萄糖分解代谢时,它的主要产物是乙醇和 CO_2。但如果在培养基内加入亚硫酸氢钠,就会生成甘油。这是因为加入亚硫酸氢钠后可与乙醛起加成反应,生成难溶的结晶状亚硫酸氢钠加成物——磺化羟乙醛。

由于乙醛和亚硫酸氢钠发生了反应,因此乙醛就不能作为氢受体,所以也就不能生成乙醇。为使 $NADH + H^+$ 得以再生,需迫使磷酸二羟丙酮代替乙醛作为氢受体生成 α - 磷酸甘油。α - 磷酸甘油在 α - 磷酸甘油酯酶的催化下被水解,除去磷酸而生成甘油。这种由于加入亚硫酸盐而生成甘油的过程称为酵母菌的第二型发酵。

$$CH_3CHO + NaHSO_3 \rightarrow CH_3CHOHOSO_2Na$$

$$CH_2OHCOCH_2OPO_3H_2 + NADH + H^+ \rightarrow CH_2OHCH_3COHCH_2OPO_3H_2 + NAD^+$$

从上述反应式看出,利用亚硫酸盐发酵生产甘油时,1 mol 葡萄糖只产生 1 mol 甘油,不产生 ATP。在甘油发酵中亚硫酸氢钠的加入量要控制在适量,否则会使酵母菌停止发酵。由于加入的亚硫酸氢钠适量,这时会有部分乙醛不与亚硫酸氢钠结合形成复合物,因此这部分乙醛仍能作为受氢体而生成乙醇,并提供能量,维持酵母菌生长。

③如果控制 pH 值在碱性条件下,酵母菌乙醇发酵的产物主要是甘油和少量的乙酸与乙醇。因为在碱性(pH 值 >7.6)条件下,乙醛不能像正常条件那样作为受氢体,而是在乙醛分子之间发生歧化反应,即相互进行氧化 - 还原反应,生成 1 mol 乙醇和 1 mol 乙酸。另外,来自 3 - 磷酸甘油醛脱氢酶反应的氢转给磷酸二羟丙酮,生成 α - 磷酸甘油,后者经 α - 磷酸甘油酯酶催化,生成甘油。因此酵母菌的第三型发酵的总反应式为

$$2 \text{ 葡萄糖} \longrightarrow 2 \text{ 甘油} + \text{乙醇} + \text{乙酸} + 2CO_2$$

由于该类型发酵不产生能量,因此只在酵母菌的非生长情况下才能进行第三型发酵。

(7)乙酸发酵

自然界中乙酸是一个十分重要的发酵产物。其形成途径在好氧性细菌如醋酸细菌中可将乙醇氧化为乙酸,在厌氧微生物中有两种类型:一是在各种有机发酵中的形成,另一种是由同型产乙酸细菌以 H_2/CO_2 等基质的形成。

在大量的有机酸发酵中都有乙酸的形成,如乳酸发酵,克氏梭菌以乙醇和乙酸为基质的丁酸发酵,混合酸发酵,丙酸发酵等。

自然界中有一大类群的细菌,乙酸是它们的非气体性优势发酵产物,丁酸常检测不到,乙醇和乳酸也极少。它们在利用 1 mol 六碳糖时可以形成 3 mol 乙酸,表明它们可以把丙酮酸脱羧形成的 CO_2 和利用过程中产生的还原当量结合成乙酸。除了利用 H_2/CO_2 外,还可利用 CO/H_2,CH_3OH/CO_2 形成乙酸:

$$4H_2 + CO_2 \rightarrow CH_3COOH + 2H_2O \quad \Delta G^{0'} = -107.1 \text{ kJ}$$

$$4CO + 2H_2O \rightarrow CH_3COOH + 2CO_2 \quad \Delta G^{0'} = -484 \text{ kJ}$$

$$4CH_3OH + CO_2 \rightarrow 3CH_3COOH + 2H_2O \quad \Delta G^{0'} = -706.3 \text{ kJ}$$

由葡萄糖开始的各种发酵类型的途径、微生物及产能情况的总结见表 10.2。

表 10.2　各种发酵类型的比较

发酵类型	途径(条件)	微生物	产能情况 ATP(mol)/mol 葡萄糖
乙醇发酵	EMP	酿酒酵母	2
	EMP	解淀粉欧文氏菌	2
	ED	运动发酵单胞菌	1
甘油发酵	EMP(30% NaHSO₃)	酿酒酵母	少量
	EMP(pH > 7.6)	酿酒酵母	0
同型乳酸发酵	EMP	粪肠球菌	2
异型乳酸发酵	PK	肠膜状明串珠菌	1
	HMP + PK	双歧杆菌	2.5
混合酸发酵	EMP	大肠杆菌	2.5
丁二醇发酵	EMP	产气肠杆菌	2
丁酸发酵	EMP	丁酸梭菌	3

10.1.3.3　产甲烷作用

产甲烷菌能利用的基质范围很窄,有些种仅能利用一种基质,并且所能利用的基质基本是简单的一碳或二碳化合物,如 CO_2、甲醇、甲酸、乙酸、甲胺类化合物等,极少数种可利用三碳的异丙醇,这些基质形成甲烷的反应如下:

$$4H_2 + HCO_3^- + H^+ \longrightarrow CH_4 + 3H_2O$$

$$4HCOO^- + 4H^+ \longrightarrow CH_4 + 3CO_2 + 2H_2O$$

$$4CH_3OH + 4H^+ \longrightarrow 3CH_4 + CO_2 + 2H_2O$$

$$CH_3COO^- + H^+ \longrightarrow CH_4 + CO_2$$

$$4CH_3NH_3^+ + 2H_2O \longrightarrow 3CH_4 + HCOOH + 4NH_4^+$$

$$4CO + 2H_2O \longrightarrow CH_4 + 3CO_2$$

$$4CH_3CHOHCH_3 + HCO_3^- + H^+ \longrightarrow 4CH_3COCH_3 + CH_4 + 3H_2O$$

10.1.4　半纤维素的厌氧降解

半纤维素也称木质纤维素。半纤维素的构成为多缩戊糖(木糖和阿拉伯糖)、多缩己糖(半乳糖、甘露糖)以及多缩糖醛酸(葡萄糖醛酸和半乳糖醛酸)等。半纤维素进入厌氧环境后,易为许多厌氧细菌所水解。这些厌氧细菌分泌的半纤维素酶和多缩糖酶依次将半纤维素水解为单糖和糖醛酸,被吸收后发酵成各种产物,包括乙酸、丁酸、甲酸、乙醇、H_2、CO_2等。

半纤维素经水解后生成木糖、甘露糖和葡萄糖。它们和葡萄糖一样,先转化为中间产物的丙酮酸,并进一步转化为其他简单有机物。

10.1.5　果胶的厌氧降解

果胶是一种由 $1,4-\beta$ 键连接的并在羧基部分不同程度地甲氧基化的半乳糖醛多聚体。含果胶的有机残体物质,首先由果胶降解菌分泌原果胶酶,将有机物质中的原果胶水解成可溶性果胶,使有机残体物质细胞离析,可溶性果胶经果胶甲基酯酶水解成果胶酸,果胶酸再由多缩半乳糖酶水解成半乳糖醛酸,其过程如下:

$$原果胶 + H_2O \xrightarrow{\text{原果胶酶}} 可溶性果胶 + 多缩戊糖$$

$$可溶性果胶 + H_2O \xrightarrow{\text{果胶甲基酯酶}} 果胶酸 + 甲醇$$

$$果胶酸 + H_2O \xrightarrow{\text{多缩半乳糖}} 半乳糖醛酸$$

果胶降解菌生长于果胶上时主要末端产物为甲醇,除此之外还有乙酸、丁酸、乙醇、H_2和 CO_2 等。

10.2　脂肪酸的厌氧降解

10.2.1　脂肪酸的存在形式及分类

动物、植物和许多种类的微生物具有不同程度的能力合成不同种类的脂肪酸,脂肪酸可与甘油构成脂肪,与磷酸构成磷脂,与糖构成糖苷脂等。其中许多在这些生物体死亡之后又回归到大自然中,重新被微生物分解为甘油等和脂肪酸。在许多以油脂为原料或辅料或润滑剂以及合成油脂的生产过程中,有相当数量的含脂肪酸废水,成为大自然的污染物之一。

脂肪酸的种类很多。根据碳原子的多少,可分为长链脂肪酸和短链脂肪酸。长链脂肪酸如十六烷酸(棕榈酸或软脂酸),十八烷酸(硬脂酸);短链脂肪酸如丁酸、戊酸、丙酸等。根据碳链是否含有双键,可分为饱和和不饱和脂肪酸,十六烷酸和十八烷酸为饱和脂肪酸,

亚油酸和 α – 亚麻酸等为不饱和脂肪酸。还可以根据是否含有支链进行分类,可分为直链和支链脂肪酸,如戊酸为直链脂肪酸,异戊酸为支链脂肪酸。

饱和脂肪酸的通式为 R – COOH。不饱和脂肪酸不仅含双键的多少不同,而且含双键的位置也不一样,组成不饱和脂肪酸的性质也不一样。另外由于双键的存在而又分为顺反两种异构体。

脂肪酸分子由非极性的碳氢链和极性的羧基基团组成,因此一个分子有疏水和亲水两部分,而且长链脂肪酸的碳氢链占有分子体积的极大部分,因而就分子总体来说是疏水而脂溶性的,但分子中存在有极性基团,所以分子仍可为水所浸润,这对于脂肪酸被微生物所氧化降解至关重要。

10.2.2　长链脂肪酸的厌氧降解

10.2.2.1　不饱和脂肪酸转化为饱和脂肪酸

关于长链脂肪酸在厌氧环境中的降解,许多研究者已表明是与在好氧条件下的相同,以 β – 氧化的方式,不断地从长碳链上脱下两个碳的乙酸,尚未发现以其他方式降解。不饱和脂肪酸则首先经内源性的电子载体将电子转移至不饱和双键上,使其变为饱和脂肪酸后再经 β – 氧化降解。

10.2.2.2　饱和脂肪酸的 β – 氧化

饱和脂肪酸在厌氧条件下的降解方式也采用与好氧条件下相同的 β – 氧化方式,至今未见有采用不同方式氧化的报道。但经 β – 氧化后生成的乙酸去路与在好氧条件下不同。在好氧条件下是进入三羧酸(TCA)循环彻底氧化为 CO_2 和 H_2O,而在厌氧条件下是被转化成 CH_4 和 CO_2。

脂肪酸的 β – 氧化(即在 β 位碳原子上断裂形成乙酰辅酶 A),共有 5 个步骤:
①脂肪酸的活化

$$RCH_2CH_2CH_2COOH + ATP \xrightarrow{硫激酶、Mg^{2+}} RCH_2CH_2CH_2CO—AMP + PPi$$

$$RCH_2CH_2CH_2CO—AMP + CoASH \longrightarrow RCH_2CH_2CH_2CO \sim SCoA + AMP$$

②脱氢作用

$$RCH_2CH_2CH_2CO \sim SCoA + FAD \xrightarrow{酯酰脱氢酶} RCH_2CH = CHCO \sim SCoA + FADH_2$$

③水合作用

$$RCH_2CH = CHCO \sim SCoA + H_2O \xrightarrow{烯酯酰水合酶} RCH_2CH(OH)CH_2CO \sim SCoA$$

④脱氢作用

$$RCH_2CH(OH)CH_2CO \sim SCoA + NAD \xrightarrow{β羟基脱酰脱氢酶} RCH_2COCH_2CO \sim SCoA + NADH_2$$

⑤硫解作用

$$RCH_2COCH_2CO \sim SCoA + CoASH \xrightarrow{硫解酶} RCH_2CO \sim SCoA + CH_3CO \sim SCoA$$

10.2.3　短链脂肪酸的厌氧降解

短链脂肪酸的厌氧微生物发酵、短链脂肪酸在厌氧环境中的降解与长链脂肪酸无多大的区别,实质上都是经 β – 氧化形成乙酸(偶数碳链)和丙酸(奇数碳链),H_2 等。但在厌氧降解短链脂肪酸时,有一些专门的产氢产乙酸菌与产甲烷菌(或有硫酸盐存在下的硫酸盐还原菌)一起组成降解短链脂肪酸的微生物联合。Melnerney 等从一条小河淤泥中分离到能降解脂肪酸的厌氧互营菌——沃尔夫互营单胞菌。这个脂肪酸厌氧降解菌能降解脂肪酸碳链为 4 ~ 8 碳,其反应如下:

偶数碳链:

$$CH_3CH_2CH_2COO^- + 2H_2O \longrightarrow 2CH_3COO^- + 2H_2 + H^+$$
$$CH_3(CH_2)_4COO^- + 4H_2O \longrightarrow 3CH_3COO^- + 4H_2 + 2H^+$$
$$CH_3(CH_2)_6COO^- + 6H_2O \longrightarrow 4CH_3COO^- + 6H_2 + 3H^+$$

奇数碳链:

$$CH_3(CH_2)_3COO^- + 2H_2O \longrightarrow CH_3CH_2COO^- + CH_3COO^- + 2H_2 + H^+$$
$$CH_3(CH_2)_5COO^- + 4H_2O \longrightarrow CH_3CH_2COO^- + 2CH_3COO^- + 4H_2 + 2H^+$$

支链碳链:

$$CH_3 - CHCH_3CH_2CH_2COO^- + 2H_2O \longrightarrow CH_3CHCH_3COO^- + CH_3COO^- + 2H_2 + H^+$$

10.3　蛋白质和氨基酸的厌氧降解

蛋白质是由多种氨基酸组合而成的高分子化合物,是生物体的一种主要组成物质及营养物质。蛋白质广泛存在于肉类、乳类、蛋类、豆类及谷类中,在屠宰厂、肉类加工厂、制革厂、食品加工厂等排出的工业废水以及生活污水中,都含有蛋白质及其分解产物。

蛋白质的降解分胞外和胞内两个大的阶段,第一阶段为胞外水解阶段,第二阶段为胞内分解阶段。

10.3.1　胞外水解阶段

厌氧微生物特别是梭状芽孢杆菌属的许多种,能以蛋白质作为其良好氮源。如腐败梭菌,此菌分解蛋白质的能力很强,且产生恶臭,膨大的芽孢端生于菌体一端。还有嗜热腐败梭菌、类腐败梭菌等。

在胞外水解阶段,蛋白质在蛋白酶的催化下逐步分解成氨基酸,其步骤如下:

$$蛋白质 \xrightarrow[(内肽酶)]{蛋白酶} 蛋白胨 \xrightarrow[(内肽酶)]{蛋白酶} 多肽 \xrightarrow[(外肽酶)]{肽酶} 氨基酸$$

蛋白质分子在微生物分泌的蛋白质水解酶作用下,在肽键处裂解,生成多肽,再生成二肽,多肽和二肽可在肽酶作用下水解生成各种氨基酸。

10.3.2　胞内分解阶段

氨基酸是水溶性有机物,可被微生物吸收进细胞内。对于厌氧细菌,氨基酸不仅可作为碳源,而且可作为氮源,有的还可作为硫源,如胱氨酸、半胱氨酸、甲硫氨酸等。因此氨基酸是厌氧微生物的有效基质。

常见的氨基酸有 20 种,根据结构可分为脂肪族氨基酸、芳香族氨基酸和杂环族氨基酸。除此 20 种外,还有一些在蛋白质结构中数量很少的氨基酸,如胶原和弹性蛋白中的 L - 羟脯氨酸和 L - 羟赖氨酸等。大部分氨基酸用于细胞物质的合成,少部分则氧化分解。氧化分解的主要途径是脱氨基途径和脱羧基途径。

(1)脱氨基途径

氨基酸经氨化细菌的作用,将氨基脱出而形成无机的氨态氮,此 过程称为氨化作用。厌氧生物处理过程中的氧化脱氨途径以甘氨酸为例:

$$NH_2—CH_2—COOH \xrightarrow[NADH_2→NAD]{氢化酶} CH_3COOH + NH_3$$

厌氧生物处理过程中的加水脱氨途径如半胱氨酸:

$$CH_2SH—CHNH_2—COOH + H_2O \longrightarrow CH_3—CO—COOH + NH_3 + H_2S$$

(2)脱羧基途径

氨基酸经腐败细菌或霉菌细胞内氨基酸脱羧酶的催化,脱去羧基而生成相应的胺和 CO_2,例如丙氨酸的脱羧基过程为

$$CH_3—CHNH_2—COOH \longrightarrow CH_3CH_2NH_2 + CO_2$$

(3)脱氨基脱羧基途径

有些微生物能同时完成脱氨基及脱羧基作用:

$$(CH_3)_2C—CHNH_2—COOH + H_2O \longrightarrow (CH_3)_2C—CH_2OH + NH_3 + CO_2$$

10.4　尿素的厌氧降解

尿素 $CO(NH_2)_2$ 是存在于生活污水、饲养场废液以及农田退水中的能构成 COD 值的污染物,同时也是营养性污染物。尿素能在微生物的尿素酶催化下,水解生成无机的碳酸铵,因其很不稳定,很快又分解为 NH_3 及 CO_2。

$$CO(NH_2)_2 + 2H_2O \xrightarrow{尿素酶} (NH_4)_2CO_3$$
$$(NH_4)_2CO_3 \longrightarrow 2NH_3 + CO_2 + H_2O$$

10.5　芳香族化合物的厌氧降解

10.5.1　芳香族化合物的来源与降解菌

芳香族化合物具有很高的工业价值,但也是令人头疼的环境污染物。苯、甲苯、乙苯、二甲苯、苯乙烯等单环芳香族化合物普遍用于工业溶剂等;多环芳香族化合物作为合成复杂化合物的中间体而被应用于染料、杀虫剂、冶金和制药工业中。含有苯环结构的化合物具有相当大的毒性和致癌、致突变作用,而且极低的含量就可以对人体造成强效的或潜在的危害。在工业生产中,人工合成的芳香族化合物在利用时不可避免地泄漏到环境中,这些污染物一旦进入环境,就不会自行消失,对环境保护和人类健康造成极大威胁。采用微生物降解这类物质由于安全有效、投资少、又不需特殊设备而成为最有前途的治理环境污染的方法。现从降解菌的种类、降解途径、菌种的驯化及筛选等方面论述芳香族化合物的生物降解研究进展。

芳香族化合物降解菌的来源有多条途径,常见的有:直接从污染环境中分离降解菌;选择污水处理厂的活性污泥、沉降池底或厌氧消化池的污泥作为菌种;驯化、筛选专性菌株;

利用基因工程技术构建菌株。

迄今为止,已研究报道的降解菌包括白腐真菌、假单胞菌属、棒状杆菌属、芽孢杆菌属、诺卡氏菌属、微球菌属、红球菌属、产甲烷菌属、蓝细菌以及酵母菌和霉菌等,它们目前主要应用于造纸废水,印染废水,生活污水,残留石油,农药等领域,对芳香族污染物的降解起着相当重要的作用。

10.5.2　芳香族化合物的厌氧降解途径

芳香族化合物的生物降解大致分为 5 个步骤:化合物进入细胞→产生苯环裂解的前体→苯环裂解→转化为两性中间产物→两性中间产物被微生物利用。不同结构的芳香族化合物,能在不同的条件下,由不同的微生物降解。从反应条件上看,可分为好氧与厌氧降解;从结构上看,可分为单环与多环芳烃的降解。

在好氧条件下,芳香环的裂解主要由单或双加氧酶来实现,分子氧对这种酶的活性是必需的,它渗入到反应产物中去,通过间位或邻位裂解途径致使苯环裂解,参与三羧酸循环。目前已发现,数量众多的氯代多环芳烃类、杂环类芳香族化合物聚合物、含氮如硝基的芳香族化合物等均可通过好氧途径降解。

在厌氧条件下,芳香族化合物的降解与好氧氧化机制有着根本的不同。不同的芳香族化合物在苯环裂解之前,首先经各种修饰化作用,如脱卤、脱羟基、脱甲氧基、脱氨基、脱烷基等,从而被转化为两种重要的中间体:苯甲酸和 4 - 羟基苯甲酸。因此嫌气细菌主要通过两条途径降解芳香族化合物,一条经苯甲酸,另一条经 4 - 羟基苯甲酸。代表菌为光合细菌、脱氮细菌、硫酸盐和铁还原菌等。

10.5.2.1　苯甲酸途径

芳香族化合物在苯环裂解之前,通过渗入氢原子而彻底还原为环己羧酸,随后进行与饱和脂肪酸类似的 β - 氧化过程,从而导致苯环的裂解。目前一般认为苯甲酸途径分为以下几个阶段:①CoA 硫酯的形成;②苯环的还原过程;③羧基的引入;④环的裂解过程;⑤β - 氧化反应,产生主要代谢产物——乙酰 CoA。其中苯甲酰 CoA 生成在芳香族化合物降解过程中是十分重要的。

10.5.2.2　4 - 羟基苯甲酸途径

正如苯甲酸代谢一样,4 - 羟基苯甲酸最初也是经 CoA 的硫酯化作用而被激活。4 - 羟基苯甲酰 CoA 连接酶对于 4 - 羟基苯甲酸的降解是必不可少的。4 - 羟基苯甲酰 CoA 可进一步脱羟基还原为苯甲酰 CoA 而进入苯甲酸途径,该反应由 4 - 羟基苯甲酰 CoA 还原酶催化。生长在 4 - 羟基苯甲酸基质上的光合细菌需要钼酸盐,而在其他碳源上生长时,则不需要。因此,该还原酶很可能还要结合钼元素才能发挥其正常活性。

光合细菌 *Rp. palustris* 和脱氮细菌 *T. aromatica* 作为研究芳香族化合物厌氧降解机制的两个模式菌种,其苯甲酸和 4 - 羟基苯甲酸途径的运作存在差异,但这种差异的程度无论在生物化学还是在基因水平上都不是很清楚。由此表明,在最终确定芳香族化合物降解机制之前,仍需做大量艰辛和具体的工作。

10.5.3　影响芳香族化合物厌氧降解的因素

10.5.3.1　化合物的链结构

主链的柔顺性如果大,降解速率则快,随着硬段链如顺(或反)丁烯二酸及芳香族二酸引入主链,生物降解速率变小。另外,侧链基团的亲水性和空间位阻也影响聚合物的降解性。

10.5.3.2　分子量及其分布

微生物降解多是由端基开始的,高的相对分子质量的聚合物因端基数目少,降解速率较低,对于宽分布的聚合物,总是低的相对分子质量部分先降解。

10.5.3.3　降解试验条件

环境条件如温度、pH 值、湿度、氧含量、光、土质、含盐量等,以及微生物生成所需要的其他营养条件也很重要,如真菌宜生长在酸性环境中,而细菌适合生长在微碱性条件下。真菌与细菌的数量、类型及相互作用方式,样品浓度、与微生物(或酶)接触的方式、试验时间的长短等方面都会对化合物的降解产生影响。

10.5.4　同型芳香族化合物的厌氧降解

许多研究已确切表明芳香族化合物对于好氧性分解的抗性比较强。但只是在近年才对芳香族化合物的厌氧降解引起广泛的注意和进行深入研究,而且已表明厌氧条件下芳香族化合物的降解途径与好氧条件下的降解途径很不一样,其速率也要高很多。在好氧条件下,微生物利用单氧酶和双氧酶把氧结合到反应产物中的过程使芳香族化合物分解,所以所有好氧微生物应用的是氧化性苯环裂解途径。而在厌氧环境中不同,厌氧微生物通过水合化或氢化作用即非氧化性苯环裂解途径来分解芳香族化合物,其特点是采用生物化学裂解方法。根据芳香族化合物厌氧降解的环境和条件、微生物、电子受体及伴随的产物等的不同,可以把降解过程分成以下 5 种类型。

10.5.4.1　紫色无硫菌的厌氧性光代谢

紫色无硫菌中的许多种可以在厌氧性有光条件下或在好氧无光条件下,以芳香族化合物作为唯一碳源和能源生长。例如红色螺菌科的沼泽红假单胞菌,在厌氧有光条件下可以活跃地逐步光代谢苯甲酸,其步骤是:①苯甲酸经三次接受 H_2 形成环己烷羧酸;②脱氢形成环己烯–1–羧酸;③水合形成 2–羟环己烷羧酸;④脱氢形成 2–氧环己烷羧酸;⑤在前面形成脂环族的基础上水合形成庚二酸盐;⑥再进行 β–氧化成短链脂肪酸,进入代谢库。

该苯核裂解途径首先由 Lead better 和 Hawk、Dutton 和 Evans 等提出,后为许多研究者所证实。在证实研究中发现了细胞的发色基团中存在着一个依赖光的膜联结的质子移位氧化还原系统证据,也发现了在这些细胞中存在有引起一系列反应导致苯环裂解的 β–氧化酶群,其中低电位还原剂是铁氧还蛋白,它起着光合电子运输的作用。

Evans 等(1976)证实了某些紫色无硫菌如胶质红假单胞菌在厌氧有光条件下可以利用间苯三酚作为碳源,并测得其中间产物二羟间苯三酚和 2–酮–4–羟己二酸的存在。

10.5.4.2　通过硝酸盐呼吸的厌氧降解

在厌氧条件下当硝酸盐和芳香族化合物同时存在时,一些假单胞菌和莫拉氏菌的种能够裂解苯核。这种条件下的裂解途径完全不同于好氧条件下的情况。它们把 3 个分支的水加入到苯核上为苯核的裂解做准备,并经多次脱氢,将脱下的氢交给环境中的硝酸盐,使硝酸盐不断还原为氮气,最后苯环裂解为己二酸。这种依赖硝酸盐的苯甲酸厌氧降解,首先由 Taylor 及其同事(1970,1973)利用假单胞菌 PN1 菌株研究提出,后为 Evans 等(1976)利用莫拉氏菌的一个未定种所肯定。

Bakker(1977)证实一个经由土壤、有机肥和污水污泥混合物驯化的细菌混合培养物在厌氧条件下的硝酸盐矿质培养基中可以降解酚,且在类似条件下也可利用苯甲酸、单羟苯甲酸、原儿茶酸和甲基苯酚。他用 ^{14}C 标间方法检测到 $^{14}CO_2$ 的生成和 ^{14}C 在细胞物质中的存在,也检测到 ^{14}C 的己酸降解生成的乙酸。

依赖硝酸盐呼吸的苯环厌氧裂解过程可能是在还原阶段由一个铁氧还蛋白型还原物完成,随后是环裂解和 β - 氧化过程。在此过程中,还原态辅酶被膜联结的质子转移至氧化还原系统重新氧化,同时通过硝酸还原酶把质子、电子经电子运输链转移至硝酸盐。

10.5.4.3　发酵

Schink 和 Pfenning(1984)从淡水污泥和海洋污泥中分离到严格厌氧的 5 个菌株,发现它们能生长于含有鞣酸、微量元素和维生素的培养基上。除此之外,还能利用 2,3,6 - 三羟苯甲酸、焦棓酸和间苯三酚,但不利用苯酚、葡萄糖、果糖、儿茶酚、间苯二酚、丁香酸、原儿茶酸、环己烷、苯甲酸和尼古酸。这些芳香族化合物发酵时每摩尔形成 3 mol 乙酸和 1 mol CO_2。后证实这些杆状、革兰氏阴性不形成芽孢的分离物是暗杆菌属的细菌。他们获得证据表明,暗杆菌新种发酵间苯三酚的起始步骤是还原态 NADPH 还原间苯三酚为二氢间苯三酚;从 Coprococcus 属的种发酵间苯三酚时的起始步骤也是如此。Krumholz 和 Bryant (1988)从瘤胃中分离到化能有机营养型的严格厌氧细菌——蔗糖突变型互营球菌,具有裂解单苯环型的甲基酯酶,此菌利用果糖、葡萄糖、甘露糖、核糖和木糖作为电子供体,以甲酸和甲氧单苯物如丁香酸、咖啡酸和香草醛的甲氧基团作为电子受体。他们也分离到一个能降解焦棓酸盐、焦棓酚、间苯三酚为乙酸、丁酸和偶有 CO_2 的新种氧化还原真杆菌,在代销这些单苯物时需要以甲酸或氢作为电子供体。

10.5.4.4　伴随硫酸盐还原的芳香族化合物

Widdel 等(1980)分离到一个新的硫酸盐还原菌,可变脱硫八叠球菌,多基质脱硫球菌,这些细菌在氧化性硫化合物存在下能降解各种脂肪酸、苯甲酸、4 - 羟苯甲酸、苯丙酸和苯乙酸,在降解过程中有 H_2S 生成。尽管尚无证据表明,但推测这种降解过程与硝酸盐为电子和质子受体的降解过程相类似,只是伴随性产物不同。

10.5.4.5　甲烷发酵性的厌氧降解

芳香族化合物的甲烷发酵性厌氧降解可以在缺乏硝酸盐、硫酸盐和光的厌氧性环境,如厌氧性废水处理系统、淡水污泥、水田土壤等处发生。这个过程的发生需要有二类具有不同功能的共生营养型细菌合作完成:一类是将芳香族化合物首先还原,然后裂解苯为乙酸、甲酸、H_2/CO_2 等最简单的化合物的革兰氏阴性细菌;另一类是能利用乙酸、H_2 和 CO_2 形成甲烷的产甲烷菌。通过两类细菌的合作把芳香族化合物转化为 CH_4 和 CO_2。

不同的芳香族化合物在甲烷发酵性厌氧降解中被完全降解所需的驯化时间、产气时间、基质碳转化为甲烷和 CO_2 的百分比很不相同。Healy 和 Young(1979)报道了 11 种芳香族化合物厌氧生物降解为甲烷的效率,结果表明降解丁香酸和丁香醛所需的驯化时间最少,分别为 2 d 和 5 d,产气时间也较短,为 15 d 和 13 d,而转化为气体的百分比却较高,分别为80%和102%。儿茶酚所需驯化时间最长达21 d,产气时间为13 d,转化为气体的百分比最低仅为67%。Boy 等(1983)研究了具有不同取代基的苯酚物在消化污泥中完全厌氧降解所需的时间,结果表明硝基酚和甲氧酚较易消失,而氯酚和甲基酚所需时间较长。就是具有同一种取代基的苯酚物,由于取代位置不同,其消失时间也很不相同。

按照 Buswell(1934)提出的有机碳转换为 CO_2 和 CH_4 的物质平衡公式,有下列苯甲酸、香草酸、阿魏酸降解转化为 CH_4 的反应平衡式:

苯甲酸:$4C_6H_5COOH + 18H_2O \longrightarrow 15CH_4 + 13CO_2$

香草酸:$C_8H_8O_4 + 4H_2O \longrightarrow 4CH_4 + 4CO_2$

阿魏酸:$C_{10}H_{10}O_4 + 5.5H_2O \longrightarrow 5.25CH_4 + 4.75CO_2$

就是说芳香族化合物至少有50%的碳被转换为 CH_4 ,实际上的转换率与理论推算是十分接近的。研究表明,11 种芳香族化合物的厌氧降解中,有 7 种气体转换率达80%以上,最高达102% ,占总数的64% ;低于80%的4种,仅占36% ,最低的也达63% 。可见芳香族化合物转换为 CH_4/CO_2 的效率较高,降解较彻底。这些芳香族化合物中碳的其他去路可能是组成微生物细胞碳。

10.5.5　杂环芳香族化合物的厌氧降解

杂环芳香族化合物是指环核中含有 S 或 N 原子的芳香族化合物,它们的厌氧降解类型与同型芳香族化合物的厌氧降解类型相类似。

10.5.5.1　光还原

在光合条件下,α - 吡啶羧酸、呋喃 - α - 羧酸和噻吩 - 2 - 羧酸都可以被转化。Tanaka 等(1982)从污水污泥中分离到一个类似于沼泽红假单胞菌的能降解苯甲酸的光合细菌菌株 H45 - 2,其细胞悬浮液能转化噻吩 - 2 - 羧酸为3 - 羟四氢噻吩 - 2 - 羧酸和四氢噻吩 - 2 - 羧酸,但这个菌株细胞本身不能利用噻吩 - 2 - 羧酸。

10.5.5.2　发酵

杂环芳香族化合物可被许多微生物所发酵。至今对杂环法化合物厌氧降解的研究主要集中在含氮杂环如吡啶、嘧啶和嘌呤上。这些含氮芳香族化合物的发酵步骤在杂环还原性裂解前都有个起始步骤——羟基化。在厌氧条件下羟基化的氧原子来源于水。Durre 等(1981)从土壤和污水中分离到两个能形成芽孢并以腺嘌呤为碳源和能源的菌株 WA - 1 和 PD - 1,后命名为裂解嘌呤梭菌。此菌还能利用嘌呤、甘氨酸、黄嘌呤、2 - 羟嘌呤、鸟嘌呤、尿酸和亚氨甲基甘氨酸,但不能利用苯甲酸、嘧啶咪唑、苯乙酸、乙酸和尼古酸。此菌发酵这些化合物时的代谢方式与发酵嘌呤的柱孢梭菌尿酸梭菌相似。裂解嘌呤梭菌将黄嘌呤转换为亚氨甲基甘氨酸,并进一步形成乙酸、甲酸、H_2 和 CO_2 。

10.5.5.3　被硫酸盐还原菌代谢

某些硫酸盐还原菌可以代谢杂环芳香族化合物,而且正在陆续分离到具有这种代谢性能的新种。Imhoff - stuckle 和 Pfenning(1983)分离的尼古酸脱硫球菌能以尼古酸为电子供体和碳源进行生长。尼古酸还可以利用乙酸、丙酸、丁酸、己酸、庚二酸和丙酮酸等,但不能利用吡啶、尿酸、苯甲酸等。并且已证实了尼古酸脱氢酶的存在和尼古酸降解的第一步是形成 6 - 羟基尼古酸。也有研究者分离到了能厌氧降解含氧杂环物如糠醛的硫酸盐还原菌。

10.5.5.4　产甲烷条件下的降解

至今已获得了某些产甲烷富集物和产甲烷菌能降解含氮杂环芳香族化合物的证据。Balba 和 Evans(1980)、Berry 等(1986)证实污水污泥、土壤和无氧淤泥中的产甲烷菌群能完全降解色氨酸、吲哚为 CO_2 和 CH_4。

10.6　含硫化合物的厌氧降解

10.6.1　硫元素的存在形式

硫是一种常见的无味无臭的非金属,在自然界中它经常以硫化物或硫酸盐的形式出现,尤其在火山地区会出现纯的硫。硫有许多不同的化合价,主要化合价为 -2、0、$+6$,除此之外还有 -1、$+1$、$+2$、$+3$、$+4$、$+5$。大气中的 SO_2 和 H_2S 主要来自化石燃料的燃烧、火山喷发、海面散发以及有机物分解过程中的释放。这些硫化物主要经过降水的作用形成硫酸和硫酸盐等进入土壤,并被植物吸收、利用而成为氨基酸成分。硫是生物有机体蛋白质和氨基酸的基本成分。尽管有机体内含硫量很少,但却是十分重要的,其功能是以硫键连接蛋白质分子,成为蛋白质造型所必需的原料。氨基酸是大多数蛋白质的组成部分,对所有的生物来说都是必不可少的。

硫元素在自然界中有广泛分布,是最丰富的元素之一。硫元素在地球上各自然环境中的存在形式不一样,岩石中以金属硫化物如 $CaSO_4 \cdot 2H_2O$、FeS_2 或元素 S 存在,海洋中以无机硫酸盐为主,土壤中 95% 以上为有机硫化合物,大气中则以羰基硫化合物(COS)为主,其次为 SO_2,在工业地区的大气中 SO_2 比例较高。

在自然界中硫元素受微生物的作用,包括有机硫化合物的腐败和矿化、H_2S 的氧化、SO_4^{2-} 的还原、元素硫的氧化与还原、SO_4^{2-} 和 H_2S 的同化等,构成了硫元素在自然界中的循环,如图 10.5 所示。

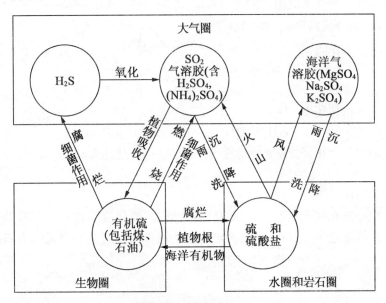

图 10.5　硫循环过程

硫元素有很多不同的化合价,不同硫形式之间可以相互转化,而且这些相互转化都有微生物参与。

硫能以不同形式的离子或分子形式存在,其种类可达 30 种,其中仅有 5 种在常温和常压下,只有 HSO_4^-、SO_4^{2-}、H_2S 和 HS^- 溶液具有稳定性。

10.6.2　有机硫的转化

有机硫的转化主要为脱硫作用,即有机硫经微生物作用分解形成硫化氢的过程。有机硫主要是动植物和微生物机体中蛋白质中含有的胱氨酸、半胱氨酸和甲硫氨酸等含硫氨基酸。其分解的过程一般为:含硫氨基酸→NH_3 + H_2S + 有机酸。

含硫蛋白质经微生物的脱硫作用形成的硫化氢,如果分解不彻底,会有硫醇如硫甲醇（CH_3SH）暂时积累,而后再转化为硫化氢。在好氧条件下通过硫化作用氧化为硫酸盐后,作为硫营养为植物和微生物利用。在无氧条件下,可积累于环境中,一旦超过某种浓度可危害植物和其他生物。

10.6.3　无机硫的转化

无机硫的转化包括硫化作用和反硫化作用两部分。

（1）硫化作用

硫化作用是指在有氧条件下,硫化细菌将 S、H_2S、FeS_2、$S_2O_3^{2-}$ 和 $S_4O_6^{2-}$ 等还原态无机硫化物氧化生成硫酸的过程。硫化细菌主要可分为化能自养型细菌类、厌氧性光合自养细菌类和极端嗜酸嗜热的古菌类 3 类。

化能自养型细菌为革兰氏阴性杆菌,典型代表是硫杆菌属（*Thiobacillus*）的细菌。硫杆菌广泛分布于土壤、淡水、海水、矿山、排水沟中,包括好氧菌和兼性厌氧菌。好氧菌有氧化亚铁硫杆菌（*Thiobacillus ferrooxidoans*）、排硫杆菌（*Thiobacillus thioparus*）、新型硫杆菌（*Thiobacillus novellus*）等。兼性厌氧菌有脱氮硫杆菌（*Thiobacillus denitrificans*）。硫在有氧条件下被氧化为硫酸,降低环境污染的同时产生能量：

$$H_2S + 0.5O_2 \longrightarrow S^0 + H_2O$$
$$S^0 + 0.5O_2 + H_2O \longrightarrow H_2SO_4$$

厌氧性光合自养细菌有紫硫细菌和绿硫细菌。这些细菌以 H_2S、S、$S_2O_3^{2-}$ 等还原态无机硫化物作为电子供体还原 CO_2：

$$2CO_2 + H_2S + 2H_2O \longrightarrow 2[CH_2O] + H_2SO_4$$

极端嗜酸嗜热的氧化元素硫的古菌分布于含硫热泉、陆地和海洋火山爆发区等一些极端环境中,进行着还原态硫的氧化。

（2）反硫化作用

反硫化作用是指在缺氧状态下,硫酸盐、亚硫酸盐、硫代硫酸盐和次亚硫酸盐在微生物的还原作用下形成硫化氢的过程,也称为硫酸盐还原作用。这类细菌就称为硫酸盐还原菌或反硫化菌。

10.7　含铁、锰、汞、砷化合物的厌氧降解

10.7.1　含铁化合物的厌氧降解

10.7.1.1　异化铁还原作用

铁在自然界氧化与还原过程中,进行着意义深远的地球化学循环。自然界中的铁以 Fe^{2+} 或 Fe^{3+} 方式存在,它们可以随环境条件的改变而转化,也即高价铁的还原和低价铁的氧化。

异化铁还原作用是微生物铁代谢的一种形式。细菌的异化铁还原是生物进化过程中最早出现的生物能量代谢途径,是地球上最早出现的呼吸过程,多种古细菌和真细菌具有 $Fe(\text{III})$ 还原能力。在该过程中,微生物利用外界的 $Fe(\text{III})$ 作为呼吸链末端电子受体,氧化体内的基质(电子供体),实现电子在呼吸链上的传递,形成跨膜的质子浓度电势梯度,进而转化为其代谢所需的能量,从而使 $Fe(\text{III})$ 还原为 $Fe(\text{II})$。而 $Fe(\text{III})$ 转化为 $Fe(\text{II})$ 的过程所释放出来的能量也被微生物所捕获,用于满足生长发育的需要,这是最为古老的呼吸形式之一。这一还原过程通常是由呼吸链末端的铁还原酶(Iron reductase)催化完成的。异化铁还原是某些土壤和沉积物中有机质分解中的一个重要过程,它们对有机污染物降解具有重要作用。异化铁还原对天然湿地、含水沉积物及土壤生物化学变化的影响及其微生物学机理,以及对于正确认识铁在土壤微生物生态中的作用具有重要的理论和实际意义。$Fe(\text{III})$ 还原菌还影响到铁、锰、硫、氮以及其他一些痕量金属元素的生物地球化学循环,在厌氧地层的生物修复中也起到重要作用。$Fe(\text{III})$ 的微生物还原还可以从多方面影响土壤的物理和化学特性。

10.7.1.2　参与异化铁还原作用的微生物

参与异化 $Fe(\text{III})$ 还原的微生物广泛存在于古生菌和细菌中。现已发现的异化 $Fe(\text{III})$ 还原古生菌分布在泉古生菌门 *Crenarchaeota* 和广古生菌门 *Euryarchaeota* 的 5 个纲(热变形菌纲 *Thermoprotei*、甲烷球菌纲 *Methanococci*、热球菌纲 *Thermococci*、古生球菌纲 *Archaeoglobi*、甲烷嗜高温菌纲 *Methanopyri*)7 个目中,它们都是嗜高温菌;已发现的异化 $Fe(\text{III})$ 还原菌在栖热袍菌门 *Thermotogae*、热脱硫杆菌门 *Thermodesulfobacteria*、异常球菌 - 栖热菌门 *Deinococcus - Thermus*、铁还原杆菌门 *Deferribacteres*、变形杆菌门 *Proteobacteria*、厚壁菌门 *Firmicutes*、放线菌门 *Actinobacteria*、酸杆菌门 *Acidobacteria* 8 个门的 13 个纲 22 个目中。尤其是变形杆菌 δ 纲中土杆菌科(*Geobacteraceae*)的成员以及 γ 纲希瓦氏菌属(*Shewanella*)的成员,它们是发现较早、研究也较深入的两类 $Fe(\text{III})$ 还原微生物。第一个被发现利用 $Fe(\text{III})$ 作为电子受体并可完全将有机物氧化为 CO_2 的微生物是乙酸 - 氧化、$Fe(\text{III})$ - 还原微生物 *Geobacter metallireducens*(也称为 GS - 15 株),首次证明了 $Fe(\text{III})$ 还原微生物在沉积环境中的有机物氧化中起重要的作用。16S rRNA 序列的系统发生分析将其归属为变形杆菌(*Proteobacteria*)的 δ 亚门,紧挨着乙酸 - 氧化的硫化物还原菌 *Desulfuromonas acetoxidans*。后来发现 *D. acetoxidans* 也在乙酸作为电子供体和 $Fe(\text{III})$ 作为电子受体中生长。$Fe(\text{III})$ 还原微生物的多样性表明,最初的细菌 $Fe(\text{III})$ 呼吸形式在细菌的进化过程中也在不断发生着变化。有的细菌仍然保留着 $Fe(\text{III})$ 还原的能力,而有的细菌在生物的进化中可能失去了

Fe(Ⅲ)呼吸的能力,被更能适应其生存环境的其他呼吸形式所代替。随着研究的进展,将会有更多的细菌 Fe(Ⅲ)还原形式被发现。

10.7.2　含锰化合物的厌氧降解

自然界中锰的存在形式有两种,一种是水不溶性的四价锰氧化物(MnO_2),另一种是水溶性的二价锰离子(Mn^{2+}),它们之间可在不同的环境条件下转化。

这种互相转化都可以有微生物参与。可引起锰离子氧化形成 MnO_2 积累的微生物细菌有产气杆菌、棒状杆菌和假单胞菌等,以及放线菌中的诺卡式菌和某些链霉菌等。在厌氧生境中,当氧化还原电位降低至 $+400 \sim +100$ mV,并有丰富的可氧化的有机营养时,许多细菌能以 MnO_2 作为电子受体,将其还原为 Mn^{2+}。这类细菌有梭状芽孢杆菌属、芽孢杆菌、微球菌和假单胞菌等。土壤淹水以后,同出现铁的还原过程一样,会出现一个锰的还原过程。

锰还原作用的微生物学研究开始较早,但至今锰的还原与细胞代谢之间的关系仍知之甚少。因为尽管能进行锰还原的细菌种类很多,但真正进行过研究的并不多。Trimble 和 Ehrlich(1968)观察到那些含有锰还原酶的活跃细胞不管环境中是否有氧存在,都能有效地催化锰的还原。另外在环境中随着有机物质的增加,锰的还原作用也随之加强,这表明 MnO_2 不管是作为直接的电子受体还是间接地作为环境的电子受体,都起着电子受体的作用,有人认为 MnO_2 在厌氧生境中的作用可以与 NO^{3-} 相比拟。

10.7.3　含汞化合物的厌氧降解

工业的发展给自然环境带来许多污染物,如半导体工业废水、冶炼废水、采矿废水、制药废水、农药生产废水等,农业生产中农药化肥的直接施用等都给环境带来了有毒元素。在这些工业废水废渣中常见的汞、镉、铅等金属和砷、硒两种非金属是对人类和禽畜危害最大的污染元素,其他如铬、镍、钼、锌等金属元素的毒性则不如前述各元素大。

这些污染的有毒元素在自然界中能以不同的价态存在,相互可以转化,因此通过一系列的分散、富集、转化、迁移,使得它们对于人、畜的毒性更具危害性。总结它们的致毒作用,有 3 个特点:①在很低浓度下即可对生物具有毒性;②具有生物浓缩作用,可在各生物中加以积累,然后经生物链逐级加以浓缩,最后进入人体;③在自然环境中经生物尤其是微生物的转化,可以产生毒性更强、毒性谱更广的有毒化合物。

汞在自然环境中的浓度很低,地壳中的平均丰度为 0.05 ppm,土壤中为 $0.03 \sim 0.3$ ppm,大气中为 $0.1 \sim 1.0$ ppm。水体中,内陆地下水为 0.1 ppb,海水中为 $0.03 \sim 2$ ppb,泉水中很高,可达 80 ppb 以上,湖水和河水中一般不超过 0.1 ppb。

关于汞污染物的来源,大气中主要来源于煤和石油的燃烧,含汞金属矿物的冶炼和以汞为原料的工业生产所排放的废气。土壤中主要来源于含汞农药、含汞污泥肥料的施用。水体中主要来源于氯碱、塑料、电池、电子等工业排放的废水。

自然界中汞以 Hg^0、Hg^+、Hg^{2+} 3 种状态存在,但一价汞往往形成二聚体存在;Hg^{2+} 对于生物体是十分有毒的,可以与体内具有巯基的蛋白质、细胞色素氧化酶、琥珀酸脱氢酶、乳酸脱氢酶等中的巯基相结合,使酶失去活性;如进入脑组织,则积累于脑而不易排出,逐渐损害脑组织,也可积累于肾脏中。

但 Hg^{2+} 可以被许多细菌用 NADPH 所还原,此时这些微生物消耗了体内的还原力。

在实验室培养条件下的某些细菌和真菌,尤其在厌氧条件下的水体沉积物中的微生物,可以将 Hg^{2+} 甲基化形成甲基汞和二甲基汞,这种甲基化过程依赖于甲基钴胺素(即甲基维生素 B_{12})的存在和提供甲基。

参与这种汞甲基化的厌氧微生物,Robinson 和 Tuovinen(1984)根据研究认为,产甲烷菌和某些其他细菌如匙形梭菌等参与了环境中汞的甲基化。某些学者认为肠道内的厌氧微生物也可推动汞的甲基化。Compeau 和 Baetha(1985)的实验表明,水体中的汞甲基化 95% 是由硫酸盐还原菌完成的。这些结果表明,厌氧生境中许多微生物类群参与这一过程。

在发生汞污染的厌氧生境中,大量元素汞和离子汞,由于产甲烷菌的作用而使汞甲基化,甲基化汞的毒性又较无机汞高 50～100 倍,因此大量产甲烷菌的存在往往使汞污染区域的汞害大为加剧。

有趣的是厌氧生境中的产甲烷菌和其他细菌还可以把甲基汞或无机汞化合物还原为元素汞。这可能与 CH_3-Hg^+ 是产甲烷菌甲烷形成前体 CH_3-CoM 的结构相似物有关。这种作用称为微生物的抗汞作用。其他细菌如大肠杆菌和假单胞菌的抗汞作用机理可能有所差异。有人认为这类细菌的抗汞作用是由于体内具有特异的抗汞酶系,通过 NADPH 把电子转移到细胞色素 C,再通过抗汞酶系使汞化合物还原为元素汞。

10.7.4　含砷化合物的厌氧降解

砷在自然界中以氧化物 As_2O_3 或硫化物 As_4S 和 As_3S_3 两种化合物形式存在。As_2O_3 就是可使人和动物神经中枢系统中毒,使酶失活的砒霜。砷化物污染来源于含砷合金、农药、染料和医药制品。

砷在自然界中的转化与汞相似,也有甲基化、氧化与还原等过程。

砷的甲基化作用在好氧与厌氧条件都可由相应的微生物推动。参与砷甲基化的微生物很多,在好氧条件下有各种真菌,如曲霉属、帚霉属、毛霉属、青霉属等,在厌氧生境中有产甲烷菌、普通脱硫弧菌等,如甲烷杆菌可以将砷酸盐转化为二甲砷物。

三甲砷是十分有毒的具有大蒜气味的挥发性气体,在常温常浓度下氧化作用缓慢而较稳定。因此在空气不流通的室内,由于高湿而引起含砷墙纸霉变产生的砷毒物可以达到致死浓度。

As^{5+} 与 As^{3+} 之间的氧化和还原是微生物参与的 As 转化中的另一类反应。As^{3+} 进入土壤后由于一些异养型微生物如无色杆菌属、假单胞菌、黄单胞菌和节杆菌等的作用,便转化为 As^{5+}。但另有一些异养型微生物可以将 As^{5+} 还原为 As^{3+}。

第11章 废气处理厌氧微生物

11.1 概　述

随着我国工业现代化进程的推进,电子、橡胶、塑料、印刷、化工、建材等行业的迅速发展,行业生产过程中排入大气环境中的有机污染物(如苯系物、醛酮类、醇类等芳香族化合物)也在迅速增加。工业有机废气已对人们的健康造成直接危害,传统的物理化学方法已经完全不能满足人们对空气净化的要求。微生物净化方法应用于废水处理领域已有 100 多年的历史,而利用微生物治理大气污染的历史则很短。美国"利用微生物处理废气"于 1957 年获得专利。从 20 世纪 70 年代起,荷兰和德国科学家将其应用于有机废气净化领域,并且获得了良好的净化效果。之后废气生物处理的研究与应用才引起各国的重视。到 80 年代,德国、日本、荷兰等国已有一定数量工业规模的生物净化装置投入运行。对低质量浓度($\leqslant$ 5 mg/m^3)、生物降解性好的气态污染物,生物处理的效率可达到 90% 以上,显得更加经济有效。如表 11.1 所示,与传统的厌氧污染治理技术相比,利用微生物法治理大气污染具有处理效果好、设备简单、能耗低、不消耗有用的原料、投资及运行费用低、易于管理、安全可靠、无二次污染等优点。

表 11.1　微生物技术与传统方法的经济性比较

方法	投资费用/美元	运转费用	
		燃料和药剂消耗/美元	能耗/W
燃烧法	130	15	约 0
化学吸附法	60	8	1
活性炭吸附法	20	—	—
微生物法	8	约 0	0.6

11.2　废气生物处理原理

微生物处理技术的实质是利用有孔的、潮湿的介质上聚集的活性微生物的生命活动,将其中的有害物质转变为简单的无机物(如 CO_2 和水)或组成自身细胞。与废水生物处理不同,废气的生物净化过程中,气态污染物首先从气相转移到液相或固相表面的液膜中,然后才能被液相或固相表面的微生物吸附并降解。

如图 11.1 所示,一般认为微生物法净化有机废气需经历 3 个步骤:

(1)有机废气成分首先与水接触并溶于水中。

(2)溶解于液相中的有机成分在浓度差的推动下,进一步扩散至介质周围的生物膜,进而被其中的微生物捕捉并吸收。

（3）进入微生物体内的有机污染物在其自身的代谢过程中作为能源和营养物质被分解,经生物化学反应最终转化为无害的化合物。

深刻认识废气生物处理过程中的微生物及其原理,对于高效废气处理反应器的设计和运行过程控制至关重要。然而,目前废气生物处理的研究主要集中在处理工艺选择、反应器设计和运行参数优化、处理效果影响因素的探讨以及反应器模型等方面,对反应器内微生物种群结构和微生物原理的研究相对较少。

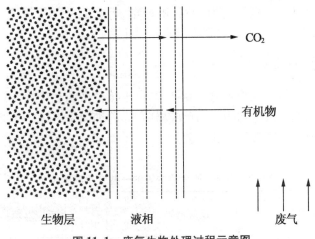

图 11.1　废气生物处理过程示意图

11.3　废气生物处理微生物种类

参与废气生物处理的微生物种类繁多,接种微生物处理底物和工艺运行条件等因素都会影响到反应器中微生物种群的形成。常见的废气生物处理微生物包括化能自养菌、异养细菌和真菌等类型。

11.3.1　化能自养菌

11.3.1.1　硫氧化菌

含硫化氢、甲基硫、二甲基硫等硫化物的废气普遍存在于污水处理、垃圾填埋、石油化工、天然气、焦炉煤气、炼油厂等场所,生物方法已经成功应用于含硫废气的处理。根据获取能量方式的不同,能够氧化硫化物的自养菌可以分为两类:光合硫细菌和化能自养硫细菌。

光合硫细菌在自然界硫的转化过程中起着重要作用,但在废气处理中应用较少。而化能自养硫细菌是硫化物废气处理过程中常见的类型,化能自养硫细菌以杆菌为主,主要包括氧化硫硫杆菌(*Thiobacillus thiooxidans*)、排硫硫杆菌(*Thiobacillus thioparus*)、氧化亚铁硫杆菌(*Thiobacillus ferrooxidans*)和脱氮硫杆菌(*Thiobacillus denitrificans*)等,它们都是目前硫化物生物处理过程应用最为广泛的菌种。其中根据代谢的最适 pH 值的不同,化能自养硫细菌又可以分为嗜酸性硫细菌和中性硫细菌。特别是嗜酸性硫细菌在低 pH 值下有较强的微生物活性,又可有效避免除硫生物滤池运行过程中引起的酸化问题,在含硫化物废气的处理中应用越来越广泛。

11.3.1.2　亚硝酸菌和硝酸菌

亚硝酸菌和硝酸菌是含氨废气生物处理过程中常见的两类微生物,它们均为自养微生物专性好氧,分别从氧化 NH_3 和 NO_2^- 的过程中获得能量,产物分别为 NO_2^- 和 NO_3^-,其中亚硝酸菌包括亚硝酸单胞菌属、亚硝酸螺杆菌属和亚硝酸球菌属等,硝酸菌包括硝化杆菌属和硝化球菌属等。

当然,除自养的亚硝酸菌和硝酸菌外,诸如节杆菌、芽孢杆菌、铜绿假单胞菌和青霉菌等异养细菌和真菌也可以将氨氧化为 NO_2^- 和 NO_3^-,但它们并不依靠该氧化过程作为能量来源,因此不是含氨废气生物处理过程中的常用微生物。

11.3.2　异养细菌

参与废气生物处理的微生物多为异养细菌,由于接种来源和中性 pH 值下运行的原因,在绝大多数包括未知混合微生物的生物反应器中,异养细菌是占优势的类群。表 11.2 列出了用于废气生物处理的一些常用异养细菌。

表 11.2　用于废气生物处理的一些常用异养细菌

污染物	菌种	反应器类型	反应器体积/L	反应器填料	最大去除能力 $/(g \cdot m^{-3} \cdot h^{-1})$
苯	*Alcaligenes xylosoxidans*	生物滤池 + 曝气柱	0.76 + 0.5	玻璃珠	196
	Achromobacter xylosoxidans	两相生物洗涤塔	5	—	62 ± 6
苯乙烯	*Pseudomonas sp.* SR - 5	生物滤池	0.3	泥炭和陶瓷	43
	Pseudomonas Achromobacter	生物滴滤池	1.7	熔岩石	537
正己烷	*Mycobaterium* ID - Y	生物滤池	2	堆肥	—
甲苯	*Pseudomonas putida type* A1	膜生物反应器	0.5		
乙醇	*Pseudomonas putida*（KCTC 1768）	生物滤池	0.8	颗粒活性炭和堆肥	100
乙烯	*Pseudomonas*	生物滤池	0.9	颗粒活性炭	1
三氯甲烷	*Pseudomonas* GD11	生物滴滤池	0.8	聚丙烯	—
乙苯	*Staphylococcus*	生物滤池	4.7	陶粒	—
丁酸	*Enterobacter*, *Pseudomonas*, *Burkholderia*	生物滤池	6.3	木片	230
丙酮	*Acinetobacter*, *Pseudomonas*	生物滤池	6.3	有机玻璃和椰子纤维	96

从表 11.2 中可以看出,异养细菌在废气的处理中应用较多,特别是假单胞菌和不动杆菌等,对于同一污染物,可以有不同种类的异养细菌参与。

11.3.3　真菌

常规生物滤池中的微生物以异养细菌为主,然而湿度控制不当容易造成填料干燥、气流短路,处理产酸气体时,会形成酸性积累而使反应器 pH 值降低,降低废气的处理效果。而真菌的出现能够解决这些问题,真菌在低湿度、低 pH 值下生存的能力明显高于细菌,特别是对于疏水性或水溶性差的有机物,真菌菌丝生长形成丝网状结构,与气相污染物在三维空间内接触,传质过程加快,降解效率提高。许多研究表明,真菌降解许多废气组分的速率和去除能力要高于或至少与细菌相当。表 11.3 列出了一些常用于废气生物处理的真菌。

表 11.3　常用于废气生物处理的真菌

污染物	菌种	反应器类型	反应器体积/L	反应器填料	最大去除能力 $/(g \cdot m^{-3} \cdot h^{-1})$
苯乙烯	*Exophiala sp.*	生物滤池	7.8	珍珠岩	62
甲苯	*Exophiala sp.*	生物滤池	14.4	硝酸盐小球	270
	Exoohiala Paeciomyces	生物滤池	3.5	珍珠岩	166
	Scedosporium Apiosermum	生物滤池	2.9	活性炭	100
	Cladophialophora	生物滤池	2	海绵	100
乙硫醇	*Penicillum*，*Paecilomyces*，*Asperillus*，*Cephalosporium*	生物滤池	5	—	—
己烷	*Aspergillus niger*	生物滤池	1.8	膨胀黏土	200

迄今为止,分离和应用于废气生物处理的真菌以青霉(*Penicllium*)、外瓶霉(*Exophiala*)以及黑曲霉(*Aspergillus niger*)等为主,另外,足放线病菌属(*Scedosporium*)、拟青霉(*Paecilomyces*)、枝孢霉(*Cladosporium*)和白腐真菌(*White - rot fungi*)等也有一定应用,而且应用潜力较大。

11.4　高效降解微生物的筛选与应用

废气生物处理反应器的接种微生物大部分来源于活性污泥,经驯化后虽具有一定的降解能力,但是针对目标污染物的有效微生物比例和活性一般较低,从而导致反应器启动时间长,处理难降解物质的能力有限。为此,许多研究者致力于高效降解微生物的筛选及应用研究工作,以缩短反应器的启动时间,提高废气的处理效率。

11.4.1　生物难降解废气处理微生物的筛选与应用

对于废气中的难生物降解物质,如大多数芳香族化合物、有机氯化物,仅靠原有接种微生物的驯化,处理效率和处理能力比较有限,这时往往要通过筛选高效降解菌株,进行生物强化,以达到高效去除的目的。

α - 蒎烯是一种生物较难降解的物质,从单萜污染的土壤中分离出的两株以 α - 蒎烯为唯一碳源和能源的菌株 *Pseudomonas fluorescens* 和 *Alcaligenes xylosoxidans* 并应用于除臭生物滤池中,达到较好的处理效果。Lee 等分离出一株甲基乙基酮高效降解菌株 *Pseudomonas sp*. KT－3,并应用于除臭生物滤池,在甲基乙基酮进气浓度为 500×10^{-6} mg/m^3,反应器空速为 150 h^{-1}时,甲基乙基酮的去除率在 90%以上。Garcia－pena 等从处理甲苯的泥炭生物滤池中分离出 *Paecilomyces variotii* CBS115145,接种于除甲苯的生物滤池中,甲苯最大去除能力可达 250 g/(m^3·h),高于以常规接种来源的生物反应器。刘强等筛选出一株二甲苯降解菌,接种于二甲苯生物滴滤池中,废气净化效果比混合菌种生物滴滤池显著提高。徐桂芹等分离出一株假单胞菌,固定化后进行去除硫化氢的效能研究,结果表明固定化假单胞菌流化床生物反应器去除硫化氢效果良好,抗负荷冲击能力强。

与直接使用土著微生物相比,筛选出的高效菌株应用于生物处理系统,可以明显提高难降解物质的处理效果,因而得到越来越多的关注。

11.4.2　特殊环境下或具特殊功能的废气处理微生物的筛选与应用

有时废气处理可能在高温、低温、高酸碱度或高底物浓度等非正常条件下进行,这时若要保证废气生物处理的效率,筛选适应这种特殊环境或具备相应功能的微生物是必需的。

Van Groenestijn 等利用接种嗜热微生物的多孔陶粒生物滤池来处理高温乙醇废气,达到较好的去除效果,乙醇去除能力达 80 g/(m^3·h)。针对较高浓度苯乙烯气体的去除,Okamoto 等从合成胶厂的土壤中分离出一株 *Pseudomonas putida* ST201,该菌株不但能承受和高效降解较高浓度的苯乙烯,还能降解苯、甲苯、乙基苯和 p－邻二甲苯的混合物。Hori K. 等从处理甲苯废气的生物滴滤池中分离出一株 *Acinetobacter genospecies* To15 菌株,由于其细胞表面特殊的疏水性,易在填料表面黏附而形成生物膜,缩短反应器的启动时间。硫化氢生物处理过程中会造成较高硫酸盐的环境,从而影响处理效果,Lee 等从富含硫化氢的土壤和污泥中筛选出一株有最佳硫酸盐耐性的菌株 *Acidiothiobacillus thiooxidans* AZ11,将其接种于多孔陶粒为填料的生物滤池时,发现在低 pH 值、较高的硫酸盐浓度下,仍有较好的硫化氢去除效果。

11.5　废气生物处理微生物群落结构的研究

废气生物处理过程复杂,微生物的种群结构组成与动态变化明显影响着污染物的去除效果。基于培养的传统微生物学研究方法在微生物群落研究中有很大的局限性,随着微生物研究技术尤其是分子生物学技术的发展,一系列微生物群落结构研究的新技术在废气处理微生物群落结构研究中得到了应用,主要包括生物标记物方法、群落水平生理学指纹方法和现代分子生物学方法。

11.5.1　生物标记物方法

生物标记物方法(Biomakers)可以用来定量描述微生物群落结构。生物标记物通常是微生物细胞的生化组成成分或细胞胞外分泌物。一般来说,特定结构的标记物标志着特定类型的微生物,因此生物标记物的组成特征(种类、数量和相对比例)可作为指纹估价微生物群落。

常用于研究微生物群落结构的生物标记物方法主要有醌指纹法和脂肪酸谱图法,如磷脂脂肪酸(Phospholipid fatty acid, PLFA)谱图、脂肪酸(Fatty acid, FA)谱图以及甲基脂肪酸酯(Fatty acid methylester, FAME)谱图,目前几种脂肪酸谱图法均在废气生物处理微生物学研究中得到一定的应用。Gebert 等采用磷脂脂肪酸谱图分析表征了处理甲烷和垃圾场废气的生物滤池中微生物种群结构及其多样性,发现微生物种群结构是随着反应器床体深度变化的,反应器中的优势微生物均为嗜甲烷菌。

生物标记物方法不需要把微生物的细胞从环境样品中分离,能够克服由于微生物培养而导致微生物种群变化的影响,具有简单快速的特点,这种方法的局限性在于对微生物的分类水平较低,不能鉴定到种。

11.5.2　群落水平生理学指纹方法

群落水平生理学指纹方法是通过检测微生物样品对底物利用模式来反映种群组成的酶活性分析方法。这种方法是通过检测微生物样品对多种不同的单一碳源基质的利用能力,来确定哪些基质可以作为能源,从而产生对基质利用的生理代谢指纹。

Biolog 方法作为该方法的一种,在废气生物处理微生物群落结构研究中得到了较多的应用。Grove 等通过利用 Biolog 生态板测量微生物群落对不同碳底物的利用能力,来研究处理己烷和乙醇废气的生物滤池中的微生物的功能多样性。席劲瑛等采用 Biolog 方法研究木屑生物过滤塔和活性炭生物过滤塔处理甲苯气体的微生物群落代谢特性,发现两个过滤塔微生物代谢特性差异较小。

群落水平生理学指纹方法简便、快速,可以获得大量微生物群落结构和功能多样性方面的信息。然而,培养环境如湿度、渗透压和 pH 值等方面的改变都可能引起微生物对碳底物实际利用能力的改变而造成一定的误差。而且,目前基质利用的生理代谢指纹数据库还不完善,有些种类还不能被准确鉴定。因此,在一定程度上限制了此种方法的应用。

11.5.3　现代分子生物学方法

现代分子生物学方法可以克服传统培养法、生物标记物方法和群落水平生理学指纹方法造成的信息不完整和大量丢失等缺点,能够更全面更客观地对样品进行分析,可以更精确地揭示微生物种类和遗传多样性,用于废气生物处理微生物学研究的现代分子生物学方法主要包括 PCR 及其测序技术、基于 PCR 的基因指纹图谱方法和核酸探针杂交技术等。

（1）PCR 及其测序技术

PCR 是一种体外快速扩增核酸序列,从而得到多个核酸拷贝的技术。PCR 及其测序技术的思路就是通过 PCR、克隆、测序获得 16S rRNA 序列信息,再与 16S rRNA 数据库中的序列数据进行比较,确定其在进化树中的位置,从而鉴定样本中可能存在的微生物种类。

Sakano 等利用 PCR 扩增、16S rRNA 等分子生物学技术研究了除氨生物滤池运行过程中的微生物种群结构及其变化。随着反应器的运行,异养型菌群由主要的 β - *Proteobacteria* 和 γ - *Proteobacteria* 转变为 γ - *Proteobacteria*。另外,还在自养菌中发现了新的 amoA 基因。Juteau 等采用血清瓶试验平皿分离技术结合 16S rRNA 测序分析了处理甲苯气体的生物滤池内的微生物种群结构,发现 *Pseudonocardia* 和 *Phodococcus* 为降解甲苯的优势种,数量高于其他种属 34 倍多。

结合完善的数据库,16S rRNA 序列分析可以快速、准确地对废气生物处理微生物进行分类鉴定,确定微生物在进化中的位置。但是,单纯的 PCR 方法往往需要与传统的微生物分离纯化方法相结合,而且一般用于鉴定同源性很高的菌种。

（2）基于 PCR 的基因指纹图谱方法

基因指纹图谱是指环境微生物样品中 DNA 的标记序列经 PCR 扩增后,用合适的电泳技术分离而成的具有特定条带特征的图谱。已经有多种基因指纹技术,如变性梯度凝胶电泳（DGGE）、温度梯度凝胶电泳（TGGE）、限制性片段长度多态性分析（RFLP）、末端限制性片段长度多态性分析（T－RFLP）等应用于微生物群落结构和多样性的研究,其中在废气生物处理微生物学研究中应用较广泛的是该技术。

1993 年 Muyzer 等首次将 DGGE 用于微生物分子生态学研究,并证实了这种技术在揭示自然界微生物区系的遗传多样性和种群差异方面具有独特的优越性。DGGE 依据双链 DNA 片段溶解行为的不同,用于分离 PCR 产物中长度相同但序列不同的 DNA 标记片段,不同序列的 DNA 分子在不同的变性剂浓度位置停滞,经过染色后可以在凝胶上呈现为分散的条带,DGGE 指纹图上的一个条带就代表一个微生物类群。回收某一条带的 DNA 片段,经 PCR 扩增后测定其序列,通过与基因序列数据库中的已知序列比较,可以确定其种系发育位置。

Li 等应用 16S rRNA 的 PCR 扩增,结合 DGGE 技术分析了处理甲基乙基酮废气的常规连续流生物滤池和序批式生物滤池中微生物种群结构的不同,以及随空间的变化在同样接种进气浓度和负荷下,两生物滤池的种群结构存在着差别,而且在每种生物滤池中,微生物的种群结构随反应器的不同高度也都有差异。Sercu 等采用两段生物滴滤池处理硫化氢和二甲基硫混合气体,第一段为酸性生物滴滤池（ABF）,接种 *Acidithiobacillus thiooxidans*,第二段为中性生物滴滤池（HBF）,接种 *Hyphomicrobium* VS,利用 DGGE 技术分别对两段的微生物种群结构进行分析,结果发现 ABF 中微生物的种群结构丰富度较差、结构较稳定,这可能与其中的低 pH 值对其中生物膜的选择压有关。HBF 中微生物多样性较好,反应器运行 60 d 后,相对稳定的微生物种群结构形成,但开始接种的 *Hyphomicrobium* VS 已经不是优势种。Tresse 等利用 16S rRNA 扩增－DGGE 技术分析了处理苯乙烯废气的生物滴滤池循环液和生物膜中的微生物种群结构,发现生物膜中微生物种群结构要远比循环液中的复杂。经过 35 d 的驯化期后,生物膜中的微生物种群结构趋于稳定,但开始接种的苯乙烯降解菌种并不能一直在反应器中保持优势。陈桐生等采用扩增 16S rRNA 基因的 V3 可变区,结合应用 DGGE 技术分析了某污水处理厂生物除臭滤池在不同 pH 值下微生物种群结构的变化,发现低 pH 值时,微生物种群多样性相对较低,在滤池的不同层次上存在明显的空间分布多样性差异。

作为一种检测微生物多样性的生物学技术,基因指纹图谱方法特别是 DGGE 技术准确、有效,可以同时分析多个样品,快速直观,能够提供更加全面的群落组成变化方面的信息,已经在 VOCs 和恶臭物质处理微生物研究中得到较为广泛的应用。但这种技术除有大多数分子生物技术的缺点,如 DNA 的提取方法、PCR 扩增过程中的误差外,还有着自身的局限性,比如分析的片段较小,条带的共迁问题等。

（3）核酸探针杂交技术

核酸探针杂交技术是基于 DNA 分子碱基互补配对的原理,用特异性的 cDNA 探针与待测样品的 DNA 或 RNA 形成杂交分子,杂交后的信号由仪器检测并定量,由于其高度特异性和灵敏性,近年来被广泛应用于微生物多样性的研究中。杂交方式可以是全细胞杂交、数量印迹杂交、原位杂交及生物芯片等。

目前在废气生物处理微生物学研究中应用较多的是荧光原位杂交技术,其原理是根据已公布的、定位在不同分类等级的 rDNA 分子的特征位置,设计以 rDNA 为靶点的寡核苷酸探针,然后用荧光标记探针原位鉴定单个细胞。Stoffels 等利用接种 *Proteobacteria* 的 γ 亚纲的生物滴滤池处理 Solvesso100,发现随着反应器的运行,种群结构逐渐趋于复杂化,*Proteobacteria* 的 α 亚纲和 β 亚纲成为优势菌种,而 γ 亚纲数量明显下降。研究中还设计了 3 个新的 16S rRNA 和 23S rDNA 为靶点的 β - 变形菌寡核苷酸探针,*Burkholderia* 和 *Sutterella* 的探针 SUBU1237,*Alcaligenes* 和 *Bordetella* 的探针 ALBO34a,*Burkholderia cepacia* 和 *Burkholderia vienamiensis* 的探针 Bcv13b。使用探针 Bcv13b 杂交的细菌代表了反应器中 Solvesso100 的主要降解菌群。Friedrich 等利用 FISH 技术研究了炼油厂废气生物处理滤池中的微生物种群结构,基于已公开的和从生物滤池中提取的微生物 16S rRNA 基因序列,设计了几个新的以 rDNA 为靶点的寡核苷酸探针,研究发现 *Betaproteobacteria*、*Actinobacteria*、*Alphaproteobacteria*、*Cytophaga - Flavobacteria*、*Firmicutes* 和 *Gammaproteobacteria* 为占优势的微生物种群。

通过对环境样品直接进行原位杂交,可获得未知菌的微生物多样性的大量信息,如微生物的形态特征、丰度以及在样品上的空间分布和动态等。但是,核酸探针杂交技术也有一定的局限性,比如这种技术会受到环境样品微生物的生理状态的影响。

原位、高效、快速、灵敏和准确性是微生物群落结构和多样性解析技术的发展目标与趋势,为此,应该根据实际的需要选择合适的种群分析方法,对废气生物处理过程中的微生物多样性群落结构与动态变化进行研究,以达到优化微生物种群结构、提高废气处理效率和进行功能调控的目的。

11.6　废气生物处理分类

根据微生物在工业废气处理过程中存在的形式,可将其处理方法分为生物洗涤法和生物过滤法两类。生物洗涤法是利用由微生物、营养物和水组成的微生物吸收液处理废气,适于吸收可溶性气态物。吸收了废气的微生物混合液再进行好氧处理,去除液体中吸收的污染物,经处理后的吸收液可重复使用。典型的生物洗涤形式有喷淋塔、鼓泡塔和穿孔板塔等生物洗涤器。生物过滤法是利用含有微生物的固体颗粒吸收废气中的污染物,然后微生物再将其转化为无害物质。其典型的形式有土壤、堆肥等材料构成的生物滤床。

11.6.1　生物过滤法

生物过滤法最早出现在德国。1959 年德国的一个污水处理厂建立了一个填充土壤的生物过滤床,用于控制污水输送管散发的臭味。20 世纪 60 年代,人们开始采用生物过滤法处理气态污染物。废气处理工艺利用含有微生物的固体颗粒吸收废气中的污染物,然后微生物再将其转化为无害物质。常用的工艺设备包括土壤滤池、堆肥滤池和微生物过滤箱。在生物滤池中,有孔的介质通过进气的湿度调节器和偶尔的喷淋而保持潮湿。迄今在德国和荷兰有 500 多座大规模的生物过滤处理装置,生物反应器的面积一般在 10 ~ 2 000 m² 之间,废气处理流量达到 1 000 ~ 150 000 m³/h。

　　废气首先经过预处理,包括去除颗粒物和调温调湿,然后经过气体分布器进入生物过滤器。生物过滤器中填充了有生物活性的介质(通常为天然有机材料,如堆肥、泥煤、骨壳、木片、树皮和泥土等),有时也混用活性炭和聚苯乙烯颗粒。填料表面生长着各种微生物,当废气进入滤床时,废气中的污染物从气相主体扩散到介质外层的水膜而被介质吸收,同时氧气也由气相进入水膜,最终介质表面所附着的微生物消耗氧气而把污染物分解/转化为二氧化碳、水和无机盐,如图 11.2 所示。

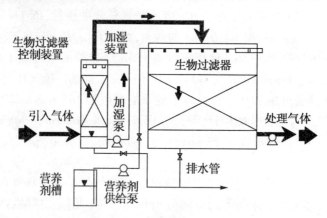

图 11.2　生物过滤法工艺流程

　　前已述及,生物滤池主要分为土壤滤池、堆肥滤池和微生物过滤箱 3 种形式。

　　土壤滤池处理废气具有以下优点:

　　①投资小,为活性炭吸附法投资的 1/10 ~ 1/5;

　　②无二次污染,微生物对污染物的氧化作用完全,无污染物的积累或向其他介质转移;

　　③有较强的抗冲击能力。遇到冲击负荷时,微生物的种类和数量能随废气中的有机物迅速变化。

　　堆肥滤池的工作原理基本与土壤滤池相同,不同之处在于:

　　①土壤滤池的孔径较小,渗透性较差;所以在处理相同量的废气时,土壤滤池占地面积较大;

　　②土壤滤池对处理无机气体所形成的酸性有一定的中和能力,尤其在用石灰预处理后,其中和能力更强;堆肥滤池不能用石灰处理(易使其变成致密床层,降低处理效果);

　　③堆肥滤池中的微生物比土壤滤池要多,对废气污染物去除率较高,且接触时间为土壤滤池的 1/4 ~ 1/2,其更适于处理含生物易降解污染物、废气量较大的场合;

　　④堆肥滤池使用一段时间后会出现结块趋势,因而需要周期性搅动以防结块。且堆肥为疏水性,需防止干燥(否则再湿润较困难);土壤为亲水性,一般不会产生结块干燥现象;

　　⑤土壤滤池的使用年限较堆肥滤池要长(堆肥本身可生物降解)。

　　生物过滤法可去除废气中的异味、挥发性物质和有害物质。如应用于控制/去除城市污水处理设施中的臭味,化工过程中的生产废气,受污染土壤和地下水中的挥发性物质,室内空气中低浓度物质等。生物过滤器在运行中也会碰到一些问题,如填料降解需要更新,酸化导致 pH 值升高,负荷过高发生堵塞,废气湿度过低使得填料干化。改进的方式和设备有多点进气、生物滴滤反应器、膜生物反应器等。

11.6.2　生物洗涤法

生物悬浮液自吸收室顶部喷淋而下,混合有机气体的空气从底部进入,污染物质向悬浮液转移,吸收了有机气体的悬浮液进入再生反应器,由生物降解去除。该法处理有机气体的效率取决于污泥浓度、pH 值、溶解氧、营养盐的投加量及投加时间等。

生物洗涤法工艺流程(图 11.3)中气、液两相的接触方法除采用液相喷淋外,还可采用气相鼓泡;气相阻力较大时可采用液相喷淋法,反之液相阻力较大时则采用鼓泡法。与鼓泡法相比,喷淋法处理能力大,可达到 $60~m^3/(m^2 \cdot min)$,从而大大减少了处理设备的体积,占地面积也少,对脱除复合型臭气效果显著,脱臭效率可达 99%,而且能脱除很难治理的焦臭,但设备维修管理较为复杂。

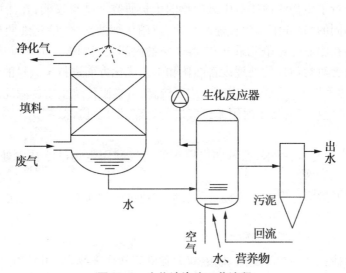

图 11.3　生物洗涤法工艺流程

生物处理方法适宜处理多种挥发性有机物(VOCs)和许多工业废气中的无机蒸气物质,这些物质中含有氮、氯或(可产生少量酸的)硫化物。

生物处理方法也有不适宜的地方,如含有油或油脂的灰尘和空气可能会阻塞滤床,使得生物法得不到很好的处理效果。

11.7　国内外研究现状

近些年来,国外研究者对生物分解法处理 VOCs 在动力学模型、微生物菌种的培养及工艺设备方面进行了大量的研究工作。他们通过对生物废气处理过程数学模型的建立与计算,预测在给定条件下生物净化法的处理效果,为设计和过程优化提供依据。

Tang 研究了生物过滤器的吸附、微动力学、质量传递和气体流线谱之间的相互作用,用开发出的数学模型描述了生物过滤器的瞬间特性,实验研究和模型分析结果均表明,生物过滤器的瞬间特性主要受过滤材料的性质和运行条件的影响。

Okkerse 等研究了生物滴滤池处理废气中生物量累积和阻塞的问题,并利用二氯甲烷作为模拟污染物质,获得了动力学模型。

Hwang 等研究了甲苯生物过滤法的动力学行为,由于甲苯是不溶于水的气体污染物,所以可作为模型化合物选用,有效性因素分析结果表明,生物过滤非水溶性化合物(如甲苯)时,受系统质量传递影响,不宜在气体流动速度较高的条件下操作。

Abumaizar 用提出的稳态数学模型描述 VOCs 在生物过滤池中的去除动力学,在稳态条件下处理苯、甲苯、乙苯和二甲苯,实验数据与模型预测比较结果表明,粒状活性炭存在可提高堆肥生物过滤池对苯系污染物的去除效率。

郭静对反应器中微生物的生长状况进行了分析,发现被处理污染物的成分以及微环境条件不同,将繁殖出不同的微生物种群。对于水溶性好的污染物,可利用适于在水中生存的细菌进行生物降解。对于难溶于水的污染物,可由真菌代替细菌进行生物降解。特别是对于某些有机物,真菌的降解能力高于细菌。

乔铁军也进行了生物活性滤池中微生物的生长研究。结果表明,在活性滤池中微生物的生长速度是不同的,异养细菌生长速度最快,亚硝化细菌次之,硝化细菌最慢。三大微生物类群之间不存在明显的竞争关系,而在各个类群内部之间则表现为对基质的竞争关系。

国内外研究者对污染物的处理设备强化和工艺优化方面进行了大量的研究。

Ergas 设计的生物膜反应器生物质量浓度较高,可克服传统生物过滤池的许多缺点。

Smith 采用微生物过滤技术对甲苯废气进行处理,发现处理效率达 77%,而持续时间可达 200 d。

Sorial 在研究含有苯、甲苯、乙苯和二甲苯的废气利用生物过滤技术处理过程中,发现 VOCs 处理效率可达 88%。

杨显万等对低浓度挥发性有机废气的长期工业试验结果表明,生物法对甲苯质量浓度为 $300 \sim 400 \ mg/m^3$ 的橡胶再生低浓度有机废气具有良好的净化作用,净化效率可较长时间保持在 90% 左右,含有甲苯的废气经生化处理后可实现达标排放。

李国文选取柱状活性炭为滤料,以甲苯为有机废气代表物,采用生物过滤塔进行处理,降解效率均大于 95%。

尚巍等用生物过滤塔处理 VOCs,将填料在塔外浸泡接种,排泥后装入塔内进行通气挂膜,由于挂膜时间短,处理效果好。

第12章　废水处理厌氧微生物

12.1　概　述

随着工业的飞速发展和人口的不断增加,能源、资源和环境等问题日趋严重,最近30年来,能源的短缺变得更加突出。采用传统的好氧生物处理方法处理废水要消耗大量能源,发达国家用于废水处理的能耗已经占到全国总电耗的1%左右。废水好氧生物处理方法的实质是利用电能的消耗来改善废水品质,使其符合水域环境质量要求。所以,废水好氧生物处理是能耗型的废水处理技术。世界各国尤其是第三世界国家,已日益感到为了解决环境问题所需付出大量能耗的沉重负担,正在不断研究和探索采用高效率低能耗的新型废水处理技术。在众多的废水生物处理工艺中,人们又重新认识到采用厌氧生物处理工艺处理有机废水和有机废物的重要性。因能源短缺和生产发展的需要,废水厌氧生物处理技术在最近20多年来有了迅速发展,通过各国环境工程专家和微生物工作者的潜心研究,厌氧微生物学基础研究取得了很大的进展,同时开发成功了一批新型废水厌氧生物处理新工艺,彻底改变了过去人们认为厌氧生物法只能处理高浓度废水,废水厌氧生物处理是低效能的,需要对废水进行增温等过时的概念。新开发的现代废水厌氧微生物处理反应器不仅是高效能的,而且可在常温下进行;不仅可处理高浓度有机废水,而且可以处理中低浓度有机废水。

12.2　废水厌氧处理原理

废水厌氧产甲烷过程是一个非常复杂的由多种微生物共同作用的生化过程。1930年Buswell 和 Neave 肯定了 Thumn 和 Reichie(1914)与 Imhoff(1916)的看法,即废水厌氧处理过程分为酸性发酵和碱性发酵两个阶段。

在第一阶段,复杂的有机物,如糖类、脂类和蛋白质等,在产酸菌(厌氧和兼性厌氧菌)的作用下被分解为低分子的中间产物,主要是一些低分子有机酸(如乙酸、丙酸、丁酸等)和醇类,并有 H_2、CO_2、NH_4^+ 和 H_2S 等产生。因为该阶段中,大量的脂肪酸产生,使发酵液的 pH 值降低,因此该阶段被称为酸性发酵阶段,又称产酸阶段。

在第二阶段,将第一阶段产生的中间产物继续分解成甲烷和 CO_2 等。由于有机酸在第二阶段不断被转化为甲烷和 CO_2,同时系统中有 NH_4^+ 的存在,使发酵液的 pH 值不断升高。因此该阶段被称为碱性发酵阶段,又称产甲烷阶段。

在不同的厌氧处理阶段,随着有机物的降解,同时存在新细菌的生长。细菌的生长与细胞的合成所需要的能量由有机物分解过程中放出的能量提供。

因为废水厌氧处理的最终产物主要是甲烷和 CO_2,而甲烷仍含有很高的能量,因此废水厌氧降解过程放出的能量较少,即可提供给厌氧菌用于细胞合成的能量就较少,这一点恰好与厌氧菌尤其是产甲烷菌世代期较长、生长缓慢的特点相适应。厌氧处理过程两阶段理论这一观点,几十年来一直占统治地位,在国内外有关厌氧处理的专著和教科书中一直被广泛应用。随着厌氧微生物学研究的不断进化,人们对厌氧处理的生物学过程和生化过程认识不断深化,厌氧处理理论得以不断发展。

M. P. Bryant(1979)根据对产甲烷菌和产氢产乙酸菌的研究结果,认为两阶段理论不够完善,提出了三阶段理论。该理论认为,产甲烷菌不能利用除乙酸、H_2/CO_2 和甲醇等以外的有机酸和醇类,长链脂肪酸和醇类必须经过产氢产乙酸菌转化为乙酸、H_2 和 CO_2 等后,才能被产甲烷菌利用。

12.3　厌氧微生物菌群特性

12.3.1　产氢产乙酸菌

12.3.1.1　产氢产乙酸菌的发现及意义

1916 年,俄国学者奥梅梁斯基(V·L·Omeliansky)分离出第一株不产孢子、能发酵乙醇产生甲烷的细菌,命名为奥氏甲烷杆菌(*Methanobacterium omelianskii*)。1940 年,Bryant 发现这种细菌具有芽孢,又改名为奥氏甲烷芽孢杆菌(*Methanobacillus omelianskii*),并发现了 S 菌株,并证实奥氏甲烷芽孢杆菌是两种菌的共生体,S 菌株将乙醇发酵为乙酸和氢,反应成为产氢产乙酸反应,S 菌株属于产氢产乙酸菌。与 S 菌共生的另一种菌株为 M·O·H 菌株(*methanogenic organism utilizes* H_2),该菌株能利用氢产生甲烷。在两菌株之间,产氢产乙酸菌为产甲烷菌提供乙酸和氢气,促进产甲烷菌的生长,产甲烷菌由于能利用分子氢,降低生长环境的氢分压,有利于产氢产乙酸菌的生长。在厌氧消化过程中,这种不同生理类群菌种之间氢的产生和利用氢的偶联现象被 Bryant、Wolfe、Wolin 等研究者称为种间氢转移,其生化反应如下:

$$2CH_3CH_2OH + 2H_2O \xrightarrow{S\text{菌株}} 2CH_3COOH + 4H_2$$

$$4H_2 + HCO_3^- + H^+ \xrightarrow{M \cdot O \cdot H\text{菌株}} CH_4 + 3H_2O$$

S 菌株的发现具有非常重要的意义:①以证实奥氏甲烷芽孢杆菌非纯种作为突破口,陆续发现以前命名的几种甲烷菌均为非纯种,使得甲烷菌的种属进一步得到纯化和确认,如能将丁酸和己酸等偶碳脂肪酸氧化成乙酸和甲烷,以及能将戊酸等奇碳脂肪酸氧化成乙酸、丙酸和甲烷的弱氧化甲烷杆菌(*Methanobacterium suboxydans*),能将丙酸氧化成乙酸、二氧化碳和甲烷的丙酸甲烷杆菌(*M. propioncum*)等;②否定了许多原以为可以作为甲烷菌基质的有机物(如乙醇、丙醇、异丙醇、正戊醇、丙酸、丁酸、异丁酸、戊酸和己酸等),而将甲烷菌可直接吸收利用的基质范围缩小到仅包括“三甲一乙”(甲酸、甲醇、甲胺类、乙酸)的简单有机物和以 H_2/CO_2 组合的简单无机物等为数不多的几种化学物质;③厌氧消化中第一酸化阶段的发酵产物,除可供甲烷菌吸收利用的“三甲一乙”外,还有许多其他具有重要地位的有机代谢产物,如三碳及三碳以上直链脂肪酸、二碳及二碳以上的醇、酮和芳香族有机酸等。发酵性细菌分解发酵复杂有机物时所产生的除甲酸、乙酸及甲醇以外的有机酸和醇类,均不能被甲烷菌所利用,因此,除 S 菌株外,在自然界一定还存在着其他种类的产氢产乙酸菌,将长链脂肪酸氧化为乙酸和氢气。

这种互营联合菌种之间所形成的种间氢转移不仅在厌氧生境中普遍存在,而且对于厌氧生境的生化活性十分重要,是推动厌氧生境中物质循环尤其是碳素转化的生物力。在厌氧发酵的场所,无论是在厌氧消化反应器还是反刍动物的瘤胃内,互营联合中的用氢菌主要是食氢产甲烷菌,所以种间氢转移也主要发生在不产甲烷菌和产甲烷菌之间。

12.3.1.2　产氢产乙酸反应的调控

产氢产乙酸菌的代谢产物中有分子态氢,表明体系中氢分压的高低对代谢反应的进行起着一定的调控作用,可能加速反应过程,可能减缓反应过程,也可能终止反应过程。

例如,S 菌株对乙醇的产氢产乙酸菌反应为

$$CH_3CH_2OH + H_2O \Longrightarrow CH_3COOH + 2H_2 \quad \Delta G^{0'} = +19.2 \text{ kJ/反应}$$

沃尔夫互营单胞菌(Syntrophomonas wolfei)通过 β 氧化分解丁酸为乙酸和氢,再由共生的甲烷菌将产物转化为甲烷

$$CH_3CH_2CH_2COOH + 2H_2O \longrightarrow 2CH_3COOH + 2H_2 \quad \Delta G^{0'} = +48.1 \text{ kJ/反应}$$

沃林互营杆菌(Syntrophobacter wolinii)是一种既不能运动,又无法形成芽孢的中温专性厌氧细菌。在氧化分解丙酸盐时能形成乙酸盐、H_2 和 CO_2

$$CH_3CH_2COOH + 2H_2O \longrightarrow CH_3COOH + 3H_2 + CO_2 \quad \Delta G^{0'} = +76.1 \text{ kJ/反应}$$

甲烷菌会进一步将以上 3 种细菌的代谢产物(乙酸和氢)转化为甲烷

$$CH_3COOH \longrightarrow CH_4 + CO_2 \quad \Delta G^{0'} = -31 \text{ kJ/mol}$$

$$4H_2 + CO_2 \longrightarrow CH_4 + 2H_2O \quad \Delta G^{0'} = -135.6 \text{ kJ/mol}$$

从以上 3 个反应可以看出,由于各反应所需自由能不同,进行反应的难易程度也就不一样。在厌氧消化系统中,降低氢分压的工作必须依靠甲烷菌来完成。这表示,通过甲烷菌利用分子态氢能够降低氢分压,对产氢产乙酸菌的生化反应起着非常重要的作用。一旦甲烷菌因受环境条件的影响而放慢对分子态氢的利用速率,产氢产乙酸菌也随之放慢对丙酸的利用,进而依次为丁酸和乙醇。这也是为什么一旦厌氧消化系统发生故障,就会出现丙酸累积的现象。

12.3.2　同型产乙酸菌

有两类细菌能在厌氧条件下产生乙酸,一类属于发酵细菌,能利用有机基质产生乙酸,被称为异养型厌氧细菌;另一类既能利用有机基质产生乙酸,又能利用分子态氢和二氧化碳产生乙酸,属于混合营养型细菌。因为这类细菌的产乙酸过程会消耗氢气,所以被称为耗氢产乙酸菌,但因为无论利用何种基质,其代谢产物都是乙酸,因此又称为同型产乙酸菌。同型产乙酸菌在发酵糖类时的主要产物或唯一产物为乙酸,这与异型产乙酸菌有很大的区别。

12.3.2.1　同型产乙酸菌的主要生理特征

根据测定,这类细菌在下水污泥中的数量为 $10^5 \sim 10^6$ 个/mL。最近 20 年来已分离到的同型产乙酸菌包括 4 个属的 10 余种,其基本特征见表 12.1。这类菌群可利用的基质有己糖、戊糖、多元醇、糖醛酸、三羧酸循环中的各种酸、丝氨酸、谷氨酸、3 - 羧基丁酮、乳酸、乙醇等。它们一般不能利用二糖或更复杂的碳水化合物。除少数种类外,菌群可生长于 H_2/CO_2 上,在含有少量酵母汁和某些维生素的基质上生长得更好。Co、Fe、Mo、Ni、Se、W 是构

成 CO_2 固定酶的必需微量元素。

表 12.1　部分同型产乙酸菌的特征

细菌	适宜温度/℃	适宜 pH 值	(G+C)含量/mol%	H_2/CO_2 的生长	分离源	分离年份
诺特罗乙酸厌氧菌	37	7.6~7.8	37	+	沼泽	1985
裂解碳产乙酸杆菌	27	7	38	+	淤泥	1984
威林格氏产乙酸杆菌	30	7.2~7.8	43	+	废水	1982
伍德氏产乙酸杆菌	30	7.5	42	+	海洋港湾	1977
基维产乙酸菌	66	6.4	38	+	湖泊沉积物	1981
乙酸梭菌	30	8.3	33	+	废水	1940，1981
甲酸乙酸梭菌	37	7.2~7.8	34	+	淤泥废水	1970
大酒瓶形梭菌	31	7	29	−	无氧淤泥	1984
嗜热乙酸梭菌	60	6.8	54	−	马粪便	1942
嗜热自养梭菌	60	5.7	54	+	淤泥、土壤	1981
梭菌 CV−AA1	30	7.5	42	+	污泥	1982
嗜酸芽孢菌	35	6.5	42	+	蒸馏流出液	1985
卵形芽孢菌	34	6.3	42	+	淤泥	1983
拟球形芽孢菌	36	6.5	47	+	淤泥	1983

12.3.2.2　同型产乙酸菌的代表菌种

（1）伍德氏产乙酸杆菌（*Acetobacterium woodii*）

1977 年，人们分离到一种典型的同型产乙酸菌，它能利用氢还原二氧化碳合成乙酸。在利用氢气和二氧化碳的产甲烷菌富集物中，在有甲烷产生时，向培养液中加入适量的连二亚硫酸钠，产甲烷菌的生长即被抑制，但是同型产乙酸菌并不会受到影响，从而被富集分离出来。该菌种是由 Wood 等人最早研究的，因此被命名为伍德氏产乙酸杆菌。

（2）威林格氏产乙酸杆菌（*Acetobacterium wieringae*）

此菌种与伍德氏产乙酸杆菌类似，属于中温性无孢子短杆菌，有时呈链状，侧生鞭毛，属革兰氏染色阳性。利用氢气和二氧化碳为底物，不加酵母膏培养，其最适宜生长温度为 30 ℃，最适宜 pH 值为 7.2~7.8。

（3）乙酸梭菌（*Clostridium aceiicum*）

1936 年 Wieringa 从富集培养物中分离出厌氧性梭状芽孢杆菌。此菌种能在富含碳酸氢钠的河泥浸出液的无机培养基上，利用氢气和二氧化碳为底物产生乙酸，所以将其命名为乙酸梭菌。该菌种可以在富含果糖的培养基上生长，极生孢子，周生鞭毛，要求较高的 pH 值，范围在 8.3 左右。

（4）基维产乙酸菌（*Acetogenium kivi*）

基维是非洲一个湖泊的名字，因为此菌种是从基维湖中分离出来的，所以便以这个湖的名字命名。这种细菌自己不能运动,属革兰氏染色阴性,不形成芽孢,细胞经常发生不等分裂。该细菌可以利用葡萄糖、果糖、甘露糖、丙酮酸、甲酸、氢气和二氧化碳形成乙酸,但其在甲酸上的生长状况较差。此菌种为嗜热性细菌,适宜生长温度范围为 50 ~ 72 ℃,最适宜生长温度是 66 ℃,最适宜生长 pH 值范围是 5.3 ~ 7.3,最适宜生长 pH 值为 6.4。

(5)嗜热自养梭菌(*Clostridium thermoautotrophicum*)

此类细菌能够利用氢气和二氧化碳生产乙酸,在高温条件下生长并形成芽孢。它在生长早期为革兰氏染色阳性,生长后期为阴性,具有 3 ~ 8 根周生鞭毛。它能够单独在氢气和二氧化碳或甲醇上生长,最适宜温度为 60 ℃,低于 37 ℃无法生长,菌体生长较快,每增加一倍菌体的时间为 2 h。

12.3.2.3 同型产乙酸菌的生态学意义

同型产乙酸菌在自然界中广泛分布,种类繁多,可把多种有机物质转化为乙酸。全球每年由 CO_2 固定产生的有机物约为 15×10^{10} t,其中 10% 的生物质经厌氧消化转化为 CO_2 和 CH_4。而 70% 甚至更多的 CH_4 来自乙酸,这其中同型产乙酸菌在自然界乙酸的形成及碳素循环的过程中起着不可忽视的作用。

一些同型产乙酸菌能参与苯甲基醚的厌氧降解。苯甲基醚是木质素降解的中间产物,过去认为木质素的降解仅能在好氧条件下进行,现已证实,苯甲基醚可由同型产乙酸菌发酵生成乙酸和酚,酚进一步降解为乙酸,乙酸再进一步降解为 CO_2 和 CH_4。这表明木质素可以在厌氧条件下被最终降解为 CH_4 和 CO_2,具有明显的生态学意义。

经过发酵细菌、产氢产乙酸菌、同型产乙酸菌的作用,各种复杂的有机物最终生成乙酸、氢气和二氧化碳。发酵过程中如果积累了游离氢,那么有机物的进一步分解将受到阻碍。所以,游离氢的氧化不仅能为产甲烷菌提供能源,还能为除去发酵过程中的末端电子提供条件,使代谢产物一直进行到产乙酸阶段。可以说,不产甲烷菌的生长代谢的顺利进行,依赖于产甲烷菌的清洁作用。

12.3.3 产甲烷菌

产甲烷菌这一名称是由 Bryant 于 1974 年提出的,用以区分这类细菌与氧化甲烷的好氧菌。产甲烷菌是参与有机物厌氧消化过程中最重要的一类细菌群。其分布范围广泛,在污泥,瘤胃,人、动物和昆虫的肠道,变形虫的内共生体,湿树木,地热泉水,深海火山口,碱湖沉淀物,淡水和海洋的沉积物,水田和沼泽等厌氧环境中都能找到它们的踪迹。产甲烷菌的细胞结构与一般细菌细胞的结构有很大的差异,尤其是在细胞壁的结构方面,一般细菌细胞的细胞壁都有肽聚糖,而产甲烷菌则没有或缺少肽聚糖。从生物学发展谱系角度而言,产甲烷菌属于与真核微生物和普通单细胞生物无关的第三谱系,即原始细菌(*Acrchebacteria*)谱系。它们对氧和其他氧化剂十分敏感,属于严格的专性厌氧菌。

12.4 废水厌氧处理工艺

废水厌氧生物处理技术发展到今天已取得了很大的进展,已开发出的各种厌氧反应器种类很多。为了应用的方便,可以对不同类型的厌氧反应器进行分类。

12.4.1 按发展年代分类

有人把20世纪50年代以前开发的厌氧消化工艺称为第一代厌氧反应器,而把60年代以后开发的厌氧消化工艺称为第二代或现代厌氧反应器。

第一代厌氧反应器,如化粪池和隐化池(双层沉淀池),主要用于处理生活废水下沉的污泥,传统厌氧消化池与高速厌氧消化池用于处理城市污水处理厂初沉池和二沉池排出的污泥。第二代厌氧反应器主要用于处理各种工业排出的有机废水。

第一代厌氧反应器如传统厌氧消化池和高速厌氧消化池的特点是污泥龄(SRT)等于水力停留时间(HRT)。为了使污泥中的有机物达到厌氧消化稳定,必须维持较长的污泥龄,即较长的水力停留时间。所以反应器的容积很大,反应器的处理效能较低。

第二代厌氧反应器的特点是污泥龄和水力停留时间分离,两者不相等。可以维持很长的污泥龄,但水力停留时间很短,即 HRT < SRT。可以在反应器内维持很高的生物量,所以反应器有很高的处理效能。

被认为是第一代厌氧反应器的厌氧接触法,由于采用了污泥回流,可以做到使 HRT < SRT,所以已具有第二代厌氧反应器的特征。一般把 EGSB 和 IC 反应器称为第三代厌氧反应器。

12.4.2 按厌氧反应器的流态分类

厌氧反应器可分为活塞流型厌氧反应器和完全混合型厌氧反应器,或介于活塞流型和完全混合型两者之间的厌氧反应器。如化粪池、升流式厌氧滤池和活塞流式消化池接近于活塞流型。而带搅拌的普通消化池和高速消化池是典型的完全混合型厌氧反应器。而升流式厌氧污泥层反应器、厌氧折流板反应器和厌氧生物转盘等是介于完全混合型与活塞流型之间的厌氧反应器。

12.4.3 按厌氧微生物在反应器内的生长状况分类

厌氧反应器又可分成悬浮生长厌氧反应器和附着生长厌氧反应器。如传统消化池、高速消化池、厌氧接触池和升流式厌氧污泥层反应器等,厌氧活性污泥以絮体或颗粒状悬浮于反应器液体中生长,称为悬浮生长厌氧反应器。而厌氧滤池、厌氧膨胀床、厌氧流化床和厌氧生物转盘等,微生物附着于固定载体或流动载体上生长,称为附着生长厌氧反应器。

把悬浮生长与附着生长结合在一起的厌氧反应器称为复合厌氧反应器,如 UBF,其下面是升流式污泥床,而上面是充填填料的厌氧滤池,两者结合在一起,故称为升流式污泥床 – 过滤反应器。

12.4.4 衍生的厌氧反应器

衍生的厌氧反应器有 EGSB、IC 反应器和 USB 等,这几种厌氧反应器均是在 UASB 反应器基础上衍生出来的。EGSB 相当于使 UASB 反应器的厌氧颗粒污泥处于流化状态。而 IC 反应器则是在两个 UASB 反应器上叠加,利用污泥床产生的沼气作为动力来实现反应器内混合液的循环。UASB 反应器去掉三相分离器后就成了用于处理高固体废液的 USB。

12.4.5　按厌氧消化阶段分类

厌氧反应器可分为单相厌氧反应器和两相厌氧反应器。单相厌氧反应器是把产酸阶段与产甲烷阶段结合在一个反应器中；而两相厌氧反应器则是在产酸阶段和产甲烷阶段分别在两个互相串联的反应器中进行。由于产酸阶段的产酸菌反应速率快，而产甲烷阶段的反应速率慢，因此两者分离，可充分发挥产酸阶段微生物的作用，从而提高了系统整体反应速率。

第 13 章　固体废弃物处理厌氧微生物

13.1　概　述

生活垃圾是人类日常生活中产生的废弃物,当复杂多变、量大面广的生活垃圾排放到环境时,就会对大气、水体、土壤、生态环境带来严重的破坏。生活垃圾裸露堆放不仅会占去大量土地,影响自然景观,而且未经处理的生活垃圾直接还田或简易处理后就还田会严重破坏土壤的团粒结构,致使土壤保水、保肥能力下降。生活垃圾自然腐烂后还会产生恶臭,致使蚊蝇兹生、老鼠繁衍、各种病菌大量繁殖,排出大量氨、硫化物等,其中含有较多致癌物质,直接威胁人类的健康和生存。除此之外,生活垃圾还可间接通过水、气造成二次污染。垃圾在腐败过程中会产生大量酸性和碱性有机污染物,并会将垃圾中的重金属溶解出来,是有机物、重金属和病原微生物三位一体的污染源。据实验研究,1 kg 生活垃圾在氧化状况下经淋滤分解后,可产生硝酸盐、硫酸盐和氯化物等矿物质 9 000 ~ 12 000 mg,并溶解出 2.8 g 钙镁物质,可使 1 t 水的硬度升高半度,1 t 城市生活垃圾氧化分解产生的有机物质需要 31 t 清洁土壤或 115 t 清洁河水才能自净。生活垃圾的危害已涉及我们每一个人,切实有效地解决垃圾污染问题已刻不容缓。

13.2　固体废弃物处理厌氧微生物菌群

固体废弃物中有机质的厌氧消化微生物过程可分为产酸和产甲烷阶段。在产酸阶段利用假单胞菌(*Pseudomonas*)、梭状芽孢杆菌(*Clostridium*)、气杆菌(*Aerobacter*)、产碱菌(*Alculigenes*)、埃希氏杆菌(*Escherichia*)和链球菌(*Streptococcus*)等将复杂的有机质如碳水化合物、蛋白质和脂肪等分解成以乙酸为主的短链脂肪酸、简单有机物和 CO_2、H_2、H_2S、NH_3 等无机物。在产甲烷阶段利用甲烷杆菌属(*Methanobacterium*)、甲烷八叠球菌属(*Methanosarcina*)、甲烷球菌属(*Methanococcus*)、甲烷螺旋菌属以及自养甲烷菌属等将产酸代谢的终产物转化为 CH_4 和 CO_2。厌氧消化过程是一个动态、多相、多介质的物理、化学和生物反应紧密相连的过程,其中有机物的生物、化学转化以及物质的传输与分布比较复杂。

13.3　固体废弃物厌氧处理研究进展

厌氧消化处理城市垃圾,主要集中在对城市垃圾中厨余垃圾以及庭院垃圾进行处理。在欧洲,利用厨余垃圾产沼气的研究较为成熟,德国、丹麦等国家发展尤其迅速,建成了一定规模数量的消化处理厂。日本早在 20 世纪 80 年代就将利用城市垃圾产沼气作为国家研究课题。近年来,在引进欧洲技术的同时,在地方政府的支持下,也开始进行了工业规模生产。厌氧消化技术最早应用于高浓度有机废水的处理中,对城市垃圾的处理所占的比例还小。自 1920 年英国农学家 Albert Howard 在印度发明了印多尔厌氧堆肥法以来，经过了不断的技术革新，近年来，逐步形成了以湿式完全混合厌氧消化、一步厌氧干发酵、两步厌氧消化等为主的工艺形式。

13.3.1　湿式完全混合厌氧消化

湿式完全混合厌氧消化工艺（One-stage wet complete mix systems，以下简称湿式工艺）的应用最早也最为广泛。此工艺固体浓度维持在 15% 以下，其液化、酸化和产气 3 个阶段在同一个反应器中进行，具有工艺过程简单、投资小、运行和管理方便的优点。目前，欧洲 90% 的消化处理采用此工艺。1989 年在芬兰的瓦萨（Wasa）建立了第一个工业规模的垃圾消化处理厂；1995 年在德国 Bottrop 建成年处理能力为 6 500 t 的消化处理系统；1999 年在意大利的 Verona 和荷兰的 Groningen 分别建立了两个垃圾消化处理厂。湿式工艺的流程简单，现以建于德国 Bottrop 的消化系统为例进行说明，工艺流程如图 13.1 所示。

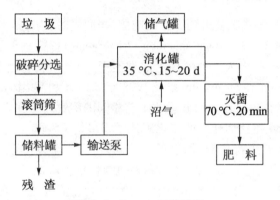

图 13.1　Bottrop 工艺流程

垃圾进厂后进行破碎和磁力分选，进入滚筒筛；有机物被送往储料罐；将垃圾稀释，形成由水和营养素组成的稀浆，固体浓度达 15%，将大颗粒的悬浮固体分离；用输送泵将料浆输送到厌氧消化罐（体积为 5 000 m³）中；在中温 35 ℃下消化 15 ~ 20 d；经过消化后在 70 ℃进行 30 min 的巴斯德灭菌（Pasteurization）；再利用产生的沼气通过加压进行搅拌。

早期消化工艺中没有搅拌装置，易引起分层现象，反应器中较轻的部分上升成浮渣层，较重的部分下沉成为底层，这样在反应器中形成 3 个浓度不同的物理层，不但影响混合效果，而且损伤发酵设备。良好的搅拌器是系统正常运行的基本保证。20 世纪 90 年代在搅拌器的应用研究方面取得了很大的进展，机械搅拌和沼气搅拌是常用的搅拌形式，Cozzolino 还利用机械沼气混合搅拌取得了很好的效果。

由于酸化、水解、产甲烷均在同一反应器中同时进行，通常认为在这个系统中各阶段反应都不能达到各自最佳的反应条件，处理效率低。但 1992 年 Weiland 对湿式工艺进行了系统分析，设计出性能良好的反应器，在保证良好的操作条件下，湿式工艺可以达到很好的处理效果。1999 年 Farnete 等在此基础上设计出比较完备的进料处理系统，大大提高了处理效果，尽管这样会使 15% 的有机物在预处理阶段被除去而降低了产气率。

湿式工艺受原料垃圾的影响超过工艺本身的影响，Saint - Joly 的研究指出由于夏季垃圾中含有较多生物降解性较差的木质素，沼气产率和挥发性固体（VS）去除率分别为

170 Nm^3(CH$_4$/kg VS)和40%。相比之下,冬季沼气产率可以达到 320 Nm^3(CH$_4$/kg VS),
VS 去除率达到75%。Pavan 等人对厨房垃圾和经机械分选的城市垃圾做对比实验,结果厨
房垃圾的 VS 去除率可增加1倍。原因是城市垃圾经过分选后总的有机物中仍含有大量生
物降解性差的成分。另外,工艺的负荷受进料影响也比较明显,在高温条件下用不同的进
料做测试实验,结果表明:经机械分选的城市垃圾的最大有机物负荷达到 9.7 kg VS/(m^3·
d),而厨房垃圾的最大有机物负荷为 6 kg VS/(m^3·d)。建于1999年意大利维罗纳的消化
处理厂对城市垃圾进行处理,实际负荷为 8 kg VS/(m^3·d)。抑制物的浓度是影响有机负
荷率的主要因素,过高的有机酸和碱含量都将影响有机物的分解。Angelidaki 的研究表明
有机酸的增加不仅抑制了甲烷菌的生长,破坏产气,还会对聚合体的水解和长链脂肪酸的
酸化产生抑制作用。与其他的工艺形式比较,湿式工艺由于含水量高,可以稀释抑制物的
浓度,在一定程度上也加大了系统的抗抑制能力。

13.3.2　一步厌氧干发酵

在20世纪80年代,湿式工艺得到广泛的应用,与此同时,为提高处理能力,研究者们提
出了一步厌氧干发酵系统(One-stage anaerobic dry systems)。厌氧干发酵系统的固体浓度
可以维持在20%~50%,从而大大地提高了处理能力,一开始就引起了研究者们的浓厚兴
趣。早在1988年 Spendlin 和 Stegmanny 以及1993年 Baeten 和 Verstraete 的研究中均指出不
将垃圾与水进行混合稀释也可以取得和湿式工艺相同的沼气产率和产量。根据1999年 De
Baere 的调查,20世纪80年代后建立的消化工艺过程多是干发酵工艺。干发酵系统中只有
含水率非常低的原料需要进行稀释,用水量小。同时,厌氧干发酵系统对进料的分选要求
不高,原料进入处理系统前,只需用滚筒筛将大的颗粒物去除即可。然而,从投资角度看,
干发酵工艺比湿式工艺要高得多。首先固体浓度的加大,需要设计能够抗酸、抗腐蚀性强
的发酵反应器;其次,1997年 Oleszkiewica 指出原料的运输和处理需要特制的泵,这种泵要
比普通的离心泵贵得多,而在全混系统中大量使用的是普通的离心泵;最后为了给新鲜进
料接种和避免局部的超负荷引起酸化,需要将进料和发酵物进行混合。为了解决在干发酵
系统中输送流体黏度大的问题,研究者们设计了栓塞流(Plug flow)的输送形式。这种液体
输送形式简化了反应器内设置的机械装置。在工业中应用的物料输送形式主要有 Dranco、
Kompogas 和 Valorga 工艺,这3种输送形式也代表了典型的厌氧干发酵工艺,工艺流程如图
13.2所示。

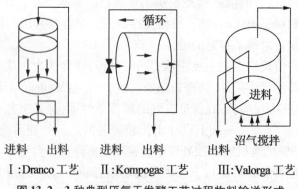

图 13.2　3 种典型厌氧干发酵工艺过程物料输送形式

　　在 Dranco 系统中,新鲜进料需要和出进比例为 1∶6 的混合。物料在垂直的方向上。自上而下的输送方式对处理固体浓度在 20% ~50% 的进料是非常有效的。在 Kompogas 系统中,进料是在水平方向进行,在物料水平输送的同时进行翻转,可以进行物料的混合和脱气,固体浓度维持在 23% 左右,波动较小。Valorga 处理系统在前两种的基础上做了改进,进料在圆柱形的反应器中螺旋上升,通过每 15 min 通入高压沼气进行混合搅拌。这种形式的优点是进料无须进行接种混合,但是加压通气装置的设计和运行维护相当麻烦。在处理能力方面,Kompogas 工艺受到机械方面的限制,装置必须固定,而且单个反应器的处理能力不超过 15 000 t/a。瑞士 Kompogas 公司目前达到 12 000 t/a,日产沼气 3 200 m^3,可以发电 2 340 000 kW·h/a,生物发酵后的有机肥无偿送给农民使用。而 Dranco 和 Valorga 工艺就没这样的限制,在每个反应器的容积不能超过 3 300 m^3,高度不得超过 25 m 情况下可根据需要确定处理能力。

　　厌氧干发酵工艺中,令人担心的一个主要问题是高固体浓度带来的诸多抑制因素。而 1997 年 Oleszkiewica 的研究指出干发酵有很强的抗抑制能力。Fruteau de Laclos 的实验证实,在 Valorga 工艺中,运行温度在 40 ℃ 时即使氨质量浓度达到 3 g/L,反应还可正常进行。在 Dranco 工艺中,在 52 ℃、氨浓度达到 2.5 g/L 时还可以稳定地运行。由此可看出,厌氧干发酵系统同样有很强的抗抑制能力。

　　厌氧干发酵工艺在生化性能方面对庭院垃圾的沼气产率可以达到 90 Nm^3/t,对厨房垃圾可以达到 150 Nm^3/t,50% ~70% 的 VS 去除率。与湿式工艺相比较而言,厌氧干发酵的负荷大大提高。Dranco 处理系统的年平均负荷可达 15 kg VS/(m^3·d),此时进料的浓度达到 35%,夏季的停留时间为 14 d,VS 的去除率为 65%。

13.3.3　两步厌氧消化

　　在湿式工艺和干发酵工艺中,垃圾中的有机质转化为沼气的过程是在一个连续的生化反应中完成的。各个不同的反应阶段难以达到其各自的最佳反应条件。例如,酸化阶段会导致 pH 值的下降,产甲烷阶段要求接近中性或偏碱的环境。而两步厌氧消化工艺即要创造两个不同的生物和营养环境条件,如温度和 pH 值等。Ghosh 最早提出优化各个阶段的反应条件,可以提高整体的反应效率,而且可以增加沼气的产量,从而提出了两步厌氧消化(Two-stage anaerobic digestion systems)。典型的两步工艺是 Liu 和 Palmwoski 所进行的实验,在第一个阶段进行反应物的酸化和水解,第二个阶段进行产甲烷。在微生物环境方面,水解产酸菌和产甲烷菌对厌氧环境的要求不同,只有在产甲烷阶段,由于甲烷菌是严格的厌氧菌,才需要严格的厌氧环境。Copola 的研究指出利用微需氧的条件甚至更加有利于水解。这样将不同的反应阶段分开后,使得这种优化设计成为可能。这两个阶段彼此分离在不同的反应器中进行。为此,许多研究者对两个阶段分别进行了研究,产生了很多不同的两步厌氧工艺过程。如第一步可以采用湿式工艺,也可以采取干发酵工艺,第二步可以采取厌氧过滤、UASB 厌氧流化床等形式。两步厌氧工艺的主要优点不仅使反应效率提高,还增加了系统的稳定性,加强了对进料的缓冲能力。许多在湿式系统中生物降解不稳定的物质在两步系统中的稳定性很好。虽然两步工艺有诸多的优点,但由于过于复杂的设计和运行维护,实际应用中选择的并不多。目前为止,应用这种工艺的处理能力不足 10%。

　　1999 年 Pavan 和 Scherer 等人设计了最简单的两步厌氧消化工艺,这种设计广泛地应用在实验室的研究中。如图 13.3 所示,这种设计就是将两个湿式系统串联起来。在进入第一级反应器之前将固体质量分数调节到 10%。另外的一种设计是将一系列的栓塞流的反应器连接起来,固体质量分数达到 12%。

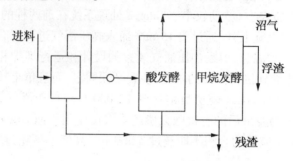

图 13.3　两步厌氧消化工艺流程

在生化性能方面,1999 年 Pavan 等人在用水果、蔬菜等为原料采用间歇进料的方式进行了实验。由于间歇进料中有机负荷随着时间变化而产生波动,当有机负荷为 3.3 kg VS/(m^3·d)时系统的稳定性遭到破坏,而两步工艺在初始负荷为 7 kg VS/(m^3·d)时还可以正常运行。由于水解产酸对 pH 值等环境条件有较宽的适应范围,在酸化水解时,一步工艺在初始阶段可以缓冲由于进料的变化给系统带来的冲击负荷,从而保证了在产甲烷阶段系统运行的稳定性。在应用方面,韩国的安阳(Anyang)建成了年处理能力为 1 000 t 的小型处理厂,每天可以产沼气 230 m^3 和 100 kg 的腐殖土。尽管两步厌氧消化系统的处理规模还小,但其有很好的应用前景。

13.4　制约厌氧处理工艺发展应用的因素

厌氧消化处理技术是城市固体废弃物处理的一种古老的方法,其消化过程是一个动态、多相、多介质的物理、化学和生物反应紧密相关的复杂过程。其中有机物的生物、化学转化及物质的传输与分布不易监控,在城市固体废弃物分选、厌氧发酵工艺、二次污染的物理等方面都存在许多问题。制约厌氧消化处理技术在城市固体废弃物处理应用中的主要因素表现在:①城市固体废弃物的分选需投入大量的人力物力,系统工程复杂。现阶段要对城市固体废弃物做比较系统的分选很难,城市固体废弃物分选效率将直接影响到堆肥生产的成本和产品的质量,故固体废弃物分区、分类收集和建立废弃物收费制度将是影响今后我国固体废弃物厌氧发酵产业进一步发展的关键因素;②厌氧微生物对固体废弃物中复杂有机物的降解能力对发酵过程起决定性作用,选用优良的厌氧菌种是厌氧消化处理技术的核心。因此,发酵厌氧微生物的筛选和鉴定也成为制约因素之一;③厌氧过程中温度、pH 值、营养物质和底物毒性对发酵过程有较大的影响,操作人员要不断监视发酵过程,判断和调整各种参数,因此很难实现实时监控;④消化过程中产生的废水和废气由于处理效果不佳,容易对处理系统造成冲击负荷,从而导致处理系统的失败;⑤消化产品的腐熟度是衡量厌氧消化过程的最终指标。未经腐熟的产品中有机物和毒性物质会造成植物生长的缺氧和间接毒性,危害作物生长。目前,对堆肥产品的腐熟检测缺乏统一的标准,且检测过程相对复杂,无法进行现场检测。

第14章 厌氧微生物燃料电池

14.1 概　述

微生物燃料电池的研究开始于20世纪初,当时的英国植物学家Potter教授用酵母和大肠杆菌进行实验后宣布,利用微生物可以产生电流。此后,人们一直在探索利用微生物的作用进行能量转换的方法,如通过碳水化合物的代谢或光合作用进行能量转换,用电子传递链将在此过程中产生的电子传递到电极上,称这样的装置为微生物燃料电池。用微生物作为生物催化剂,可以在常温常压下进行能量转换。理论上,各种微生物都有可能作为微生物燃料电池的催化剂,经常使用的有普通变形菌、枯草芽孢杆菌、大肠埃希氏杆菌和腐败希瓦氏菌等属的细菌。传统的微生物燃料电池以葡萄糖或蔗糖为燃料,利用电介质从细胞代谢过程中接受电子并传递到阳极,产生电流。近年来,出现了一些形式新颖的微生物燃料电池,其中具有代表性的是利用光合作用和含酸废水产生电能的装置。Tanaka等将能够发生光合作用的藻类用于微生物燃料电池,展示了光燃料电池的可行性。该电池使用的催化剂为蓝绿藻,电介质为HNO_3。通过对比实验前后细胞内糖原质量的变化,发现在无光照时,细胞内部糖原的质量在实验中减少;在有光照时,HNO_3促进蓝绿藻、海藻细胞内部糖原的质量增加,电池的输出电流比无光照时有明显的增加,同时对电子传递的机理进行了探索。实验结果表明,在暗反应中,细胞本身糖原的分解产生的电子流动是电流的主要来源;在光反应时,水的分解是电流的主要来源。Karube和Suzuki利用可以进行光合作用的微生物Rhodospiril-lum rubrm发酵产生氢,为燃料电池提供燃料。

14.2　微生物燃料电池原理

14.2.1　微生物燃料电池的作用原理

微生物燃料电池(MFC)提供了从可生物降解的、还原的化合物中维持能量产生的新机会。MFC可以利用不同的碳水化合物,同时也可以利用废水中含有的各种复杂物质。关于它所涉及的能量代谢过程,以及细菌利用阳极作为电子受体的本质,目前都只有极其有限的信息,还没有建立关于其中电子传递机制的清晰理论。倘若要优化并完整地发展MFC的产能理论,这些知识都是必需的。依据MFC工作的参数,细菌使用着不同的代谢通路,这也决定了如何选择特定的微生物及其对应的不同的性能。在此,我们将讨论细菌是如何使用阳极作为电子传递的受体,以及它们产能输出的能力。对MFC技术的评价是在与目前其他的产能途径比较下做出的。

微生物燃料电池并不是新兴的东西,利用微生物作为电池中的催化剂这一概念从20世纪70年代就已存在,并且使用微生物燃料电池处理家庭污水的设想也于1991年实现。但是,经过提升能量输出的微生物燃料电池则是新生的,为这一事物的实际应用提供了可能的机会。

MFC 将可以被生物降解的物质中可利用的能量直接转化成为电能。要达到这一目的,只需要使细菌从利用它的天然电子传递受体,例如氧或者氮,转化为利用不溶性的受体,比如 MFC 的阳极。这一转换可以通过使用膜联组分或者可溶性电子穿梭体来实现。然后电子经由一个电阻器流向阴极,在那里电子受体被还原。与厌氧性消化作用相比,MFC 能产生电流,并且生成了以二氧化碳为主的废气。

与现有的其他利用有机物产能的技术相比,MFC 具有操作上和功能上的优势。首先它将底物直接转化为电能,保证了具有高的能量转化效率。其次,不同于现有的所有生物能处理,MFC 在常温甚至是低温的环境条件下都能够有效运作。第三,MFC 不需要进行废气处理,因为它所产生的废气的主要组分是二氧化碳,一般条件下不具有可再利用的能量。第四,MFC 不需要能量输入,因为仅需通风就可以被动地补充阴极气体。第五,在缺乏电力基础设施的局部地区,MFC 具有广泛应用的潜力,同时也扩大了用来满足我们对能源需求的燃料的多样性。

14.2.2　微生物燃料电池的代谢

为了衡量细菌的发电能力,控制微生物电子和质子流的代谢途径必须要确定下来。除去底物的影响之外,电池阳极的势能也将决定细菌的代谢。增加 MFC 的电流会降低阳极电势,导致细菌将电子传递给更具还原性的复合物。因此阳极电势将决定细菌最终电子穿梭的氧化还原电势,同时也决定了代谢的类型。根据阳极势能的不同,能够区分一些不同的代谢途径:高氧化还原代谢,中氧化还原到低氧化还原的代谢,以及发酵。因此,目前报道过的 MFC 中的生物从好氧型、兼性厌氧型到严格厌氧型的都有分布。

在高阳极电势的情况下,细菌在氧化代谢时能够使用呼吸链。电子及其相伴随的质子传递需要通过 NADH 脱氢酶、泛醌、辅酶 Q 或细胞色素。Kim 等研究了这条通路的利用情况,他们观察到 MFC 中电流的产生能够被多种电子呼吸链的抑制剂所阻断。在他们所使用的 MFC 中,电子传递系统利用 NADH 脱氢酶,Fe/S(铁/硫)蛋白以及醌作为电子载体,而不使用电子传递链的 2 号位点或者末端氧化酶。通常观察到,在 MFC 的传递过程中需要利用氧化磷酸化作用,导致其能量转化效率高达 65%。常见的实例包括假单胞菌(*Pseudomonas aeruginosa*)、肠球菌(*Enterococcus faecium*)以及 *Rhodofoferax ferrireducens*。

如果存在其他可替代的电子受体,如硫酸盐,会导致阳极电势降低,电子则易于沉积在这些组分上。当使用厌氧淤泥作为接种体时,可以重复性地观察到沼气的产生,提示在这种情况下细菌并未使用阳极。如果没有硫酸盐、硝酸盐或者其他电子受体的存在,如果阳极持续维持低电势,则发酵就成为此时的主要代谢过程。例如,在葡萄糖的发酵过程中,涉及的可能的反应是:$C_6H_{12}O_6 + 2H_2O \longrightarrow 4H_2 + 2CO_2 + 2C_2H_4O_2$ 或 $6H_{12}O_6 \longrightarrow 2H_2 + 2CO_2 + C_4H_8O_2$。它表明,从理论上说,六碳底物中最多有 1/3 的电子能够用来产生电流,而其他 2/3 的电子则保存在产生的发酵产物中,如乙酸和丁酸盐。总电子量的 1/3 用来发电的原因在于氢化酶的性质,它通常使用这些电子产生氢气,氢化酶一般位于膜的表面,以便于与膜外的可活动的电子穿梭体相接触,或者直接在电极上接触。同重复观察到的现象一致,这一代谢类型也预示着高的乙酸和丁酸盐的产生。一些已知的制造发酵产物的微生物分属于以下几类:梭菌属(*Clostridium*)、产碱菌(*Alcaligenes*),肠球菌(*Enterococcus*),都已经从 MFC 中分离出来。此外,在独立发酵实验中,观察到在无氧条件下 MFC 富集培养时,有丰富的氢气产生,这一现象也进一步地支持和验证这一通路。

发酵的产物,如乙酸,在低阳极电势的情况下也能够被诸如泥菌属等厌氧菌氧化,它们能够在 MFC 的环境中夺取乙酸中的电子。

代谢途径的差异与已观测到的氧化还原电势的数据一起,为我们一窥微生物电动力学提供了一个深入的窗口。一个在外部电阻很低的情况下运转的 MFC,在刚开始生物量积累时期只产生很低的电流,因此具有高的阳极电势(即低的 MFC 电池电势)。这是对于兼性好氧菌和厌氧菌的选择的结果。经过培养生长,它的代谢转换率(体现为电流水平)将升高。所产生的这种适中的阳极电势水平将有利于那些适应低氧化的兼性厌氧微生物生长。然而此时,专性厌氧型微生物仍然会受到阳极仓内存在的氧化电势的影响,同时也可能受到跨膜渗透过来的氧气影响,而处于生长受抑的状态。如果外部使用高电阻,阳极电势将会变低,甚至只维持微弱的电流水平。在这种情况下,将只能选择适应低氧化的兼性厌氧微生物以及专性厌氧微生物,使对细菌种类的选择的可能性受到局限。

14.3　产电厌氧微生物的类别

目前,在自然条件中分离的产电微生物主要是变形菌门和厚壁菌门,多为兼性厌氧菌,具有无氧呼吸和发酵等代谢方式。这些产电微生物多数为铁还原菌,即以 Fe(Ⅲ)为最终电子受体。表 14.1 列出了主要产电微生物的发展历程。

(1) 希瓦氏菌 *Ringeisen* 和 *Biffinger* 等

研究者们先后发现 *S. oneidensis* DSP10 在好氧的条件下能将乳酸氧化,从而产电,产电功率密度为 500 W/m^2。Kim 等分离出的 *S. putrefactions* IR-1 是首次报道的能直接将电子传递到电极表面的产电微生物,开创了无介体 MFC 的研究先河。

(2) 铁还原红育菌(*Rhodofoferax ferrireducens*)

该菌是报道的能直接彻底氧化葡萄糖产电的微生物,其他的多数铁还原菌电子供体局限于简单的有机酸。

(3) 硫还原地杆菌(*Geobacter sulfurreducens*)

G. sulfurreducens 是最早报道的厌氧条件下以电极为电子受体完全氧化电子供体的微生物。Dumas 等以不锈钢为唯一的电子受体制成了 *G. sulfurreducens* 细胞覆盖的生物膜阳极,并用循环伏安法测得最大电流输出密度为 2.4 A/m^2,证实了生物膜的电化学活性。

(4) 沼泽红假单胞菌(*Rhodopseudomonas palustris*)

R. palustris DX-1 是光合产电菌,Xing 等人在研究中发现该菌有很高的产电能力和广泛的产电底物来源,由其催化的 MFC 最大电功率输出密度高达 2 720 mW/m^2,高于相同装置菌群催化的 MFC。*R. palustris* 以多样的代谢途径、广泛的底物来源和较高的产电能力等诸多优势可能会被广泛应用于 MFC 的研究。

表 14.1　产电微生物的发展历程

年份	微生物种类	评论
1999	*Shewanella putrefaciens* IR – 1	通过异化金属还原细菌证明了产电微生物存在
2001	*Clostridium butyricum* EG3	首次证明革兰氏阳性细菌在 MFC 中产电
2002	*Desulfuromonas acetoxidans*	在沉积物型 MFC 分离的产电微生物
	Geobacter metallireducens	在恒定极化系统中产生电能
2003	*Geobacter sulfurreducens*	在没有恒定极化条件下产生电能
	Rhodoferax ferrireducens	利用葡萄糖作为电子受体
	A3(*Aeromonas hydrophila*)	Deltaproteobacteria
2004	*Pseudomonas aeruginosa*	利用微生物产生的中介体绿脓菌素产生电能
	Desulfobulbus propionicus	Deltaproteobacteria
2005	*Geopsychrobacter electrodiphilus* 38	耐寒性微生物
	Geothrix fermentans	能产生一种还没有确认的电子中介体
2006	*Shewanella oneidensis* DsP10	在小型 MFC(1.2 mL)中产生能量密度达 2 W/m^2
	S. oneidensis MR – 1	各种各样的突变体产生
	Escherichia coli	在长时间运行之后发现产生电能
2008	*Rhodopseudomonas palustris* DX – 1	产生高的能量密度(2.72 W/m^2)
	Ochrobactrum anthropi YZ – 1	一个机会致病菌(Alphaproteobacteria)
	Desulfovibrio desulfuricans 56	乳酸作为电子受体的同时能还原硫酸盐
	Acidiphilium spp. 3.2Sup5	极化系统在低 pH 值和有氧存在的条件下产电
	Klebsiella pneumoniae L17	这种属首次在没有中介体的情况下产生电流
	Thermincola spp. strain JR	Phylum Firmicutes
	Pichia anomala	酵母膏作为电子受体(kingdom Fungi)

（5）人苍白杆菌(*Ochrobactrum anthropi*)

O. anthropi YZ – 1 是 Zuo 首次利用稀释 U 型 MFC 阳极管的产电菌分离方法成功分离出的,可利用多种复杂有机物和简单有机酸产电。但 *O. anthropi* 是条件致病菌,有待进一步研究。

（6）铜绿假单胞菌(*Pseudomonas aeruginosa*)

Rabaey 等发现在 MFC 中分离出的 *P. aeruginosa* 能代谢产生绿脓菌素,并作为自身的电子传递介体,丰富了对 MFC 中电子传递机制的认识。但绿脓菌素与其他添加的电子传递介体一样具有毒性。

（7）丁酸梭菌(*Clostridium butyricum*)

C. butyricum EG3 是利用淀粉等复杂多糖产电的革兰氏阳性微生物。该菌体现了产电微生物在淀粉废水及其他有机废水处理领域应用的潜力。

（8）其他产电菌种

耐寒细菌 *Geopsychrobacter electrodiphilus* 在 MFC 中能彻底氧化乙酸、苹果酸和柠檬酸等产电;*Desulfobulbus propionicus* 能够以乳酸等为电子供体产电,但 MFC 电子回收效率较低;专性厌氧菌 *Geothrix fermentans* 以电极为唯一电子受体和以乙酸为电子供体时的电子回收率超过 90%,但电流输出较低;Kim 等分离出的嗜水气单胞菌也可以产电,但其具有毒性,故不适宜应用于 MFC。

14.4　MFC 产电微生物的研究进展

文献中出现的胞外产电微生物、阳极呼吸菌、电化学活性菌、亲电极菌、异化铁还原菌等均指产电微生物,但这些称谓均不合理、不科学。Logan 等提出以"Electricigens"作为产电微生物的规范术语。以下分别对报道过的不外加中介体的 MFC 产电微生物的种类及其研究进展进行总结。

14.4.1　细菌类的产电微生物

14.4.1.1　地杆菌 Geobacteracae 家族中的产电菌

Geobacteracae 家族均为严格厌氧菌,其中硫还原地杆菌(Geobacter sulfurreducens)和金属还原地杆菌(Geobacter metallireducens)为产电微生物,并且都已完成了全基因组测序。在空气阴极双室 MFC 中,G. sulfurreducens 可降解乙酸盐产生电能(49 mW/m^2),在此过程中电子向阳极转移的效率可达 95%。其完成电子传递的方式包括在阳极表面形成一层膜状结构,直接向阳极传递电子,以及通过纳米导线传递电子两种方式。金属还原地杆菌 G. metallireducens 可氧化芳香族化合物,能将完全氧化安息香酸产生电子的 84% 转化为电流。在使用空气阴极双室 MFC 中,G. metallireducens 产生的最大功率实际上与废水接种的混菌产生的功率[(38±1) mW/m^2]相当。在含有柠檬酸铁和 L - 半胱氨酸的培养基中测试(用来除去溶解氧),G. metallireducens 的最大功率密度为(40±1) mW/m^2,在没有柠檬酸铁的培养基中最大功率密度为(37.2±0.2) mW/m^2,而在没有柠檬酸铁或 L - 半胱氨酸的培养基中最大功率密度为(36±1) mW/m^2。

14.4.1.2　希瓦氏菌 Shewanella 家族的产电菌

Shewanella 家族属于兼性厌氧菌,有氧条件下,可彻底氧化丙酮酸、乳酸为 CO$_2$。厌氧条件下,能以乳酸、甲酸、丙酮酸、氨基酸、氢气为电子供体。Shewanella oneidensis DSP10 是最早发现的可在有氧条件下产电的菌种,好氧条件下氧化乳酸盐,在微型 MFC 中可获得较高的功率密度(3 W/m^2,体积功率密度为 500 W/m^3),但电子回收率低于 10%。此外,该菌还能氧化葡萄糖、果糖、抗坏血酸产生电能,以果糖为电子供体时微型 MFC 所获最大体积功率密度达 350 W/m^3。S. oneidensis DSP10 向阳极传递电子的机制可能包括电子穿梭机制、直接接触机制和纳米导线机制。在 Mn^{4+} - 石墨盒空气阴极的 MFC 中,Shewanalla putrefactions 氧化乳酸盐产生的最大功率密度为 10.2 mW/m^2,氧化丙酮酸盐产生的最大功率密度为 9.4 mW/m^2,氧化乙酸盐或葡萄糖产生的功率密度非常低,分别为 1.6 mW/m^2 和 1.9 mW/m^2。在相同的反应器中,希瓦氏菌(S. putrefactions)产生的最大功率密度是污水接种 MFC 的 1/6。当向新鲜基质中加入不同浓度的细胞时,初始电势随浓度升高而增大,推测 S. putrefactions 依靠细胞表面的电化学活性物质向阳极传递电子。

14.4.1.3　假单胞菌属(Pseudomonas)中的产电菌

铜绿假单胞菌(Pseudomonas aeruginosa)属于兼性好氧菌,能够代谢产生绿脓菌素作为自身或其他菌种的电子穿梭体,将电子传递到阳极上,是最早报道的能够产生电子穿梭体的微生物,从而丰富了 MFC 中电子传递机制的认识。但绿脓菌素具有毒性,并非理想的产电微生物。Pseudomonas spp. Q1 能够以复杂有机物喹啉为电子供体产电,其电子传递机制一方面是依靠附着在阳极上的菌体自身菌膜中的某些蛋白质向阳极传递电子,另一方面是依靠附着在电极上的代谢产物传递电子。

14.4.1.4　弓形菌属(*Arcobacter*)中的产电菌

布氏弓形菌(*Arcobacter butzleri strain* ED – 1)和弓形菌(*Arcobacter* – L)从以乙酸盐为电子供体的微生物燃料电池的阳极分离得到,这两种弓形菌占该微生物燃料电池的90%以上,所得的最大功率密度为296 mW/L。仅以 *Arcobacter butzleri strain* ED – 1 作为产电微生物,该菌就能够以乙酸盐为电子供体产电进行代谢,且能短时间内产生很强的电压(200 ~ 300 mV),是非常有潜力的产电微生物。

14.4.1.5　产氢细菌家族的产电菌

丁酸梭菌(*Clostridium butyricum*)属于严格厌氧菌,能水解淀粉、纤维二糖、蔗糖等复杂多糖。*C. butyricum* EG3 是首次报道的能够利用淀粉等复杂多糖产电的细菌,同属的拜氏梭菌(*Clostridium beijerinckii*)能利用淀粉、糖蜜、葡萄糖和乳酸等产电。其电子传递机制不明,有待进一步研究。

产气肠杆菌(*Enterobacter aerogenes*)是常见的产氢细菌,为兼性厌氧菌。以产气肠杆菌(*Enterobacter aerogenes* XM02)为产电微生物构建的 MFC 能利用多种底物产电,当采用碳毡作为阳极材料时,其电子回收率达33.3%,库仑效率达42.49%。其电子传递机制为菌体附着在阳极的生物膜产生氢气被阳极催化氧化,并将电子传递至外电路。

14.4.1.6　铁还原红育菌(*Rhodofoferax ferrireducens*)

R. ferrireducens 属于兼性厌氧菌,是能以电极为唯一电子受体直接氧化葡萄糖、果糖、蔗糖、木糖等生成 CO_2 的产电微生物,以葡萄糖为电子供体时电子回收率可达83%,以果糖、蔗糖和木糖为电子供体时电子回收率也可达80%以上。*R. ferrireducens* 能通过在阳极上形成单层膜结构将产生的电子直接传递到阳极。

14.4.1.7　人苍白杆菌(*Ochrobactrum anthropi*)

O. anthropi 除了能利用简单的有机酸产电外,还可以利用多种复杂的有机物产电,如葡萄糖、蔗糖、纤维二糖、乙醇等。*O. anthropi* YZ – 1 是 Zuo 等首次利用稀释 U 型 MFC 阳极管的新产电菌分离方法成功分离出来的,以乙酸盐为电子供体,其输出的功率密度为 89 mW/m^2,该菌属于条件致病菌,从而限制了其在 MFC 中的应用。

14.4.1.8　其他能够产电的细菌

耐寒细菌 *Geopsychrobacter electrodiphilus* 在 MFC 中能彻底氧化乙酸、苹果酸、延胡索酸和柠檬酸等产电,电子回收率在90%左右,它具有能够在低温海底环境中生长的优势。*Desulfobulbus propionicus* 能够以乳酸、丙酸、丙酮酸或氢为电子供体产电,在 MFC 中的电子回收率低。酸杆菌门(*Acidobacteria*)的 *Geothrix fermentan* 以电极为唯一受体时,可以彻底氧化乙酸、琥珀酸、苹果酸、乳酸等简单有机酸,虽然以乙酸为电子供体时的电子回收率高达94%,但电流输出较低。克雷伯氏肺炎菌(*Klebsiella pneumoniae* L17)能够在极上形成生物膜,直接催化氧化多种有机物产电。嗜水气单胞菌(*Aeromonas hydrophilia*)也可以产电,但其具有毒性,能使人类和鱼类致病。

14.4.2　真菌类的产电微生物

异常汉逊酵母(*Hansenula anomala*)是一种酵母真菌,当以葡萄糖为电子供体时产生的最大体积功率密度为 2.9 W/m^3。它能通过外膜上的电化学活性酶将电子直接传递到阳极表面,研究表明其膜上存在乳酸脱氢酶、NADH – 铁氰化物还原酶、NADPH – 铁氰化物还原酶和细胞色素 B$_5$。

14.4.3　光合微生物类的产电微生物

最早研究人员以光合微生物作为产电微生物,需加入电子传递体,才能进行产电。随后研究人员发现光合微生物一个普遍的特点是能够产生分子氢,可以将 H$_2$/H$^+$ 作为光合微生物与阳极之间的天然电子中介体。近几年研究者一直致力于寻找不需要任何形式的电子中介体的光合微生物作为产电微生物。Gorby 等的研究报道中虽然未说明以集胞藻(Synechocystis strain PCC6803)为产电微生物的 MFC 的电流产生的情况,但在该光合微生物体上发现了纳米导线。

沼泽红假单胞菌(*Rhodopseudomonas palustris DX – 1*)是 Xing 等发现的光合产电菌,该菌能利用醋酸、乳酸、乙醇、戊酸、酵母提取物、延胡索酸、甘油、丁酸、丙酸等产电。以醋酸盐作为电子供体,由其催化的 MFC 最大输出功率密度高达 2 720 mW/m^2,高于相同装置菌群催化的 MFC。小球藻(*Chlorella vulgaris*)为一普类生性单细胞绿藻,是一种光能自养型微生物。何辉等构建的由其催化的 MFC 最大输出功率密度为 11.82 mW/m^2,且电子传递主要依赖于吸附在电极表面的藻,而与悬浮在溶液中的藻基本无关。上述这些光合微生物是否不需要任何形式的电子中介体而能直接向阳极传递电子,目前的研究结果还不能给予肯定。

14.4.4　微生物群落作为产电微生物

迄今为止,只出现过个别微生物纯种产电的功率密度高于或接近于混合微生物的报道。一些研究表明,在 MFC 产电微生物群落中,地杆菌属(*Geobacter*)或希瓦氏菌属(*She-wanella*)是优势菌体。但也有一些研究表明,MFC 中的微生物群落具有更加广泛的多样性。Xing 等以废水为产电微生物群落的来源,发现连续给予光强为 4 000 lx 的光照,会改变阳极上附着的产电微生物群落,改变后的产电微生物群落以光合微生物 *R. palustris* 和 *G. sul-furreducens* 为优势菌,并且当以葡萄糖为电子供体时的功率密度提高了 8% ~ 10%,以醋酸盐为电子供体时的功率密度提高了 34%。Fedorovich 等以海洋沉积物为产电微生物群落的来源,当以乙酸盐为电子供体时,产电微生物群落以弓形菌属中的 *A. butzleri strain* ED – 1 和弓形菌 *Arcobacter – L* 为优势菌(占 90% 以上),所得的最大功率密度为 296 mW/L。

14.5　MFC 产电微生物的电子传递机制

据研究发现产电微生物向阳极传递电子分两步走,第 1 步是电子在细胞内产生并向细胞表面传递;第 2 步是电子到达细胞表面后向 MFC 阳极传递。

（1）由细胞内向细胞表面的电子传递

一些产电微生物可依靠其膜上的脱氢酶直接氧化小分子的有机酸,释放电子给细胞膜上的电子载体,另一些产电微生物可氧化糖类等稍微复杂的有机物生成 NADH,然后在 NADH 脱氢酶的作用下,电子从 NADH 转移至电子传递链,到达细胞表面的氧化还原蛋白。

（2）由细胞表面向 MFC 阳极的电子传递

产电微生物在细胞内氧化有机物产生的电子被传递至细胞表面后，被证实将会通过两种传递机制将电子传递到 MFC 阳极上，一种是电子穿梭机制；一种是生物膜机制。

电子穿梭机制是微生物利用外加或自身分泌的电子穿梭体，将代谢产生的电子转移至阳极表面的方式。由于微生物细胞壁的阻碍，多数微生物自身不能将电子传递到阳极的表面，需借助可溶性电子穿梭体充当中介体进行电子传递。常见的外加电子中介体包括中性红、蒽醌－2，6－二磺酸钠（AQDS）、硫堇、铁氰化钾、甲基紫精以及各种吩嗪等。此外，一些产电微生物则可通过自身产生的电子穿梭体进行电子传递，如绿脓菌素、质体蓝素、小菌素、肠球菌素 012 和 2，6－二叔丁基苯醌等少数几种物质。

生物膜机制是产电微生物在阳极表面聚集形成的生物膜，通过纳米导线或细胞表面直接接触，细胞内的氧化还原蛋白定量地传递它们代谢的电子到阳极，从而进行电子传递，其不需要电子中介体。纳米导线的存在不仅能够使远离阳极的微生物把产生的电子传递给阳极，而且有证据表明还可以促使电子在微生物细胞之间，甚至微生物种间进行传递，然而这种参与细胞间电子传递的功能对电子向阳极转移的速率有何影响还不确定。有些微生物虽然没有纳米导线，但依旧能够实现电子从细胞表面向阳极的转移，也就是细胞膜与阳极直接接触进行电子传递。通过显微镜观察可知，尽管这些细胞没有纳米导线，但是存在凸起的小泡，这些小泡可能是电子传递的接触点，细胞外膜的氧化还原蛋白（如细胞色素C）在此接触点传递电子到阳极。

14.6　阳极微生物的形态及电化学活性表征

表征阳极生物膜的循环伏安曲线在上海辰华 CHI 660 电化学工作站上可得到。在循环伏安测量过程中分别采用双电极和三电极体系。双电极体系用于表征 MFC 启动阶段阳极生物膜的生长过程以及电刺激后生物膜的性质变化。其中生物阳极作为工作电极，而空气阴极则作为对电极和参比电极。电势扫描范围在 $-0.6 \sim -1.0$ V 之间，扫描速度为 0.1 V·s^{-1}。三电极体系用于阐明氧化还原电对的具体工作电势，其中，参比电极采用 AgCl/Ag 电极。电势扫描范围在 $-0.9 \sim 0.1$ V 之间，扫描速度为 0.1 V·s^{-1}。

电化学石英晶体微天平（EQCM）系统用来模拟微生物在电场中的电泳。模拟微生物采用电化学活性微生物 *Shewanella oneidensis* MR－1。实验采用双电极体系，工作电极是以石英晶振（基频为 7.995 MHz）为基体的金晶振电极，对电极以及参比电极为铂丝电极。其中电化学系统采用上海辰华 CHI 440 电化学工作站。MR－1 在 LB 培养基中培养后，于 10 000 ×g 下离心 10 min，细胞冲洗干净后悬浮于去离子水中，并将细胞浓度调节至 10.6 g·cell L^{-1}。分别采用 ±1 V 的电压对溶液进行极化，并考察极化过程中金晶振电极表面的质量变化。本实验中，频率变化 1 Hz 相当于质量变化 1.34 ng。

MFC 阳极生物膜上的微生物形态采用日本岛津 SSX－550 扫描电镜（SEM）表征。附着有生物膜的阳极电极首先用 2.5% 的戊二醛溶液固定 2 h，然后在 50 mM pH=7.0 的 PBs 缓冲液中冲洗 3 次。然后采用乙醇梯度脱水，乙醇浓度分别为 30%、50%、70%、80%、95% 和 100%，每个浓度的脱水时间为 20 min。真空干燥后的样品喷金后进行 SEM 表征。

14.7　MFC 产电微生物的群落分析

MFC 中的微生物,不论是自身具有电化学活性,还是进行种间的电子传递,对由它们构成的生物群落的研究都刚刚开始。至今 MFC 生物膜群落分子特性的数据显示,我们对电化学活性菌及其在生物膜中的相互作用等方面的认知仍然不够充分。在有些 MFC 群落中 *Geobacter* 或 *Shewanella* 是占优的菌株,但在一些研究中表明,MFC 中的微生物群落具有更广泛的多样性。我们很清晰地了解到,即便是通过连续的转移和培养获得的生物膜,MFC 中的微生物群落依然会呈现很大的差异性。

在 MFC 中,即使铁还原菌是能量产生的主要贡献者,这些细菌的很多特性还有待进一步发现。许多 MFC 的接种菌来自没有进行处理的生活污水、废水处理反应器的溶液或废水处理系统中的污泥。研究人员在其中的一项研究中使用了微型放射自显影(MAR)技术,用同位素标记乙酸,以三价铁离子作为唯一的电子受体,考察了传统活性污泥法(AS)废水处理反应器中铁还原菌的丰度。在实验中使用了钼酸钠和溴乙烷磺酸(BES)来抑制硫酸盐还原和甲烷的生成反应。这些结果显示,在活性污泥中,铁还原菌占 3%。这个发现很有趣,因为 AS 是个好氧处理过程,我们并不能很好地解释为何在这个体系中这些在厌氧条件下旺盛生长的细菌具有如此的丰度。用荧光原位杂交(FISH)与 MAR 测试相结合的方法进行测试,结果显示所有 MAR – 阳性细胞均与细菌特异性探针杂交,但是有 70% 的细胞都不能与变形菌特异性探针杂交。变形菌亚纲特异性探针杂交结果表明,这些金属还原菌中 20% 属于 *Gammaproteobacteria*,10% 为 *Deltaproteobacteria*。这样看来,与 *Shewanella*(*Gammaproteobacteria*)或 *Geobacter*(*Deltaproteobacteria*)菌属相比,我们对其他金属还原菌知道的还是很有限的。

反应器的构型,特别是阴极电解液对反应器微生物群落的影响虽然没有人具体研究过,但看起来非常重要。阴极能透过氧气,分开阳极室和阴极室的膜,也能透过气体和许多可溶性有机物和无机物。因此,当氧气在阴极用作氧化剂时,它将扩散进入阳极室。同样地,氨、硝酸盐、硫酸盐和其他物质也能够透过膜。细菌将利用氧气及其他替代电子受体(降低了库仑效率),从而使微生物群落变得更加多样化,但这个变化并不是与产电直接相关的。

在一些用纯化合物作为底物的 MFC 中,测得了很高的库仑效率(如 > 50%),这表明大多数底物进入细胞的呼吸作用中并产生了电能。虽然底物被产电菌转化成生物量的比例还不清楚(如细胞产菌),但是最高库仑效率可达约 85%,表明约 15% 的底物转化成了生物量。因此,必须谨慎地解释和分析 MFC 中的微生物群落,在不能确定阳极表面生长的细菌中,相比利用可溶性电子受体的细菌和发酵菌而言,电化学活性细菌具有何种广度。大多数的研究仅对阳极群落取样。在以后的研究中,可以将其与溶液中、膜上(如有)或阴极(无膜)上的生物进行比较,以便更好地理解微生物群落在体系中的发展变化。

14.8　MFC 技术分类

MFC 本质上是收获微生物代谢过程中生产的电子并引导电子产生电流的系统。MFC 的功率输出取决于系统传递电子的数量和速率以及阳极与阴极间的电位差。由于 MFC 并非一个热机系统,避免了卡诺循环的热力学限制,因此,理论上 MFC 是化学能转变为电能最有效的装置,最大效率有可能接近 100%。

按 MFC 作用原理可分为:①将阳极插入海底沉积物中,以海水作为电解质溶液发电;②利用嗜阳极微生物还原有机物(如葡萄糖)并发电;③发酵产物,如氢、乙醇等,被用于微生物原位发电。第一种应用于污水处理的可能性较小,而第三种使用贵重金属作为电极催化剂,将生物制氢和燃料电池结合在一起。本节重点讲述第二种,也是目前研究较多的一种。

第二种基本原理是微生物可以通过各种途径从燃料(葡萄糖、蔗糖、乙酸盐、废水)中获取电子,并将电子从还原性物质(如葡萄糖)转移到氧化性物质(如氧)以获取能量。获得的能量可以按下式计算:

$$\Delta G = -n \times F \times \Delta E$$

式中　ΔG——获得的能量;

n——电子转移的数量;

F——法拉第常数,96 485 C/mol;

ΔE——电子供体和电子受体间的电势差。

对厌氧菌(或某些兼性菌)来说,无法将电子传递给氧,而将电子转移到 MFC 的阳极上会比把电子提供给其他受体(如硫酸盐)获得更多的能量,因此微生物会选择将电子转移到阳极上,从而实现 MFC 的电流输出。

根据产电原理的不同,MFC 可分为 3 种类型:氢 MFC,将制氢和发电有机结合在一起,利用微生物从有机物中产氢,同时通过涂有化学催化剂的电极氧化氢气发电;光能自养 MFC,利用藻青菌或其他感光微生物的光合作用直接将光能转化为电能;化能异养 MFC,利用厌氧或兼性微生物从有机燃料中提取电子并转移到电极上,实现电力输出,这是目前研究最多的 MFC。

下面讲下厌氧发酵制氢与 MFC 的结合。国内开展发酵生物制氢技术的较多,但将生物制氢与燃料电池结合起来的研究还比较缺乏,即在发酵制氢后串联 MFC,可以提高整个过程的能量产率。MFC 可以利用制氢后的发酵产物(如乙酸盐)作为燃料发电。但该组合既无法加速氢气的产生速率,也无法增加其产量。如果氢气在产生后能被直接利用发电,则不但可以加速生物制氢进程,而且可以省去昂贵的收集和纯化费用。这是因为氢的积累会减缓其生物合成过程,如果把氢及时从反应器除去,则可以增加氢的产量。

研究人员正研究将发酵制氢和发电有机结合在一起,利用微生物产生氢气,同时通过涂有催化剂的电极氧化氢气进行原位氢发电。化学燃料电池的电极一般使用铂(Pt)作为催化剂,而新研究的 MFC 采用聚苯胺与 Pt 构成多层复合电极,与只涂有 Pt 的电极相比,具有更高的电流密度和更稳定的电流输出。聚苯胺有两个作用:保护铂涂层和加速电子传递。电极上铂催化剂仍存在中毒问题,必须通过周期性施加电压脉冲来再生催化剂。用聚四氟苯胺代替聚苯胺,以电化学催化剂复合阳极,既发挥了铂的催化作用,又可以保护电极不被微生物的代谢副产物毒化。

与现有的高效产沼气系统(如 UASB 反应器)相比,MFC 的输出功率只有达到 800 mW/m^2 以上才具有竞争力。在理论上达到该功率完全可行,只需对 MFC 构型和微生物进行优化研究。但即使达到这一功率,MFC 仍难与化学燃料电池相竞争,因为现有的化学燃料电池输出功率皆在 mW/cm^2 数量级上。尽管现在问题很多,但随着生物科技的发展,MFC 和生物制氢技术将和厌氧产沼气技术一样成为可再生能源技术的有机组成部分。

根据阳极区的电子传递方式的不同,微生物燃料电池可分为间接微生物燃料电池(加入氧化还原介体)和直接微生物燃料电池(无氧化还原介体)。

所谓直接是指电子从细胞表面直接到电极;如果燃料是在电解液中或其他处所反应,而电子则通过氧化还原介体传递到电极上,就视为间接。

14.8.1　间接微生物燃料电池

从理论上讲,各种微生物都可能作为这种微生物燃料电池的催化剂。经常使用的有普通变形菌、枯草芽孢杆菌和大肠埃希氏杆菌等。尽管电池中的微生物可以将电子直接传递至电极,但电子传递速率很低。微生物细胞膜含有肽键或类聚糖等不导电物质,电子难以穿过,因此微生物燃料电池大多需要氧化还原介体促进电子传递。

用于这类微生物燃料电池的有效电子传递介体,应该具备以下特点:

①介体的氧化态易于穿透细胞膜到达细胞内部的还原组分;

②其氧化态不干扰其他的代谢过程;

③其还原态应易于穿过细胞膜而脱离细胞;

④其氧化态必须是化学稳定的、可溶的,且在细胞和电极表面均不发生吸附;

⑤其在电极上的氧化还原反应速率非常快,并有很好的可逆性。

一些有机物和金属有机物可以用作微生物燃料电池的电子传递介体,其中,较为典型的是硫堇类、吩嗪类和一些有机染料。这些电子传递介体的功能依赖于电极反应的动力学参数,其中最主要的是介体的氧化还原速率常数。

为了提高介体的氧化还原反应的速率,可以将两种介体适当混合使用,以达到更佳的效果。例如,对从阳极液(氧化的葡萄糖)至阳极之间的电子传递,当以硫堇和 Fe(Ⅲ)ED-TA 混合用作介体时,其效果明显地要比单独使用其中的任何一种好得多。尽管两种介体都能够被氧化的葡萄糖还原,且硫堇还原的速率大约是 Fe(Ⅲ)EDTA 的 100 倍,但还原态硫堇的电化学氧化却比 Fe(Ⅱ)EDTA 的氧化慢得多。所以,在含有氧化的葡萄糖的电池操作系统中,利用硫堇氧化葡萄糖接受电子,而还原态的硫堇又被 Fe(Ⅱ)EDTA 迅速氧化,最后,还原态的螯合 Fe(Ⅱ)EDTA 通过 Fe(Ⅲ)EDTA/Fe(Ⅱ)EDTA 电极反应将电子传递给阳极。

14.8.2　直接微生物燃料电池

因为氧化还原介体大多有毒且易分解,这在很大程度上阻碍了微生物燃料电池的商业化进程。近年来,人们陆续发现几种特殊的细菌,这类细菌可以在无氧化还原介体存在的条件下,将电子传递给电极产生电流,构成直接微生物燃料电池。在直接微生物燃料电池中又可以分为由微生物自身产生的可以作为氧化还原介体的物质来传递电子和微生物直接将电子传递给阳极两类。

目前,对直接微生物燃料电池的研究主要集中在以下几种微生物燃料电池:

(1) *Geobacteraceae sulferreducens* 燃料电池

Geobacteraceae 属的细菌可以将电子传递给诸如三价铁氧化物的固体电子受体而维持生长。将石墨电极或铂电极插入厌氧海水沉积物中,与之相连的电极插入溶解有氧气的水中,就有持续的电流产生。对紧密吸附在电极上的微生物群落进行分析后得出结论:*Geobacteraceae* 属的细菌在电极上高度富集。

上述电池反应中,电极作为 *Geobacteraceae* 属细菌的最终电子受体,它可以只用电极做电子受体而成为完全氧化电子供体。在无氧化还原介体的情况下,它可以定量转移电子给电极。这种电子传递归功于吸附在电极上的大量细胞,电子传递速率 [(0.21 ~ 1.2) μmol 电子·mg^{-1}蛋白质·min^{-1}] 与柠檬酸铁作为电子受体时($E^0 = +0.37$ V)的速率相似。电流产出为 65 mA/m^2,比 *Shewanella putrefaciens* 电池的电流产出(8 mA/m^2)高很多。

(2) *Rhodoferax ferrireducens* 燃料电池

美国马萨诸塞州大学的研究人员发现一种微生物能够使糖类发生代谢,将其转化为电能,且转化效率高达 83%。这是一种氧化铁还原微生物 *Rhodoferax ferrireducens*,它无须催化剂就可将电子直接转移到电极上,产生电能最高达 9.61×10^{-4} kW/m^2。和其他直接或间接微生物燃料电池相比较,*Rhodoferax ferrireducens* 电池最重要的优势就是它能将糖类物质转化为电能。目前大部分微生物燃料电池的底物为简单的有机酸,需依靠发酵性微生物先将糖类或复杂有机物转化为其所需小分子有机酸后方可利用。而 *Rhodoferax ferrireducens* 几乎可以完全氧化葡萄糖,这样就大大推动了微生物燃料电池的实际应用进程。

(3) *Shewanella putrefaciens* 燃料电池

腐败希瓦氏菌(*Shewanella putrefaciens*)是一种还原铁细菌,在提供乳酸盐或氢之后,无须氧化还原介质就能产生电。最近,研究人员采用循环伏安法来研究 *S. putrefaciens* MR - 1、*S. putrefaciens* IR - 1 和变异型腐败希瓦氏菌 *S. putrefaciens* SR - 21 的电化学活性,并分别以这几种细菌为催化剂,乳酸盐为燃料组装微生物燃料电池,发现不用氧化还原介体,直接加入燃料后,几个电池的电势都有明显提高。其中 *S. putrefaciens* IR - 1 的电势最大,可达 0.5 V。当负载 1 kΩ 的电阻时,它有最大电流,约为 0.04 mA。位于细胞外膜的细胞色素具有良好的氧化还原性能,可在电子传递的过程中起到介体的作用,从而可以设计出无氧化还原介体的高性能微生物燃料电池。进一步研究发现,电池性能与细菌浓度及电极表面积有关,当使用高浓度的细菌和大表面积的电极时,会产生相对高的电量(12 h 产生 3 C)。

第15章 微生物制药的研究进展

微生物制药技术是工业微生物技术最主要的组成部分。微生物药物的利用是从人们熟知的抗生素开始的,近年来,由于基础生命科学的发展和各种新的生物技术的应用,报道的由微生物产生的除了抗感染、抗肿瘤以外的其他生理活性物质日益增多,如特异性的酶抑制剂、免疫调节剂、受体拮抗剂和抗氧化剂等,其活性已超出了抑制某些微生物生命活动的范围。这些物质均为微生物次级代谢产物,其在生物合成机制、筛选研究程序及生产工艺等方面和抗生素都有共同的特点,但是把它们通称为抗生素显然是不恰当的,于是不少学者就把微生物产生的这些具有生理活性(或称药理活性)的次级代谢产物统称为微生物药物。微生物药物的生产技术就是微生物制药技术。在微生物药物的生产工艺研究过程中,理论与实验技术的结合是十分重要的。

15.1 生物制品的研究发展

生物制品是人工免疫中用于预防、治疗和诊断传染病的来自生物体的各种制剂的总称,可分为疫苗、类毒素、免疫血清、细胞免疫制剂和免疫调节剂。预防制品主要是疫苗,包括菌苗和疫苗、内毒素;治疗制品多数是用细菌病毒和生物素免疫动物制备的抗血清或抗毒素及人特异丙种球蛋白。

(1)疫苗

自从甲型 H1N1 流感疫苗(简称疫苗)大规模地在人群中接种后,甲型 H1N1 流感(简称 H1N1)的发病率已大大降低,疫苗表现出良好的流行病学保护作用。随着时间的推移,接种疫苗后人体对 H1N1 免疫水平有下降的趋势,易感人群又有被感染的可能。因此有必要开展接种疫苗后感染 H1N1 的临床研究。

(2)类毒素

麻痹性贝类毒素(PSP)中毒已经作为重要的公共卫生问题得到了全世界的关注。人类通常摄入因食用滤食性浮游生物(含有毒微藻类)后产生 PSP 的贝类水产品(如蚌类、牡蛎和蛤等)而引起麻痹性贝类毒素中毒,中毒症状以神经系统症状为主,甚至引起死亡。在所有的贝类毒素产品食物中毒事件中,麻痹性贝类毒素中毒被公认为是对健康危害最严重的问题之一。

(3)免疫血清

含有特异性抗体的血清称为免疫血清。利用免疫血清对人体进行人工被动免疫,可使机体立即获得免疫力,以达到治疗效果或紧急预防的目的。但因抗体非自身产生,耗完后就无补充,所以其免疫时间很短。

15.2　抗生素的研究发展

抗生素是一种重要的化学治疗剂,其作用不仅是抑制或杀灭微生物,有的还用于临床治疗肿瘤、疾病的早期诊断等。有些抗生素还具有其他生理活性。例如,利福霉素具有降低胆固醇的功能;红霉素能诱导胃的运动性;瑞斯托霉素能促进血小板凝固等,对保障人类健康起重要作用。

15.3　干扰素的研究发展

干扰素(IFN)是人体细胞分泌的一种活性糖蛋白,具有广泛的抗病毒、抗肿瘤和免疫调节活性,是人体防御系统的重要组成部分,现已临床用于人类流行感冒、带状疱疹、乙型肝炎和癌症的治疗,如骨瘤、乳癌等。早期,干扰素是用病毒诱导人白细胞产生的,产量低,价格高。现在可利用基因工程技术在大肠杆菌和酿酒酵母中表达,工业发酵生产。慢性乙型肝炎治疗的总体目标是:最大限度地长期抑制乙型肝炎病毒(YBV),减轻肝细胞炎症坏死及肝纤维化,延缓和减少肝脏失代偿、肝硬化、原发性肝细胞癌(HCC)及其并发症的发生,从而改善生活质量和延长存活时间。干扰素仍是抗乙型肝炎病毒治疗的重要药物之一。

15.4　甾体激素的研究发展

甾体激素药物是仅次于抗生素的第二类药物,由于其结构极其复杂,目前利用全合成的方法比较困难,通常以具有甾体母核结构的天然产物为原料,采用半合成的方法改造后制得。

(1)植物甾醇的微生物转化

诺卡氏菌、分枝杆菌、节杆菌和假单胞杆菌等微生物都能将甾醇类化合物作为碳源利用,而使甾醇降解。甾体微生物转化是利用微生物的酶对甾体底物的某一部位进行特定的化学反应来获得一定的产物。

(2)微生物选择性降解甾醇侧链

微生物对甾醇作用产生 42AD 和 ADD(主要包括侧链的降解),C23 位羟基氧化成酮基以及 C25,6 位双键的氢化。其中,起决定作用的是侧链的降解。甾醇侧链的降解开始于C217 位的羟化,然后经过氧化,最终截断于 C217 位。选择性控制微生物降解侧链的途径主要有以下两种:加入酶抑制剂以及利用诱变技术。

第 16 章　石油厌氧微生物

16.1　微生物采油技术的发展

16.1.1　国外微生物采油技术的发展历史及趋势

石油是一种复杂的烃类混合物,存在于地质岩层中,这些烃类可能以气态、液态,甚至沥青固态形式存在。液态称为原油,含有上千种化合物,主要有直链或支链的石蜡族烃、饱和环烷烃、直链或支链双烯烃、不饱和芳香烃等。原油在地下沉积岩石中形成储油岩层。油岩层由火成岩、变质岩和其他层积岩经机械风化和化学变质而转生的岩石碎屑组成。储油岩层分布不均,在孔隙中水、原油、岩石相互作用,形成三相系统,没有外力,原油无法流溢出空隙。

微生物采油技术是指将筛选的微生物或微生物代谢产物注入油藏,经微生物的生命活动或代谢产物的某些特性作用于原油,改变原油的某些物化特性,从而提高原油采收率的技术。该技术是微生物学、油藏地质学、石油开采工艺学、油田化学等学科相互渗透而发展起来的一门综合技术,其核心是微生物技术。该技术关键是筛选、利用高效而优良的微生物菌种,通过微生物的生命活动尤其是代谢产物,作用于原油,改变原油的物化性质,从而提高原油采收率。

1954 年,美国阿肯色州成功进行 MEOR(Microbial Enhanced Oil Recovery,微生物强化采油技术)的矿场试验;1986—1990 年美国(NIPER)两次资助俄克拉荷马州 Delawere Childers 油田的矿场试验,原油产量分别提高 13% 和 19.6%;20 世纪 50 年代,前苏联和东欧国家进行过 MEOR 研究。

前苏联从 1988 年开始在 Romashkinskoe 油田进行激活地下本源微生物提高采收率的试验;英国、加拿大、澳大利亚、波兰、日本等国都开展了相应的研究试验工作。

MEOR 设想于 20 世纪 20 年代末,其后 40 多年间,发展缓慢。但随着世界石油危机在 20 世纪 70 年代的爆发,MEOR 研究和应用步伐明显加快,到了 20 世纪 80~90 年代,随着生物工程和信息技术的迅速发展,MEOR 研究飞速发展,矿场试验取得了一系列成果。

国外微生物采油技术之所以迅猛发展,是多种原因造成的:政府投入大量资金,颁布相关法律法规;先进的生物科学技术手段;大力培养有关人才;重视信息之间的传递和交流;理论研究和矿场应用相结合,这些都是国外微生物采油技术取得良好发展的因素。

16.1.2　国内微生物采油技术的发展历史及趋势

20 世纪 60 年代,我国玉门油田和新疆油田等开展过短期 MEOR 工作;80 年代后期,研究了注水油藏中微生物的生长活动规律,筛选出糖蜜发酵菌种,并在大庆进行了单井吞吐试验;90 年代以后,一方面引进国外技术,一方面组织产学研攻关;2000 年后,中国石油天然气股份有限公司(以下简称"中国石油")正式规划微生物采油技术研究,建设实验基地,引进专业人才;2002 年和 2004 年,中国石油两次召开微生物采油技术研讨会,确定了微生物采油技术研究、发展重点和发展规划。

中国石油在 MEOR 方面分离筛选出了多种能够适应特定油藏条件的微生物菌种,采用生物技术构建采油微生物菌株,并通过基础研究丰富和深化了微生物采油机理的认识,近年来还与国外合作,吸收了先进的理论,数值模拟研究取得进展。

尽管我国微生物采油技术已取得了重大成就,但和国外相比,我国微生物采油过分依赖筛选,可工业化应用的菌种单一;缺乏评价和监测标准及数模软件,矿场方案的科学化程度不高;对油藏环境中微生物的生态认识不够,因而在确定注入体系时缺乏依据;对微生物采油的长远意义认识不足,亦缺乏有效的研究和开发支撑系统。

16.2　微生物采油技术的种类

根据实施过程与方法的不同,微生物采油技术可以分为地上微生物采油技术与地下微生物采油技术。

16.2.1　地上微生物采油技术

地上微生物采油技术是指在地上经微生物发酵工程研制、生产微生物的某种代谢产物并注入油藏而提高原油采收率的技术,如生物多糖聚合物或生物表面活性剂。该技术的实质是利用选育的优良菌种在地上发酵生产采油制剂的技术。

野油菜黄单胞菌产生的胞外多糖黄原胶是采油中最具开发应用潜力的一种代谢产物。

生物表面活性剂的重要来源是以烃为碳源的微生物、节杆菌、假单胞菌、棒杆菌、不动杆菌等,是产生生物表面活性剂的主要微生物类群。微生物产生的生物表面活性剂就其化学组成而言主要分为糖脂类和脂肽类,发酵产生的表面活性剂可经溶剂萃取而制成纯品,微生物表面活性剂的粗制品或纯品注入储油岩层,作用于油 – 岩石 – 水三相体系,可降低油水界面张力,增强油水乳化,提高原油采收率。

16.2.2　地下微生物采油技术

MEOR 的中文名是微生物强化采油技术或微生物提高原油采收率,该术语目前特指地下微生物采油技术。地下微生物采油技术是目前微生物采油研究和开发应用的主要方向。

相比地上微生物采油技术,地下微生物采油技术将筛选的微生物混合菌种或单一菌种,注入储油岩层,在储油岩层这个巨大的天然的发酵罐中生长繁殖,产生多种代谢产物,菌体细胞和多种代谢产物联合作用于原油,改变原油的某些物化性能,提高原油采收率,具有产品多样、成本较为低廉的优点。

鉴于地下微生物采油技术解决的技术性问题不同,采用的方法及工程实施不同,是近30～35 年在世界范围内开展的地下微生物采油现场试验及应用主要分成六大类:单井增产微生物处理法;微生物驱油法;激活油藏微生物群落法;微生物选择性封堵法;微生物压裂液压裂法;微生物清蜡处理法。

16.3　微生物采油技术的应用

16.3.1　石油的微生物勘探

1954 年,时任燃料化学工业部西安地质调查处处长的翁文波教授(地球化学专家,中科院院士),通过该部提出委托中科院研究油气藏的微生物勘探法,方心芳先生欣然接受。他在 1955 年 5 月,向中科院院部的报告中提出的八条建议里第六条,就是"应该扩大石油微生物的研究……"微生物勘探组的组建为石油微生物学在我国的发展揭开了序幕。

油气藏深埋于地下,其中富集的天然气在地压下沿着地层裂隙向地表扩散。分析底土中烃含量的异常区作为油气藏可能存在的标志是地球化学直接找油法(气测法)之一。在底土中存在着以气态烃为唯一碳源和能源的细菌,其发育强度与烃含量有相关性。这一方面会引起气测指标的季节性改动,降低了气测法的效果;另一方面提出了利用这类细菌作为油气藏指示菌的可能性。因此,研究气态烃氧化菌的分布规律及其生理、生化特性就成为油气藏微生物勘探法的基础。微生物勘探法按其分析样品或检测手段的不同可分为土壤细菌勘测、水样细菌勘测、岩心细菌勘测、放射自显影勘测和种菌法等。

土壤和水样细菌勘测具有经济、简便易行的优点,在 20 世纪 60 年代于前苏联、美国、捷克斯洛伐克、波兰、匈牙利、民主德国等国广为研究和采用。在前苏联,用水样细菌勘测法调查了 60 多个地区及其构造,分析了 6 000 多个水样,普查总面积为 50 万平方千米,发现了 150 个异常。其中 43 个进行了钻井,有 22 个与钻井结果完全一致,15 个部分一致,准确率为 50% ~65%。此后,各国对油气藏中天然气向地表扩散的方式和气态烃氧化菌的专一性问题发生了争论,影响了该法的发展;而德国和美国仍在应用和改进这种方法。

在 1956—1971 年,中国科学院微生物研究所主要采用土壤细菌勘测法勘探了甘肃、四川、广西、山东、黑龙江、宁夏、陕西、青海、北京和天津等省区市约 20 多个已知油区和未知油区,证实了方法的可用性。微生物勘探法的结果与钻井资料的吻合性在 65% 左右。同时观察到,气态烃氧化菌的分布主要受季节、土壤 pH 值和上覆岩层断裂的存在等因子的影响;在气态烃氧化菌中,以乙烷氧化菌分布较广。玉门石油管理局后来在无意中于鸭儿峡钻了一口井,出了石油。该井正好位于微生物勘探法划出的烃氧化菌分布的异常带。鸭儿峡油藏的开发对于细菌勘探无疑起了推动作用。淡家麟等报道了甲烷、乙烷和丙烷氧化菌的分离方法。张恺民鉴定了一株乙烷氧化菌:*Mycobacterium lacticolum var. ethanicum*。中国科学院微生物研究所于 1958 年成立,10 月方心芳先生访问前苏联,了解到他们开展地质微生物研究的内涵、成就和意义。回国后,将北京微生物研究室原有的相关课题组合并成国内第一个地质微生物研究室,亲任室主任指导工作。当时国内对于微生物和石油的关系知之者寥寥,该所邀请苏联的 Кузнечова 来所讲学,还召开了油气微生物勘探学习班,编写了讲义,组织大专院校、石油部和地质部的有关人员学习和推广,并印发了《微生物勘探石油和天然气方法讲义》。

16.3.2　解堵

16.3.2.1　解堵机理

①利用微生物产生的表面活性剂降低界面张力,提高油井产能;②利用菌体在油层中的吸附作用减小颗粒与岩石的作用力,起到疏通孔道、提高渗选率的作用;③利用其对石蜡的降解作用降低原油黏度。

16.3.2.2　解堵试验

玉门油田曾进行微生物解堵施工 101 井次。施工时将 1 t 微生物原液配制成 10% 浓度的菌液,从油套环形空间注入井内,顶替清水 15 ~ 20 m³,关井 4 ~ 5 d 后正常生产,油井实施措施前后对比渗选率有所增加,污染系数则有所降低,说明解堵起到了作用。

16.3.2.3　结论

该项措施适用于含水小于 40%、有过高产期、水驱控制程度大于 70%,但目前采油强度相对较低的油井。微生物解堵是提高油井产量的一种有效的方法,工艺简单,增油效果好,具有较好的经济效益。

16.3.3　驱油

16.3.3.1　驱油机理

①利用微生物产生的表面活性剂使烃类乳化,改变岩石表面的憎水性;②利用其产生的表面活性剂易溶于水,在油水界面上具有较高的表面活性的性质,从岩石表面洗掉油膜;③利用其分散能力,在固体表面吸附量少的性质,增强驱油能力,提高采收率。

16.3.3.2　结论

微生物驱油对低渗选油田能起到增油降水的作用,可减缓递减。微生物对石蜡具有一定的降解作用,可以在一定程度上改善原油物性。

16.3.4　结语

微生物采油技术施工简单、成本低,是一种廉价有效的采油技术。微生物采油技术具有其他 3 种采油技术不具备的优点——多功能性,所以有望成为未来油田开发后期稳油控水、提高采收率的主要技术之一。

16.4　石油降解菌

16.4.1　微生物降解机理

微生物降解石油主要包括 3 个过程:第一,石油烃在微生物表面吸附;第二,石油烃通过微生物细胞膜运输;第三,石油烃在微生物细胞内降解。石油主要通过跨膜运输进入微生物体内,但关于石油通过细胞膜的机制研究还不是很充分。一般认为石油主要通过主动吸收和被动吸收两个途径进入微生物的细胞内。石油在细胞内的降解主要是在细胞内有关降解酶的催化作用下发生的酶促反应。

（1）直链烷烃和支链烷烃的降解

微生物对石油中不同烃类化合物的代谢途径和代谢机理是不同的。饱和烃包括正构烷烃、支链烷烃和环烷烃。通常认为，在微生物作用下，直链烷烃首先被氧化成醇，源于烷烃的醇在醇脱氢酶的作用下被氧化为相应的酸，醛则通过醛脱氢酶的作用氧化成脂肪酸。氧化途径有单末端氧化、双末端氧化和次末端氧化，其可能途径如下所示：

单末端氧化：

$$R—CH_2CH_3 + O_2 → R—CH_2CH_2—OH → R—CH_2CHO → R—CH_2COOH$$

双末端氧化：

$$H_3C—(CH_2)_n—CH_3 + O_2 → H_3C—(CH_2)_n—CH_2OH → H_3C—(CH_2)_n—CHO →$$

$$H_3C—(CH_2)_n—COOH → HOH_2C—(CH_2)_n—COOH → OHC—(CH_2)_n—COOH →$$

$$HOOC—(CH_2)_n—COOH$$

次末端氧化：

$$H_3C—(CH_2)_{11}—CH_3 → H_3C—(CH_2)_{10}—CHOH—CH_3 → H_3C—(CH_2)_{10}—COCH_3 →$$

$$H_3C—(CH_2)_9—CH_2—O—COCH_3 → H_3C—(CH_2)_9—CH_2OH + CH_3COOH$$

微生物对支链烷烃的降解机理与直链烷烃的降解机理大致相同。相对于正构烷烃，支链烷烃中支链的存在会增加微生物氧化降解的阻力，但主要氧化分解的部位是在直链上发生的，而且靠近侧链的一端较难发生氧化反应，并且支链越多越大，被微生物降解的难度越大。所以说，支链烷烃的降解速度慢于相同碳数的直链烷烃，这主要是因为支链烷烃中的支链降低了降解速率。其他可能的氧化机理为支链氧化作用导致烯烃、仲醇和酮的形成，如汽油烃中支链氧化作用机理，细菌和霉菌经氧化烯烃的双链使其降解成 1,2 - 二醇。

（2）环烷烃的降解

环烷烃的生物降解原理和链烷烃的次末端氧化相似。首先通过一系列氧化酶（羟化酶）的氧化作用产生环烷醇，然后脱氢得相应的酮，之后进一步氧化得到酯，或直接开环生成相应的脂肪酸。如环己烷的生物降解机理为：经氧化酶的羟化作用生成环己醇，后脱氢生成酮，酮再继续被氧化，氧原子插入环而生成酯，酯开环，一端的羟基被氧化成醛基，再氧化生成羧基，二羧酸通过 β - 氧化进入下一步代谢。大多数利用环己醇的微生物菌株，也能在一些脂环化合物中生长，包括环己酮、顺（反）- 环己烷 -1,2 - 二醇和 2 - 羟基环己酮。

（3）芳香烃的降解

细菌和真菌都能够氧化芳香烃，但氧化机理并不相同。细菌是通过过氧化物酶将氧分子的两个氧原子结合进芳香烃中形成顺式构型的二氢二醇，后者在另一种过氧化物酶的催化作用下，芳香环破裂成邻苯二酚；而真菌则是通过催化单氧化酶和环氧化物水解酶使芳香烃转化为反式构型的二氢二醇。

好氧菌代谢苯环化合物途径的共同点是苯环化合物首先在氧分子及酶的作用下形成邻苯二酚或其衍生物的共同代谢中间体，然后再进一步经过氧分子及开环酶的作用，使其形成直链的分子，最后再分解进入 TCA 循环。

苯的微生物降解途径是：苯首先经苯双加氧酶的作用，形成顺苯二氢二醇，再经顺苯二醇双加氧酶的作用，形成代谢中间体邻苯二酚。邻苯二酚的代谢可分为邻位切割与间位切割两种途径，进而分解进入三羧酸循环。

16.4.2　微生物降解的影响因素

影响微生物修复石油污染效果的因素很多,如微生物种群、烃类性质(物理状态、浓度和化学组成)、环境因素(温度、pH 值、供氧量、营养物质、盐度)等。这些问题造成了生物修复技术进行石油污染处理的复杂性。

16.4.2.1　石油烃性质的影响

(1)石油烃的物理状态

石油烃的生物可降解性直接受到其物理状态的影响。液态的石油烃在水中会形成油/水界面,而微生物正是在此界面摄取烃类并渗入细胞膜,以此来降解石油烃类。降解速率与油/水界面的性质密切相关,油的分散程度直接影响微生物能接触到的石油烃的表面积。油/水界面面积越大,则微生物与石油烃的接触面积越大,而且能使微生物更易获得氧气和营养物质,从而加速微生物对石油烃的降解。对多环芳烃的研究发现只有溶于水相的那部分才能被微生物胞内代谢所利用,而不溶的部分可通过添加共溶剂或表面活性剂来消除或减少这方面的限制。如果石油烃不对微生物产生有抑制作用的毒性影响,则油的分散能够促进微生物对石油烃的降解。

(2)石油烃的浓度

高浓度的石油污染物对微生物有毒害作用,而少量的石油污染物反而会刺激嗜油微生物的生长。如果石油烃的浓度过高,不仅会抑制微生物的活性,而且还会引起难分散的厚油层的产生,造成营养物质和氧气的缺乏,从而影响石油烃的生物降解速率。

(3)石油烃的化学组成

各类石油产品的生物降解难易程度不同。不同石油组分的生物可降解性次序为:短链正构烷烃＞长链正构烷烃＞支链烷烃＞环烷烃＞小分子芳香烃＞大分子芳香烃＞杂环芳香烃。随着 C 数的增大,氧化速度减慢,当 C 数大于 18 时,分解逐渐困难。由于芳香烃化合物难溶于水,且某些多环芳烃还具有毒性,因此更难被微生物利用。一般来说,正构烷烃最易降解,异构烷烃和带有苯环结构的烷烃较难降解。石油组分含量和饱和烃含量的差异也会影响其生物降解率。

16.4.2.2　环境因素的影响

环境因素对石油烃的降解往往起着决定性作用,制约着石油污染物的生物降解速率和降解动力学特性。同一种石油烃在一种环境中能够无限期存在,而在另外一种环境中却可在几天甚至几小时内被完全降解。影响石油的生物降解速率的主要环境因素包括:温度、pH 值、营养物质、盐度等。

(1)温度

温度对石油烃类的生物降解速率起着关键作用,这是因为温度可以决定石油碳氧化合物的物理状态,而物理状态最终影响到微生物与石油碳氧化合物分子之间的相互作用关系,进而改变了生物降解的过程和速率。生物反应符合一般的化学反应速率的规律,即温度越高,反应速率越快。温度不仅影响微生物的生长、酶活性和微生物种群,还直接影响石油的物理状态和化学组成。在低温环境下,由于某些对微生物有毒害作用的低相对分子质量石油烃难挥发,会对石油烃类的降解有一定的抑制作用,所以石油烃类在低温环境下较难降解。研究表明,从 0～30 ℃环境中均可分离石油降解菌。环境中烃类降解与温度呈正相关关系。在 0～30 ℃范围内每升高 10 ℃，其生化反应增加 2～3 倍。而低温时某些烃类呈固态，因而不易降解。研究表明，30～40 ℃是烃类生物降解的最佳温度。随着温度的升高，烃类的代谢增加，当温度超过 40 ℃以后，引起烃化合物膜毒性增加，对生物的新陈代谢过程起到了抑制作用，从而抑制烃类的降解。此外，微生物对石油烃的降解借助于酶的催化作用完成，而酶的活性只有在一定的温度范围内才能得以发挥。

（2）pH 值

pH 值是影响生理生化反应的重要因子，环境的 pH 值变化最终导致微生物代谢与生长的变化。由于绝大部分细菌生长的 pH 值范围界于 6～8 之间，中性最为适宜，所以生物修复的研究和应用也集中在这个范围。能降解石油污染物的大多数异养菌和真菌喜好中性环境，pH 值过高或过低都会影响微生物对石油污染物的降解，烃类和多环芳香烃生物降解的最佳 pH 值分别为 7.5 和 7.6、7.8，绝大多数微生物生长的最佳 pH 值略大于 7.0。

（3）营养物质

在油污土壤中，通常有机碳含量较高，而 N、P 相对缺乏，因为石油能够提供生物较易利用的有机碳，而不能提供 N、P 及其他营养物。N、P 含量常严重地限制细菌生长繁殖，进而影响微生物对石油的降解。因此，适时适量施用 N、P 肥料可以加快石油污染物的降解。

（4）表面活性物质

生物和化学合成表面活性剂能够增强憎水性化合物的亲水性和生物利用度，使得生物降解速率得到很大程度的提高。目前的研究对象主要是阴离子表面活性剂、非离子表面活性剂及生物表面活性剂。许多微生物都能生成生物表面活性剂，生物表面活性剂在石油污染的生物治理方面有着重要作用。合成表面活性剂具有增溶、分散等特点，能溶解那些难溶的石油烃类化合物和其他有机化合物，从而可提高有机污染物的脱附率。表面活性剂具有亲水、亲油的性质，能起乳化、分散、增溶等作用，能显著降低溶剂表面张力和液－液界面张力，是具有一定性质、结构和吸附性能的物质。

生物表面活性剂不仅具有化学合成表面活性剂的各种表面性能，而且还具有其他优点：选择性广，对环境友好；无毒或低毒；一般不致敏，可消化，因此可作为食品、化妆品的添加剂；原料在自然界中广泛存在且廉价；结构多样，有望应用于特殊的领域；发酵生产是典型的"绿色"工艺。

16.4.3　降解含油废水的微生物

降解石油烃类化合物的微生物主要是细菌和真菌，细菌在海洋生态系统中占主导地位，而真菌则是淡水和陆地生态系统中最重要的因子。海洋中最主要的降解细菌有无色杆菌属（Achromobacter）、不动杆菌属（Acinetobacter）、产碱杆菌属（Alcaligenes）、节杆菌属（Archrobacter）、芽孢杆菌属（Bacillus）、黄杆菌属（Flavobacterium）、棒杆菌属（Corynebacterium）、微杆菌属（Microbacterium）、微球菌属（Micrococcus）、假单胞菌属（Pseudomonas）以及放线菌属（Actinomycetes）、诺卡氏菌属（Nocardia）。在大多数海洋环境中，上述这些细菌是主要降解菌。在真菌中，金色担子菌属（Aureobasidium）、假丝酵母属（Candida）、红酵母属（Rhodotorula）和掷孢酵母属（Sporolomyces）是最普遍的海洋石油烃降解菌。一些丝状真菌如曲霉属、毛霉属、镰刀霉属和青霉属也应被归入海洋降解菌中。土壤中主要的降解菌除了上面提到的细菌种类外，还包括分枝杆菌属以及大量丝状真菌。曲霉属和青霉属的某些种在海洋和土壤两种环境中都有分布。木霉属和被孢霉属的某些种是土壤降解菌。

16.5　石油的微生物脱硫

石油的总含硫量在 0.03% ~ 7.89% 之间,除含单质硫、硫化物之外,还有硫醇、噻吩、苯并噻吩、二苯并噻吩类及更为复杂的含硫有机化合物约 200 种。石油燃料在燃烧过程中产生的有害气体中含有大量的硫的氧化物,造成严重的环境污染,破坏生态平衡。据报道,我国每年约有 25 000 kt 的二氧化硫排入大气,其中大部分来自石油产品的燃烧和精炼过程。世界上一些国家认识到硫的污染物对环境的影响,制定措施来降低石油产品的硫含量,例如我国制定了 10 号和 20 号重质柴油的硫含量(体积分数)不大于 0.5%。但是传统的加氢脱硫(HDS)工艺需在高温、高压、催化加氢等条件下进行,存在成本过高、操作复杂等缺点。20 世纪 50 年代兴起的石油微生物脱硫(BDS)技术因为其具有成本和操作费用低、反应条件温和、无须加氢等优点,有望广泛用于原油、馏分油、催化裂化原料油、渣油及汽油等含硫油品的深加工。

微生物脱硫技术(BDS)是 20 世纪 80 年代发展起来的常规脱硫替代新工艺,它通过微生物菌群的作用,可将硫化物转化成单质硫并回收。其投资小,反应条件温和,设备简单,而且能有效脱除微量复杂杂环分子中的硫,为石油产品深度脱硫技术的发展提供了空间,具有十分广阔的应用前景。

16.5.1　石油微生物脱硫的发展历程

石油微生物脱硫的研究始于 20 世纪 30 年代,Maliyantz 于 1935 年用硫还原菌脱除了原油中的硫,但当时研究的内容仅局限在从自然界中筛选脱硫微生物上。1950 年,Stawinski 公布了第一份石油微生物脱硫的专利,此后许多专利开始陆续产生,使微生物脱硫技术的发展达到了一次高潮,涉及的微生物种类及相关的脱硫特性研究也不断扩展,但在工业上的应用还属空白。20 世纪 80 年代,生物技术飞速发展,同时也给微生物脱硫的发展带来了新的生机,越来越多的学者把研究的重点放在了以含硫杂环物二苯并噻吩为模式化合物的微生物降解研究领域。1992 年休斯敦能源生物公司将此专利菌株(IGTS8)的相关基因进行了克隆和测序,这是微生物脱硫研究发展史上的一个里程碑,为研究微生物脱硫分子机理奠定了基础。在这之后,许多实验室都开始以二苯并噻吩作为分离筛选脱硫微生物的模式化合物,分离得到了几十株具有降解 DBT 能力的新菌株,主要有节杆菌(*Archrobacter sp.*)、棒杆菌(*Corynebacterium sp.*)、戈登式菌(*Gordona sp.*)、分枝杆菌(*Mycobacterium sp.*)、假单胞菌(*Pseudomonas sp.*)和红球菌(*Rhodococcus sp.*)等。1998 年,Rhee 等人分离到可用于柴油脱硫的戈登式菌(*Gordona* CYKS1)。该菌可以脱去柴油中的各种有机硫,又可以在非水相体系中进行反应,被认为是很有希望用于化石燃料脱硫的菌体。

20 世纪 90 年代中期,分子生物学的不断发展,给脱硫微生物的分子遗传学发展带来了活力。1996 年,Denome 等将黏性质粒 pLAER5 作为载体,通过随机插入片段,构建了其菌株基因文库,再经过分离,得到了紫红红球菌(*Rhodococcusrh rhodochrous*)IGTS8 的脱硫基因(Dsz 基因)。Denome 等对该基因进行了 DNA 测序分析,通过分析发现其包含 3 个基因(DszA,DszB,DszC),且这 3 个基因形成的基因簇位于一个 120 kb 的线状质粒上。1997 年,

Claude Denislarose 等通过分子间对比分析的方法,将紫红红球菌(*Rhodococcusrh rhodochrous*)IGTS8 的脱硫基因,以及其他 6 株新分离的表现为能专一脱硫的红球菌作为对比对象,通过分析,找出了各菌株之间的 DNA 联系。

1998 年,Monticello 等人对脱硫过程的 C—S 键断裂机理进行了深入研究,用紫红红球菌(*R. rhodochrous*)IGTS8 证明了 C—S 键断裂氧化是由多种酶顺序催化完成的。由此,对脱硫酶的研究逐渐增多。1999 年,Pacheco 通过试验发现,噻吩中的 C—S 键断裂氧化涉及 3 个关键酶,分别是 DszA、DszB、DszC。近年来,部分学者从酶学和遗传学角度研究了生物脱硫过程的分子机理,并取得了一定的进展,证明在菌株中存在一定的酶催化基因,这些基因已被克隆和测序,其表达产物已被纯化,且已有学者利用基因工程技术构建了新型的工程菌株,使其具有更高的脱硫效率。

16.5.2　厌氧脱硫途径

光合细菌对自然界硫的转化过程起着重要的作用,是影响自然界中硫沉积的主要因素。其中部分紫色硫细菌和绿色硫细菌,在厌氧光照的条件下,和石油组分进行异化脱硫反应生成硫化氢,而硫化氢被氧化为硫单质或进一步氧化为硫酸。光合细菌的脱硫反应式如下:

$$有机硫化物 \rightarrow H_2S$$

$$2H_2S + CO_2 \xrightarrow{hv} 2S + H_2O + CH_2O$$

$$H_2S + 2CO_2 + 2H_2O \xrightarrow{hv} 2CH_2O + H_2SO_4$$

自 Cork 提出用光合细菌作为替代传统脱硫的方法以来,厌氧脱硫已能有效地防止油品氧化为有颜色的、酸性的或者焦质状的产品,因而引起了广大研究者的兴趣。从有关文献看,研究主要集中在光强度、H_2S 负荷及浓度、反应器和光波长等对光合细菌脱硫的影响。

Rahul 等在研究中发现,当光强度高时,H_2S 去除率高。如停留时间为 27 min,2 个 150 W 的光源,H_2S 的转化率为 99.5%;2 个 100 W 的光源,H_2S 的转化率为 95.5%。Cork 等还对硫化物浓度及负荷进行研究,表明高的硫化物负荷有利于单质硫形成,抑制 SO_4^{2-} 的产生,但是高浓度的硫化物对光合细菌有抑制作用。

小林正泰等用填充柱生物膜系统和淹没式系统研究光合细菌去除厌氧处理流出液中 H_2S 的实用性,结果表明,淹没式系统的光合细菌能更有效地去除 H_2S。Henshaw 等在研究中发现,光合细菌一般在中性条件下进行,pH 值为 6.9 以上时,单质硫的转化率与 pH 值呈相反关系,相关系数为 0.82,这可能是因为硫酸盐比单质硫在高 pH 值下更易稳定存在。

在易于控制的厌氧脱硫中,一些轻油组分的脱硫效果明显,然而在减压瓦斯油、脱沥青油或沥青质中脱硫效果并不十分明显。当前很少有关于厌氧脱硫方面有经济效益高的工艺和工艺操作的文献发表。

第 17 章　煤炭厌氧微生物

　　煤炭是分布最广泛的能源资源,它在国民经济和社会的发展中起着重要的作用。我国的煤炭资源极其丰富,煤炭年产量居世界首位。我国也是最大的煤炭消费国。煤炭作为能源和多种工业的原料,是一种重要的战略物资,在我国的能源构成中占70%以上。由于煤炭在加工利用中产生了一系列的环境问题,所以对其进行洁净处理利用已成趋势。

　　微生物在煤炭工业中的应用主要表现在煤炭加工方面,即煤炭的脱硫和转化方面的应用。

17.1　煤炭脱硫

　　我国煤炭的生产量和消耗量都居世界第一,在我国一次性能源消费结构中,煤炭占70%以上,是我国最重要的能源。燃烧是煤炭转化的主要途径,我国每年以燃烧方式消耗的煤炭占总量的80%左右,但是煤炭行业中存在一个紧迫的问题,即由于煤炭中的硫以及其他一些矿物质的存在,当煤炭用作燃料时,其在燃烧过程中会向大气层中释放浓度较高的 SO_2 等有毒有害气体和粉尘,SO_2 排放造成的酸雨不仅危害工农业生产,给国家和社会带来巨大损失,而且加大了企业成本,对环境造成了破坏,对人类的身体健康与动物植物的生长造成严重的负面影响。根据国家有关部门的规定,炼焦和发电用煤炭的含硫量必须控制在1%以下,一般用煤炭的含硫量必须控制在1.5%以下。在这种要求下,煤炭企业都要千方百计降低煤炭的含硫量,以满足用户对产品的要求和减少对环境的污染。

17.1.1　煤炭中硫的存在形态

　　煤炭中的硫包括无机硫和有机硫。无机硫主要以二硫化物和硫酸盐形式存在,二硫化物绝大部分是黄铁矿硫,少部分是白铁矿硫,硫酸盐为硫酸钙。有机硫以硫醇、硫化物、二硫化物和以噻吩系为代表的芳香环硫形态和煤炭基体直接键合。另外也有少量的单质硫、$CuFeS_2$、$FeAsS$、ZnS。

17.1.2　煤炭脱硫方法

　　煤炭脱硫主要从3个方面考虑:①燃前脱硫;②燃烧过程中固硫;③燃烧后烟气脱硫。其中,煤炭燃前脱硫被认为是从源头上减少燃烧煤炭对大气污染的重要措施。煤炭的燃前脱硫技术主要包括选煤炭技术、水煤炭浆技术、型煤炭技术和动力煤炭配煤炭技术等通过洗选减少硫分、灰分,以降低 SO_2 的排放。选煤炭是洁净煤炭技术的源头技术,既能脱硫又能降灰,同时还可以提高热能利用效率,并且选煤炭的费用又远远低于燃中和燃后脱硫。煤炭的燃前脱硫的方法主要有3类:化学方法、物理方法和微生物法。前两种方法由于能耗大,成本高,并且煤炭的损耗较大,所以很难应用于工业生产。与此相反,微生物法能耗省,流程简单,工艺成本低,反应条件比较温和,在煤炭脱硫领域内有比较广阔的应用前景。在过去十年中,世界各国注重研究煤炭脱硫微生物技术,并且取得了快速的发展,一些研究已达到或接近工业化水平。

17.1.3 煤炭微生物脱硫技术的研究现状

17.1.3.1 国外煤炭微生物脱硫技术的研究现状

应用微生物脱硫可追溯到应用微生物选矿时期。在真正认识到有细菌这种物质存在之前,人们就开始用含有细菌的酸性矿坑水来浸出矿物。例如,在欧洲有记载的最早涉及细菌选矿活动是1670年在西班牙的里奥廷托矿利用酸性矿坑水浸出含铜黄铁矿的铜。另外,从1687年开始,瑞典中部的Falun矿山的铜矿至少已经浸出了200万吨铜。但真正对浸矿或者脱硫微生物的研究是从20世纪40年代末开始的。

1947年,Clomer A. R. (柯尔默)和Hinkle M. E. (亨科尔)等人首次从煤炭矿的酸性矿坑水中发现并证实化能自养菌——氧化亚铁硫杆菌(*Thiobacillus ferooxidans*)能够促进氧化并溶解煤炭中存在的黄铁矿,这被认为是生物湿法冶金研究的开始。其后,Temple(坦波尔)、Leathen(莱顿)等对这种化能自养菌的生理生态进行了详细研究,发现这种微生物能将煤炭中的硫化物组分氧化成硫酸,并能将Fe^{2+}氧化成Fe^{3+}。进入20世纪80年代以后,国外开始把微生物脱硫研究转向应用性试验,并成立了一些公司,如美国的Artech公司和Hattelle公司等。从20世纪90年代开始,日本电力工业中央研究所从土壤中分离出一种铁氧化硫杆菌,用于脱出煤炭中的黄铁矿硫。他们还把微生物脱硫技术和选煤炭技术结合起来,研究出了微生物浮选脱硫技术。美国在脱硫微生物遗传学研究方面,利用基因重组等手段构建高效脱硫工程菌的研究取得了较快的进展。最近,他们采用基因技术改良的脱硫微生物,进行了与煤炭中有机硫相近的石油中硫脱除试验研究,取得了一定成果。

17.1.3.2 国内煤炭微生物脱硫技术的研究现状

在国内,1990年中科院微生物研究所徐毅等人用从松藻煤炭矿分离到的T·f菌处理黄铁矿,8 d可脱除70%左右的黄铁矿硫,可使煤炭中总硫含量从2.45%降至1.12%。1992年钟慧芳等人用同一菌株在实验室规模中,脱除了四川南桐煤炭矿中86.11% ~ 95.16%的黄铁矿硫。在煤炭中有机硫的脱除方面,钟慧芳等(1993年)利用从河北任丘油田分离到的四株异养菌,15 d脱除煤炭中有机硫达22.2% ~32.0%。这是我国利用异养菌脱除煤炭中有机硫的良好开端,为今后开发更有效脱除有机硫的微生物提供了借鉴。中国环境科学研究院的潘涔轩研究小组将煤炭洗选与微生物脱硫相结合,在前人研究基础上,试验了微生物浮选脱硫的方法。安徽理工大学张明旭教授等通过选择不同微生物种类和不同浮选物料为研究对象,模仿实际浮选的不同条件,探索了利用微生物表面调整、改性预处理、抑制浮选中黄铁矿浮出,进行了大量试验,得出一些很有价值的结论。

17.1.4 微生物脱硫的机制

17.1.4.1 微生物脱无机硫机制

无机硫主要以黄铁矿形式存在,国际上已知能脱去黄铁矿硫的微生物有氧化亚铁硫杆菌(*Thiobacillus ferooxidans*)和氧化硫硫杆菌(*Thiobacillus thiooxidans*),脱除煤炭黄铁矿硫最高可达97%。黄铁矿的微生物脱硫,是由于微生物使其氧化溶解而引起脱硫。一般认为微生物使黄铁矿脱硫有两个作用：一个作用是微生物直接溶化黄铁矿：$4FeS_2 + 15O_2 + 2H_2O$ $\xrightarrow{微生物} 4Fe^{3+} + 8SO_4^{2-} + 4H^+$；另一个作用是由生成物引起纯粹化学反应而导致的溶解作用，其反应方程式为

$$2FeS_2 + 7O_2 + 2H_2O \xrightarrow{微生物} 2FeSO_4 + 2H_2SO_4$$

$$2FeSO_4 + \frac{1}{2}O_2 + H_2SO_4 \xrightarrow{微生物} Fe(SO_4)_3 + H_2O$$

$$FeS_2 + Fe_2(SO_4)_3 \xrightarrow{微生物} 3FeSO_4 + 2S$$

$$2S + 3O_2 + 2H_2O \xrightarrow{微生物} 2H_2SO_4$$

17.1.4.2　微生物脱有机硫机制

煤炭中有机硫主要以分子水平存在于煤炭的大分子结构中，通过常规物理方法很难脱除。脱除有机硫的机理主要有两种：一是以硫代谢为目的的 4 - S 途径；二是以碳代谢为目的的 Kodama 途径。

4 - S 途径是以途径反应中 4 个中间产物名称均由 S 开头（Sulphoxide、Sulphone、Sulphonate、Sulphate）而命名。该途径被认为是最有研究意义和实际应用价值的途径。4 - S 氧化途径是一种硫选择性氧化途径，在生物催化剂的作用下，经过 4 步反应将硫原子从二苯并噻吩（DBT）上脱下来，专一性切断 DBT 的 C—S 键，生成硫酸根和 2 - HBP。这种途径保持 DBT 的芳香结构不变，从中脱硫而又最少量氧化碳骨架，因此热值下降小，在微生物脱有机硫方面具有广阔的应用前景。

在 4 - S 脱硫途径中，有 4 种脱硫酶（DszA，DszB，DszC，DszD）参与反应，DBT 首先在 DszC 酶催化作用下氧化为 DBT 亚砜（DBTO），DBTO 在同种酶的作用下氧化为 DBT 砜（DBTO2），DBTO2 又在 DszA 酶的催化作用下氧化成苯基磺酸盐（HBPS），最后在 DszB 酶的作用下脱去硫，得到 2 - 羟基联苯（2 - HBP）。DszA 和 DszC 酶的催化作用需要在 NADPH - FMN 氧化还原辅酶的共同作用下才能完成，并通过 DszD 酶来活化和提高催化活性，DszA 酶的催化反应速率比 DszC 酶快 5 ~ 10 倍，最后一步 DszB 酶是最慢的酶，是该脱硫过程的限速步骤，反应中的氧原子来自分子氧。

Kodama 途径是在非硫选择性生物催化剂的作用下，剪断苯环上的 C—C 键，将二苯并噻吩（DBT）代谢成可溶入水的 3 - 羟基苯并噻吩 - 2 - 甲醛，该途径有 3 个主要步骤：羟基化作用、苯环断裂以及水解作用。由于整个含硫化合物转入水相，油中含硫百分比并没有变化，反而降低了有价值烃的热值，工业化应用价值小。

17.1.5　脱硫微生物

目前，煤炭脱硫常用的微生物有：硫杆菌属、细小螺旋菌属、硫化叶菌属、假单胞菌属、贝氏硫细菌属、埃希氏菌属等。脱除无机硫的微生物主要有：氧化亚铁硫杆菌、氧化硫硫杆菌等。脱除有机硫的微生物主要有：假单胞菌、不动杆菌、根瘤菌等。脱硫微生物的基本特性见表 17.1。

表 17.1　列出主要脱硫微生物的基本特性

微生物种类	能源	营养类型	最适温度/℃	pH 值
硫杆菌属	S,无机硫化物	严格或兼性自养	20～40	1.2～5.0
硫螺菌属	Fe^{3+}	自养	20～40	1.0～5.0
假单胞菌属	有机硫化物	异养	28	7～8.5
大肠杆菌	有机硫化物	异养	30～40	7.0
红球菌属	有机硫化物	异养	30	7.0
芽孢杆菌属	有机硫化物	异养	28	7～8.5
硫化叶菌属	S,无机和有机硫化物	异养	40～90	1.0～5.8

17.1.5.1　无机硫的脱除菌

国际上已知能脱去黄铁矿硫的微生物有氧化亚铁硫杆菌(*Thiobacilfus feroox idans*)和氧化硫硫杆菌(*Thiobaeillus thiooxidans*)。匹兹堡能源研究中心利用氧化亚铁硫杆菌(TBF)进行脱除煤炭中无机硫的研究。在实验室内,当 pH 值为 2.0 时,对小于 200 目的煤炭粉进行生物处理,两周后能脱除煤炭中无机硫的 80%,30 d 后能脱除到 95%。这类细菌一般在30 ℃下操作。另外还有一类喜热微生物,包括硫化叶菌属片(*Sulfolobus*)中的酸热硫化叶片菌(*S. Acidocaldarius*)、*S. Brierleyi*、*S. Sulfataricus*、*Sulfobacillus*,*Thermoseul fidooxidaus* 等。

17.1.5.2　有机硫的脱除菌

具有脱除有机硫能力的微生物有假单胞菌属(*Pseudomonas*)、不动杆菌、根瘤菌等。其中最著名的是 Isbister 等人用 DBT 分离到一株假单胞菌 CB1 菌株(*Pseudomonas CB1*),脱除有机硫高达 18%～47%。最近 Isbister 又用饰变法培育出一株代号为 CB2 的改良菌种,并用 CB1/CB2 的混合菌株获得更高的脱硫效果。美国煤气工艺研究所(IGT)培育出一种混合菌种,称为 IGT – S$_8$,对脱除伊利诺煤炭田 IBC – 101 煤炭中有机硫的试验显示,将该煤炭磨细到小于 200 目,经过 3 周用 IGT – S$_8$ 生物处理后,可脱除煤炭中有机硫的 64%。

中科院微生物研究所钟慧芳等人从任丘油田分离到两株异养型细菌 D – 1 – 1 和 D – 2 – 1,经鉴定分别为门多隆假单胞菌(*Pseudomonas mendocas*)和争论产碱菌变型(*Alcaligenes paradoxus biovarl*)的菌株。它们可以利用 DBT 作为生长碳源,将 DBT 转化成为水溶性有机硫化物。两菌于 15 d 内可以脱除煤炭中有机硫达 22.2%～32.0%。这是我国首次应用异养微生物脱除煤炭中有机硫研究的良好开端,为今后开发更有效的脱除有机硫的微生物提供了借鉴。

17.1.5.3　煤炭微生物脱硫的影响因素

影响微生物生长活动和脱硫效果的因素有:

①煤炭粒度:煤炭样粒度要适中,如果酶的粒径过粗,就会降低黄铁矿颗粒和微生物细胞的接触概率和黏着概率,减弱细菌在黄铁矿颗粒表面的吸附强度,而使黄铁矿的抑制减弱,导致脱硫率的下降;如果酶的粒径过细,由于煤炭泥罩盖等将造成脱硫率下降。

②菌种类型:菌体是脱硫过程的主体,菌体脱硫的效率直接影响除硫的效果,特别是菌体细胞浓度。

③菌体生长环境:微生物对生长环境是十分敏感的,主要包括:温度、pH 值、营养液(或

悬浮液)的浓度以及碳源、氮源、能源、无机盐、生长因子等营养素。

17.2 煤炭的微生物转化

17.2.1 概述

煤炭是古代植物在不同自然环境下,经过了一系列生物、化学及物理化学变化而产生的复杂大分子固体混合物。从其变化过程来看,经历了两个阶段:泥炭化阶段与煤炭化阶段。在泥炭化阶段,成煤炭的植物残体在泥炭沼泽中受到微生物及自然因素的作用首先分解,纤维素很快分解成单糖类,木质素逐渐氧化成为复杂的、结构多变的腐殖酸及能溶解于水的苯环衍生物,结果植物残体就逐渐转化成为"腐殖质",其中含有大量的活泼官能团,如＝CO、—OH、—COOH及活泼的α—氢,它们相互作用,反应合成了新的产物,如腐殖酸和沥青等。当形成的泥炭被其他沉积物覆盖时,泥炭化阶段作用结束,生物化学作用逐渐减弱,直至停止。紧接着在温度和压力为主的物理化学作用下,泥炭逐步转化为褐煤炭、次烟煤炭、烟煤炭。

煤炭生物转化是指煤炭在酶或微生物参与下发生大分子的氧化解聚作用,也称为生物降解(Biodegradation)或生物溶解(Biosolubilization),两者在概念上没有什么区别。煤炭生物转化基本可以说是煤炭形成过程的逆过程,通过微生物的作用来达到它的降解。木质素(Lignin)是一类复杂的有机聚合物,存在于植物细胞壁中。木质素的单体是一类具有苯丙烷骨架的多羟基化合物,单体间通过C—C键和C—O—C键形成复杂的无定型高聚物。

自20世纪80年代初Fakoussa和Cohen发现未经处理的褐煤炭能被某些真菌溶解以来,世界上许多科学工作者开始探索用微生物来降解煤炭,发现有某些真菌生长在风化煤炭和长期堆放煤炭的环境中,反映出它们固有的降解煤炭的能力。

17.2.2 煤炭转化微生物

能溶解煤炭的微生物就目前所知已有上百种,包括细菌、放线菌、真菌等。细菌里有巨大芽孢杆菌、假单胞菌;放线菌类有链霉菌。但总体来说,多数属于真菌类,如云芝、假丝酵母、粉状侧孢菌、青霉菌、拟青霉菌、茯苓等。煤炭转化微生物的选取与来源是根据它们的代谢产物,如分泌的酶、螯合剂等具有攻击煤炭中有机化合物里某些成分、结构等作用而从现有的各种微生物中筛选出来的。菌种选取途径有3条:①煤炭具有类木质素结构,所以可以选用能降解木质素的微生物(如云芝)来进行微生物的转化研究;②煤炭是芳香化合物,具有芳香环结构,故可选用能降解芳香环的细菌(如假单胞菌属)来进行溶酶研究;③另一种获取转化微生物的方法,是从生长在长期暴露于自然界中的煤炭上的微生物中分离菌种,如武丽敏在进行褐煤炭微生物综合肥料的研究中,便从矿区的煤炭泥中分离纯化了若干株对褐煤炭有显著作用效果的微生物菌种。可被微生物溶解的煤炭的种类很多,包括风化煤炭和未风化的各种褐煤炭、次烟煤炭、烟煤炭等。低阶煤炭(如褐煤炭)的研究最多,由于其煤炭化度低,煤炭分子中的侧链及桥键较多,活性官能团含量较高,最易被微生物作用。实际上,煤炭的溶解或降解即煤炭分子中的侧链及桥键中的共价键断裂,从而转变成低环芳香化合物。已有的研究还表明,煤炭的微生物溶解程度和速率与煤炭的氧化程度关系极大。对于同一种煤炭来讲,煤炭的可生物溶解程度由大到小的顺序为:风化煤炭、暴露在空气中的煤炭、未接触空气的煤炭。因此,煤炭的氧化程度被作为煤炭种筛选的一个重要因素来考虑,所以一般都把煤炭先进行硝酸氧化法、热空气氧化法等预处理来提高其氧化程度。另外,煤炭的煤炭化程度是决定煤炭生物溶解速率和程度的又一主要因素。低煤炭化度煤炭,如风化褐煤炭,比次烟煤炭、烟煤炭(较高煤炭化度)更适宜于生物溶解。不同煤炭化度煤炭的生物溶解能力的差异,随着煤炭化程度增加,煤炭中芳香环碳含量增加而变难,含氧官能团数量减少,孔隙率也减少,侧链数量和桥键相应减少,因此被微生物降解难度加大。

　　现已证明,煤炭经微生物作用可以降解转化为可溶于水或有机溶剂的小分子物质。柳丽芬等人报道,用微生物进行腐殖酸溶解转化试验,结果表明,大多数微生物对腐殖酸的溶解率都大大高于相应酸处理的泥炭或风化煤炭。

　　袁红莉等报道,对沈阳前屯煤炭矿的 6 种不同风化程度褐煤炭的生物种类和数量进行研究,发现刚采掘出来的褐煤炭表面几乎没有微生物存在。褐煤炭自然堆放也只见到休眠孢子和少量菌丝,经培养后发现不同风化时间的褐煤炭其菌种不同,采出后经 5 个月风化的褐煤炭表面有大量放线菌生长;经一年风化的褐煤炭除有大量放线菌及细菌生长外,真菌有所增加;而经 4 年风化的褐煤炭中主要是真菌明显增加。这说明在褐煤炭风化过程中放线菌为褐煤炭初期降解的主要微生物,随后是细菌,在风化程度较高的褐煤炭中,真菌则为优势降解菌。Hofrichter 等人也报道了用木质素氧化担子菌纲及锰过氧化酶降解褐煤炭。

　　影响煤炭生物转化的主要因素为煤炭种、微生物、培养基、温度和时间等。前已述及,煤炭的煤炭化程度和氧化程度是决定煤炭生物溶解速率和程度的主要因素。试验研究表明,低煤炭化度煤炭(如风化褐煤炭)同较高煤炭化度的次烟煤炭、烟煤炭相比,更适宜于生物溶解。不同煤炭化度煤炭的生物溶解能力存在差异的原因可能是煤炭中的总氧含量、含氧官能团的相对数量、孔隙率和水分的不同。随着煤炭化程度的增加,煤炭中芳香碳含量增加,而总氧含量及含氧官能团数量减少,孔隙率也减少。褐煤炭和风化褐煤炭中氧含量可能超过 30%,次烟煤炭氧含量通常低于 23%,烟煤炭中氧含量则在 3% ~ 14% 之间。风化褐煤炭和用各种预氧化处理的褐煤炭、次烟煤炭比其原煤炭更容易生物溶解。培养基组成不仅影响微生物的生长状态,而且也影响微生物的转化能力,在同样条件下用麦芽糖作为碳源培养假丝酵母的转化要比用蔗糖效果更好,限碳培养不利于假丝酵母的转化;接种量直接影响菌球大小,一般接种量适中,所得菌球较小,其比表面积较大,单位体积菌球产生的转化活性物较多,转化效果好,反之则差。转化温度和时间也是影响微生物的转化作用的重要因素,合适的温度有利于微生物生长,增加时间等于延长煤炭与微生物的作用时间,这对转化都有利;增加通氧量可加速微生物氧化降解过程,有助于提高煤炭的溶解速率和溶解程度。

　　煤炭生物转化产物是水溶性的,但酸可沉淀的化合物具有高极性,含有较多羟基(酚)、羰基及羧基,类似于褐煤炭的芳香结构。煤炭生物溶解产物的相对分子质量因煤炭种、菌种、pH 值及回收方法的不同而相差很大,通常相对分子质量在 200 ~ 300 000 之间,多数在数千至数万之间。煤炭转化产物的发热量与其原煤炭相当,为原煤炭的 94% ~ 97%,元素组成与原煤炭有差别,主要是氧含量增高。Wadhwa 等人报道了用能降解多环芳香烃化合物和降解木质素的微生物菌系,在好氧厌氧共培养条件下生物降解预处理褐煤炭,结果使喹啉萃取率从原煤炭的 18% 增加到处理后的 56%,同时也除去了煤炭中的部分矿物质。

17.2.3　煤炭的微生物转化降解机理

煤炭经生物处理转化为可溶于水或有机溶剂的低环小分子物质,转变降解程度视煤炭种、菌种及条件而决定。就现在来说,其溶解煤炭的机理主要有以下 3 种。

17.2.3.1　酶作用机理

酶作用机理即利用微生物分泌的胞外酶的转化机理。某些真菌或酶能降解木质素,而煤炭是由植物演化而来的,由于低变质程度煤炭(如褐煤炭)中存在许多类木质素结构,由此可以联想筛选、培育能溶解降解木质素的微生物来作为溶解煤炭的生物催化剂,并可推测微生物溶解煤炭是通过木质素酶的作用。Pyne 将含有风化褐煤炭生物溶解活性的制备物在 53 ℃ 以下处理 30 min,其丁香醛连氮氧化酶活性和生物溶解活性都没有损失,但稍升高至 60 ℃ 下加热处理,则生物溶解活性损失 19%,丁香醛连氮氧化酶活性损失 71%。由此热不稳定性可认为,煤炭生物溶解是酶的作用的结果。

王龙贵实验表明煤炭的生物转化降解在一定程度上是酶作用的结果,将白腐真菌培养的滤液分成两个部分,一部分进行高温消毒杀菌处理,另一部分不进行消毒,然后分别进行煤炭转化试验,结果表明进行高温消毒杀菌处理的部分没有降解煤炭的作用,而未进行高温消毒杀菌处理的部分有降解煤炭的作用。这一实验说明了白腐真菌在培养过程中释放胞外酶,胞外酶对煤炭有降解作用。

17.2.3.2　碱溶解机理

煤炭生物溶解时碱有催化作用。此类催化剂是一些微生物如真菌、放线菌及单细胞菌等在培养期间产生的。产生的含氮碱性物质,使培养基的 pH 值增大,从而催化煤炭的溶解。例如,Srandberg 在 1988 年的实验中发现了表 17.2 的实验结果。不同种类微生物产生的碱性物种类和数量并不相同,因而煤炭生物溶解能力不同。

表 17.2　酶降解过程中 pH 值的变化

pH 值	7	7.5	8.2	8.5	9.5
$\eta/\%$	9.1	22.19	21.28	31.36	44.45

17.2.3.3　螯合物作用机理

有些研究者提出了螯合物作用机理,认为煤炭生物溶解时,真菌产生一种螯合剂(Chelator),可以与煤炭中金属形成金属螯合物,从而脱除金属,使煤炭结构解体,使煤炭转化为水可溶物。

当然,不同的微生物,其代谢产物不同,单一微生物的代谢产物也不是一种纯物质。实际上,由于煤炭的微生物溶解过程是一个复杂的化学反应过程,菌种不同,同一菌种在不同的培养基中,对不同的煤炭样,其转化机理也可能不同。在煤炭的转化过程中,以上几种转化机理是单独作用还是联合作用,目前尚无定论。弄清微生物的转化机理,便可以有目的、有步骤地控制煤炭的转化反应过程,从而有可能得到单一的、有较高经济意义的化学品和生产优质的燃料。

17.2.4　煤炭的微生物转化产物

　　煤炭的微生物转化产物分析常规应用的是工业分析、元素分析、红外光谱、核磁共振波谱、质谱分析等,也有用凝胶渗透层析、超滤分析等方法。煤炭的微生物转化产物主要从产物组成、产物结构、溶解度、相对分子质量、酸沉淀性质、吸光度、蛋白质含量、发热量等几个方面来进行分析,但各研究者所得结果都不相同。煤炭的微生物转化产物极易溶于水,但用酸可沉淀,其沉淀碱可溶的化合物具有高极性,含有较多羟基(酚)、羰基及羧基,类似于褐煤炭芳香结构。尽管由于煤炭种、菌种、微生物培养条件及转化方式上存在差异,但通过与原煤炭比较,各研究者得出的元素变化趋势却是基本一致的,即与原煤炭相比,煤炭的微生物溶解产物中 O 含量明显升高,H 含量也有所上升,而 C 含量下降,并且 H、O 的含量随微生物的转化时间的增加而增大。这表明,在生物的转化过程中,有水中 H、O 的介入,即包含了氧化水解过程。生物的转化产物是一种很复杂的有机混合物。不同研究者已用超滤膜或凝胶渗透层析法测定相对分子量分布,所得结果因煤炭种、菌种、pH 值及回收方法不同,得出的结果差异较大。根据资料显示,溶解产物相对分子质量大多数在数千至数万之间。一般认为,煤炭的微生物转化产物的相对分子质量比原煤炭要小,但这与所用的菌种、煤炭样和实验方法有关。Wilson 等研究表明,煤炭的微生物转化产物的发热量与原煤炭的发热量大致相当,为原煤炭的 94% ~ 97%。这说明煤炭经微生物作用后,能量损失很小。

17.2.5　煤炭的微生物转化产物的利用

　　煤炭经微生物作用生物降解后,转化为一种水溶性的液态产物。该产物含有多种官能团,具有较大的工、农、医等方面的应用潜力。对此,研究者们提出了各种可能的用途。如Faison 提出,被木质素真菌所溶解的煤炭物质,有望像聚合木质素那样在工业上用于抗氧剂、表面活性剂、树脂或黏合剂成分,特别是作为商业离子交换树脂或吸附剂,在农业上用作土壤调节剂,改善植物根的吸收作用,在医学上作为免疫辅药等。Faison 指出,真菌作用于溶解煤炭而释放出低分子芳香烃,这些芳香烃带有很多含氧官能团,是有价值的化工品。煤炭的微生物转化产物另一方面重要应用是煤炭在我国的能源结构中处于绝对主导地位,煤炭转化为水溶性的液态产物后,可作为液态燃料,且是一种清洁无污染的能源,能代替部分石油,作为一种战略能源储备,对我国国民经济发展意义重大。

17.2.6　煤炭微生物转化技术的前景

　　煤炭的微生物转化技术研究从引起人们重视到现在只有短短 20 年左右的时间。美国、德国、澳大利亚、西班牙等国家在此领域已开展了广泛的研究,并取得了一系列成果。我国在这方面的研究工作进展较慢。今后的工作主要应在以下几个方面开展:

　　(1)煤炭的转化菌种选择及培育。目前在转化菌种的寻求上还未取得突破性进展,尚未找到效果特别显著且适应广泛应用的廉价菌种。目前所报道的菌种对煤炭的溶(降)解能力有限,且菌种在生长过程中还需另外加入各种营养物,这使得转化成本大大提高,也是制约着煤炭微生物转化技术工业化的瓶颈。这方面工作可从两方面来考虑:①新菌种的寻找、菌种的分离纯化及驯化方面;②利用质粒育种及基因工程技术,获取新菌种,进一步提高微生物对煤炭的溶解速率和转化率。

（2）煤炭的转化产物的利用。就目前来说,煤炭降解产物只在促进农作物生长方面取得了一定进展。研究者们一直想使煤炭的转化产物为某些结构单一的、有较高经济价值的化学品。这方面工作有待于进一步研究,不过困难较大。鉴于煤炭的生物转化成本及效率,煤炭生物溶解后应用还可从两个方面来考虑：一方面释放出的很多的低相对分子质量的芳香烃,它们有羟基等含氧官能团,是有价值的化学品；另一方面煤炭溶解产物可再经厌氧菌处理得到甲烷、甲醇和乙醇等物质,它们都是洁净燃料。

（3）煤炭生物降解转化产物的分离。要从中提炼、抽提出高附加值的化工原料及其他类物质,开展多用途、有经济价值的利用。虽然煤炭的微生物转化技术研究目前仍处于探索阶段,但它是煤炭的加工利用中的新领域,很有研究价值。我国有丰富的煤炭资源,热值和利用价值低的褐煤炭、风化煤炭及泥炭的储量很大,因此有针对性地研究低阶煤炭的微生物转化技术,在我国具有更加重大的现实意义。

参 考 文 献

[1] 承磊,仇天雷,邓宇,等.油藏厌氧微生物研究进展[J].应用与环境生物学报,2006 (05):740 – 744.

[2] 凌代文.厌氧微生物研究的新进展[J].微生物学通报,1995,22(04):245 – 252.

[3] 凌代文.厌氧微生物研究的新进展(续)[J].微生物学通报,1995(05):305 – 307.

[4] 李祥,袁怡,黄勇,等.厌氧氨氧化微生物研究进展[J].环境科技,2009,22(02):58 – 61.

[5] 马诗淳,罗辉,尹小波,等.厌氧产氢微生物研究进展[J].微生物学通报,2009(08): 1244 – 1252.

[6] 胡细全,刘大银,蔡鹤生.厌氧氨氧化的微生物研究进展[J].上海环境科学,2003 (S2):26 – 29 + 191.

[7] 布坎南 R E,吉本斯 N E.伯杰细菌鉴定手册[M].8 版.北京:科学出版社,1984.

[8] 阂航.厌氧微生物学[M].杭州:浙江大学出版社,1993.

[9] 贺延龄.废水的厌氧生物处理[M].北京:中国轻工业出版社,1998.

[10] 张希衡.废水厌氧生物处理工程[M].北京:中国环境科学出版社,1996.

[11] 李永峰,韩伟,杨传平.厌氧发酵生物制氢[M].哈尔滨:东北林业大学出版社,2012.

[12] 程国玲,李巧燕,李永峰.产甲烷菌细菌学原理与应用[M].哈尔滨:哈尔滨工业大学 出版社,2013.

[13] 吴剑波.微生物制药[M].北京:化学工业出版社,2002.

[14] 李永峰,刘晓烨,杨传平.硫酸盐还原菌细菌学[M].哈尔滨:哈尔滨工业大学出版 社,2013.